大气科学专业系列教材

现代气候学基础

陈 星 马开玉 黄 樱 编著

南京大学出版社

图书在版编目(CIP)数据

现代气候学基础 / 陈星，马开玉，黄樱编著. —南京：南京大学出版社，2014.1

大气科学专业系列教材

ISBN 978-7-305-12241-5

Ⅰ.①现… Ⅱ.①陈…②马…③黄… Ⅲ.①气候学—高等学校—教材 Ⅳ.①P46

中国版本图书馆 CIP 数据核字(2013)第 236377 号

出版发行 南京大学出版社
社　　址 南京市汉口路 22 号　　邮　编 210093
网　　址 http://www.NjupCo.com
出 版 人 左　健

丛 书 名 大气科学专业系列教材
书　　名 现代气候学基础
编　　著 陈　星　马开玉　黄　樱
责任编辑 吴　华　　编辑热线 025-83596997

照　　排 南京紫藤制版印务中心
印　　刷 南京凯德印刷有限公司
开　　本 787×1092 1/16 印张 15.25 字数 390 千
版　　次 2014 年 1 月第 1 版 2014 年 1 月第 1 次印刷
印　　数 1～3000
ISBN 978-7-305-12241-5
定　　价 48.00 元

发行热线 025-83594756 83686452
电子邮箱 Press@NjupCo.com
Sales@NjupCo.com(市场部)

前　言

近几十年来气候变化越来越引起人们的关注，气候科学也得到了迅速的发展。借助现代科学理论和技术的发展，特别是计算机技术、卫星遥感等观测技术等的应用，人们研究气候变化方法更加丰富、理论更加完善、认识更加深入。《现代气候学基础》是培养大气科学专门高级人才的有关气候科学的专业基础教材之一，适用于四年制大气科学本科生教学，也可供相关专业研究生参考。本教材是我们在十多年的“现代气候学基础”课程的教学实践基础上，充分参考国内外相关代表性教材编写而成。教材主要介绍了现代气候学及气候系统的基本概念、基本理论和基本研究方法。以气候系统理论为基础，从物理学、能量平衡、动力学等基本原理出发，揭示和阐述气候形成的基本原因、气候变化的事实和机制；介绍了如何通过对气候的历史演变和现代气候观测事实的分析，利用现代数学方法、气候模式和数值模拟方法研究气候的过去、现代和未来。本教材是气候学的入门基础，结合课程教学中相关文献的阅读，可以使学生了解气候科学的发展和现状，建立现代气候学的基础，并初步学会分析、认识和研究气候问题。

为了兼顾体系的完整性和实用性，本教材共分九章，包括第一章绪论、第二章气候系统理论概述、第三章气候监测和全球气候、第四章气候诊断分析、第五章气候系统中的平衡与循环过程、第六章气候变化、第七章气候模拟与预测、第八章季风气候概述和第九章气候资源。其中第四章中有关诊断的统计方法和第九章气候资源可根据需要作为选讲内容。各章节编写的具体分工是：第一、第二、第四章由陈星和马开玉撰写，第三、第五、第六、第七和第八章由陈星撰写，第九章由黄樱撰写，全书由陈星统稿。

本教材是在许多前人气候科学研究成果基础上完成的，也包括了十年来所有参与“现代气候学基础”课程教学的教师和学生们的贡献。在这里我们要感谢书末推荐阅读书目和参考文献的作者们，他们的工作给本教材的编写提供了大量有益的基本素材和启发；感谢南京大学大气科学学院的鲍名和张录军副教授，他们在“现代气候学基础”课程教学中的贡献也对本书的完善有很大的帮助；感谢所有参加“现代气候学基础”课程学习的学生们，他们的课程论文涉及内容广泛，拓宽了本教材的编写思路；感谢南京大学大气科学学院的研究生及本科生庞一龙、刘福弘、沈宏、张欣、赖芬芬和吕梦瑶等为本教材重新制作了部分图表；最后还要感谢南京大学“985工程”项目十多年来对本教材和课程建设给予的经费支持。

科学是不断发展的，作为专业基础教材也要不断更新，以反映最新的研究成果和发展方向。本教材在保证基础知识系统完整的前提下，尽可能反映相关科学研究的进展和信息。但由于编著者的水平和视野所限，书中难免还存在错误、疏漏和不妥之处，欢迎使用者提出批评建议，以使本教材得到进一步完善。

编著者

2013年12月29日于南京大学

目　录

第一章

绪　论

地球气候一直在变化着，作为人类生存环境的一个重要因子，气候与人类的关系非常密切，随着人类社会、经济和科学技术的发展，气候变化日益受到广泛重视和关注.研究和认识气候的形成、气候的特征和变化规律，掌握和利用有利的气候条件，了解未来气候如何演变，采取有效措施消除或降低气候变化对人类发展构成的潜在威胁，调整和适应气候变化，是有极其重要的科学意义和实际意义的.

1.1　气候的基本概念

气候的概念古已有之，公元前14世纪～公元前11世纪中国甲骨文就有季节和八方位风等的记载；西周的《诗经·幽风·七月》有各月物候现象的记载；古希腊的希波克拉底(Hippocrates，约公元前460～公元前375)著《论风、水和地点》一文，并编写了气候学讲义，是人类最早的关于气候的论著.随着几千年来人类文明和科学的发展，人类对气候的研究和认识逐步形成一门科学，关于气候的定义也随之演变.概括起来，人类对气候学的理解和认识可以分为三个主要阶段.

一、古典气候学阶段

20世纪以前是古典气候学阶段.古典气候学从气候与天气的联系和区别给出气候的定义，认为气候是大气的平均状态，天气是大气的瞬时状态，即气候是一段时期内众多天气状态的平均.因此，气候是天气的背景，天气是在气候背景上的振动，在描述方法上用统计平均的手段来表征气候的特征.根据这一定义，气候学是研究各种气象要素的地理分布和年、日变化的学科，因此常称为“地理气候学”.地理气候学强调了“平均状态”，把平均状态作为气候概念的核心和本质，而忽视了大气运动的瞬时状态与极端情况.实际上，大气状态是随时间和空间变化的，各种气象要素的平均能在一定程度上反映大气的一定状态或反映气候的一定特征，却不能反映大气的整个状态或气候的全貌.气候不仅仅是天气的平均，例如两个地方的平均气温或平均雨量基本相等，其气候特征可能差异很大，不属于同一气候类型.由此可见，古典气候学的定义有其局限性，它没有完全反映气候概念的本质.但由于气象要素的平均状态是气候的一种基本属性，现在仍应用各种气象要素的平均值来描述一定时期的气候特征，所以这一传统的气候定义仍被广泛采用.

二、近代气候学阶段

20世纪初到20世纪70年代以前是近代气候学阶段.随着“近代天气学”的发展，气候的概念也发生了变化.近代气候学着眼于大气运动的过程，认为天气是短时间尺度的大气过程，气候是长时间尺度的大气过程,提出气候是天气的“总和”或“综合”.这实际上是天气气候学的定义.随着数理统计方法广泛应用于气候分析,有人提出:“气候是大气众多状态的一个统计集合.”这可以看作是“统计气候学”的定义.这一定义不仅包括了气候的平均状态,也包括了气候的变化情况和极端情况.也有人从气候的成因角度提出:“气候是辐射、地理因素和大气环流三者相互作用下的特征性天气状况.”应该说大气环流是气候的一部分内容,而不应该看成是气候的成因.这一阶段是气候学大发展的时期,出现了许多关于气候的二级气候学定义.

三、现代气候学阶段

20 世纪 70 年代以来,气候学有了一个全新的概念.1974 年在斯德哥尔摩召开的世界气象组织和国际科学联盟理事会(WMO - ICSU)的联席会议上,明确地提出了“气候系统”的概念,标志着气候学研究进入了一个崭新的阶段.所谓“气候系统”是指包括大气圈、水圈(海洋、湖泊等)、冰雪圈(极地冰雪覆盖、大陆冰川、高山冰川等)、岩石圈(平原、高山、盆地、高原等地形)、生物圈(动、植物群落以及人类)中与气候有关的相互影响的物理学、化学和生物学的运动变化过程.每种过程的空间尺度和时间尺度可能很大,也可能很小,从在短时间内发生的、决定微气候的小尺度过程直至持续几年以上的、决定全球气候的行星尺度过程.也有人建议应将天文圈加入其中,还有人认为人类以一种特殊的方式影响着气候,应从生物圈中独立出来,以“智慧圈”或“人类圈”作为气候系统的一部分.因此,近年来也有不少人将“气候”的定义拓展为:气候是天-地-生相互作用下的大气系统较长时间的状态特征.

可以看出,气候的定义经历了不同的阶段.从最初认为气候是某一地区某一时段大气的平均状况和极端天气现象的综合和异常;到现代气候学的概念,即气候是指整个气候系统的全部组成部分在某一特定时段的平均统计特征,气候系统由其统计、动力、各种时空尺度上和层次上的物理特征加以描述,具有特定的时间尺度和空间结构.一般用 30 年以上的资料样本统计量的特征来描述气候,包括:月(年)平均气温、月(年)平均降水、月(年)平均气压场等.

1.2 气候学的研究内容和研究方法

概括地讲,气候学的研究对象包括气候形成、气候变化、气候系统的各个物理过程及反馈机制;各圈层的特征及其相互作用和变化,包括物质、能量的转换和交换;气候系统对外强迫的响应和适应过程,如太阳辐射、火山灰等的气候效应等.在本书中将气候学的具体研究内容概括为以下六个方面:

(1) 气候系统;

(2) 气候子系统中能量的源、汇、输送、平衡等;

(3) 气候异常极端事件的发生原因和机制;

(4) 气候变化及其预测;

(5) 人类活动的气候效应;

(6) 气候资源的开发和利用.

地球气候的形成和变化是一个复杂的过程,需要使用物理学、数学、化学、生物学、地理学、天气学、天文学、海洋学等学科的方法进行综合研究.对于气候现象最终表现形式所发生的圈层——大气圈的研究而言,主要有如下三种方法.

一、统计学方法

通过对各种观测资料进行数学统计分析，揭示出气候的空间分布和时间演变特征和规律，以及不同气候现象之间的相关性，但不能解释气候形成和变化的物理机制.统计分析的基础是资料，气候学中常用的统计方法有方差分析、相关分析、回归分析、因子分析、谱分析、聚类分析、经验正交函数分析(EOF)、主成分分析(PCA)、奇异值分解(SVD)、典型相关分析(CCA)、主振荡型分析(POP)和小波分析等.

二、动力、物理学方法

利用以大气运动的动力学和热力学方程组为框架的各种气候模式对气候进行数值模拟研究.数值模拟可以在一定程度上揭示气候形成和变化的物理过程和动力机制，从而解释气候变化的原因，并为气候预测提供基础和手段.常见的气候模式有大气环流模式、能量平衡模式、统计动力模式，以及相应的耦合模式，如海气耦合模式等.

三、大气环流、天气学方法

以实际观测资料为基础，通过对气候要素场的时空分布图和演变特征分析，可以直观地了解不同区域和时间的气候特征，通常与统计分析相结合.这也是通常所说的大气环流分析.常见的大气环流要素场有：海平面气压场、温度场、降水场、500 hPa 高度场、风场(U、V 分量)以及散度场、涡度场等.

气候研究涉及的其他学科方法将在有关章节中介绍.

1.3 气候学发展的主要阶段

由气候的定义可以知道，人们对气候的认识是不断发展、加深和完善的，这一过程体现了气候学的不同发展历程和阶段.

一、远古时期

从公元前数千年至公元 16 世纪，该时期以文献记录和现象描述为主，人们通过对自然气候现象的观察和记录开始发现气候的一些规律和特征及其与人类生产和生活的密切关系.如在我国的甲骨文中就有大量关于雨、雪等各种天气现象及求雨的记载，是我国最早的气象观测文字记录.

二、16 世纪至 19 世纪末

这一时期随着近代科学技术的发展，开始有初步的仪器观测和简单的天气图，可以定量地描述气候.如 1664 年法国巴黎天文台开始气象观测；1686 年英国人哈雷绘制了全球风分布图；1860～1865 年一些国家开始绘制天气图；1820 年德国人绘制出第一张等压线图；1882 年美国人首先绘制了全球雨量分布图；1884 年著名德国气候学家柯本提出气候分类新方法并在 1900 年完成柯本气候分类；19 世纪末出现气候图，如降水、温度和气压场的月平均图；1883 年，奥地利的汉恩(Hann)出版了《气候学手册》，为世界最早的气候学著作.这也是以地理气候学为主要特征的经典气候学初步形成阶段.

三、20 世纪初至 70 年代

该时期是近代气候学发展和成熟时期，主要成就表现在以下几个方面：

(1) 气候分类、分型及大气环流型的建立.如著名气象学家 Wallace and Gutzler(1981)把单点相关方法用到500 mb 高度场，发现了北半球冬季主要存在五个遥相关型：太平洋-北美型(PNA)、欧亚型(EU)、西大西洋型(WA)、西太平洋型(WP)、东大西洋型(EA).

(2) 大气活动中心和三大涛动的发现.如 20 世纪二三十年代 Walker 对全球大气涛动的研究做了开创性的工作，系统地提出了全球三大涛动的概念，即北大西洋涛动(NAO)、北太平洋涛动(NPO)和南方涛动(SO).

(3) 海表面温度和地面辐射收支的观测，全面研究了地球系统的热量平衡与能量平衡.

(4) 经典大气环流系统理论的建立、发展和完善.如经圈三圈环流理论的提出、不同纬度大气环流的相互作用、对流层与平流层的相互作用等.

(5) 海洋、海冰对气候的影响.有了系统全面的海洋表面温度观测资料和海冰监测资料，可以定量地研究海洋表层对大气的影响，分析海洋在全球气候变化和区域气候特征形成中的作用.

(6) 辐射与气候的相互作用.利用大气物理和辐射传输过程的理论来认识气候形成和变化中太阳辐射与长波辐射的作用机理，特别是云的辐射作用对气候的影响.

(7) 卫星等最新大气探测手段的应用，这是现代气候发展的关键技术，人们可以获得更多的地球大气和气候要素信息，使传统的受空间限制的气候观测扩展到地球的所有区域.

可以说，在这一时期，人们基于较完整的大气和海洋的气候观测，对形成气候的主要气象要素特征、大气环流演变规律有了新的发现，对区域与全球气候特征、有关气候现象的形成原因和机理有了新的认识，形成了经典气候学的基本理论体系，并开始研究大气圈以外的可能对气候产生影响和作用的因子及过程，如海气相互作用、大气中的辐射过程等，为新的气候理论的提出建立了基础.

四、20 世纪 70 年代至今

这是现代气候学蓬勃发展的阶段，该时期的主要特征表现在：

(1) 气候系统理论的提出、应用与发展；

(2) 动力学方法、气候模式与数值模拟技术的迅速发展与广泛应用；

(3) 气候学研究与全球变化和人类生存环境研究融为一体；

(4) 大型计算机和以卫星遥感为代表的现代探测技术广泛应用于气候监测、气候模拟和气候预测.

在这一时期，气候学开始从地球各圈层的相互作用机制和各种交换、反馈过程来认识气候形成与变化，借助高速计算机来处理分析各种海量数据、进行气候模拟试验和气候学研究.

1.4 气候学的若干分支和研究方向

气候学既是一门理论科学，也是一门应用科学，而且与相关学科有交叉结合.根据研究内容、方法和应用目的的不同，产生了许多气候学分支，可以涵盖几乎所有人类社会经济发展与气候相关的内容，例如有：

(1) 动力气候学:以大气动力学理论和方程组为基础研究气候的动力机制和过程;

(2) 物理气候学:研究气候形成的物理过程、物理量的特征和变化规律;

(3) 统计气候学:使用数学统计方法对气候资料和气候要素进行时空特征及相互关系的研究;

(4) 天气气候学:应用天气分析的基本方法和大气环流的基本理论研究气候形成和变化;

(5) 城市气候学:以实际观测和理论模拟分析方法研究城市特定条件下的局地气候特征;

(6) 应用气候学:是一个比较广泛的领域,涉及所有与气候有关的生产和生活的问题;

(7) 生态气候学:研究地表生态系统与气候环境相互作用关系的学科;

(8) 山地气候学:研究山地特殊地形条件下气候要素的分布、形成规律和原因及山地气候资源的应用等;

(9) 气候资源学:研究与气候条件有关的太阳能、热量、水和风等资源的分布、计算、评估、区划及其利用等;

(10) 古气候学:通过代用气候资料和气候模式对没有仪器观测记录的古代气候的研究.

此外还有理论气候学、地理气候学、旅游气候学、卫星气候学、极地气候学、农业气候学、健康气候学等,这些气候学分支构成了现代气候学科学体系,体现了气候学在人类科学发展和社会经济活动中的重要作用.

第二章

气候系统理论概述

传统的或经典的气候学理论和体系是建立在气象要素观测和分析基础上的，无论是用大气环流分析方法、统计学分析方法和物理气候学方法，其所基于的资料和现象都是以大气为主，其扩展也仅限于海洋，如气温、气压、风、大气湿度、海洋表面温度和海冰等，很少或没有对地球自然系统的其他成员与气候的关系加以关注.因此，传统的气候学研究基本是通过气象学家对大气现象和各种过程的分析和研究来进行的.随着对气候形成和变化研究的深入，人们发现气候的形成和变化不仅仅是由大气本身的运动和物理过程所决定的，还受到地球上其他自然环境因素的影响.特别是20世纪70年代非洲出现的持续严重干旱，使人们对气候问题产生了更大的关注，从而开始重新认识气候形成和气候变化的一系列科学问题，这就促进了气候理论新的发展，气候系统概念和理论应运而生.

2.1 气候系统的一般概念

气候系统包括大气圈(atmosphere)、水圈(hydrosphere)、岩石圈(lithosphere)、冰雪圈(cryosphere)和生物圈(biosphere)五个组成部分，每个组成部分都具有不同的物理性质，分别构成一个子气候系统，气候系统组成如图2-1所示.作为地球气候系统，同时受到外部与内部的控制与强迫因子(driving and forcing factors)作用，具体包括：

(1) 外强迫：太阳辐射(地球轨道参数、太阳常数的变化等)、地球重力场；

(2) 内强迫：各子系统的变化、演变等(如大陆漂移、地形变化等).

气候系统内部的各种能量形式有辐射能、热能、位能、动能、化学能、电磁能等.物理过程有动力过程、热力过程和能量的转换、物理量的输送等.此外，气候系统还包括各种反馈因子的相互作用和反馈过程.因此，气候系统是一个很复杂的系统，除各圈层具有不同的组成特征和热力、动力特性外，圈层之间还存在多时间、空间尺度的相互作用.

一、大气圈

大气由地球表面以上的各种气体组成，它是气候系统中最易变化的部分.地球大气的总质量约为 5.3×10^{15} t.空气的比热容是 1.005×10^{3} J·kg^{-1}·K^{-1}，它的整个热容量约为5.3258 MJ.大气中含量甚微，称为微量气体的有二氧化碳(CO_2)、氪(Kr)、氖(He)、甲烷(CH_4)、臭氧(O_3)和水汽(H_2O)等.从动力学角度讲，大气圈的水平尺度与垂直尺度量级分别为 10^6 m和 10^4 m.大气圈的热惯性最小，热力响应时间约为1个月，也就是说可以在1个月左右的时间内调整到稳定的温度分布.但大气的输送作用强，对热量、水汽、动量、气溶胶、CO_2、O_3等的输送具有重要意义.大气圈的特点是：动力作用活跃，持续的水平运动和垂直对流形成了各种时间和空间尺度的天气现象.大气圈的底层是接近地球表面十几公里厚的对流层，它集

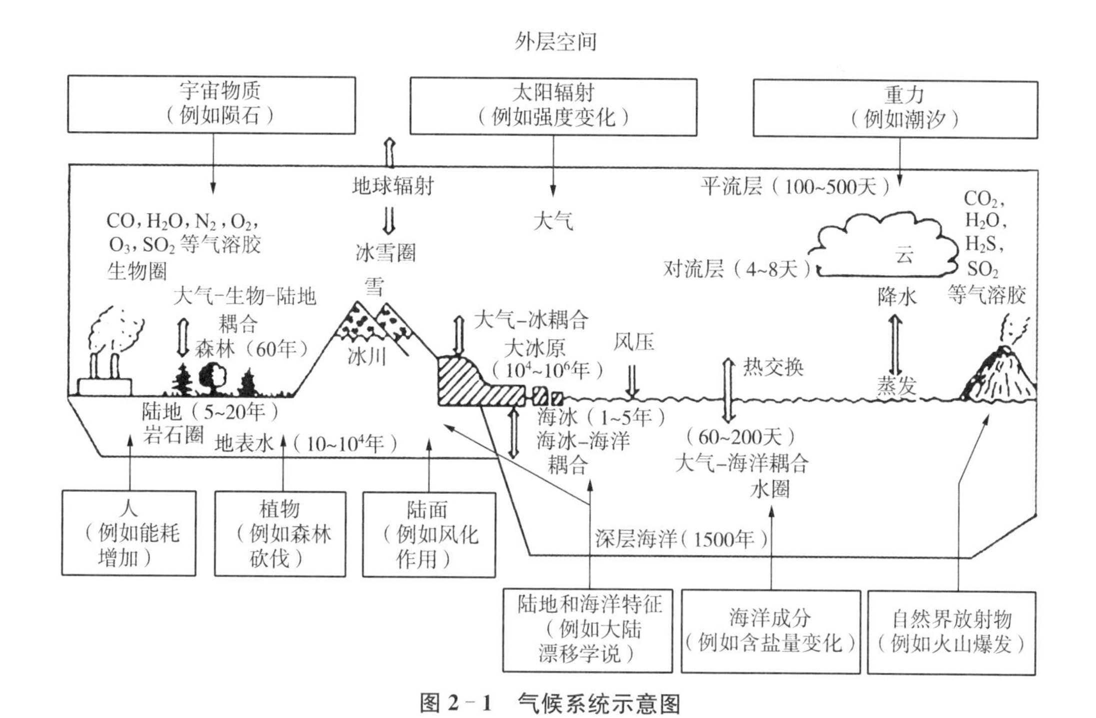

图 2-1　气候系统示意图

中了整个大气圈中约 3/4 的质量和几乎全部的水汽，是大气圈中最活跃、变化最剧烈和最复杂的部分，雷、电、风、云、雨及寒潮、台风等各种天气现象都在这一层中发生.

特别应指出的是，大气中的水汽对地球气候具有重要意义.大气中的水汽来自海洋、江河、湖泊和陆地表面的蒸发、植物的蒸腾，以及其他含水物质的蒸发.在夏季湿热地区，如高温的洋面和森林，空气中水汽含量的体积可达 4%；而冬季干寒地区，如极地，空气中水汽含量则低于 0.01%.虽然水汽是大气中的微量气体，但其变化十分活跃.大气中的水汽随大气温度变化发生相变，形成云和降水，是地球上淡水的主要来源.水的相变和水分循环过程把大气圈同水圈、冰雪圈、岩石圈和生物圈紧密地联系在一起，对气候系统的大气环流，能量转换、输送及变化有重要影响.大气中的 CO_2 含量受植物的光合作用、动物的呼吸作用、含碳物质的燃烧以及海洋对 CO_2 吸收作用的影响.工业革命以来，随着工业发展、化石燃料（如煤、石油、天然气等）燃量增加和森林覆盖面积减少，大气中 CO_2 含量呈增加的趋势.此外，由于人类活动的影响，大气中没有或极少存在的甲烷、N_2O 等气体的含量也在急剧增加.这些气体都具有温室效应，与 CO_2 一起统称为温室气体(Green House Gases，GHG).大气中温室气体含量的变化对全球温度和气候变化的影响，已成为当代气候研究的一个前沿课题.

二、水圈

水圈或称海洋圈，其主体是海洋.全球海洋由世界各大洋和邻近海区内的咸水组成，全球海洋总面积约 3.6×10^9 km^2，约占地球总面积的 71%，相当于陆地面积的 2.45 倍.全球海洋平均每年约有 5.05×10^{14} m^3 的海水在太阳辐射作用下蒸发成水汽进入大气层，这个量约占大气中水汽总量的 87.5%.而每年从河流、湖泊、植物蒸腾和陆地表面蒸发的水汽仅相当于 7.2×10^{13} m^3 的水，约占大气中水汽总量的 12.5%.蒸发的水汽上升凝结后，又以液态(雨)或固态(雪和冰雹等)形式降落到海洋和陆地上.陆地上每年约有 4.7×10^{13} m^3 的水注入河流、湖泊，或渗入土壤形成地下水，最终注入海洋，从而构成了地球上的水分循环.水的蒸发和凝结既是物质状态的转化，也是能量状态的转化形式之一.海洋通过蒸发向大气输送大量的水汽，水汽在大气中凝结释放出大量的潜热，进而影响大气环流和各种物理过程.表 2-1 是地球上水的形态与分布的估计.

由于海陆反射率的明显差异，在同一纬度海洋上单位面积所吸收的太阳辐射能比陆地多 25%～50%，因此全球海洋表层海水的年平均温度要比全球陆地上年平均温度约高 10℃.由于低纬度地区比高纬度地区获得的太阳辐射多，赤道附近海洋水温高于高纬度海洋.在风的驱动和地转偏向力的作用下，形成大尺度海洋环流；同时因海-气热量交换引起能量的重新分布，使地球赤道地区和两极地区的气候差异处于一种动态的平衡位置附近.海洋中温度有明显季节变化的活动层平均厚度为 240 m，位于海洋上层，其质量约为 8.7×10^{16} t，热容量为 36.45×10^{16} MJ·K^{-1}.陆地活动层的平均厚度只有 10 m，质量为 3×10^{15} t，其热容量只有 2.38×10^{15} MJ·K^{-1}.因此，大气、陆地活动层、海洋活动层的质量比是 1∶0.55∶16.4，而热容量比则是 1∶0.45∶68.5.可见，无论从动力学，还是从热力学机制来看，海洋在气候形成及其变化的过程中都起着极其重要的调节、控制和稳定作用.

表 2-1　地球上水的形态与分布

水的存在形式	覆盖整个地球表面时的深度(m)	所占总量的百分比(%)
海洋	2650	97
高山冰盖和冰川	60	2.2
地下水*	20	0.7
湖泊和河流*	0.35	0.013
土壤所含水*	0.12	0.004
大气中的水	0.025	0.0009
总量	2730	100

说明：数据来源于各种资料的整合：Nace (1964)，经美国自然历史博物馆准许采用；Baumgartner and Reichel (1975)，and Korzun(1978)等.

* 数据不确定

从物理海洋学角度看，海洋的温度结构包括混合层(表层 50～100 m)、斜温层(跃温层，温度梯度大)和深温层(等温层，500～1000 m 以下)(如图 2-2).其盐度结构是，表层约 500 m 以内变化较大，因纬度而异；深层趋于均匀(如图 2-3).此外海洋热容量大，是气候系统的能量

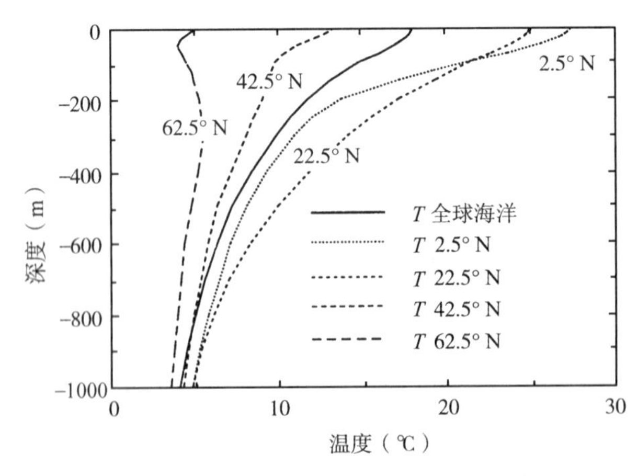

图 2-2　海洋中不同纬度温度随深度的变化

库，其热力响应时间为 10^{-1}～10^{4}年.海洋可以与大气进行能量、动量，CO_2和水汽等物质交换.海洋中的洋流分布对全球的热量和水量输送起着重要作用，暖洋流和冷洋流的分布及其变化（如图 2－4）是影响全球和区域气候的重要因子之一.

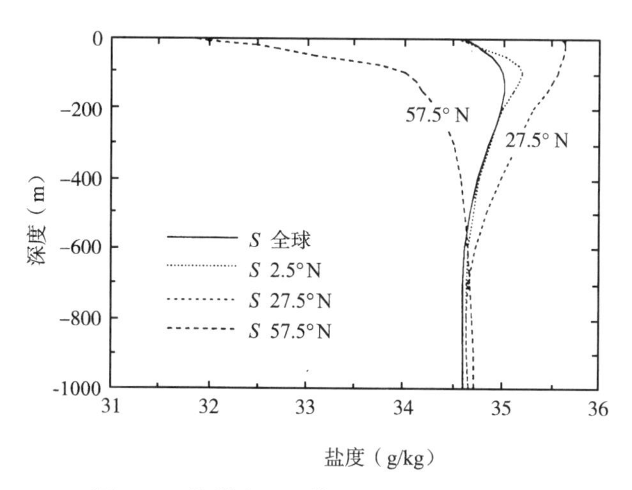

图 2－3　海洋中不同纬度盐度随深度的变化

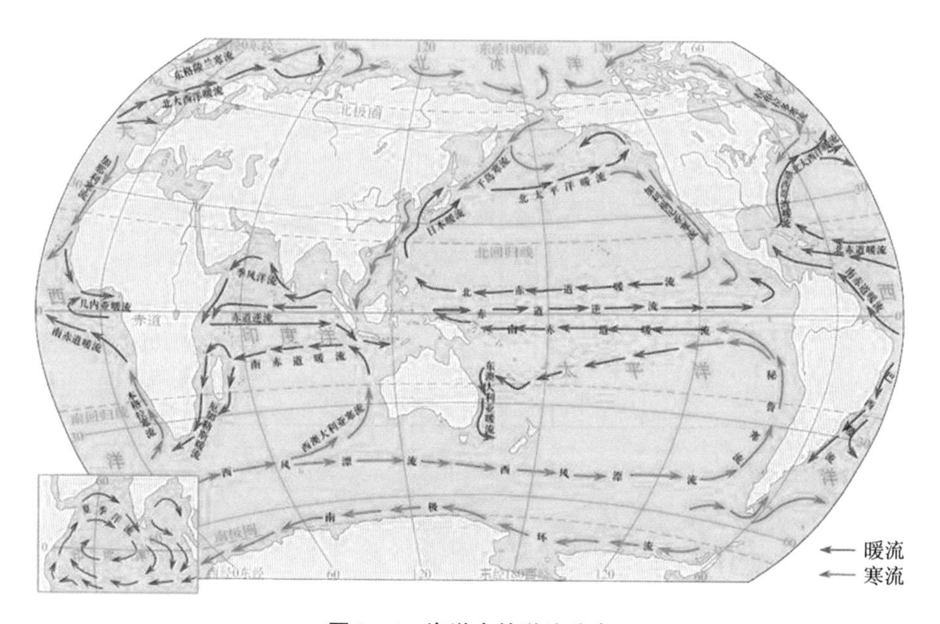

图 2－4　海洋中的洋流分布

三、冰雪圈

冰雪圈的主要构成是陆冰（包括格陵兰、南极、大陆冰川、冻土等）、雪被和海冰，其中雪被、海冰和冻土具有显著的季节和年际变化.冰雪圈具有高反照率，其演变响应时间尺度为 10^{-1}～10^{7}年，对气候有重要影响，同时也是淡水的重要来源.表 2－2 是地球上冰雪圈组成的一个定量估计.

由表 2－2 可以看出，地球上的冰雪圈组成大致分为三部分：南极洲和格陵兰的大陆冰原，海冰和陆地雪被（包括高山冰川、冻土等）.全球永久性冰雪覆盖在陆面约为 3.5%，洋面为

2.0%;季节性冰雪覆盖,北半球约占地球表面积的10%,南半球为3.4%.冰雪是固态水,其物理性质与水相比有很大的不同.冰雪对太阳辐射的反射率是水的几倍甚至十倍以上,能有效地反射太阳辐射.冰雪是很好的绝热层,有冰雪覆盖的洋面和陆面,与大气的热量交换是很弱的.因此冰雪覆盖对地球热量平衡有着重要的影响,对气候变化起着稳定器的作用.地质学研究表明,在地球气候所经历的20亿年中,地球表面的水量(固态和液态的)是近似恒定的,大的气候变化,如冰期和间冰期可以通过海平面高度和冰川体积的变化显示出来.气候变暖,则冰雪融化,冰川后退,海平面升高;反之,气候变冷,则积冰增加,冰川扩展,海平面降低.事实上,在地质时期中,曾出现过冰雪覆盖发展和消融的多次交替,每次交替中地球的气候、大气环流、水分循环和生态都会发生大的调整.在第四纪最大的冰期中,全球冰雪的体积大约是现代的3倍,海平面平均低于现代海平面130 m,露出了大部分大陆架.

表2-2　地球上冰雪圈的分布

			面积(km^2)	体积(km^3)	所占冰雪总量的百分比(%)
	南极洲冰原		13.9×10^6	30.1×10^6	89.3
	格陵兰冰原		1.7×10^6	2.6×10^6	8.6
	高山冰川		0.5×10^6	0.3×10^6	0.76
陆冰	冻土	永久性	8×10^6	$0.2\times10^6\sim0.5\times10^6$	0.95
		非永久性	17×10^6		
	季节性雪(平均最大值)	欧亚大陆	30×10^6	$2\times10^6\sim3\times10^6$	
		美洲大陆	17×10^6		
海冰	南太平洋	最大值	18×10^6	2×10^6	
		最小值	3×10^6	6×10^6	
	北冰洋	最大值	15×10^6	4×10^6	
		最小值	8×10^6	2×10^6	

四、岩石圈

岩石圈由许多大陆块组成,包括陆地岩石、土壤及地球表面的沉积物.陆面是人类栖息之地,人类活动对其表面特性有着重要的影响.地表面与大气之间的摩擦作用是大气动能重要的汇.地表反射率是影响太阳辐射吸收的重要参数,同时土壤含水量对反射率及蒸发有着明显的影响.平均而言,地表反射率比海洋大25%~50%,约为0.10~0.80.地球表面也是大气中气溶胶悬浮微粒的主要源地(如火山灰、沙尘暴等),而地表特征又会随着气候和植被状况而变化.陆气相互作用是通过地表进行,使具有不同植被覆盖类型的地表面与大气系统进行能量、动量和物质的交换.地表热力作用使得不同地区在不同季节成为大气的热源或冷源(如青藏高原).陆地水循环中的土壤湿度、蒸发、径流等的变化对气候系统的变化具有重要作用.整个岩石圈的时间演变尺度在$10^5\sim10^7$年以上.由于地表面的复杂性及其在气候系统变化中的作用,陆气相互作用已成为气候变化研究中的一个重要领域.特别是人类活动对地球表面的改变已经成为现代气候变化中不可忽略的一个重要因子.表2-3给出了地球上的土地使用情况.

表 2－3　地球上的土地使用情况

土地使用类型	百分比(%)
耕地及人类生活区	10～13
牧场	20～25
较高纬度森林(主要指针叶林)	10～15
热带雨林	13～18
沙漠	25～30
苔原、高纬度	6～9
湿地、沼泽、湖泊和河流	2～3

五、生物圈

生物圈主要包括陆地和海洋中的各种植物、动物和人类本身，如自然植被、农作物、陆地动物群、海洋生物、人类等.生物圈可以通过调节大气中的温室气体及其他大气成分(CO_2、CH_4等)而影响着气候，如植被可以改变地表反照率、蒸发和径流等.人类活动对地表状况的改变已成为影响现代气候变化的最主要因子之一，受到越来越多的气候学家的重视.生物圈在大气和海洋的 CO_2 收支、气溶胶的产生，以及在其他有关气候和盐粒成分关系的物理、化学过程中都起着重要的调节和平衡作用.同时这些生物要素也受气候制约，对气候变化很敏感.生物圈的时间演变尺度为 10^{-1}～10^{7} 年.

综上所述，气候系统是一个非常庞大、非常复杂的物理系统，它的每一个子系统都具有完全不同的物理性质，并通过各种各样的物理、化学、生物和动力过程同其他子系统联系起来，在不同的时间和空间尺度上决定地球气候的特征(如图 2－5).因此，现代人们已经认识到气候是整个地球的环境特征，在研究这种环境特征时，已经开始使用“地球系统”的概念，这一概念比气候系统的概念更广泛.

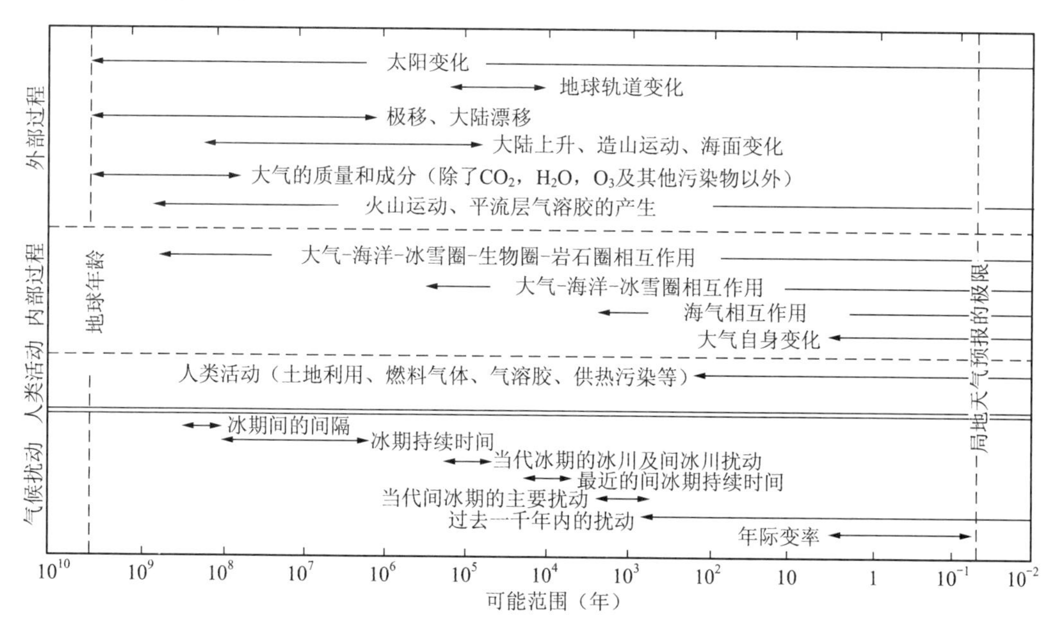

图 2－5　气候系统各圈层的时间尺度特征

2.2 气候系统的基本性质

地球气候系统是一个非常庞大复杂的系统，气候系统的组成成分、外强迫条件、系统内部的各种过程（动力过程、物理过程、化学过程和生物过程等）及各种反馈机制，决定了气候系统的许多复杂特性及其随时间和空间尺度的变化性.概括起来，气候系统具有以下基本特性.

一、复杂性

地球气候系统是一个复杂的非线性开放系统.所谓开放系统是指与外部有质量和能量交换的系统，如大气圈、海洋圈和生物圈等.按照系统的特性，开放系统可以分为以下三类：

（1）耗散系统：消耗能量和质量；

（2）周期性系统：在一定强迫下做规则性振荡；

（3）随机扰动系统：变化不规则的不可预报系统.

地球气候系统与宇宙空间有能量和物质交换，虽然从经典意义上看，这种物质交换很小，甚至可以忽略不计，但总体而言，地球气候系统是一个耗散系统.与此同时，气候系统还受到地球轨道参数控制下太阳辐射准周期性变化的强迫、系统内部的随机过程的作用.因此可以说，地球气候系统同时具有上述三类开放系统的特性，其内部变化相当复杂.

二、稳定性

由于气候系统既因受到外部强迫作用而发生能量收支的变化，又因系统内部过程产生能量的再分配、相互作用和反馈等机制，因此在某种条件下，气候系统可能处于不稳定状态或产生突变.这里，我们可以从能量收支（外部因素）和系统的内部性质（能量的再分配、相互作用、反馈机制等）响应两方面对气候系统的稳定性进行讨论.

根据能量平衡气候模式（EBM，Energy Balance Model）

$$C\left(\frac{\mathrm{d}T}{\mathrm{d}t}\right)=Q[1-\alpha_{\mathrm{p}}(T)]-F, \tag{2.1a}$$

$$C\left(\frac{\mathrm{d}T}{\mathrm{d}t}\right)=Q[1-\alpha_{\mathrm{p}}(T)]-(A+BT). \tag{2.1b}$$

式中：C 是地气系统热容量；α_{p} 是地气系统反照率；T 是地气系统温度；Q 是太阳入射辐射；F 是地气系统放出长波辐射，等于 $A+BT$，A 和 B 是反映地气系统长波辐射特性的常数.

当不考虑系统能量随时间变化时有

$$Q[1-\alpha_{\mathrm{p}}(T)]-(A+BT)=0, \tag{2.2}$$

即

$$Q[1-\alpha_{\mathrm{p}}(T)]=A+BT\ .$$

$Q=S_0/4$，$S_0=1367\ \mathrm{W/m^2}$ 为太阳常数，σ 为 Stefan-Boltzmann 常数（$5.67\times10^{-8}\ \mathrm{Wm^{-2}\,K^{-4}}$），设地球系统有效温度为 T_{e}，则有

$$\frac{S_0}{4}(1-\alpha_{\mathrm{p}})=\sigma T_{\mathrm{e}}^4, \tag{2.3}$$

如果 $T=T(t)$ 为时间的函数，对温度 T 随太阳常数 S_0 的变化，可以求出 T 的三个解：

（1）$T_{\mathrm{e}}=255\ \mathrm{K}(\alpha_{\mathrm{p}}=0.30)$，代表现代气候状态；（2）$T_{\mathrm{e}}=219\ \mathrm{K}(\alpha_{\mathrm{p}}=0.62)$，代表冰期气候

状态;(3) T_e 处于不稳定气候状态.

现代观测的地球实际地表气温为 288 K,远高于上述模式给出的有效温度结果,其原因是该简单模式中的 T_e 是一个等效温度,代表的是一个地球系统平均温度,由于没有大气层的温室效应,地表气温要高于这一温度.如图 2-6 所示,当引入大气层时,可以得出大气层的温室效应.如在大气顶满足辐射能量平衡,则有

$$S_0(1-\alpha_p)/4=\sigma T_A^4=\sigma T_e^4, \tag{2.4a}$$

$$\sigma T_S^4=2\sigma T_A^4, \tag{2.4b}$$

等价于

$$\sigma T_S^4=2\sigma T_e^4, \tag{2.5}$$

也就是

$$S_0(1-\alpha_p)/4+\sigma T_A^4=\sigma T_S^4, \tag{2.6}$$

因此有

$$T_S=\sqrt[4]{\frac{S_0(1-\alpha_p)/4+\sigma T_A^4}{\sigma}}. \tag{2.7}$$

上述结果表明,大气层的存在使地表气温升高,这就是温室效应的基本原因.大气层的成分组成和物理性质将决定其温室效应的强弱.

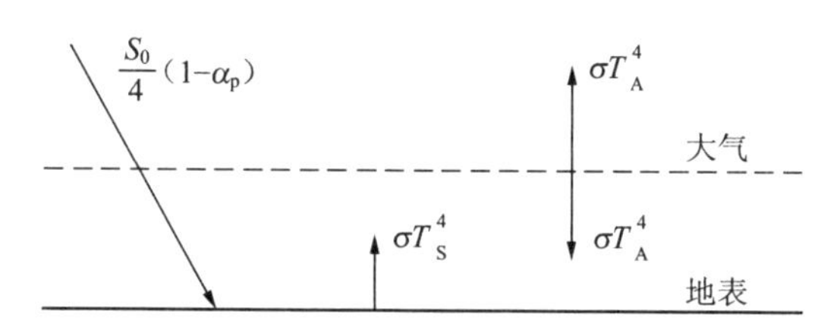

图 2-6　大气层温室效应示意图

三、敏感性

气候系统的敏感性是指外强迫因子发生变化时,气候系统对其变化强度、持续时间的响应以及由此而产生的气候系统状态的变化程度.气候系统的敏感性分析有助于认识影响气候的主要因子和物理过程,从而预测气候系统可能出现的状态和演变趋势.这里,我们以简单的能量平衡模式为例来讨论这一问题.

1. 敏感性指数

如果以太阳辐射能的变化作为地球气候系统的外强迫因子,其变化可能导致气候的变化,可以定义如下的敏感性指数:

$$\beta=(Q/100)\times(dT_e/dQ), \tag{2.8}$$

由前述能量平衡方程可得

$$\beta=(A+BT_e)/(100B). \tag{2.9}$$

取 $A=205\ \mathrm{W/m^2}$, $B=2.1\ \mathrm{W/(m^2\cdot ℃)}$, 当 $T_e=16.5℃$时,则得到

$$\beta=1.14℃,$$

即太阳常数改变 1%,地球气温将变化约 1.14℃.

2. 气候状态随时间的变化

若考虑气候系统温度随时间变化,能量平衡方程的解可写为

$$T(t)=T_e+[T(0)-T_e]\exp(-t/\tau_0)\ . \tag{2.10}$$

式中：$T_e=[Q(1-\alpha_p)-A]/B$ 为平衡温度，$\tau_0=C/B$ 为延迟时间.

可见，当 t 趋于∞时，$T(t)$ 趋向 T_e.说明对于一个稳定的气候系统，最终将达到一个稳定的气候状态.但对于不稳定系统，则可能出现非平稳气候态，这在后面会进行相关讨论.

3. 太阳常数变化与地球温度的关系

根据能量平衡模式，当考虑到地球系统反照率是气候状态的函数时，$\alpha_p=\alpha_p(T,\varphi,S_0)$，则地球上冰线位置和太阳辐射的关系就会影响地球温度的突变.即在某个冰线的临界纬度上，太阳常数的改变会导致地球气候向某个极端方向发展——大冰期或无冰期，如图 2－7 所示.全球气候状态因外强迫太阳常数的改变可能出现不同的现象，存在一个影响气候稳定性的冰线位置临界点，当冰线纬度高于该点纬度时，太阳常数的增加将使冰线位置继续向高纬度移动，直至极地，出现无冰覆盖，进入稳定的无冰期气候态；相反，太阳常数的降低则导致冰线位置向低纬度移动，气候变冷.因此当冰线位于临界点与极地之间时，太阳常数的变化与气候的状态有一个稳定的对应关系.然而，当冰线位置向赤道移动越过临界点后，气候将进入一个不稳定状态，此时太阳常数的增加不可能使其向高纬度移动，而是继续向赤道方向移动，直到冰线到达赤道，全球被冰雪完全覆盖，进入全球大冰期，这就是所谓的雪球地球——“Snow Ball”气候.可以看出，冰线位置低于临界纬度后，地球气候进入不可逆的非稳定状态.这就是前面讨论的气候系统敏感性和稳定性的一个综合的简单例子，由此可以看出气候系统的复杂性、敏感性和稳定性的关系.

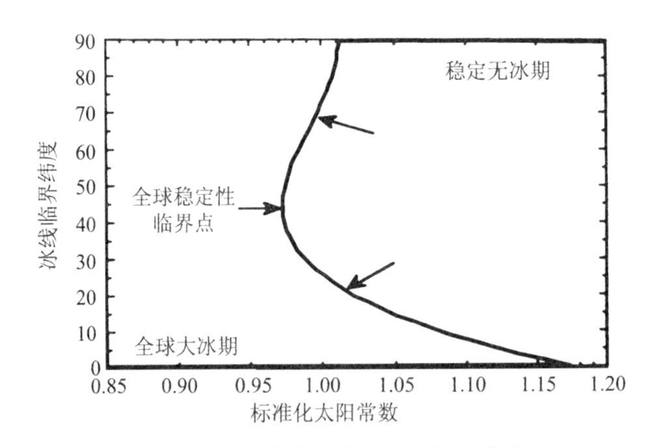

图 2－7　太阳常数变化与地球温度的关系

四、反馈性

如果某个过程导致的结果会影响其初始的强迫激励作用，而这一作用又会继续作用于过程的发展，这种现象称为反馈.根据其作用的结果，可以将反馈分为两类：如果这一现象使初始作用被不断加强，称为正反馈；如果使其受到抑制，则称为负反馈.由于气候系统的复杂性和多圈层、多物理过程和多影响因子的存在，这些要素形成相互制约而存在着多种反馈，因此在研究气候系统变化规律和特征时，必须考虑气候系统中的反馈机制.因为在很多情况下，气候系统对强迫条件的响应是由这些反馈机制所决定的，正反馈机制使系统（或过程）向一个极端方向发展，即在某个激励作用下，气候系统趋于不稳定；而负反馈机制则在某个激励作用下，使系统状态（或过程）在平衡态附近振动，不会向极端方向发展，使气候系统趋于稳定.这种反馈机制可以用简单的数学模型来描述.

根据电子信号放大器原理,定义系统的增益为输入信号与输出信号之比:

$$G=V_2/V_1, \tag{2.11}$$

定义反馈因子 H 为

$$H=V_F/V_2. \tag{2.12}$$

V_F 为 V_2 中返回的一部分信号,即反馈信号,如图 2-8 所示.

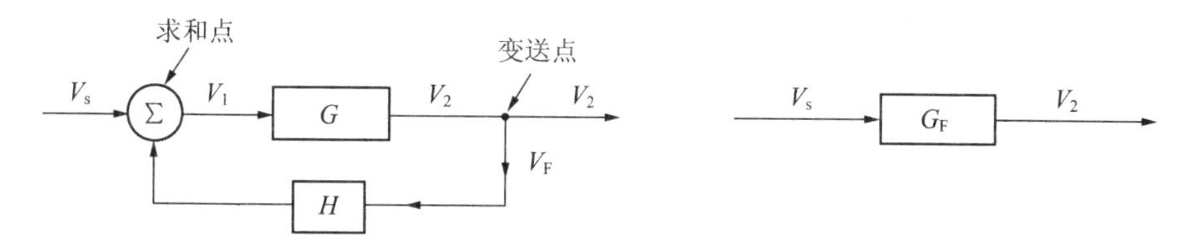

(a) 信号增益和反馈关系　　(b) 输入输出信号与有效传输函数关系

图 2-8　反馈机制示意图

因此输入信号可表示为 $V_1=V_s+V_F$, V_s 为初始信号,故有

$$V_2=GV_1=G(V_s+V_F)=GV_s+GHV_2. \tag{2.13}$$

引入有效传输函数

$$G_F=V_2/V_s, \tag{2.14}$$

设系统的反馈因子为 $f=GH$,则

$$G_F=G/(1-GH)=G/(1-f), \tag{2.15}$$

所以

$$V_2=GV_s/(1-f). \tag{2.16}$$

对于多个反馈过程有

$$G_F=G/(1-\sum f_i). \tag{2.17}$$

例如,对于单一反馈情况

$f=0$,为零反馈,且 $G_F=G$;

$f<0$ 和 $0<G_F<G$,为负反馈过程,当 $|f|$ 趋于 ∞ 时,G_F 趋于 0;

$0<f<1$,正反馈过程,$G_F>G$,当 f 趋于 1 时,则 G_F 趋于 ∞.

下面是几个典型的气候系统反馈的例子.

(1) 冰雪反照率与全球温度:地球温度降低时,冰雪覆盖面积会增大,因而地球行星反照率会增大,气候系统吸收的太阳辐射就会减少,使得地球温度继续降低;反之当地球温度升高时,冰雪覆盖面积减小,地球行星反照率也减小,气候系统吸收的太阳辐射就会增加,地球温度继续升高.这就是典型的正反馈机制.

(2) 水汽与地面温度:地表温度的升高会使水汽蒸发增大,进入大气层的水汽增加,使大气中的水汽含量增加,地气系统对太阳辐射和长波辐射的吸收增加,而地表向宇宙空间放出的长波辐射减少,地表温度更高,则水汽蒸发继续增大;反之亦然.这就是水汽的正反馈机制.

(3) CO_2 与全球温度:大气中 CO_2 浓度增加,由于温室效应会导致全球变暖,全球变暖也使海表面温度升高,海水垂直稳定度增加,海洋吸收 CO_2 能力相应减弱,则大气中的 CO_2 浓度会继续增加,全球温度更高.这就是 CO_2 等温室气体的正反馈机制,与水汽和温度的正反馈一样,都属于温室效应.在一定的条件和时间尺度内,温室效应是一种正反馈效应.

上述三种反馈是典型的正反馈.显然,如果气候系统完全为正反馈过程所控制,那么地球气候的变化将是灾难性的,要么变为“火球”,要么就成为“冰球”,出现极端气候.但实际气候系统是由正、负两种反馈机制控制的,而且在一定条件下,一种正反馈可能激发另一种负反馈过程的发生,而负反馈过程就可以改变气候变化的趋势和方向.云与地面温度的反馈就是一种复杂的、同时包括正负两种反馈机制的过程.

温度与全球云量的反馈机制相当复杂,在全球气候形成和变化中具有重要意义.气候系统的云系中,中云、低云和高云对地面温度变化的影响是不同的:中云、低云与地面温度呈负反馈关系,而高云则表现为类似于温室效应的正反馈作用.全球增暖可以使大气中水汽含量增加,中、低云云量增加,地球系统平均反照率增大,反射更多的太阳辐射,其结果是地球系统得到的太阳辐射能减少,地表温度降低;反之,则地表温度升高,这是云量温度反馈的一种情形——负反馈机制.云与辐射的反馈作用十分复杂,其反馈作用的正和负取决于云的种类、高度和光学性质等.一方面,云对太阳可以产生反射作用,将其中入射到云面的一部分太阳辐射反射回太空,减少气候系统获得的总入射能量,因而具有降温作用.另一方面,云能吸收云下地表和大气放射的长波辐射,同时其自身也放射辐射,与温室气体的作用一样,能减少地面向空间的热量损失,从而使云下层温度增加.一般来说,中云、低云以反射和吸收太阳辐射为主,常使地面降温,起负反馈作用;而高云有近似温室效应的作用,可以使地面温度升高.这是因为高云中的水汽含量少、云滴密度低,对太阳辐射几乎是透明的,但对长波辐射仍有重要的吸收和放射作用,因此有类似于水汽的温室作用.

实际气候系统中某一因子或要素的变化是受着多种正负反馈机制的共同作用控制,如图2-9所示的地面平衡温度的反馈因子.设地面温度的变化为ΔT_{SFC},气候系统的初始输入信号为ΔF_{TA},则最终气候系统达到的新的平衡温度变化为

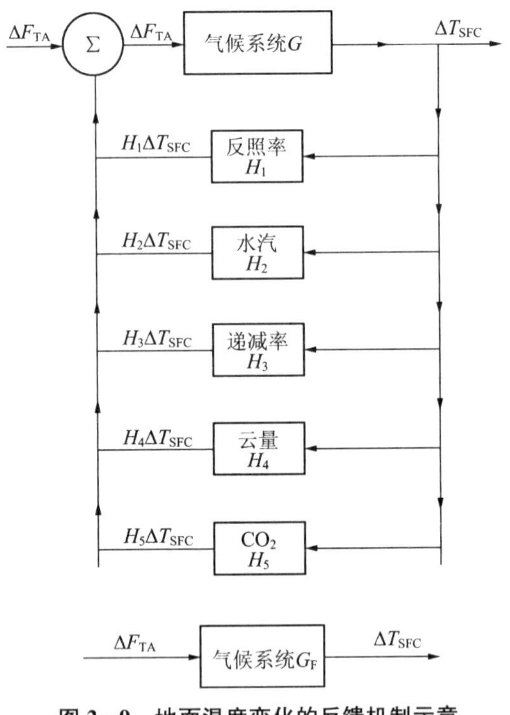

图 2-9　地面温度变化的反馈机制示意

$$\Delta T_{SFC}=G_F\Delta F_{TA}=\Delta F_{TA}G/(1-\sum f_i). \tag{2.18}$$

式中$\sum f_i$包含了气候系统内部的多个反馈过程，即反照率、水汽、温度垂直递减率、CO_2和云量等，这些因子的反馈作用共同组成了一个控制气候系统温度变化的反馈器，这个反馈器决定了地球系统温度的变化特征和趋势.

五、可预报性

气候系统的可预报性是一个与气候预报有关的重要问题，也是一个不太容易准确回答的问题.通常可将其分为两类：第一类可预报性问题是指时间意义上的可预报性；第二类可预报性问题是与时间无关的敏感性预报.

根据 Lorenz 的定义，通常意义下的气候预报是指与时间有关的气候统计特征量，如平均值、方差和概率等的预报.因此，从一般意义上讲，气候的可预报性指的是可能对系统不久的将来或长期的将来做出预报的准确程度.气候可预报性的另一种含义是指气候变化中有多大的部分是可以预报的，称为气候的潜在可预报性，它是气候预报的极限.气候预报的可行性是个有争议的问题.牛顿力学确定论者认为，气候预报不仅可行而且将不受时间的限制，这是我们动力(数值)预报的理论根据.大气环流模式、能量平衡模式以及其他采用热力学方程组的各种模式都是以“确定论”为基础的.一个确定的微分方程或方程组，只要给出初始条件，就可有唯一确定的解，正如拉普拉斯所说“只要给出初始条件，我就可以决定未来的一切”.而持“蝴蝶效应”(指某处拍着翅膀的蝴蝶，可以影响几百公里乃至几千公里外另一处的天气或气候的变化)观点者认为气候预报是绝对不可能的.科学界关于混沌现象的讨论和研究是对“确定论”的一个很大的冲击.按照混沌理论，很多确定的非线性系统(如微分方程或代数方程)，当控制参数变化后，系统会出现混沌状态.像大气这样一个耗散系统，对初始条件非常敏感，初始条件的微小变化(这是必然的)最终将导致结果的很大差异，甚至会出现两种毫无关系的结果，也就是说会出现混沌的状态.这种“随机论”的观点扩大了我们对事物演变的认识范围，正如耗散结构的创始人、比利时化学家、诺贝尔奖获得者普利高津所说：“未来并不完全包含在过去之中”，要不断地分析事物的变化才能把握事物的演变.在第七章将具体介绍有关气候预测的问题.

2.3 气候系统的能量平衡

一、地球系统辐射和能量收支概况

地球气候系统的主要能量来源于太阳辐射，太阳辐射进入地球系统后，经过地球大气、地球表面的吸收、散射和反射，将太阳短波辐射能转变为其他形式的能量.地球气候系统的能量形式主要有以下几类：太阳短波辐射 (short wave radiation)、地球长波辐射 (long wave radiation)、感热和潜热 (sensible heat and latent heat).这些形式的能量及其转换过程形成了地球气候系统的能量收支.根据研究的参考位置不同，可以分为以下三个能量收支系统：大气顶(地气系统)、大气、地表面系统(如图 2-10).

为了定量分析气候系统的辐射和热量收支，可以用辐射平衡方程和热量平衡方程来表示各辐射分量和热量分量之间的关系.辐射平衡方程只考虑辐射形式的能量，而热量平衡方程则用来描述辐射与非辐射形式能量的平衡.

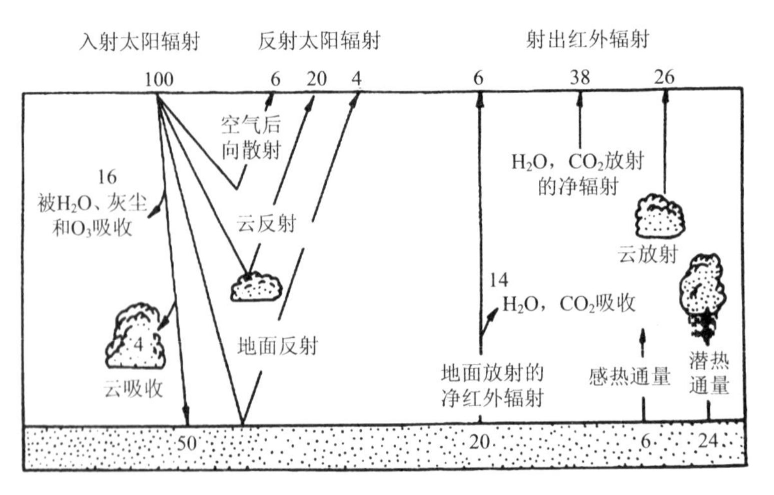

图 2-10　地球系统的能量收支

1. 地球气候系统的辐射平衡方程

(1) 地气系统(以大气顶处为参考面)的辐射平衡方程可写为：

$$R_S=(Q+q)(1-\alpha)+\Delta S-E_\infty. \tag{2.19}$$

式中：Q 是直接太阳辐射；q 是散射太阳辐射；ΔS 是大气吸收的太阳辐射；α 是地表反照率；E_∞是地气系统射出的长波辐射.

(2) 大气系统的辐射平衡方程为：

$$R_a=\Delta S-E_\infty+E_0=\Delta S-\Delta F. \tag{2.20}$$

式中：E_0是地面有效辐射；ΔF 是大气净长波辐射损失.

(3) 地表系统的辐射平衡方程为：

$$R=(Q+q)(1-\alpha)-E_0. \tag{2.21}$$

2. 地球气候系统的能量平衡方程

(1) 地球表面的能量平衡方程可以表示为：

$$R_0=LB+P+Q_A. \tag{2.22}$$

式中：R_0 是地表辐射平衡；LB 是蒸发潜热；P 是湍流热交换量(感热)；Q_A 是土壤热交换量，且

$$Q_A=F+W. \tag{2.23}$$

这里 F 为水平方向交换量，W 为垂直方向交换量.

(2) 大气系统的能量平衡方程为：

$$R_a+C_a+Lr+P+D_a=0. \tag{2.24}$$

式中：C_a 是水平辐合辐散；D_a 是气柱内热量的变化；Lr 是降水潜热释放.对多年平均情况，$D_a=0$，因此有

$$R_a+C_a+Lr+P=0. \tag{2.25}$$

(3) 地气系统的能量平衡方程为：

$$R_S=C_a+L(B-r)+F+D_S. \tag{2.26}$$

式中：F 是海洋中的水平交换；D_S 是地气系统的热量变化；$L(B-r)$是水的相变引起的热量变化.对多年平均情况，$D_S=0$，因此

$$R_S = C_a + L(B - r) + F. \tag{2.27}$$

根据上述辐射和能量平衡方程，人们对组成方程的各分量进行了大量的观测和计算，得出了地球气候系统能量收支的一些基本特征.表 2-4 和表 2-5 分别列出了近一个世纪以来人们对地球表面热量平衡和地球气候系统能量收支的认识和了解不断完善的结果.可以看出，全球平均而言，地球表面的能量收支主要由地表吸收太阳辐射、地面有效辐射、辐射平衡、潜热和感热组成，其中地表吸收太阳辐射约占 40%～50%，潜热约为感热的 3～4 倍.

表 2-4　地球表面热量平衡的研究结果

作　　者	$(Q+q)(1-\alpha)$	E_0	R_0	LB	P
Dines (1917)	42	14	28	21	7
Alt (1929)	43	27	16	16	0
Baur (1934)	43	24	16	23	−4
Baur & Philipps (1936)	42	24	19	23	−4
Houghton (1954)	47	14	33	23	10
Lettau (1954)	51	27	24	20	4
Будыко (1955)	42	16	26	21	5
Будыко (1963)	43	15	28	23	5
Barry & Chorley (1976)	45	16	29	23	6
Будыко (1979)	46	15	31	26	5
Gates (1979)	51	21	30	23	7
MacCracken & Luther (1985)	46	15	31	24	7

据 1. Gates(1979)；2. Barry & Chorley(1976)；3. MacCracken & Luther(1985)；4. Liou(1980).

表 2-5　地球气候系统热量平衡各分量

项　　目	1	2	3	4	5	6	7	8	9
入射太阳辐射 S_0	100	100	100	100	100	100	100	100	100
地气系统总反射辐射 $(Q+q)\alpha$	42	34	31	30	31	35.2	35	31	30
大气吸收太阳辐射 Q_a	15	19	24	19	23	17.4	21	26	20
地面吸收辐射 $(Q+q)(1-\alpha)$	43	47	45	51	46	47.4	45	43	50
地面长波净辐射 E_0	24	14	16	21	15	18	16	14	20
大气顶射出长波辐射 E_∞	58	66	69	70	69	64.8	66	69	70
地表感热输送 P	−4	10	6	7	7	10.8	7	6	6
地表潜热输送 LB	23	23	23	23	24	18.6	23	23	24
大气长波辐射净吸收 E_a			10	15					14
大气发射长波辐射 A			63	64					64
地面长波辐射投射 E_p			6	6					6
大气总能量收入			63	64					64

据 1. Baur & Philipps(1936)；2. Houghton(1954)；3. Barry & Chorley(1976)；4. Gates(1979)；5. MacCracken & Luther(1985)；6. London(1957)；7. Sasamori et al.(1972)；8. Wittman(1978)；9. Peixoto(1991).

图 2-11 定量给出了地球大气系统的主要层次对流层和平流层及地表面各种辐射能和非辐射能的吸收、放射及转换特征.从图 2-11 可以看出，地表对太阳辐射的吸收量最大，对流层其次，平流层最小.而对长波辐射而言，地表面是最主要的能量放出体，而对流层则吸收大量的

长波辐射，同时也向地表和平流层放出大量的长波辐射.平流层因为大气较稀薄，对太阳辐射和长波辐射的吸收均较小.

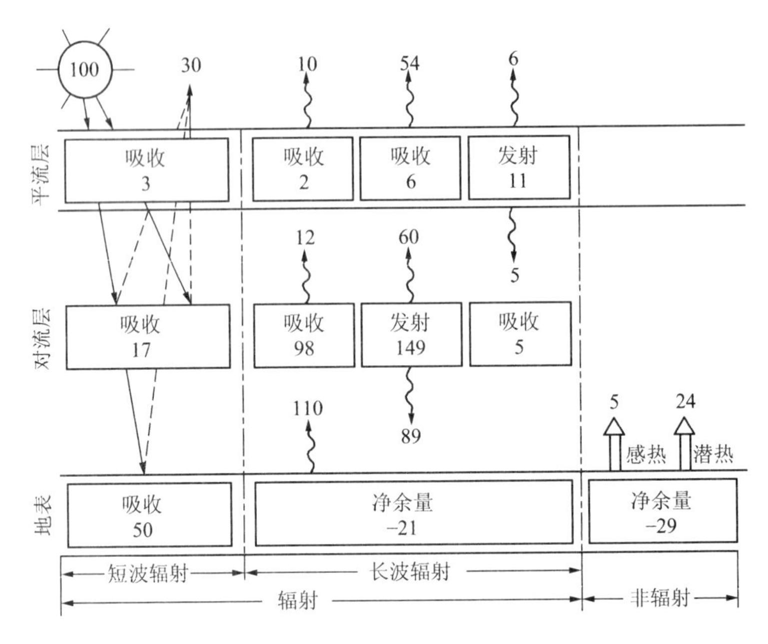

图 2-11 地球系统热量收支示意图

3. 全球气候系统能量收支主要分量分布特征

图 2-12、图 2-13 和图 2-14 是由 NASA 的 CERES(Clouds and the Earth's Energy System)系统得到的 2003—2006 年全球年平均的地表反射率、地球大气系统射出长波辐射(Outgoing Longwave Radiation，OLR)和大气顶净辐射收支的空间分布特征.由图 2-12 可见，南北极高纬度地区由于冰雪覆盖的原因而有较高的地表反射率，一般可达 0.4 以上，中低纬度的及海洋表面的反射率在 0.2 以下.射出长波辐射(OLR)是地球大气系统平均背景温度、地表特征和云分布特征的综合反映.由图 2-13 可以看出，在高纬度地区和赤道地区均可出现 OLR 的低值中心，而在副热带海洋及副热带陆地干旱地区出现 OLR 高值区.高纬度地区的 OLR 低值区是由其寒冷地表和大气温度造成的，反映了这一区域的低温特征；而低纬赤道地区的 OLR 低值是由云顶温度决定的.由于赤道辐合带强烈的对流形成具有很高云顶高度的对流云团，云顶温度很低，因此放出的长波辐射较小.由于赤道地区 OLR 的这一特征，在现代气候诊断分析中往往使用 OLR 作为大气中垂直对流强弱的一个重要度量指标.副热带高压控制区域的高 OLR 值主要是由较高的地球表面温度和晴朗的大气所造成的.对全球大气顶的净辐射分布特征分析可以看出(如图 2-14)，地球大气系统的短波太阳辐射吸收与长波辐射损失的差值在中低纬度和高纬度有符号差别.如图 2-14 所示，除东亚的青藏高原和其他有高海拔地形的地区以外，大致从 40°N 至 40°S 之间的净辐射为正值，表示吸收的太阳辐射大于射出的长波辐射，该区域因辐射收支获得能量；而 40°N 以北和 40°S 以南及青藏高原等高原地区的净辐射为负值，表示吸收的太阳辐射小于射出的长波辐射，因辐射收支而失去能量.这一特征从纬度平均辐射收支变化曲线(如图 2-15)可以清楚地表示出来，地球系统净辐射收支在 40°N 和 40°S 附近发生符号变化.因此，40°N 和 40°S 纬度线是一个重要的气候特征线.

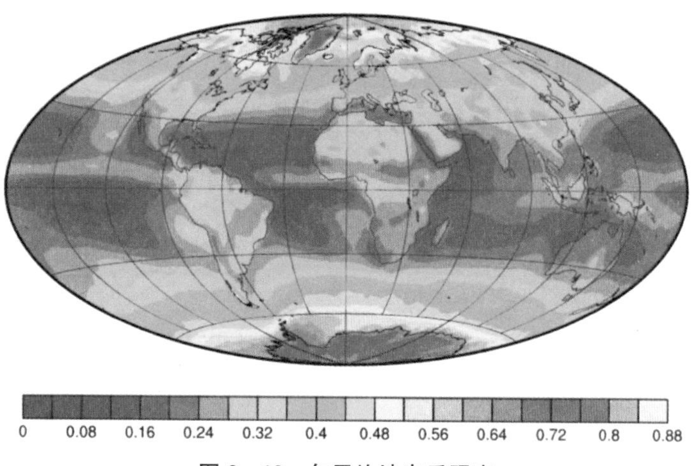

图 2－12　年平均地表反照率

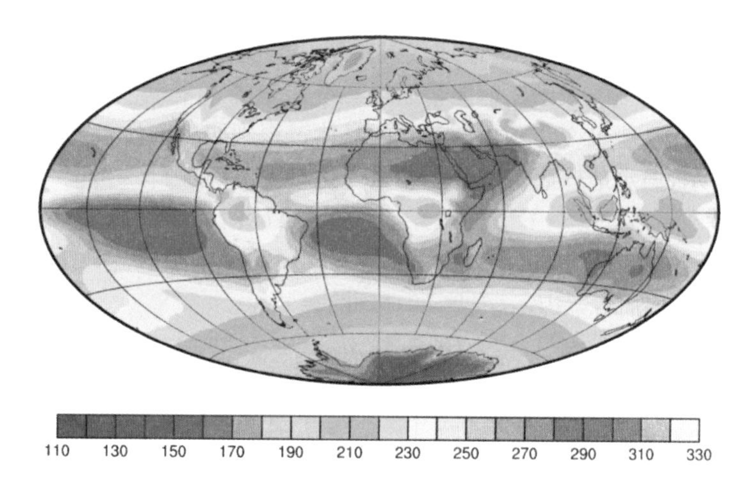

图 2－13　年平均地气系统射出长波辐射（W/m²）

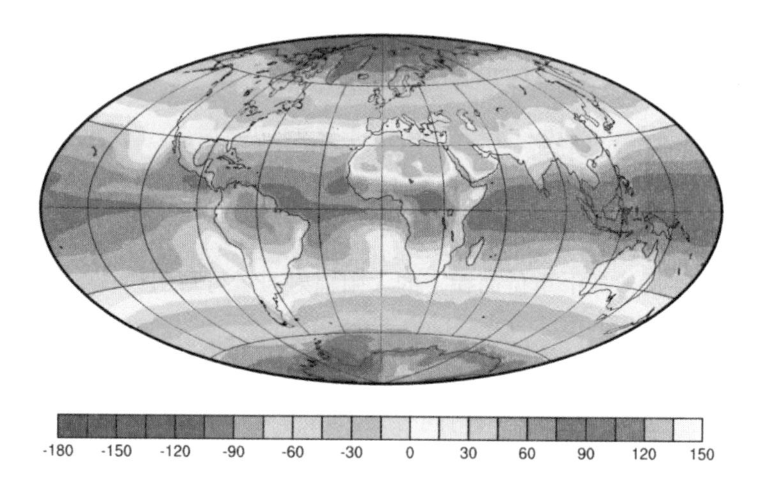

图 2－14　年平均大气顶净辐射（W/m²）

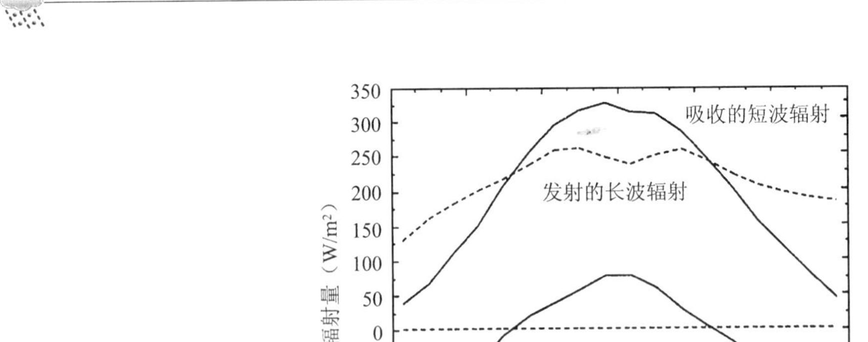

图 2－15　地球系统辐射分量的纬向分布

二、气候系统的能量分析

通过大气上界的辐射收支是决定地球气候系统内部能量变化的唯一因子.从大气顶进入地球大气、海洋和陆地系统的太阳辐射能量通过系统能量的水平辐散使得气候系统内部的能量发生变化和重新分配，能量变化和重新分配的具体过程则取决于各系统的性质和相互作用.

如图 2－16 所示，假定地球固体部分的能量变化略去不计，则有

$$(\mathrm{d}E_{ao}/\mathrm{d}t)=R_{TOA}-\Delta F_{ao}. \tag{2.28}$$

式中：$(\mathrm{d}E_{ao}/\mathrm{d}t)$是气候系统的能量变率；$R_{TOA}$是大气顶的净辐射收支；$\Delta F_{ao}$是大气和海洋中的能量散度.对全年平均而言，$(\mathrm{d}E_{ao}/\mathrm{d}t)\approx 0$，因此有：

$$R_{TOA}=\Delta F_{ao}. \tag{2.29}$$

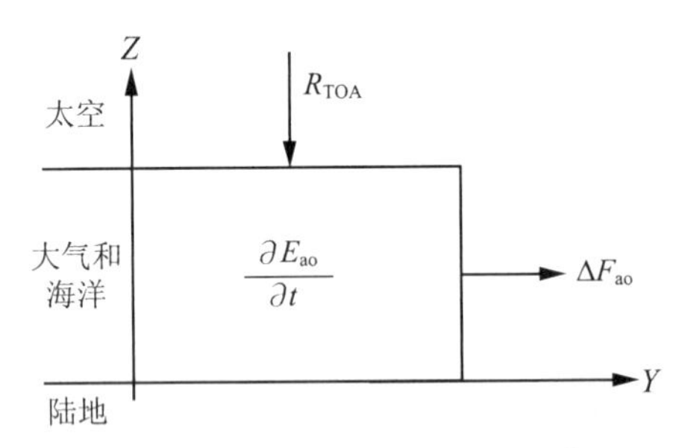

图 2－16　气候系统能量分析示意图

三、天文辐射简介

当不考虑大气层时，地球上单位面积上的太阳辐射通量可写为：

$$Q=S_0(d_m/d)^2\cos\theta_S. \tag{2.30}$$

式中：S_0 是日地平均距离处的太阳常数；d_m 是日地平均距离；d 为实际日地距离；θ_S 是太阳天顶角(zenith)，与纬度、季节和一天中的时间有关，如图 2－17 所示.

根据球面三角公式，天顶角的余弦为：

$$\cos\theta_S=\sin\varphi\sin\delta+\cos\varphi\cos\delta\cos h. \tag{2.31}$$

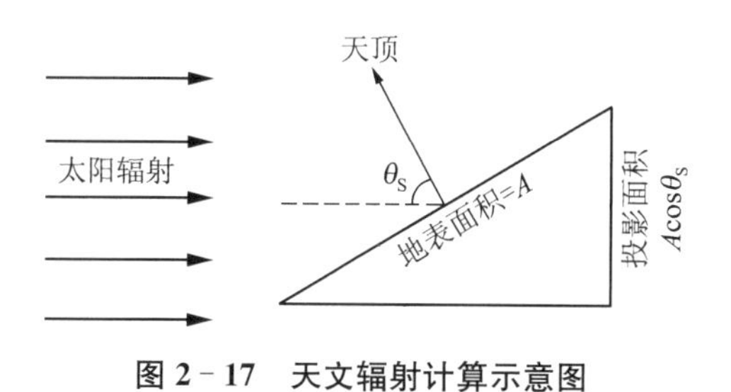

图 2-17　天文辐射计算示意图

式中：φ 是纬度；δ 是太阳赤纬（随时间变化）. 当 θ_S 为负值时，表示太阳在地平线以下. 因此令 $\cos\theta_S=0$，则日出日落时间（h_0）可由下式求出：

$$\cos h_0=-\tan\varphi\tan\delta. \tag{2.32}$$

从日出（$-h_0$）到日落（h_0）对（2.30）式积分可求出日平均天文辐射量

$$Q_{day}=S_0(d_m/d)^2(h_0\sin\varphi\sin\delta+\cos\varphi\cos\delta\sin h_0)/\pi. \tag{2.33}$$

对一年中的任一时刻，可根据上式计算日平均天文辐射量. 这里 $2\pi=24$ 小时，$24/2\pi=t/h_0$，h_0 用弧度表示. 图 2-18(a)和(b)分别给出天文辐射和太阳高度在一年中不同时刻随纬度的变化.

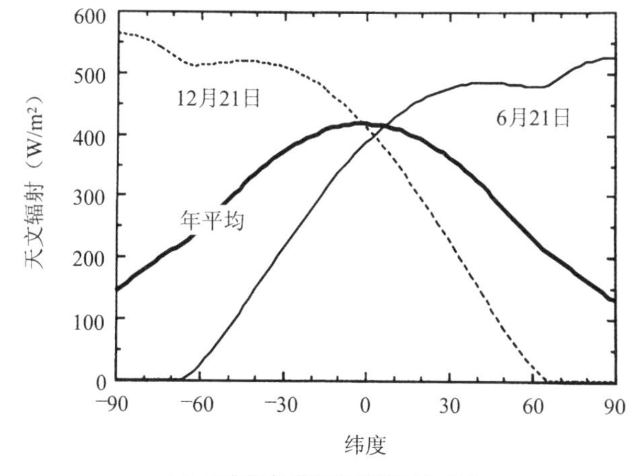

(a) 天文辐射随季节和纬度的变化

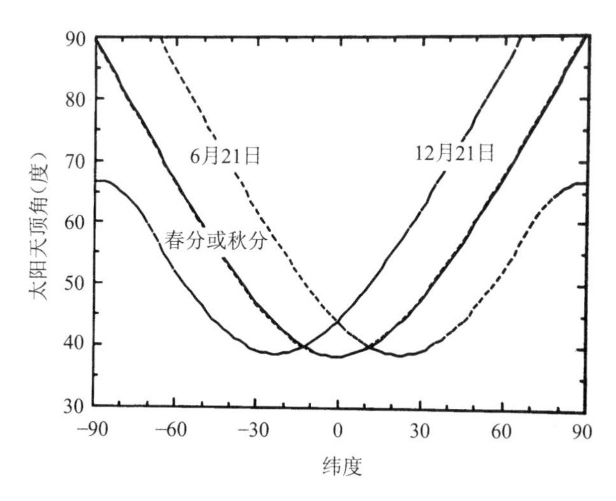

(b) 太阳高度随季节和纬度的变化

图 2-18　天文辐射和太阳高度随季节和纬度的变化

2.4 气候系统时空变化尺度

气候系统的复杂性和各圈层的特性决定了这一系统在时间和空间变化上的多尺度特征.

一、空间尺度

地球气候系统研究的空间尺度量级的变化在 $10^{-6} \sim 10^{7}$ m,不同的子系统运动的空间特征尺度是不同的.对于流体运动,可以根据 Rossby 变形半径来表示其空间尺度特征.

Rossby 变形半径:

$$L_0=(gH)^{1/2}/F. \tag{2.34}$$

其中参数的量级为 $F \sim 10^{-4}$/s (柯氏力 $f=2\,\Omega\sin\varphi$ 的量级),重力加速度为 $g=9.81$ m/s^2.根据大气层和海洋的典型垂直特征尺度可分别得出其 Rossby 变形半径的近似值为:

(1) 大气:$H \sim 10^4$ m, $L_0 \sim 3000$ km;

(2) 海洋:$H \sim 10^2$ m, $L_0 \sim 300$ km.

可见海洋运动的空间尺度比大气运动空间尺度小一个量级.

除空间尺度特征外,空间分布不均匀性也会影响气候系统的空间特征,如① 海陆分布差异;② 大地形的影响;③ 高低纬度的差异;④ 遥相关和敏感区的不同;⑤ 区域和全球响应的关系等,都是在研究气候系统变化时必须考虑的空间特征.

二、时间尺度

气候系统的时间尺度的变化范围相当广阔,在有地球环境形成以后就产生了相应的气候变化,记录了地球气候演变的历史.根据资料情况,气候研究所关心的时间尺度可从月到几亿年($10^0 \sim 10^8$年).根据研究时间尺度的不同,可以将气候变化的时期划分为以下几类:

(1) 10^8年——大地质年代气候变化(亿年尺度);

(2) 10^6年——小地质年代气候变化(百万年尺度);

(3) $10^4 \sim 10^5$年——古气候变化(万年~几十万年尺度);

(4) $10^3 \sim 10^4$年——历史时期气候变化(千年尺度);

(5) 10^2年——现代气候变化(百年尺度);

(6) $10^0 \sim 10^1$年——短期气候变化或波动.

根据有关古地质和古气候研究结果,地球气候变化过程中经历过以下几个典型的气候时期:

(1) 约 $3.5\times10^8 \sim 2.5\times10^8$年前,现在的赤道出现过冰川,地球处于“雪球”气候期;

(2) $2.0\times10^8 \sim 1.0\times10^8$年前,地球气候较现在暖得多;

(3) 近 200 万年以来的第四纪冰期,属于冰期气候,但在此期间有着时间尺度更小的冰期和间冰期,其循环周期约为 10 万年;

(4) 约 2 万年前,出现距今最近的末次盛冰期(LGM,Last Glacial Maximum),温度比现代平均约低 5℃~10℃;

(5) 末次盛冰期结束后,5000~6000 年前为中全新世暖期,平均温度比现在高约 5℃~10℃;

(6) 近 1000 年来出现过中世纪暖期和小冰期,平均温度有明显的波动;

(7) 近代气候变暖时期，其中出现的最暖的时间分别为 1920～1940 年和 1989～1999 年.

三、气候的时空尺度与影响因子的关系

对于地球气候系统而言，气候变化同时受到气候系统外部和内部诸多因子的影响.影响气候的主要外部因子包括：

(1) 太阳辐射变化、地球轨道参数、大陆漂移、火山活动等，这些因子影响的时间尺度在 10^4～10^9 年；

(2) 太阳辐射变化、火山活动，影响的时间尺度在 10^2～10^3 年；

(3) 太阳辐射变化、火山活动、人类活动，影响的时间尺度在 10^1～10^2 年.

影响气候的主要内部因子和时间尺度为：

(1) 气候系统内部的相互作用，10^0～10^1 年；

(2) 大气环流异常，10^{-1}～10^0 年.

四、地球轨道参数的变化周期

太阳辐射是地球系统的主要能量来源，而太阳辐射在地球上的分布与地球轨道参数有关.地球绕太阳运行的轨道参数分别是偏心率、黄赤夹角和岁差，三种地球轨道参数的变化周期分别为：

(1) 偏心率(eccentricity)，约 10 万年；

(2) 黄赤夹角(obliquity)，约 4 万年；

(3) 岁差(进动，precession)，约 2.1 万年.

图 2-19 给出了三种轨道参数的变化曲线和功率谱，可以看出它们的功率谱表现出显著的周期性，并伴有明显的振幅变化.这三种轨道参数的共同作用决定了地球上各纬度获得的太阳辐射的变化也具有这种周期性特征，从而引起地球气候的万年以上尺度(轨道尺度)的变化.

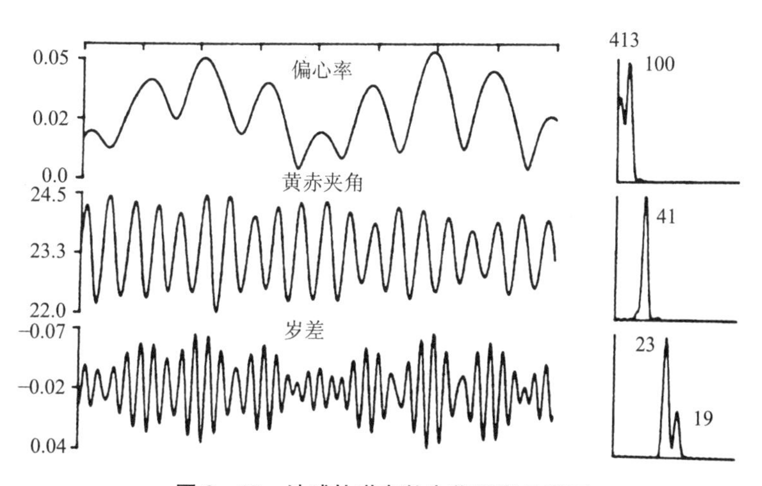

图 2-19　地球轨道参数变化周期示意图

图 2-20(a)(b)(c)(d)分别是过去 150 万年到未来 50 万年的偏心率、黄赤夹角、进动和 65°N 上 6 月的天文辐射变化及相应的小波分析图.由小波分析图可以看出，在过去 150 万年，偏心率有明显的 10 万年变化周期信号，未来这一周期仍持续，但信号有所减弱；黄赤夹角的 4 万年周期信号十分明显且一直持续，以微弱的强度变化；进动的周期稳定在 2 万年左右，但有

明显的信号强弱年变化，如现代处于信号较弱时期；由上述三个轨道参数决定的65°N上6月太阳辐射的强度变化表现出很强的2万年周期信号和较弱的4万年周期信号，可以看出，该纬度上6月份的平均太阳辐射变化主要受进动周期的影响，即以2万年变化周期为主.

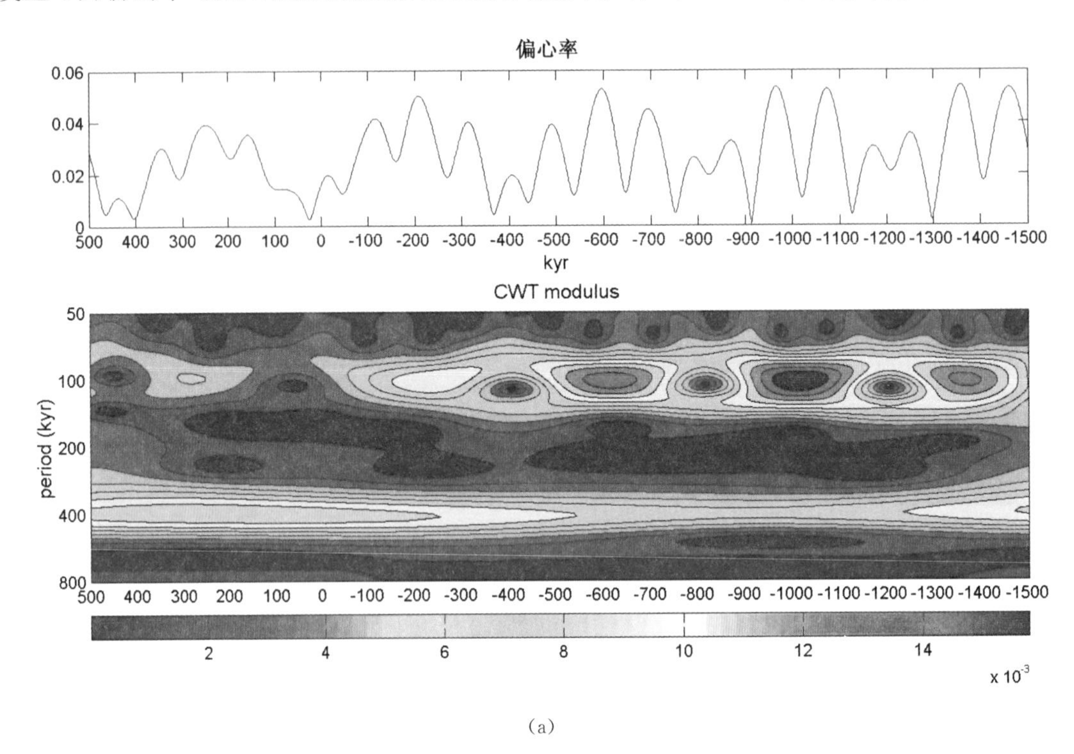

(a)

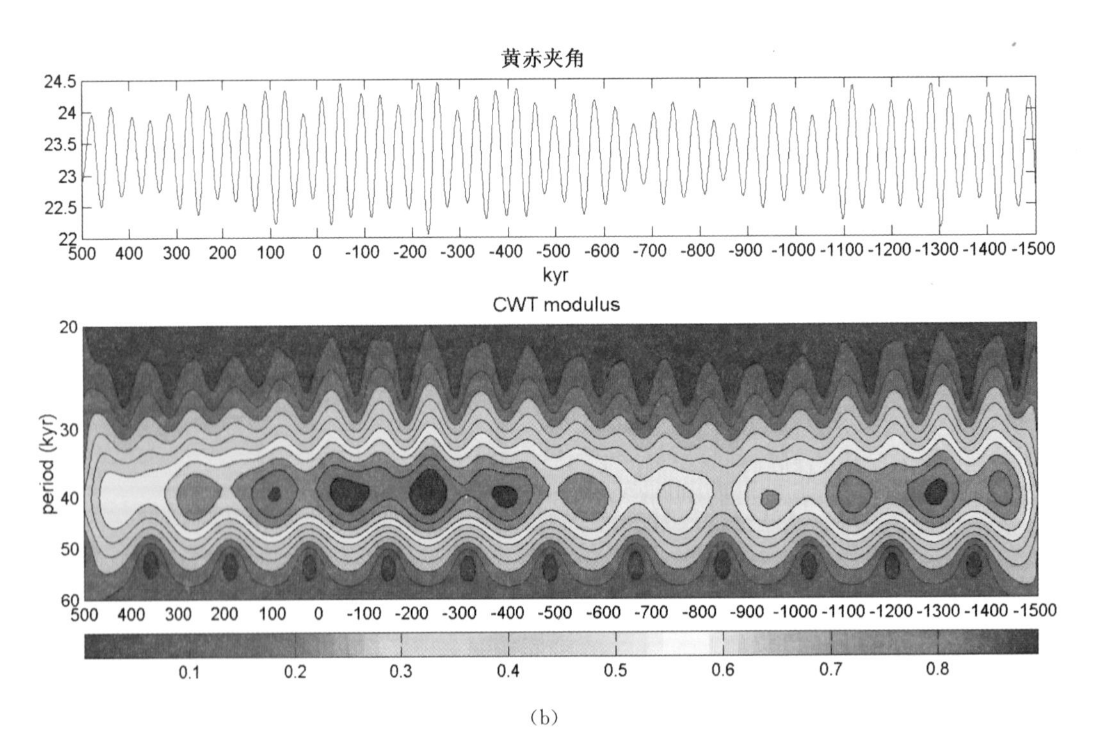

(b)

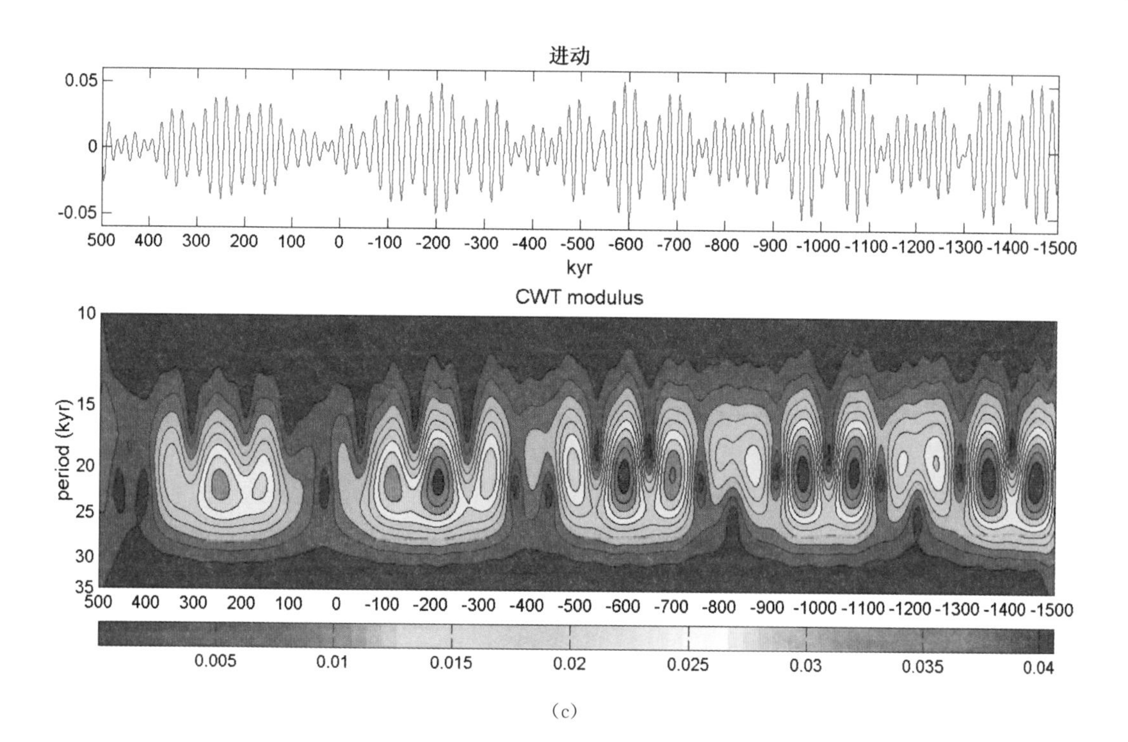

(c)

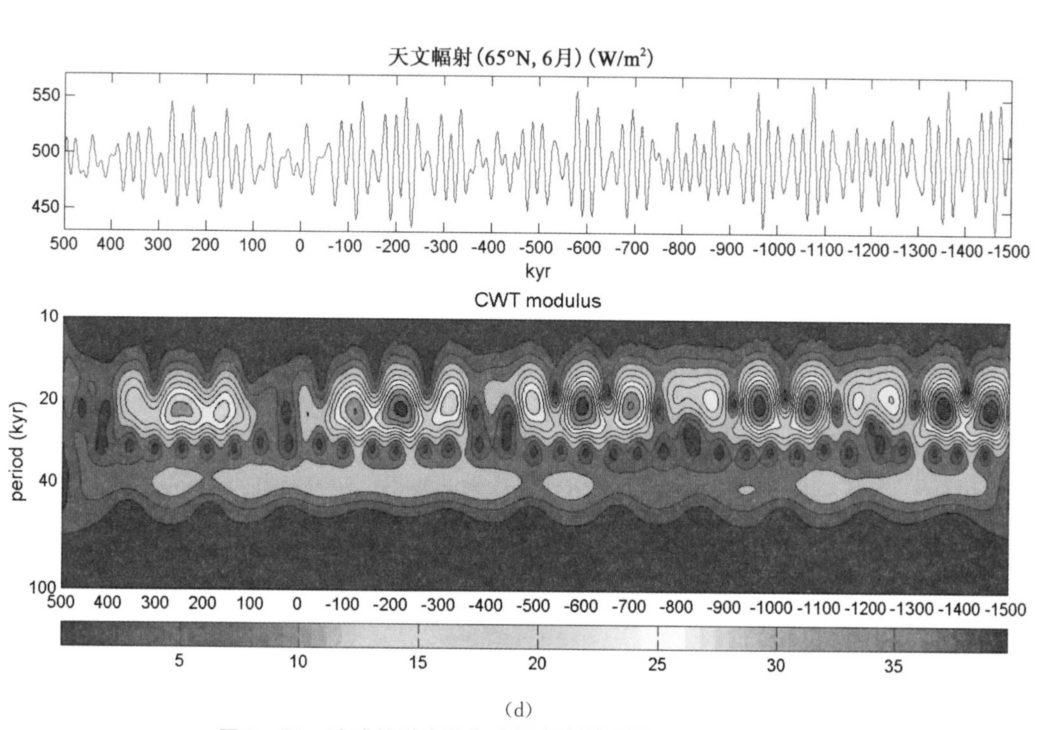

(d)

图 2-20　地球轨道参数和太阳辐射的周期特征及小波分析

2.5 气候系统的数学物理描述

气候系统理论的提出为从物理机制上研究气候变化的成因提供了更为广阔的范畴，同时也需要相应的数学表述，这就要求对气候系统的各个组成圈层进行尽可能准确的数学物理描述，建立相应的方程来表示该系统的动力学、热力学及其状态特征.

气候系统的各组成部分的物理特性都可以用数学形式来描述，其中具有典型流体性质的大气和海洋的数学物理描述对于其动力学、运动学和热力学的计算最为重要，也是建立各种模式的基础.因此，在一般气候系统的数学物理基础上，大气和海洋的基本方程以及与此相关的冰雪圈和陆面过程的方程是分析气候系统变化特征必不可少的.

根据研究的需要，气候系统的相应部分的基本方程可以包括如下一些类型.大气、海洋、海冰的基本运动方程，包括描述其动量、质量、能量的守恒方程及状态方程，这些方程中包括了大气、海洋运动的主要支配因子，如压力梯度力、重力、摩擦力、柯氏力.大气和海洋的状态方程具有不同的形式，反映地表面(包括陆地表面、海洋表面)及生态圈和大气相互作用的陆面过程的各类方程在气候系统的描述中也十分重要.另外一个重要和特殊的方程类型就是描述冰雪过程的物理方程，它们反映了冰雪圈的融化、冻结过程及其与大气和海洋的相互作用，如后面介绍的海冰模式就是一个例子.所有这些方程是建立各种气候模式的数学物理基础.下面我们着重介绍构成气候模式主体的一些基本方程.

一、大气系统的基本方程

大气是气候系统中最活跃和最重要的圈层，是气候特征得以最终表现的圈层，也是所有气候模式的主要组成部分.大气系统方程组的构成主要包括以下几类方程.

(1) 运动方程:表示大气的三维运动;

(2) 连续方程:大气层的质量守恒;

(3) 热力学方程:描述大气层热量的变化过程和能量守恒;

(4) 状态方程:表示真实大气的温度、湿度、密度(压力)之间的关系;

(5) 水汽方程:描述大气中水的相变(冰、雪等)、降水、蒸发和水汽输送、辐合辐散等.

大气系统方程的表示可以有 Lagrange 形式和 Euler 形式，根据需要可以以直角坐标或球坐标形式等不同的坐标体系来建立.

方程的 Lagrange 形式和 Euler 形式的转换主要指个别变化和局地变化之间的转换，对于大尺度气候场的描述和气候模式而言，大气方程组一般采用 Euler 形式. Lagrange 形式和 Euler 形式转换的数学表示为

$$\frac{\mathrm{d}X}{\mathrm{d}t}=\frac{\partial X}{\partial t}+\vec{V}\cdot\nabla X, \tag{2.35}$$

其中 X 是任意一个变量(或矢量).

方程的直角坐标与球坐标形式的转换有如下关系:

$$X=r\cos\varphi\cos\lambda,$$
$$Y=r\cos\varphi\sin\lambda,$$
$$Z=r\sin\varphi.$$

大气基本方程组可以根据尺度因子分析进行必要的简化，以突出主要的时间和空间特征

尺度.大气运动的尺度因子特征如下：

水平长度尺度　　$L \sim 10^6$ m；

水平速度尺度　　$u \sim 10\ \mathrm{m \cdot s^{-1}}$；

垂直厚度尺度　　$H \sim 10^4$ m；

垂直速度尺度　　$w \sim 10^{-2}\ \mathrm{m \cdot s^{-1}}$；

水平气压尺度　　$\Delta p \sim 10\ \mathrm{hPa} = 10^3\ \mathrm{Pa}$；

时间尺度　　$L/u \sim 10^5$ s；

柯氏参数　　$f \sim 10^{-4}\ \mathrm{s^{-1}}$.

二、海洋系统的基本方程

类似于大气，海洋系统的描述方程包括：

(1) 运动方程：表示海洋的三维运动；

(2) 热力学方程：描述海洋中热量的变化过程和能量守恒；

(3) 盐度方程：表示海水盐度的变化；

(4) 连续方程：海水的质量守恒；

(5) 状态方程：海水密度与海水盐度、温度之间的关系.

海洋系统的方程组同样具有 Lagrange 形式和 Euler 形式、直角坐标和球坐标体系，其转换方法与大气方程组类似，与大气不同的是引入了海水的盐度方程.

海洋基本方程也可以通过尺度分析进行简化，大尺度海洋环流运动的各尺度特征量分别为：

水平长度尺度　　$L \sim 10^6$ m；

水平速度尺度　　$u \sim 10^{-1}\ \mathrm{m \cdot s^{-1}}$；

垂直厚度尺度　　$H \sim 4 \times 10^3$ m；

垂直速度尺度　　$w \sim 10^{-4}\ \mathrm{m \cdot s^{-1}}$；

水平气压尺度　　$\Delta p \sim 10\ \mathrm{hPa} = 10^3\ \mathrm{Pa}$；

时间尺度　　$L/u \sim 10^7$ s；

柯氏参数　　$f \sim 10^{-4}\ \mathrm{s^{-1}}$.

可以看出，海洋系统的垂直特征尺度要略小于大气，水平速度尺度和垂直速度尺度都比大气小两个量级，时间特征尺度则比大气大两个量级，表明海洋过程相对于大气而言是一种慢过程.

三、陆面过程的基本方程

陆面过程是气候系统方程中极为重要的部分，它将陆地表面(含生物圈)与大气层在动量、能量和物质交换方面相联系，从而使不同的子系统之间的相互作用关系得以建立.现代气候学研究表明，陆面过程在气候变化、气候模拟中起着关键作用.表示陆面过程的方程有如下几种类型.

1. 地气交界面的能量平衡方程

前面讨论过地表的热量平衡方程，在这里考虑陆面过程包括许多复杂的分量，引入生物量后，地表的能量平衡方程可写为：

$$Q = LE + H + BC + Q_A. \tag{2.36}$$

这里 BC 是地表生物化学量，其他量与前面相同.式中各项的参数化表达式如下：

$$Q=(1-\alpha)S^{\downarrow}\pm\varepsilon(F^{\downarrow}-\sigma T^{4}),\tag{2.37}$$

$$LE=\rho LC_{e}|\vec{V}|(q_{g}-q_{a}),\tag{2.38}$$

$$H=\rho c_{p}C_{h}|\vec{V}|(\theta_{g}-\theta_{a}),\tag{2.39}$$

$$BC=Ph+Sr,\tag{2.40}$$

$$Q^{\downarrow}=\rho_{g}C_{g}k_{g}\left.\frac{\partial T}{\partial z}\right|_{z=0}.\tag{2.41}$$

以上各式中的符号意义如下：α 是地表反照率；$S^{\downarrow}$ 是向下太阳辐射通量；ε 是地表红外放射率；$F^{\downarrow}$ 是向下长波辐射通量；σ 是 Stefen-Boltzman 常数；L 是凝结潜热；C_e 是潜热交换系数；q_g 是地表水汽混合比；q_a 是大气水汽混合比；C_h 是感热交换系数；θ_g 是地表位温；θ_a 是大气位温；ρ_g 是下垫面密度；C_g 是下垫面比热容；k_g 是下垫面垂直热传导系数；Ph 是植物光合作用消耗的能量；Sr 是植物生长储存的能量.

2. 地表面的热量变化方程

考虑地表温度的变化，则可以由热传导原理建立如下方程：

$$\frac{\partial T}{\partial t}=k_{v}\frac{\partial^{2}T}{\partial z^{2}}+k_{h}\nabla^{2}T.\tag{2.42}$$

式中：k_v 是垂直方向热传导系数；k_h 是水平方向热传导系数.该方程的物理意义是局地的温度变化是由温度的垂直变化(热量的垂直传输)和周围空间水平方向的热量传输决定的.

3. 地表面的水分平衡方程和雪量收支方程

当不考虑生物过程时，陆面的水分平衡方程和雪量收支方程分别为：

$$\frac{\partial W}{\partial t}=W_{p}-W_{e}+W_{t}-W_{r},\tag{2.43}$$

$$\frac{\partial W^{s}}{\partial t}=W_{p}^{s}-W_{e}^{s}-W_{t}^{s},\tag{2.44}$$

第一个方程中，W 代表液态水量，下标的意义分别为：p 是降水；e 是蒸发；t 是冰雪融化；r 是径流.第二个方程中，W^s 代表雪量，下标的意义分别是：p 是降雪；e 是升华；t 是雪融化.在气候系统的水分循环中，液态水(降水)和固态水(冰、雪)的相变与能量循环密切相关，具有重要意义.

四、海冰系统的描述方程

海冰系统是气候变化在高纬度地区海洋的反映，同时也是气候变化的指示信号.因此，研究海冰变化是研究气候季节和长期变化的重要内容之一.研究海冰主要包括两个方面的内容，一是海冰动力学，着重于海冰的运动规律；二是海冰热力学，分析海冰形成过程中的能量交换.后者对海冰的形成及气候效应更为重要.本节从这两个方面讨论海冰的形成和运动方程，并给出一个简单的海冰模式.

1. 海冰运动方程

悬浮在海洋中的海冰的运动是各种力的合成作用结果，即

$$\frac{d\vec{V}}{dt}=\vec{F}_{a}+\vec{F}_{w}+\vec{F}_{i}+\vec{F}_{f}+\vec{F}_{t},\tag{2.45}$$

下标 a，w，i，f，t 分别代表风应力、海水应力、海冰内应力、柯氏力和潮汐力.在这些力的作用下，海冰将产生运动，但这种运动十分缓慢，最终各力达到平衡后就形成海冰相对稳定的空间

分布.海冰的分布会影响海表面的反照率和海表面温度,对气候变化具有重要意义.

2. 冰与大气交界面的能量平衡方程

海冰存在于海水中,同时也有一部分露出海平面.因此,海冰与大气和海水之间都有一个交界面,这个交界面是海冰与外界交换能量的界面,可以根据能量平衡方程来描述和计算该界面上的能量交换.海冰与大气交界面的能量平衡可表示为

$$Q=LE+H+Q_t+Q^{\downarrow}. \tag{2.46}$$

这里 $Q,Q_t,Q^{\downarrow}$ 分别表示净辐射、冰融化热和通过冰层的热通量,由下述各式计算:

$$Q=(1-\alpha)S^{\downarrow}+\varepsilon(F^{\downarrow}-\sigma T^4)-I_0, \tag{2.47}$$

$$Q^{\downarrow}=k_i\frac{\partial T_i}{\partial z}, \tag{2.48}$$

$$Q_t=-L_i\frac{\mathrm{d}h_i}{\mathrm{d}t}. \tag{2.49}$$

式中各量的意义如下:I_0 是透过冰层的太阳辐射通量;k_i 是冰的热传导系数;L_i 是冰的融解潜热;h_i 是冰的厚度.其余各量与前述相同.

3. 海冰与海水交界面的能量平衡方程

海冰与海水交界面的能量平衡方程可以写为

$$Q_t+Q^{\downarrow}+Q_w=0. \tag{2.50}$$

式中各项意义为:Q_t是冰融化热通量;$Q^{\downarrow}$ 是通过冰层的热通量;Q_w是源于海洋的热通量.该方程表明,海冰的形成是海水与海冰在一个特定的能量交换达到平衡的状态下的产物.当这一平衡破坏时,海冰就处在增长或消融的状态.下面我们介绍一个简单的海冰模型,以理解其形成的热力条件和物理过程.

4. 海冰上有雪覆盖时的一个简单冰雪模型

设有如图 2 - 21 所示的雪和海冰的结构,可以建立一个简单的海冰模式.该简单模式可根据热力学原理来计算海冰的厚度.当海面的海水温度达到海水的冻结温度-2℃时,若海面继续失去热量,将形成海冰.设通过该冰层的热量传输为:

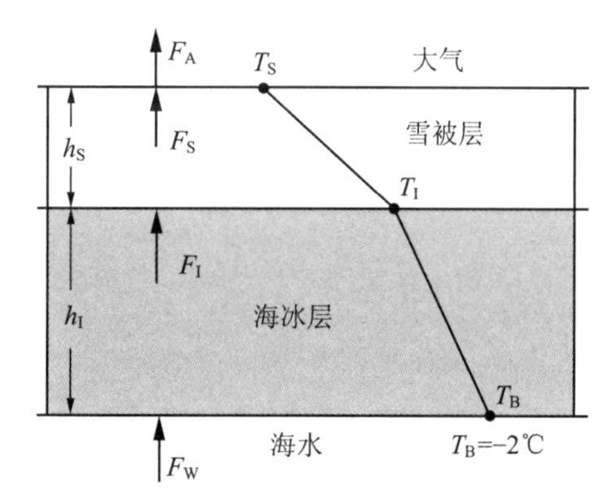

图 2 - 21　雪和海冰的结构示意图

图中各量的意义如下:T_S 是雪面温度;T_I 是冰雪交界处温度;T_B是海冰底的温度;h_S是雪的厚度;h_I是冰的厚度;F_A是进入大气的热通量;F_S是雪层到达雪面的热通量;F_I是冰雪交界处的热通量;F_W是冰下海水与海冰的热通量.

$$F_I=-k_I\frac{\partial T}{\partial z}. \tag{2.51}$$

这里,冰的热传导率 $k_I \approx 2\ \mathrm{Wm^{-2}K^{-1}}$,雪的热传导率 $k_S \approx 0.3\ \mathrm{Wm^{-2}K^{-1}}$.因此,雪成为海冰的绝热层,同时增加了地表反照率.假定所有的热通量,包括太阳加热均仅到达表层,而不到达下层,则在静止状态,通过雪和冰层的热通量在每一个深度都相等,即常值通量.对于常值通量层有

$$F_I = k_I \frac{T_B - T_I}{h_I}, \tag{2.52}$$

$$F_S = k_S \frac{T_I - T_S}{h_S}. \tag{2.53}$$

消去 T_I 后可以得到

$$F_I = \frac{k_I k_S}{k_I h_S + k_S h_I}(T_B - T_S) = \gamma_{SI}(T_B - T_S). \tag{2.54}$$

式中:S_I是雪和冰层的混合传导系数.当混合层较厚时,$\gamma_{SI} \approx 1\ \mathrm{Wm^{-2}K^{-1}}$,混合层较薄时,$S_I \approx 20\ \mathrm{Wm^{-2}K^{-1}}$.

当表面的净通量为零时,可以求出表面温度.净通量包括热传导量、潜热、感热和太阳辐射加热.而雪的厚度取决于降雪量、升华蒸发和融化量的平衡.海冰较薄时,增长得快;而较厚时增长减缓.例如,在同样热力条件下,几厘米厚的冰层增长速度比 2～3 m 厚的冰层快上百倍.达到冰厚度增加的必要条件是

$$h_I^2(t) - h_I^2(t_0) = \frac{k_I}{\rho_I L_f}\int_{t_0}^{t}(T_B - T_S)\mathrm{d}t. \tag{2.55}$$

式中:ρ_I是冰的密度,L_f 是海水与冰的融化潜热,F_W 是海冰与海水之间的热交换通量.对给定的表面温度,冰的厚度增长率与冰的厚度成反比.假定 $F_W = 0$,对上式进行时间积分得

$$\rho_I L_f \frac{\partial h_I}{\partial t} = \frac{k_I}{h_I}(T_B - T_S) - F_W. \tag{2.56}$$

由上式可见,海冰的厚度与温度差异的时间积分的平方根成正比.这可以解释为什么北冰洋海冰的平均厚度约为 3～4 m,而南极周围海冰的平均厚度只有 1～2 m,其主要原因是南极海冰可以从洋流中得到更多的热量.这一类型的简单海冰模型广泛地用于现代的气候模式.

第三章

气候监测和全球气候

气候研究的基础是气候资料，而气候监测是获得气候信息和资料的基本手段，也是进行气候诊断和分析研究的基础.人们对气候的认识过程是从各种气候资料开始的.随着现代探测手段和技术的发展，气候研究人员已经可以在不同的空间和时间尺度上获得各种气候要素.监测类型和手段可以包括大气和海洋等的常规观测(地面和高空)、特殊的专项观测、遥感观测(卫星、雷达、遥控)等.在此基础上对气候要素进行分析就可以得出全球和区域的气候特征.本章对气候监测的发展、监测系统和技术手段做简单介绍，并给出一些主要气候特征.

3.1 气候监测概述

一、常规气候监测

气候系统是由各个圈层组成的，因此气候监测的类型涉及所有相关圈层的观测.根据监测对象的不同，相应的技术手段也不同.具体讲，气候监测应该包括以下几方面.

(1) 大气观测:包括温度、气压、湿度、降水、风等大气要素；

(2) 海洋观测:包括海洋表面温度 SST(Sea Surface Temperature)、海水盐度、洋流、深层海温等；

(3) 冰雪监测:冰雪的面积、体积、厚度和分布区域等；

(4) 陆地表面特征的监测:植被类型和植被变化、地形地貌、土地利用等；

(5) 生物圈监测:有关生物量、物质循环等.

上述监测有的可以使用常规手段和方法进行并使之业务化，特别是大气、海洋有关要素的监测已有较长历史的记录数据，对分析近代气候变化具有重要意义.而有的监测项目则需要专门的技术手段和仪器来实现，如卫星遥感等.

二、遥感观测

有些要素的监测仅靠常规技术是无法实现的.自 20 世纪 70 年代以来，卫星遥感技术已被广泛应用于现代气候观测，成为气候研究中不可缺少的观测手段和资料来源.此外，通过探空火箭、飞机等也可进行空中遥感观测，作为常规观测和卫星遥感观测的补充.卫星遥感观测项目主要包括：

(1) 云:分布、类型、高度、厚度、温度；

(2) 风:风速、风向；

(3) 辐射:太阳辐射常数、地球系统射出长波辐射(OLR，Outgoing Longwave Radiation)、反照率等；

(4) 大气成分:气溶胶(aerosol)、水汽、CO_2、O_3 等温室气体;

(5) 海洋:SST、洋流、海面高度、海冰等;

(6) 陆表:地形、植被分布、土壤湿度、冰雪覆盖等.

三、全球监测系统

人们为了认识自然气候的变化,一直在观测和记录气候的各种现象和特征.人类对气候的观测也经历了从简单现象记录到定量数据记录的发展历史.真正意义上的借助仪器的定量观测是从近代科学技术出现以后开始的.根据观测手段和技术的发展,人们对气候系统各要素的观测经历了以下不同的发展阶段.

(1) 地面观测:19 世纪末开始;

(2) 高空观测:20 世纪 30 年代开始;

(3) 卫星观测:1978 年卫星观测开始覆盖全球;

(4) SST 观测:19 世纪末以商船观测为主,现代为卫星遥感观测、海洋固定(系留)和移动(漂流)浮标等;

(5) 冰雪观测:以卫星遥感为主,序列资料始于 1966 年(雪盖)和 1974 年(海冰).也有专门的飞机航线观测,如对格陵兰冰原的积冰厚度变化的航测等.

由于气候是在地球尺度空间的随时间变化的自然现象,因此需要在尽可能多的空间点上进行观测,需要有空间测站组成的观测网.在卫星观测出现以前,有关气候系统中最典型的空间观测网有陆面要素观测网、高空要素观测网和海上商船队组成的海洋要素观测网.目前,现代气候监测系统已形成了由"天基"(卫星)、"空基"(火箭和飞机)、"地基"(地面常规观测)和"海基"(海洋浮标站等)组成的立体监测体系(如图 3－1).

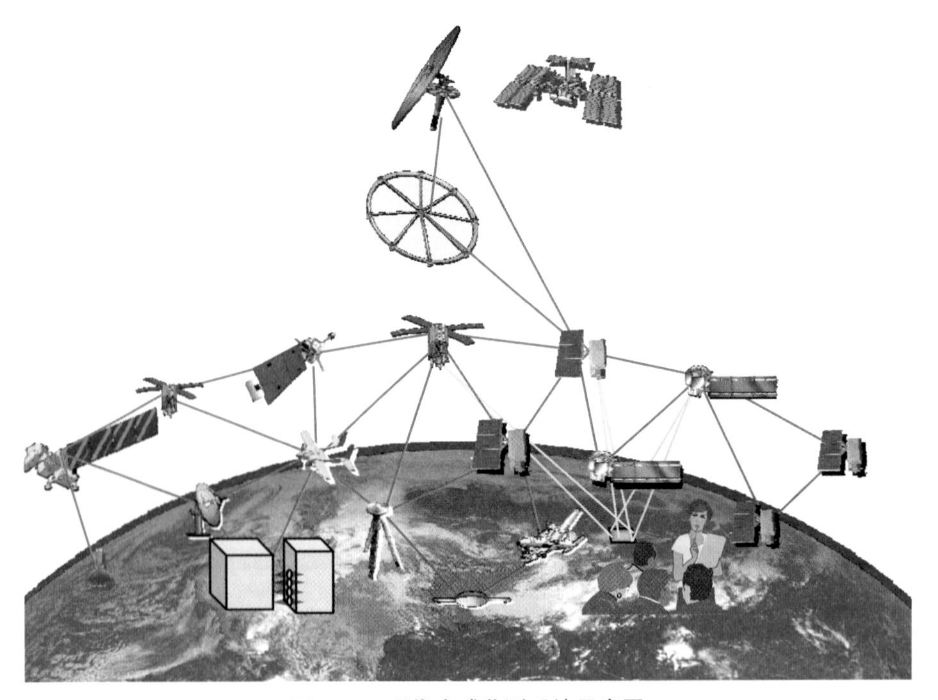

图 3－1 现代全球监测系统示意图

四、特殊观测简介

除了上述介绍的普通和常规观测以外，气候研究有时需要针对某个特殊问题进行.在研究某个重大科学现象时，一般的常规观测在时间、空间和观测项目上不能满足其需要，因此要组织进行一些专门的观测或特殊观测.这类观测主要为某些研究计划而专门设计，具有一定的时间性和区域性.例如，开始于20世纪90年代的全球能量和水循环实验计划(GEWEX，Global Energy and Water Cycle Experiment，如图3－2)和1985～1994年间实施的热带大气海洋实验计划(TAO，Tropical Atmosphere and Ocean，如图3－3)就属于这类专门观测.图3－4是ENSO监测网，包括海基和空基监测手段.

如图3－2所示，其中在亚洲地区的GAME(GEWEX Asian Monsoon Experiment)试验有四个区域，中国区域的主要是淮河流域(GAME/HUBEX)和青藏高原地区(GAME-Tibet)，另两个分别是热带(GAME-Tropics)和西伯利亚(GAME-Siberia).

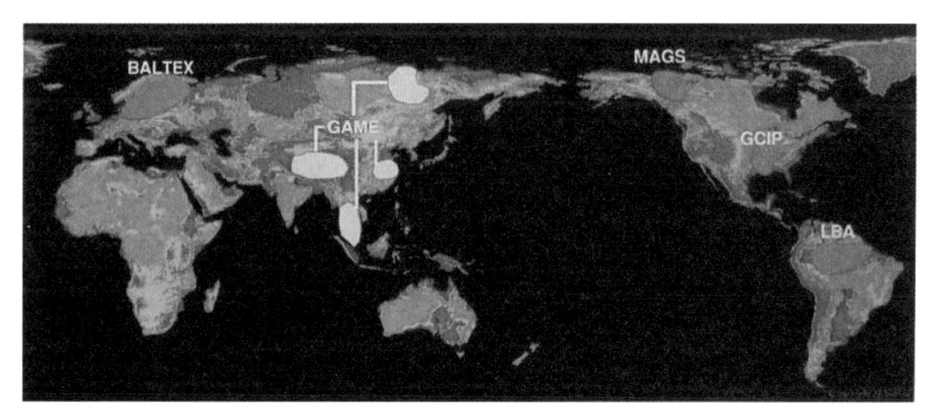

图3－2 GEWEX计划试验观测区域示意图

如图3－3所示，TAO计划包括观测系统和数据处理集散系统.观测系统主要包括海洋观测(海基，系留浮标)和卫星观测(空基).

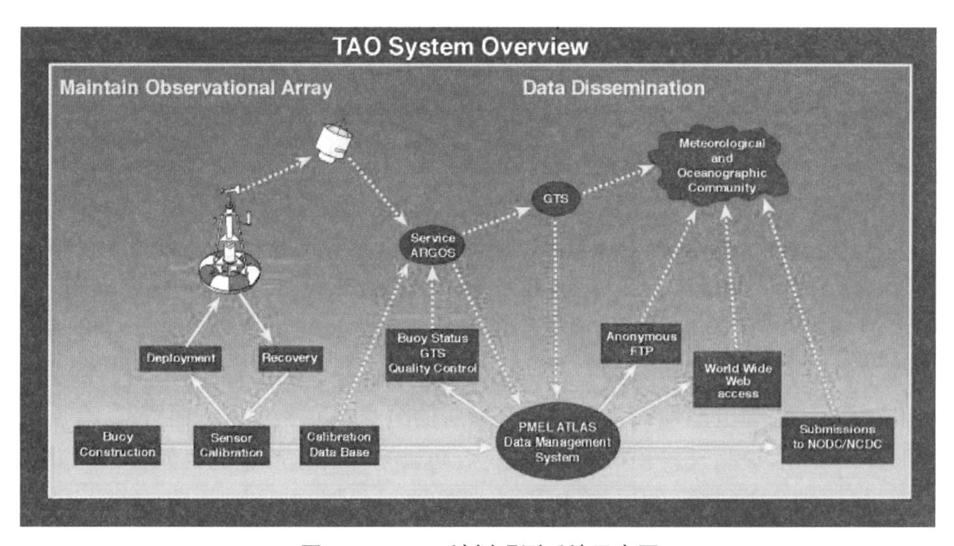

图3－3 TAO计划观测系统示意图

如图 3-4 所示，使用的监测技术和设备包括海洋系留浮标（moored buoys，红色菱形图标）、潮汐监测站（tide gage station，黄色圆图标）、卫星数据（satellite data relay，绿色图标）、漂流浮标（drifting buoys，橙色箭头）和志愿观测船（volunteer observing ships，蓝色线条）等.

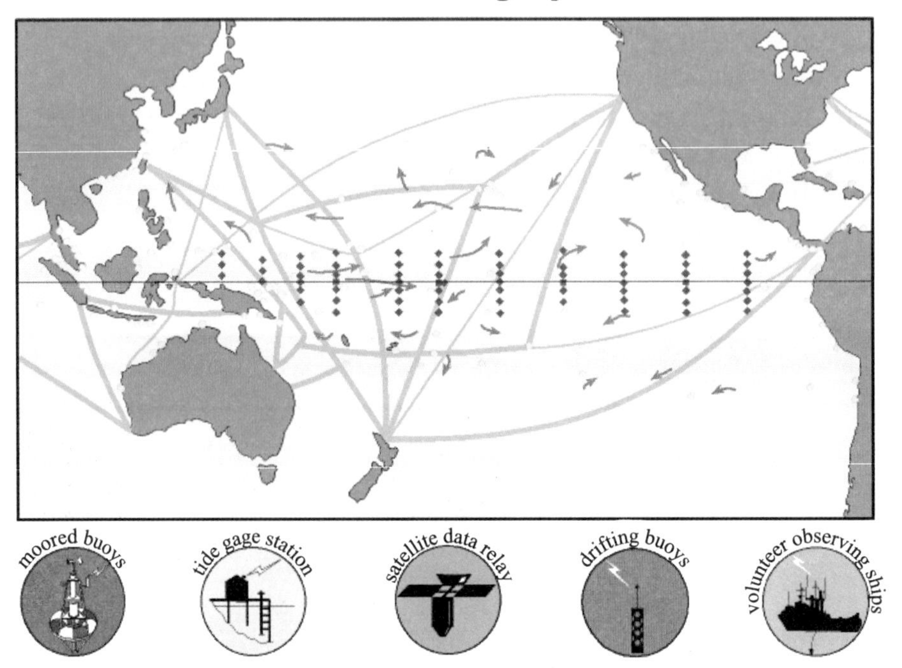

图 3-4　ENSO 监测系统示意图

很长时间内，利用气象站观测陆地气候，利用探空气球、气象卫星观测大气云层，然而占地球面积七成的广袤海洋对气象学家而言一度是一片空白.海洋面积广阔、热容量和能量巨大，过去 50 年地球吸收的热量超过 90%储存在海洋里，海洋对大气的长期变动，特别是年际变动具有决定性影响.有学者认为，当前的各种极端天气都与海洋气候有关联.例如 2012 年飓风“桑迪”席卷北美，而温暖的海水是形成热带低压气旋的关键；欧洲 2013 年初迎来最冷寒冬，被认为与北大西洋洋流涛动有关.因此，加强对全球海洋的气候监测对研究海洋气候乃至全球气候都至关重要.

1998 年，美国和日本等国家的大气和海洋科学家们推出了一个全球性的海洋观测计划 ARGO（Array for Real-time Geostrophic Oceanography），目的是要借助最新开发的一系列高新海洋技术（如 ARGO 剖面浮标、卫星通讯系统和数据处理技术等）建立一个实时、高分辨率的全球海洋中、上层监测系统.该项目构想用 3 年至 4 年时间（2000～2003 年）在全球大洋中每隔 300 公里布放一个卫星跟踪浮标，总计为 3000 个，组成一个庞大的 ARGO 全球海洋观测网，以便能快速、准确、大范围地收集全球海洋上层的海水温度和盐度剖面资料，有助于了解大尺度实时海洋的变化，提高气候预报的精度，有效防御全球日益严重的气候灾害（如飓风、龙卷风、台风、冰暴、洪水和干旱等）给人类造成的威胁.这一计划被誉为“海洋观测手段的一场革命”.ARGO 计划的推出，迅速得到了澳大利亚、加拿大、法国、德国、日本、韩国等十余个国家的响应和支持，并已成为全球气候观测系统（GCOS）、全球大洋观测系统（GOOS）、全球气候变异与观测试验(CLIVAR)和全球海洋资料同化试验(GODAE)等大型国际观测和研究计划的重要组成部分.我国也加入了此项目,有科考船在太平洋、印度洋等海域投放浮标,进行研究分析工作.

图 3－5 中不同的颜色点代表不同国家设立的浮标站点,其中美国最多,达 1805 个(深绿色),中国共建 33 个(浅绿色),主要在中国沿海和西太平洋区域.

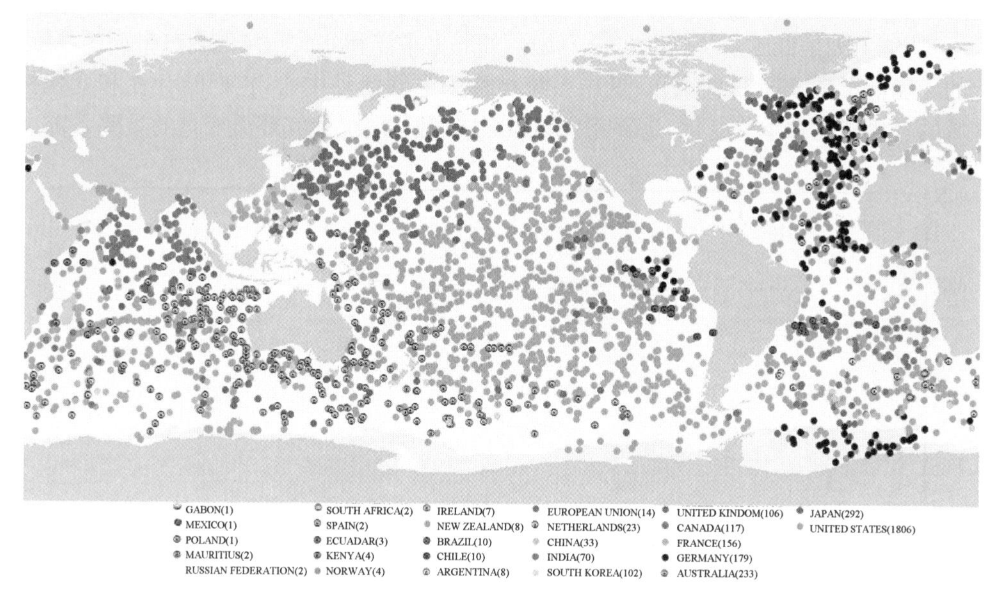

图 3－5　ARGO 全球海洋监测网示意图

3.2　大气监测

大气圈是气候系统中最活跃的子系统,大气圈的监测也是气候监测中最重要、最庞大的监测项目,是获得气候变化最基本信息和资料的监测.没有大气监测,就无法了解气候变化的现象和具体过程.对大气的观测是按一定的空间分布和时间间隔通过各种专门仪器来实现的.在大量观测资料的基础上进行归纳分析和绘图,可以得出直观的大气变化特征.

一、大气环流的基本特征

通过对大气层的监测,可以获得描述大气环流特征的基本要素,包括地面和大气温度、海平面的气压、位势高度、降水、湿度、风等.这些要素的分布场可以清楚地表示出大气运动的基本时空变化和分布特征.由于大气层的水平和垂直空间尺度、海陆分布和太阳辐射影响,大气基本要素场主要表现为以下特征:

(1) 大尺度环流运动具有准水平、准地转性;

(2) 要素分布受海陆分布的影响,具有纬度性;

(3) 冬半年和夏半年的要素分布具有显著季节差异.

图 3－6(a)(b)是全球 1 月和 7 月平均地面气温分布,分别代表北半球冬季(南半球夏季)和北半球夏季(南半球冬季)的温度状况.其主要特征是冬季陆地上的等温线比海洋上的密集,并且从大陆西岸向东岸倾斜,表明在相同纬度上大陆东部的温度要低于大陆西部.海洋上的等

温线基本与纬度线平行，但由于陆地的影响，在海陆交界处等温线出现明显转折(不连续)且温度梯度增大，表现出海陆热力差异的作用.冬季高低纬度的温度差异较大，而夏季整个半球高低纬度之间的温度差异比冬季小.

图 3-7(a)(b)是全球 1 月和 7 月平均海平面气压场分布，可以看出南北半球冬季和夏季典型的高低气压系统及其季节变化.如图 3-7(a)所示，冬季北半球的主要气压中心是蒙古高压、阿留申低压、冰岛低压和赤道低压带等.夏季北半球的气压系统发生显著变化，海洋上以高压系统为主，陆地上则是低压系统(如图 3-7(b))，如北太平洋和北大西洋的副热带高压系统、亚洲大陆上的印度低压系统等.这些高压、低压系统被称为大气活动中心，它们的存在和变化控制着不同区域的气候特征和季节变化，是研究全球和区域气候变化、大气环流变化的重要系统.

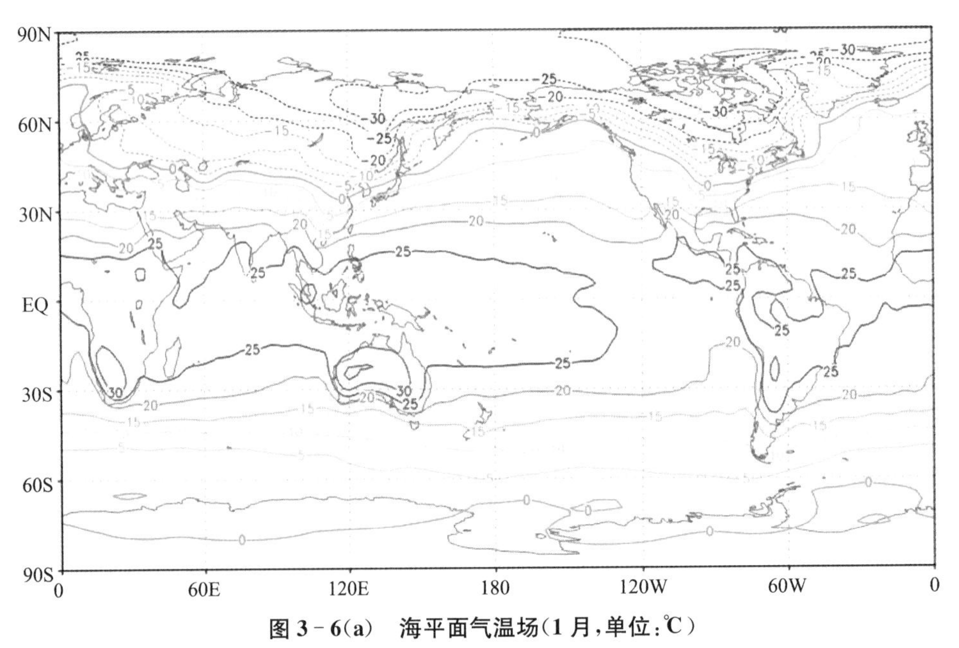

图 3-6(a)　海平面气温场(1 月，单位:℃)

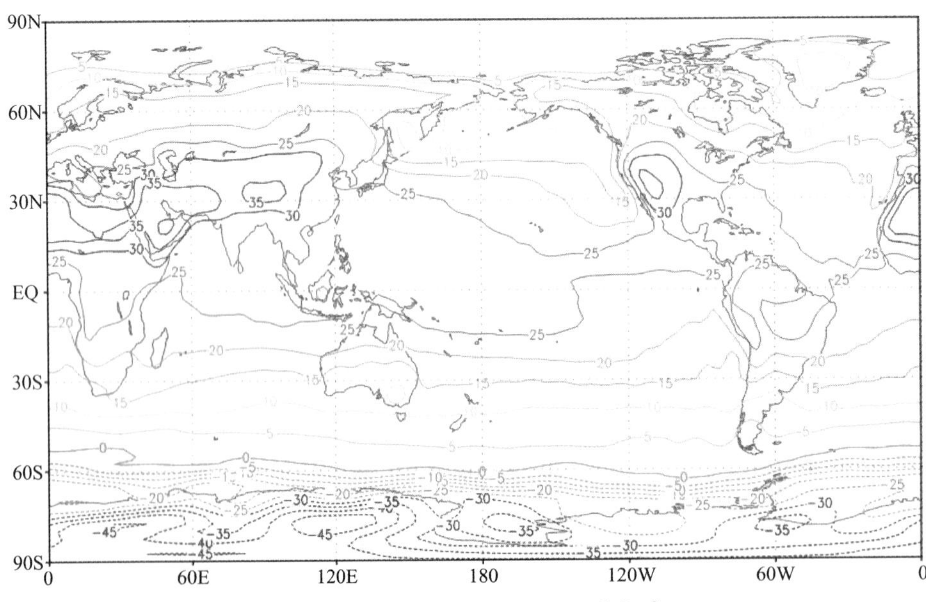

图 3-6(b)　海平面气温场(7 月，单位:℃)

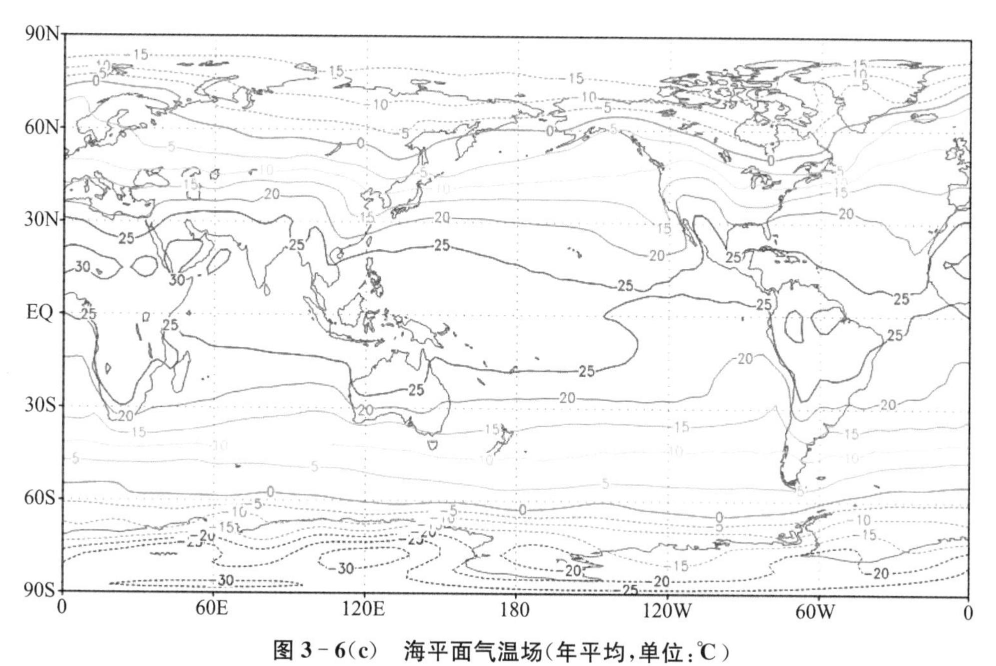

图 3－6(c)　海平面气温场(年平均,单位:℃)

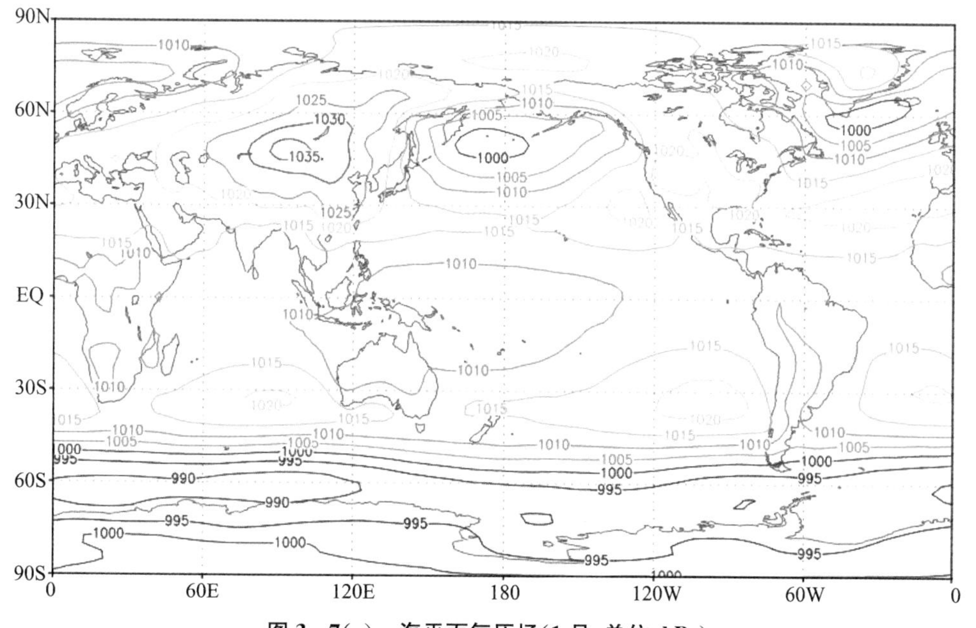

图 3－7(a)　海平面气压场(1 月,单位:hPa)

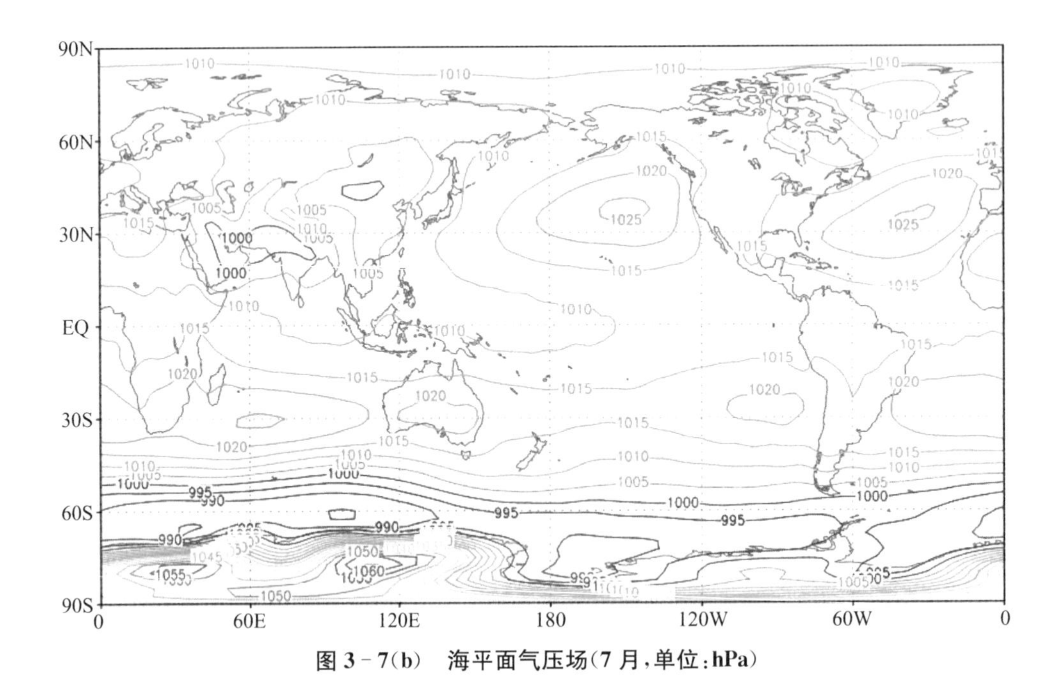

图 3-7(b) 海平面气压场(7 月,单位:hPa)

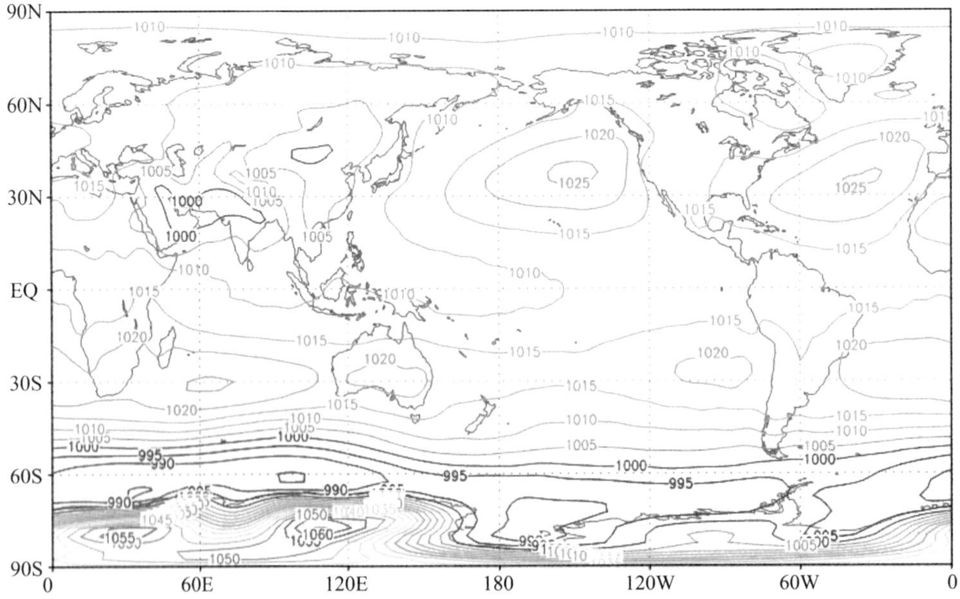

图 3-7(c) 海平面气压场(年平均,单位:hPa)

二、大气经圈环流和纬圈环流

经圈环流的三圈环流模型如图 3－8 所示，经圈三圈环流模型包括从赤道到极地的三个闭合环流圈，它们分别是：

（1）直接热力环流——哈得莱环流（Hadley Cell）和极地环流；

（2）间接热力环流——费雷尔环流（Ferrel Cell）.

这些环流圈与地面和高空的纬向环流相配合，形成了不同纬度和高度上的东风带、西风带和气压带.

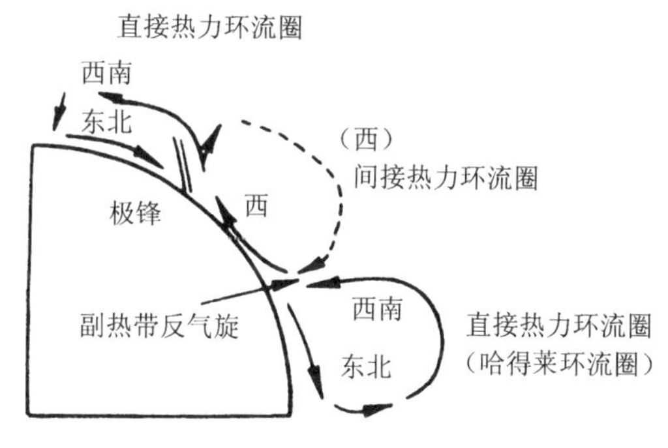

图 3－8　经圈环流示意图

另外一个值得注意的是在赤道地区因为海陆热力差异形成的平均纬圈环流，称为 Walker 环流（Walker Circulation）.因为赤道热带地区海陆分布的热力作用的变化，该环流会随海陆热力差异的变化而变化，在海面附近和高空形成东风或西风，并与相应的高低压相对应，如图 3－9所示.研究表明，Walker 环流的变化与南方涛动（SO）、ENSO 现象有密切关系.这是著名英国气象学家 Walker 在 20 世纪 20 至 30 年代发现的.

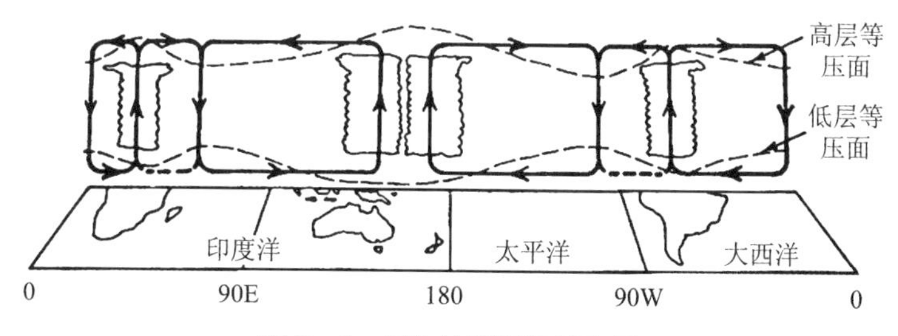

图 3－9　平均纬圈环流示意图

三、大气环流场的分解

前面我们介绍的是大气环流的气候平均特征，但实际上大气环流是随时间变化的，而且存在区域差异.为了直观定量地表示大气环流的这种时空变化，通常可以对大气环流的要素和变量进行时间和空间分解.

所谓时间分解，就是将随时间变化的那部分与时间平均特征分离，如对环流变量 A 有：

$$A=\bar{A}+A'. \tag{3.1}$$

同样，空间分解就是将随空间变化的那部分与空间区域平均特征相分离：

$$A=[A]+A^{*}. \tag{3.2}$$

式中："—"表示对时间平均，"[ ]"表示对空间平均，"′"表示对时间的偏差，"∗"表示对空间的偏差.对一个环流要素场进行时间、空间分解后可以写成：

$$A=[\bar{A}]+\bar{A}^{*}+[A]'+A'^{*}. \tag{3.3}$$

上式中右边各项的意义如下：

第一项$[\bar{A}]$：时间平均量的空间平均(平均环流)；

第二项$\bar{A}^{*}$：时间平均量的空间扰动(季风环流)；

第三项$[A]'$：空间平均的时间扰动(纬向扰动)；

第四项A'^{*}：瞬时空间扰动(高低压系统变化).

对于两个物理量的合成量也可以进行分解，如风场V对物理量A的输送后的空间平均可表示成：

$$[\overline{VA}]=[\bar{V}][\bar{A}]+\overline{[V]'[A]'}+[\overline{V^{*}A^{*}}]+[\overline{V'^{*}A'^{*}}]. \tag{3.4}$$

上式表示，风场V对物理量A的时空平均输送可分解为右边四项：

第一项$[\bar{V}][\bar{A}]$：时间平均量的空间平均输送；

第二项$\overline{[V]'[A]'}$：时间平均量的空间扰动输送；

第三项$[\overline{V^{*}A^{*}}]$：准定长波的空间平均输送；

第四项$[\overline{V'^{*}A'^{*}}]$：瞬时空间扰动输送.

可以看出，对大气环流场进行时间、空间分解后可以得到要素场的不同时空分量，进而更方便地认识大气环流的时间变化特征和空间分布差异，在不同的时间尺度和空间尺度上进行气候变化的诊断分析，突出主要的气候问题.

四、全球平均大气环流场的特征

全球平均大气环流场可以反映气候基本要素的分布特征和主要控制系统，可以根据研究的需要进行各种要素场的分析.通常除降水、温度等主要气候要素场的分析外，气压场(高度场)和风场是大气环流分析中最重要和最常见的.气压场分析中最常见的是海平面气压和500 hPa高度场.从图 3－7(a)(b)中的海平面气压场(大气活动中心)我们可以发现海平面气压场的如下高压、低压系统特征：

(1) 赤道低压带、副热带高压带、极地高压带、极锋带；

(2) 西伯利亚高压、阿留申低压、冰岛低压、北美高压、印度低压、夏威夷高压、亚速尔高压、澳大利亚高压.

在 500 hPa 高度场的分布图(如图 3－10(a)(b))中，我们可以看到高空气压场的如下环流特征：

(1) 冬季极区的极涡(如图 3－10(a)中的北半球高纬度区域)；

(2) 夏季低纬度的副热带高压(如图 3－10(b)的北半球副热带地区)；

(3) 西风带的平均槽脊位置(1 月份北半球欧亚大陆东部边缘和北美大陆的东部边缘的槽)；

(4) 东风带和西风带强度(等压线的密度)的变化和季节转换等.

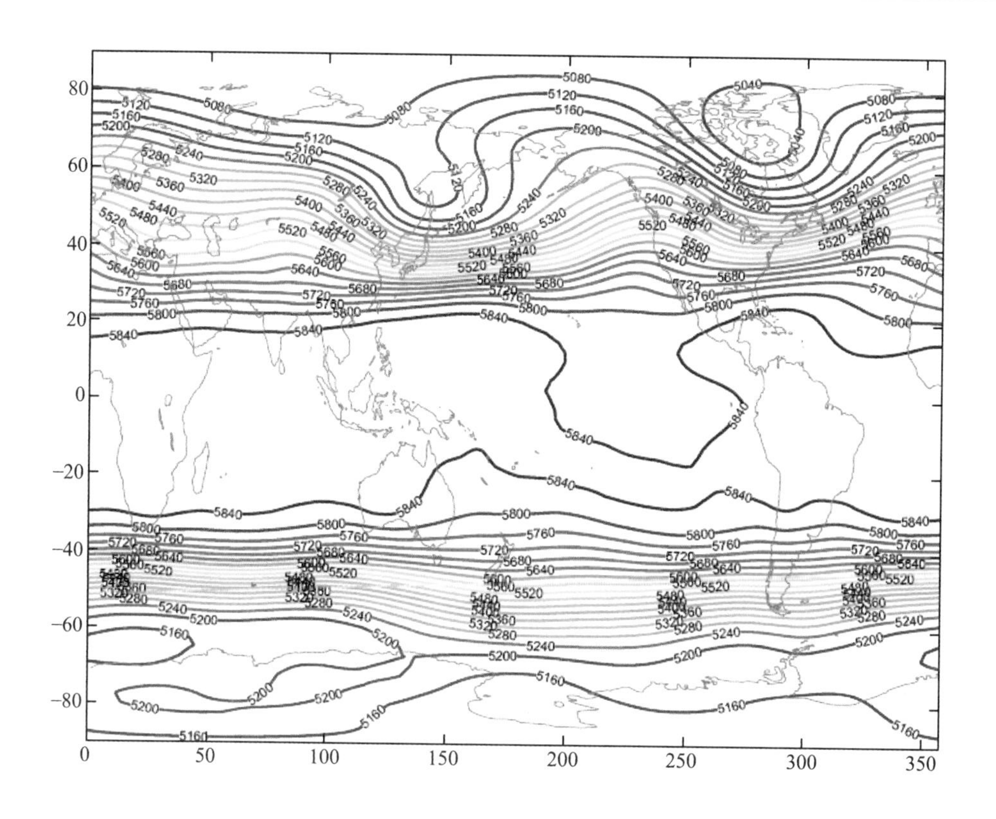

图 3-10(a)　1 月平均 500 hPa 高度场

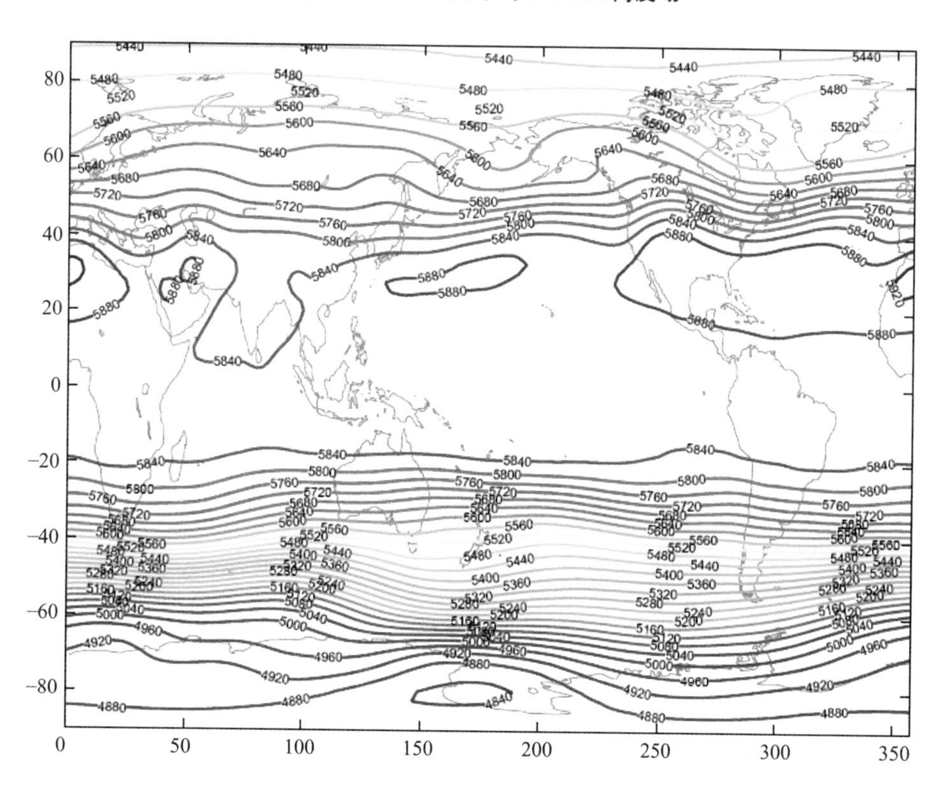

图 3-10(b)　7 月平均 500 hPa 高度场

3.3 海洋要素观测

海洋在气候系统中具有重要的地位，控制着不同时间尺度的气候变化.海洋的热力状况对大气层有直接影响，因此，海洋的动力学、热力学等物理性质的监测对气候变化研究十分重要.海洋常见的主要特征量有海表面温度(SST，Sea Surface Temperature)、盐度和洋流等.前面介绍的 ARGO 计划对于全面监测海洋特征要素具有重要意义.

一、海表面温度(SST)

SST 是表示海洋表面和上层热力状况的重要因素，通过对 SST 的观测和分析，能够了解海洋中能量的收支和传输以及对大气层的可能影响.图 3-11(a)(b)分别是 1 月(冬季)和 7 月(夏季)的海表面温度分布.从图 3-11 中可以看出全球 SST 强烈的季节和区域变化：赤道太平洋有高海温区(暖池)，然后随着纬度增高而降低.北半球夏季时，暖水区北移扩大，中纬度地区等温线变密，而南半球等温线变稀疏.北半球冬季时，暖水区南压，北半球等温线变稀疏，而南半球等温线变密.另外一个重要的特征是在赤道东太平洋附近的低温冷舌，表示该区域 SST 比赤道其他区域低.这一区域正是 El Niño 事件发生的关键区，因此该区域 SST 冷舌的变化具有重要气候意义.该 SST 低值区与赤道太平洋中西部的暖池形成对比，冷舌和暖池的变化可以反映赤道东太平洋和中西太平洋的海温异常，而这一异常与 ENSO 和 Walker 环流密切相关.除此以外，海洋表面温度的差异可以产生对大气的加热和冷却作用而影响大气环流.这种海洋的热力作用是海气相互作用的一个重要内容.

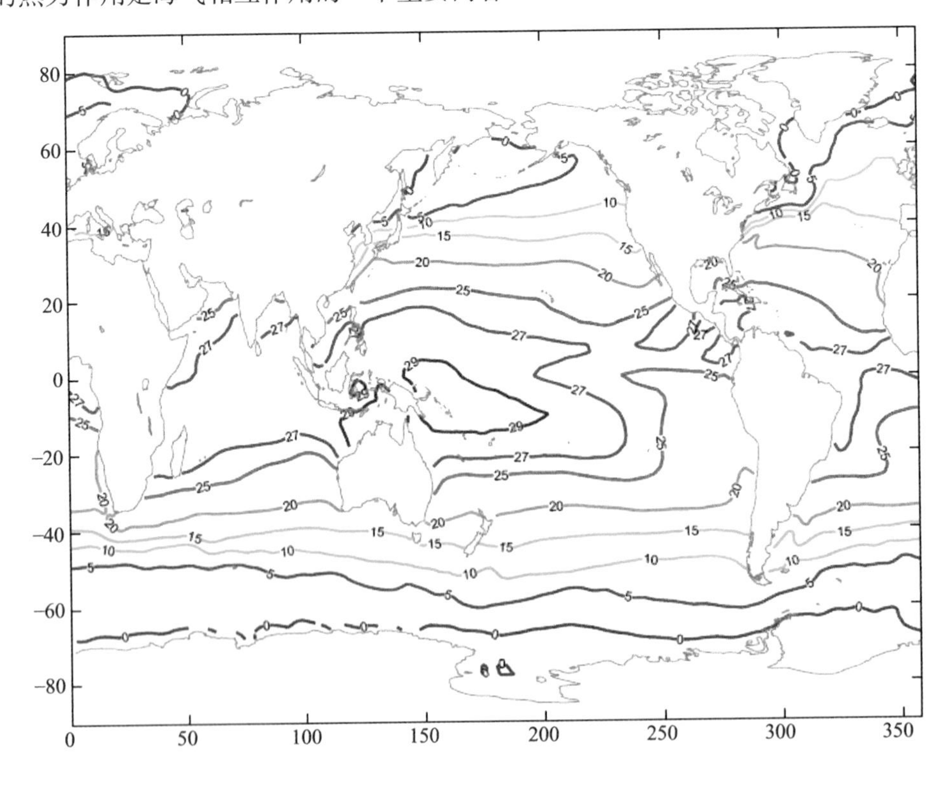

图 3-11(a) 1 月平均海表面温度(SST，单位：℃)

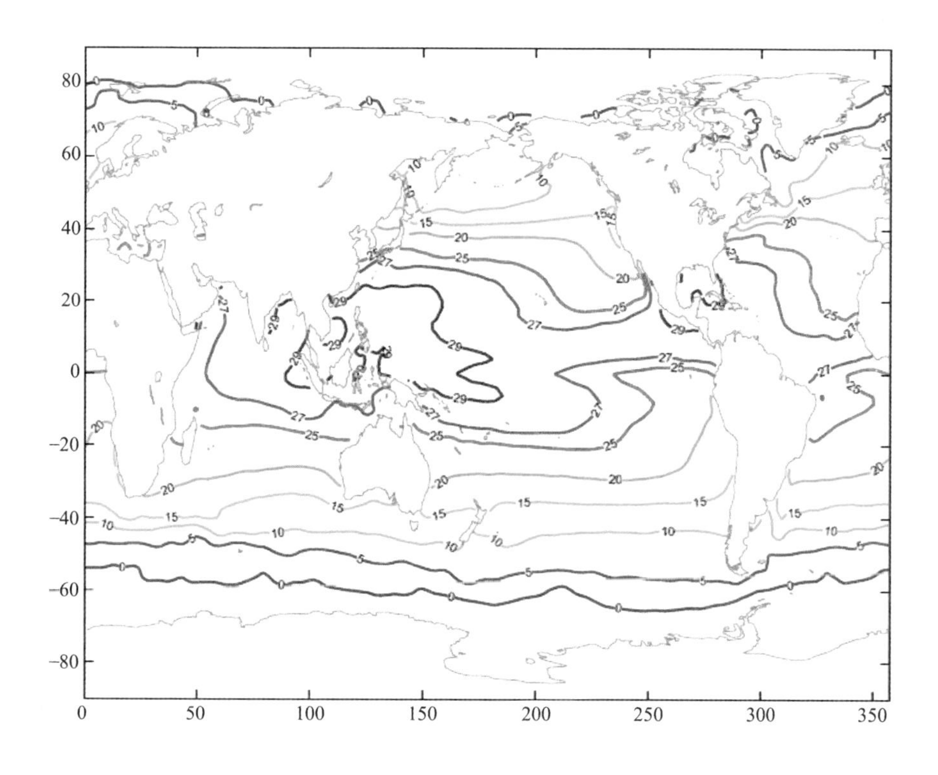

图 3.11(b)　7 月平均海表面温度(SST,单位:℃)

二、海水盐度(Salinity)

海水盐度的大小与海洋表面的蒸发和温度有关,由于海温随纬度的变化以及海表洋流的影响,海水表层盐度的分布在空间上有很大的变化.如图 3－12 所示,年平均海表层的盐度在平均海温较低的赤道东太平洋有一大值中心区域,在北太平洋和北大西洋的副热带区域有一相对大值区,而在寒冷的高纬度海洋的盐度相对较低.由于海洋表面温度的季节变化和随深度的变化,海水盐度随深度、季节和纬度而变化(如图 2－3).同时,海水盐度与海水温度的分布差异是全球海洋中形成温盐环流的重要原因.

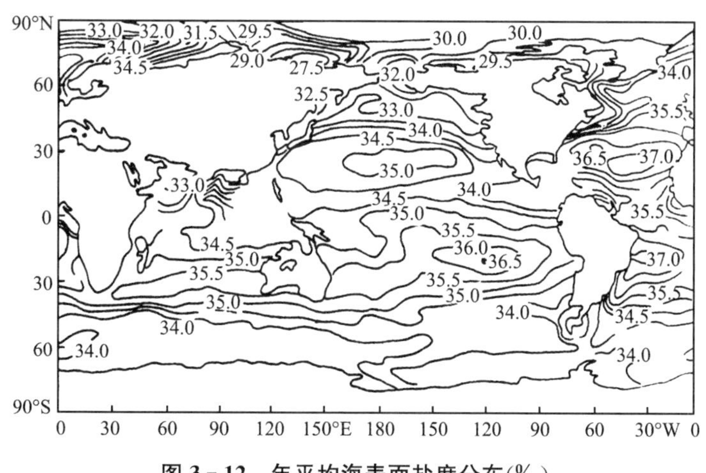

图 3－12　年平均海表面盐度分布(‰)

三、洋流(Currents)

这里讲的洋流是指由温度、密度差异和大气对海洋的风应力引起的海洋表面流.洋流的成因有大气运动、行星风系、密度差异、陆地的形状和地球自转产生的地转偏向力等,但是洋流形成的主要原因是长期定向风的推动.由于海洋也和大气一样位于旋转地球的表面,受大气应力和柯氏力的作用而形成流动.因为纬度差异和温度差异而在不同海域形成暖洋流和冷洋流.洋流最重要的作用是从低纬度海洋向高纬度海洋输送能量和盐分.洋流是促成不同海区间水量、热量和盐量交换的主要原因,对气候状况、海洋生物、海洋沉积、交通运输等,都有很大影响.最著名的暖洋流有太平洋的黑潮(日本暖流)和大西洋的墨西哥湾流;冷洋流有太平洋的亲潮(千岛冷流),图 2-4 是全球海洋表层洋流分布示意图.

四、温盐环流(Thermohaline Circulation,THC)

温盐环流是海洋中的大尺度环流,它可以把海洋上层低密度的海水传输到高密度和中等密度海水区域及深层海洋,然后再使其返回海洋上层.温盐环流是对称的,在高纬度特定区域与密度大的海水交换后,在非常大的地理区域内以较慢的上升流和扩散过程回到海洋表层(如图 3-13).THC 是由在海洋表层或接近表层的冷海水或高盐度产生的高密度海水所驱动.尽管其名称是温盐环流,但它实际上还受到风力和潮汐力的驱动作用.

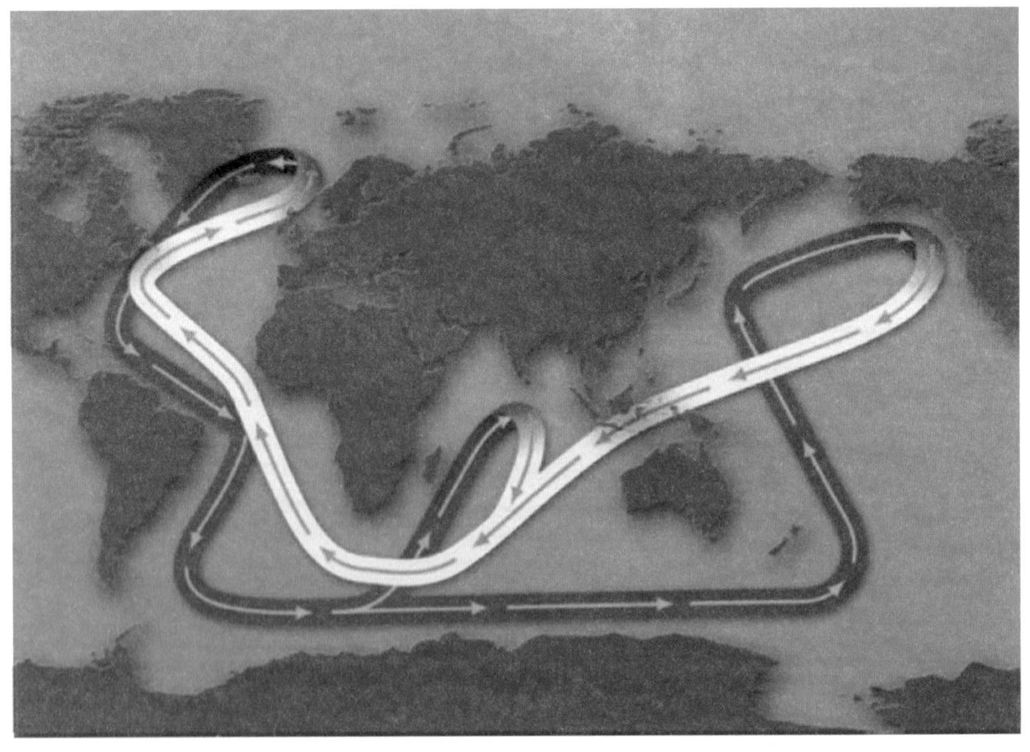

图 3-13　全球温盐环流示意图(红色箭头为表层流,蓝色箭头为深层流)

3.4　冰雪圈

如第二章所述，地球冰雪圈主要由大冰原(Ice Sheet)、海冰(Sea Ice)、大陆冰川(Glacier)、雪盖(Snow Cover)和永冻带(冻土，Permafrost Zone)等组成.冰雪圈的分布在空间和时间上都相当复杂，受到季节变化、水平空间和垂直空间的分布、纬度的变化、南北半球的差异、海陆分布的影响等，因此，监测和获得定量、准确的数据相当困难.在卫星观测出现以前，冰雪圈的资料大多靠实地考察和估算来得出.自 20 世纪 70 年代卫星遥感技术应用以来，人们可以获得较为准确的全球冰雪覆盖的变化及相关资料.图 3－14 是从卫星遥感资料得出的南北半球冬夏两季的冰雪分布.从图 3－14 可以看出，无论哪个半球，冬季和夏季的冰雪覆盖面积都有很大的变化，特别是北半球雪被覆盖范围季节变化很大，而南半球海冰分布范围的季节变化较大.这种季节和南北半球的差异与北半球高纬度和南半球高纬度的海陆分布特点不同有关(见表 3－1).

一、冰雪圈的一般特征

冰雪圈的组成、分布和季节变化与纬度和海陆分布特征有关.图 3－14 显示的南北半球冰雪覆盖的季节差异的主要原因和其作用可以归纳如下：

(1) 地表特征的差别：北极和南极海陆分布比差异大，见表 3－1 所示，随着纬圈范围向极地的收缩，北半球海洋所占比例增大，陆地所占比例减小；而南半球正好相反，海洋所占比例减小，陆地所占比例增大.北冰洋是一个半封闭的海洋，北极主体变为海洋；而南极洲周围是开阔的海洋，南极主体是陆地.因此，在海气交换过程中北极海洋的作用较南极重要；而在陆气交换过程中，南极的陆地冰原作用要大于北极.

(2) 地形海拔高度的差异：南极洲是一个高原，最高海拔可达 3～4 km；而北极地区为海洋，海拔较低，与南极大陆的热力和动力作用有很大差异.

(3) 太阳辐射的变化：南极和北极地区均表现出夏季和冬季巨大的太阳辐射差异，这主要是极区永昼(夏半年)和永夜(冬半年)造成的.

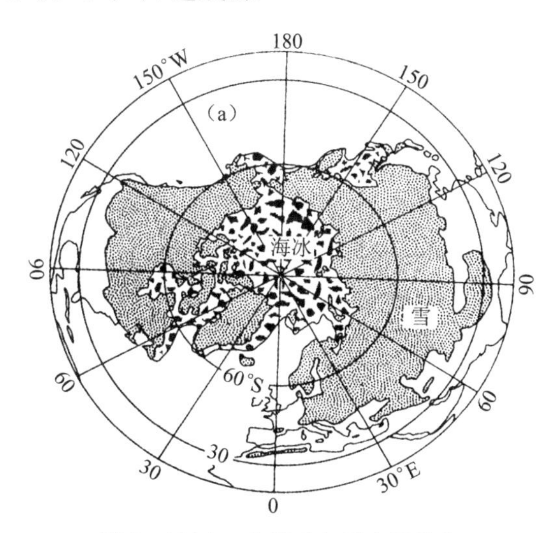

图 3－14(a)　北半球冬季冰雪分布

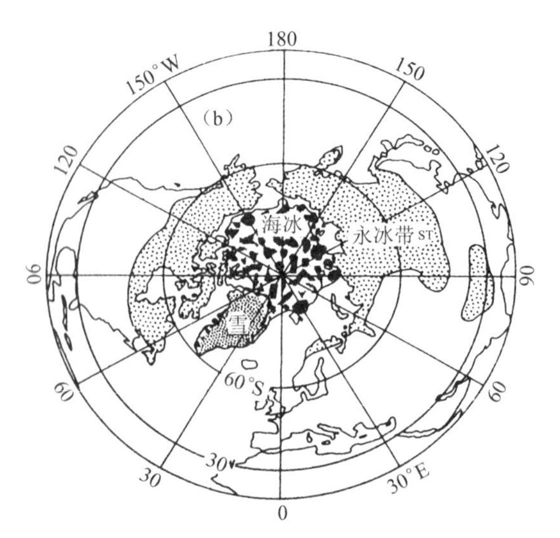

图 3－14(b)　北半球夏季冰雪分布

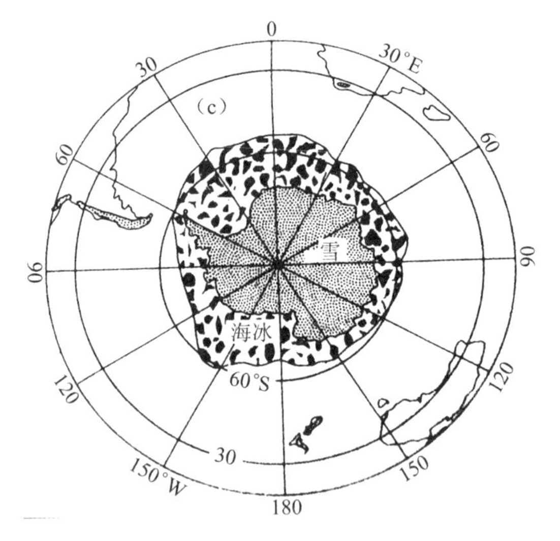

图 3－14(c)　南半球冬季冰雪分布

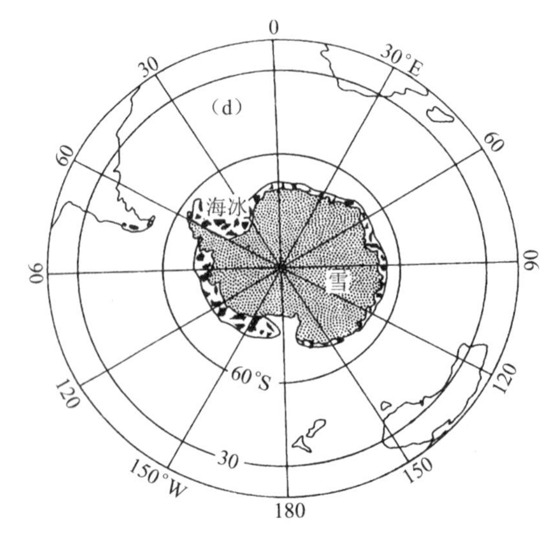

图 3－14(d)　南半球夏季冰雪分布

表 3-1　南北半球极区的地表特征差异

	面积 (10^{14} m^2)	占半球比例 (%)	海洋覆盖比例 (%)	陆地覆盖比例 (%)
70°N～北极	0.15	6.0	72	28
70°S～南极	0.15	6.0	22	78
60°N～北极	0.34	13.4	46	54
60°S～南极	0.34	13.4	60	40

二、冰原和冰川

冰雪圈的主要组成部分在陆地上，全球陆地冰体包括格陵兰冰原、山脉冰川、南极东部冰原、西部海洋性冰原.南极冰原最高可达海拔 4000 m 以上，若南极东部冰原全部融化，将使海平面升高约 65 m；北半球的格陵兰冰原最高约 3000 m，若其全部融化，将使全球海平面升高约 8 m.除了这两大陆地冰原以外，陆地冰体还有冰川，冰川主要存在于各纬度的高海拔山区，如青藏高原等.陆地冰川相对于陆地冰原而言，其特点是高速积累和高速融化，对气候变化响应剧烈，是气候变化最好的间接证据.冰川范围大小变化很大，其水平尺度量级一般在 10^2～10^4 km^2.中高纬度的冰川是河流的主要源泉.陆地冰川的形成主要受降雪、累积雪量和温度变化的影响，降水和温度是决定冰川增长或消融的两个主要因子.

三、海冰

海冰是在高纬度海洋上形成的冰体，其形成的温度条件是海水温度低于−2℃.因此海冰分布范围的大小和区域会随海水温度的季节和空间变化而变化，其空间分布的季节变化很大.图 3-15 是全球南北极地区平均海冰面积的季节变化曲线.可以看出，北极的海冰面积在冬季最大，夏季最小，而南极周围海冰面积的年变化幅度要大于北极附近的海冰面积，即季节变化和面积幅度变化均为南半球大于北半球；面积变化速度则表现为北极地区消融慢、增长快，而

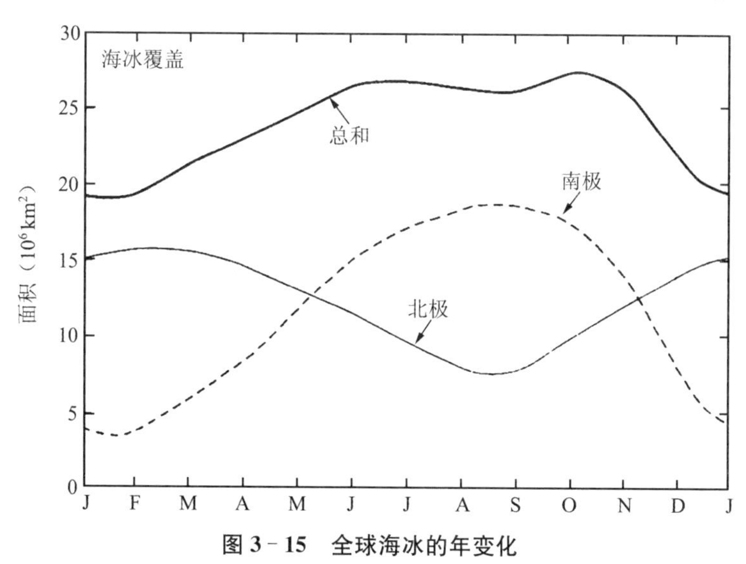

图 3-15　全球海冰的年变化

南极地区则消融快、增长慢.这种差异主要是由海陆分布的差异决定的.因为北冰洋为近似封闭的海洋,与周围陆地的热量交换很小;而南极周围海冰区为开放型,与周围广阔的、温度较高的中纬度海洋的热量交换剧烈.

海冰具有重要的热力学作用,它是海洋的隔热层,可以抑制海洋和大气间的相互作用和能量交换、减小海水蒸发;海冰融化过程中的淡水可以降低海水的盐度,而在海冰凝结形成过程中可以增加海水的盐度.因此,海冰面积的大小、形成与融化过程中引起的淡水释放和盐度的变化对于气候变化具有十分重要的意义.

四、雪和永冻带

雪被和冻土是陆地上冰雪圈中季节变化最大的部分.陆地雪被的覆盖有显著的年变化和季节变化,如北半球冬季陆地上的雪被覆盖率可达约50%,海洋约10%,雪被的覆盖范围的年变化振幅大于海冰的年变化振幅.地球上的永冻带主要指冻土带,其约占陆地面积的20%,大致位于−6℃～−8℃年平均等温线的北部(北半球).冻土带可分为永久性和季节性冻土带,后者有很大的季节性变化,而永冻带主要出现在夏季加热达不到地面冻结层底部的区域.

五、冰雪圈的气候作用

冰雪圈的存在和变化对地球气候具有重要意义,它既是气候变化的结果,同时又影响气候的变化.从物理作用机制看,冰雪圈与气候的相互关系主要表现在以下几个方面.

(1) 可以影响气候系统的辐射:其高反射率可以使反射太阳辐射量增加;同时近似完全黑体,有很强的长波辐射放射能力,可以放出更多的长波辐射.

(2) 影响气候系统的热量收支:冰雪具有高融解潜热,其形成和融化过程可以吸收和放出大量的热量,成为大气和海洋的热汇和热源.

(3) 同时也是土壤表层和大气层之间的绝热层.冰雪圈的综合直接效应可以增强大气的冷却,使局地气候变冷;而间接影响表现在对气候系统的长期影响,如末次盛冰期就是与大冰原和冰川的长时间尺度的气候效应相联系的.

第四章

气候诊断分析

气候监测为人们认识和分析气候的变化及其原因提供了资料来源.如何利用这些资料定量和定性地分析气候成因和变化过程是一项十分重要的工作,这个分析过程就是气候诊断分析.本章从气候诊断基本概念出发,介绍气候诊断分析的原理、方法、内容和一些特例.

4.1 气候诊断概述

一、气候诊断定义

气候诊断是 20 世纪 70 年代中期提出来的一个新名词,就其一般含义来讲,也许早在一百多年以前人们就已经在进行有关气候诊断了.不过,由于气候定义本身是变化的,因此不同时期气候诊断的含义也是不一样的.由于气候诊断的历史还很短,其确切定义与气候本身一样复杂,因此现在还没有一个明确的、严格的科学定义,但这并不妨碍我们对气候诊断的理解.目前使用气候诊断这个名词有其新的含义,因为现在所谓气候,通常是指气候系统,所以现在的气候诊断也就是对全球气候系统及其各个部分状况、相互联系的认识、检测、归纳与综合.

人们很容易把气候诊断理解为气候分析,把诊断研究理解为观测研究或经验研究,这是不够确切的,也是表面的.在英语里,“分析”的含义是:为了个别研究,将知识的或物质的总体区分成它的各个组成部分;“诊断”的含义是:某些性质的精确分析并用以得出结论.显然将这两个词的意义用于气候学的研究时,它们所表达的效果是不相同的.诊断研究不只是要进行一系列的分析,而且要进行一系列的科学综合和推理.实际上,可以认为气候诊断是通过对气候系统及其各个组成部分的分析,进一步再创造,也就是综合和预测.通过诊断研究,我们能够得到有关气候形成和变化的科学概貌和物理机制图像.观测研究或观测分析,用统计方法对各种气候观测资料进行加工处理和分析是气候诊断的重要手段,但是现代气候学的发展要求气候研究不仅需要大量应用各种统计学方法,而且需要用各种物理学方法和各种气候模式.这样,人们不仅能够根据丰富的观测资料用统计方法来研究气候异常和气候变化的时空特征,而且可以根据物理定律应用气候模拟来研究其形成原因和机制.因此,现代气候诊断反映了气候学研究的进步和发展.

二、气候诊断的内容

气候诊断是研究气候系统的状况,探讨气候的形成、分布和变化的特征、规律及物理机制的科学.它根据气候要素场资料,应用天气气候学、物理气候学、统计气候学、热力气候学和动力气候学等理论方法对各种气候现象进行计算、分析和模拟,以了解各种物理和动力过程,建立相应的气候模型.它是气候学中把实际分析研究和理论研究紧密联系起来的一门学科.具体地说，气候诊断研究的内容大致可以分为以下三个方面：

(1) 应用气候诊断手段研究区域的或全球的各种气候现象，了解它们的分布特征和变化规律.

(2) 研究各种气候现象形成和变化的原因，了解它们形成的物理过程和物理机制.

(3) 研究气候诊断的方法.随着生产和科学技术的发展以及气候学研究的新要求，改进现有的诊断方法，研究新的诊断技术，不断提高气候诊断的水平.

但是，气候变化是多时间尺度的，气候诊断的时间尺度可以很大，也可以很小，当前气候诊断研究的主要是月以上到几十年的变化.按世界气候研究计划(WCRP)规定，可以分为三种尺度，即月、季尺度，年际变化和长期变化，后者一般指几十年的变化.当然，气候变化也有不同的空间，如小气候、局地气候、区域气候及全球或半球大气候等.目前的气候诊断，主要是研究大范围区域气候以及全球性气候变化.

三、气候诊断资料

气候资料是地球气候变化的印记，是气候诊断和气候变化研究的基本原料和依据.自地球气候形成以来，地球本身就不断地记录着气候的变化.在人类社会以前的地质时期，主要有各种化石、沉积物、孢子等所记录的资料；在历史时期，主要有各种文献定性记载的资料；在现代时期，主要有各种观测仪器定量测量的气候资料.现代气候资料除了常规的地面和探空观测资料以外，还有飞机、雷达、卫星遥感等工具探测的高空、海洋和地面等各种资料.目前已通过各种探测和观测手段，形成了对整个气候系统的监测网.监测结果和初步的诊断分析可以及时在各种相关监测公报中发布，如美国国家气候中心(CAC)的气候诊断公报(Climate Diagnostics Bulletin)、世界气象组织(WMO)的气候系统监测月报(Climate System Monitoring Monthly Bulletin)、中国国家气候中心的气候系统监测公报(http://cmdp.ncc.cma.gov.cn/cn/monitoring.htm)等.气候诊断的观测资料内容可以分为以下三个方面.

(1) 常规观测：包括月全球平均海平面气压、全球海面温度、全球射出长波辐射、850 hPa及200 hPa风矢量、流函数及相应的距平图.近年来又增加了200 hPa速度势及辐散.此外，还有月平均南、北半球500 hPa高度，500～1000 hPa厚度及其距平图，月平均气温高斯分布及月总降水量Γ分布百分率.WMO的月报中还有当月全球气候异常，如澳大利亚、美国的气候异常，后来又增加了中国的月气温和降水量距平.

(2) 专项观测：为了监测ENSO的发展，美国国家气候中心的公报中还包括海洋浮标站的移动轨迹图、海平面高度图、假风应力图及用风应力计算的沿赤道20℃等温线的深度，以及El Niño 1+2，El Niño 3和El Niño 4海温距平、南方涛动指数、850 hPa东风、200 hPa西风、20°S～20°N500 hPa上的平均虚温等.又如前面提到的TAO观测计划.

(3) 非常规观测：有些观测虽然是定期的，如北半球雪被覆盖面积，南、北两半球海冰面积，但并未按月在诊断公报或监测月报中公布.有时在气候诊断年会上公布，或在每两年出版一卷的全球气候系统上公布.另外在这种两年一次的总结中，还包括一些特别受人重视的气候异常事件发展的报道，如萨赫勒干旱、印度干旱、El Niño现象以及温室气体的增加、南极臭氧洞变化等资料.还有一些非常规观测，如火山爆发的气溶胶观测等也常在美国气候诊断年会文集中报道.

需要特别指出，我国定期出版的地面观测和探空资料，《气象》月刊上刊载的欧亚环流指数和副热带高压指数等资料，近年来出版的每月天气诊断公报以及我国丰富的历史文献记载，都

为我国区域气候及其变化的诊断研究提供了宝贵的资料.

总之，气候及其变化直接影响人类的生活、能源、粮食和生存环境等重大问题，人类的生存和发展与气候息息相关.气候也是许多建设项目中必须考虑的自然因子之一，在生产实践中应用十分广泛.今天对全球气候系统的监测虽然还不能说非常完备，但也在不断改进，增加了许多新的资料，大量丰富的资料以及资料的迅速传播又为气候诊断研究提供了重要保证.因此，可以预见气候诊断研究有着十分广阔的发展前景.

四、气候诊断的目的

气候诊断是根据气候资料对气候变化和气候异常进行判断和解释，也就是对气候的过程做出分析，找出其可能的原因和影响因子，为认识气候变化机理和气候预测提供理论和方法.气候诊断和监测是密切相关的，监测是诊断的基础，而诊断的过程和结果又可为监测提出新的要求和方向.目前各种气候监测诊断报告给出了系统的诊断和监测结果，揭示了气候学家们不断取得的气候诊断研究的新进展和新目标.主要的气候监测和诊断报告有① 中国国家气候中心：年、月气候监测公报；② 美国气候分析中心：气候诊断报告；③ 美国气候诊断年会报告；④ WMO：气候系统监测报告；⑤ WMO：气候系统监测专集等.

4.2 气候诊断方法和研究对象

一、气候诊断方法

气候诊断的方法按其所依靠的主要工具可以归纳为以下四类：

1. 统计学方法

即气候统计诊断，是用统计学方法对气候数据反映的气候过程进行诊断分析.主要包括以下内容：

(1) 分析全球或区域气候变化的空间分布和时间变化规律；

(2) 研究气候变量场之间的相互关系以及与其他物理因素之间的统计关系；

(3) 对气候数值模拟结果与实际观测的差异进行诊断分析.

2. 物理学方法

通过对气候场相关的物理量的计算分析来进行气候过程的诊断.这些物理量包括：

(1) 散度、涡度、垂直速度；

(2) 水汽输送通量、水汽辐合辐散；

(3) 大气能量及其转换和输送；

(4) 辐射及热量平衡；

(5) 海气及陆气间的相互作用和交换量.

3. 环流分析方法

通过对大气环流的形态分析来诊断气候的变化过程和原因，如大气环流型、遥相关型、主要环流系统的演变等.

4. 数值模拟方法

通过大气环流模式和气候模式对可能的气候变化因子和机制进行虚拟或敏感性模拟试验，得出其演变过程和物理机制的模拟结果，与实际观测结果进行比较，从而得出诊断推论.

二、气候诊断研究对象

气候变化中最被关注的两个问题是① 气候变化趋势;② 气候异常的程度,即极端气候,这也是气候诊断最主要的内容.气候诊断的研究可以有下列具体内容:

(1) 气候异常和突变的诊断;

(2) 气候振荡机理诊断分析;

(3) 气候变化的时空特征演变与机制;

(4) 气候变量场的相互作用和耦合特征.

气候诊断对象的时间尺度可以包括月际至百年尺度以上的不同空间尺度上的气候异常和气候变化,如:

(1) 区域和全球气候变化,季风(Monsoon)及其年际变化、印度降水、萨赫勒干旱等;

(2) 大气环流型及遥相关型,如太平洋北美型(PNA)、太平洋年代际振荡(PDO)、北大西洋涛动(NAO)、北极涛动(AO)等;

(3) 典型气候事件,如 El Niño 和南方涛动(ENSO)、准两年振荡(QBO,Quasi-Biennial Oscillation)等;

(4) 气候影响因子,如太阳活动、温室效应(Green House Effect)、火山活动、海气相互作用、陆面过程等;

(5) 诊断方法和气候可预报性问题等.

4.3 典型气候异常事件的诊断

典型气候异常事件的诊断研究是气候诊断研究中最为重要和最为活跃的领域之一.目前,典型气候异常事件的热点之一就是 ENSO.研究表明,ENSO 是目前为止赤道太平洋地区最为显著的气候异常的强信号.有人认为,如能较准确地预测出 ENSO,就能较好地预测全球及区域气候异常.期望通过对 ENSO 的诊断和模拟研究来认识 ENSO 的形成原因和规律,从而预测 ENSO 事件的发生与发展,进而预测气候异常.

一、ENSO 监测诊断介绍

1. El Niño 与 La Niña 现象

El Niño 现象:赤道东太平洋海表面出现的准周期性温度异常升高的现象,其月平均海温距平可达 4℃以上,暖水区可扩展到日期变更线附近.由于在秘鲁和厄瓜多尔沿岸出现暖海水,造成大量海洋生物的死亡,并发生强降水,形成洪涝灾害.这一现象的出现与全球热带、副热带地区的海平面气压场分布型的扰动,即南方涛动(Southern Oscillation,SO)有关,这是一种有 2~7 年尺度的海气耦合作用.

La Niña 现象:赤道东太平洋海表面温度异常降低的现象,月平均海温距平为负值,冷海水上涌强烈,是该区域海水的冷位相.

2. 典型的 El Niño 事件发展过程

El Niño 事件的发生是热带海洋大气系统相互作用的结果,从开始到结束要经历一个时间过程.根据对典型 El Niño 时间的合成分析,归纳出其一般发展过程有以下几个代表阶段(如图 4-1):

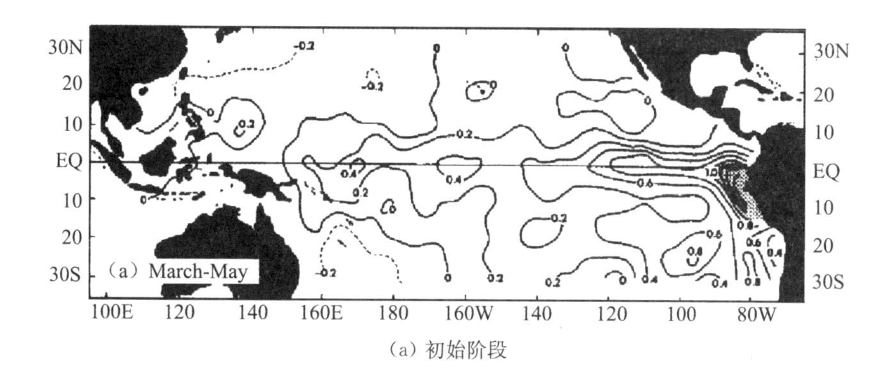

(a) 初始阶段

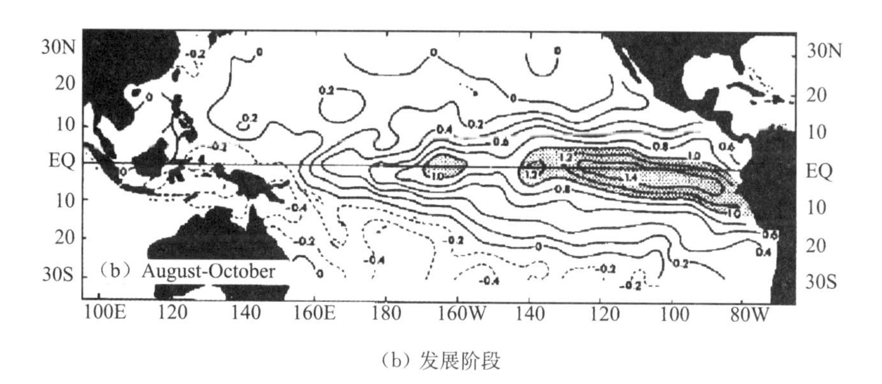

(b) 发展阶段

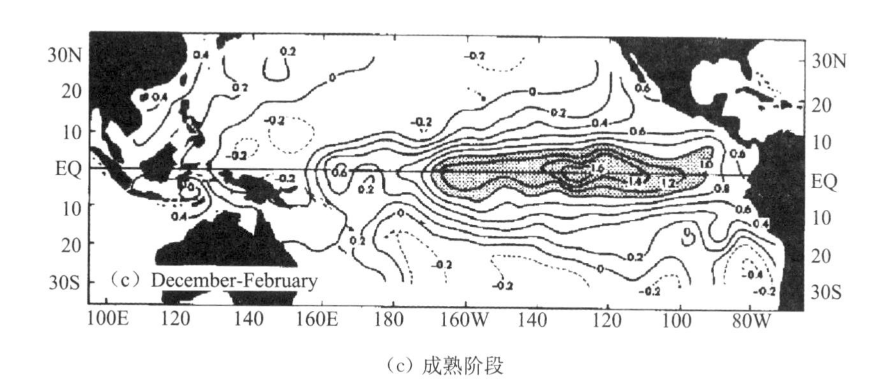

(c) 成熟阶段

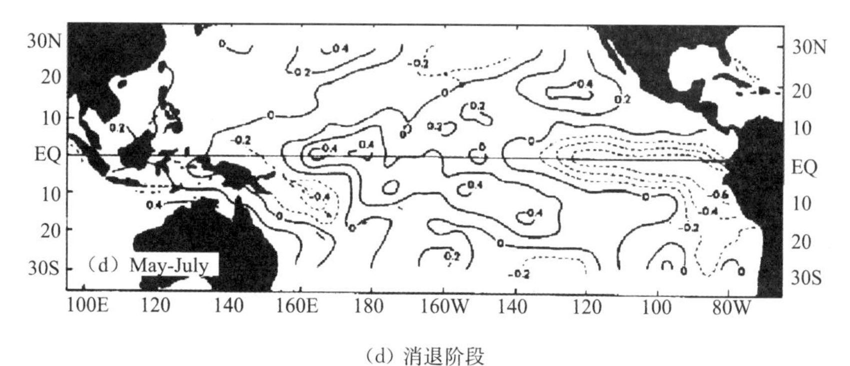

(d) 消退阶段

图 4－1 典型 El Niño 事件的形成和发展过程(图中数值为海平面温度距平)

(1) 初期阶段(3 月～5 月):在南美洲沿岸海表面温度升高,东南信风减弱;

(2) 发展阶段(8 月～10 月):暖海区向西扩展并增强,面积增大,赤道东风减弱;

(3) 成熟阶段(12 月～2 月):暖水区扩展到赤道中东太平洋,达到最强盛,赤道东风最弱;

(4) 消退阶段(5 月～7 月):逐步消退阶段,暖水区变小变弱化.

图 4－2 是典型 El Niño 发生发展的时间演变过程中 SST 距平变化,从当年(0)到次年(1),图中分别按开始的季节(春 MAM、夏 JJA、秋 SON、冬 DJF)给出了海洋表面温度距平的强度与分布的变化过程,其对应的四个过程与图 4－1 是相似的.

在 El Niño 发生发展过程中伴随着大气和海洋状况的显著变化.图 4－3 是La Niña情况、正常情况和 El Niño 情况下赤道地区大气环流和海洋状况的变化示意图.在正常情况下,赤道地区的 Walker 环流上升支在西太平洋的印度尼西亚、菲律宾地区,下沉支在南美洲大陆;斜温层在赤道东太平洋较浅薄,在赤道西太平洋较深;在 La Niña 发生的情况下,赤道东太平洋海表温度降低并使冷水区域扩大西伸,迫使 Walker 环流的上升支向西推进,同时赤道西太平洋斜温层进一步加深;在 El Niño 情况下,赤道东太平洋海表温度升高,超过正常情况,斜温层变深,而赤道西太平洋斜温层变浅,由于暖水区域的扩大和增强,Walker 环流的上升支移动到赤道中东太平洋,并在西太平洋出现下沉气流,与正常情况下的赤道太平洋 Walker 环流相反.可以看出,La Niña 现象是赤道太平洋正常状况的增强,维持并加强了赤道东太平洋的海表冷水区;而 El Niño 现象则与上述两种情况相反,在赤道东太平洋出现大面积暖水区而导致赤道地区大气和海洋状况异常,并进而影响到热带以外地区.

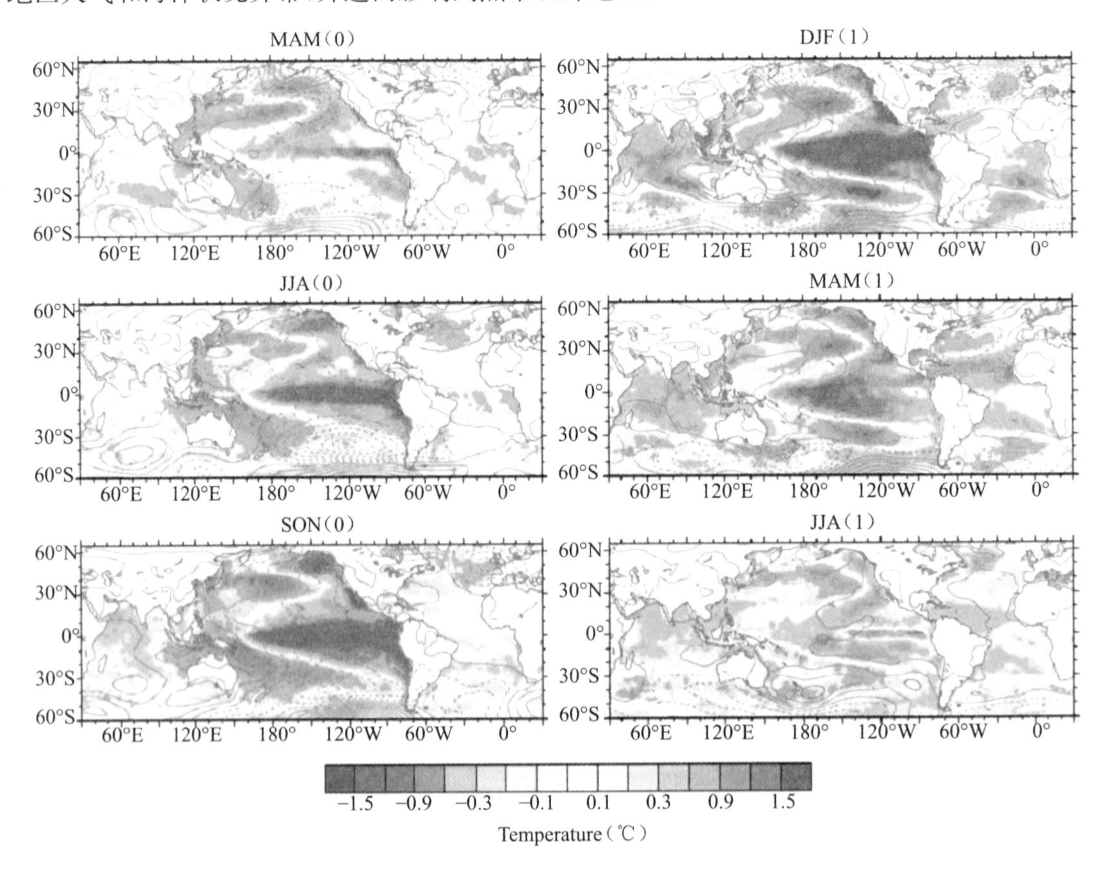

图 4－2　典型 El Niño 发生发展的时间演变过程中 SST 距平变化图

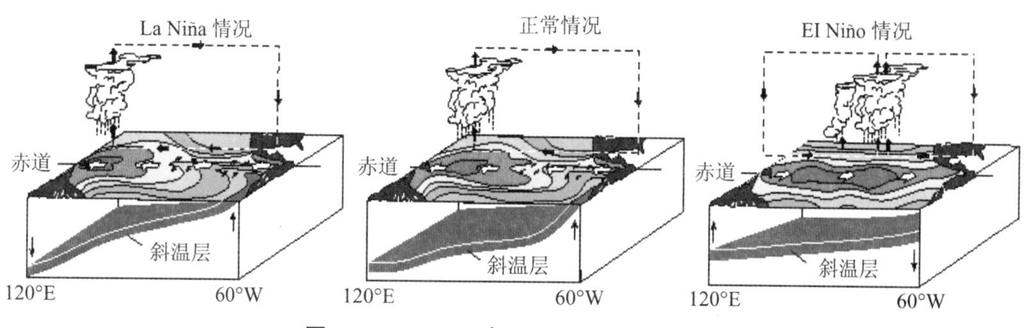

图 4-3 El Niño 与 La Niña 现象示意图

二、南方涛动与南方涛动指数(SOI)

南方涛动是指南太平洋和印度洋的海平面气压场呈反相变化，即南太平洋气压升高(降低)时，印度洋气压降低(升高)，即所谓"跷跷板"(see-saw)现象.这一现象可以用两个区域的气压差变化定义的南方涛动指数来表示.图 4-4 是代表南方涛动指数的 Darwin 气压与该区域气压场变化的相关系数分布，可以看出，以 180°E 为界，赤道以南地区(东西部)的气压呈显著的反相关性.

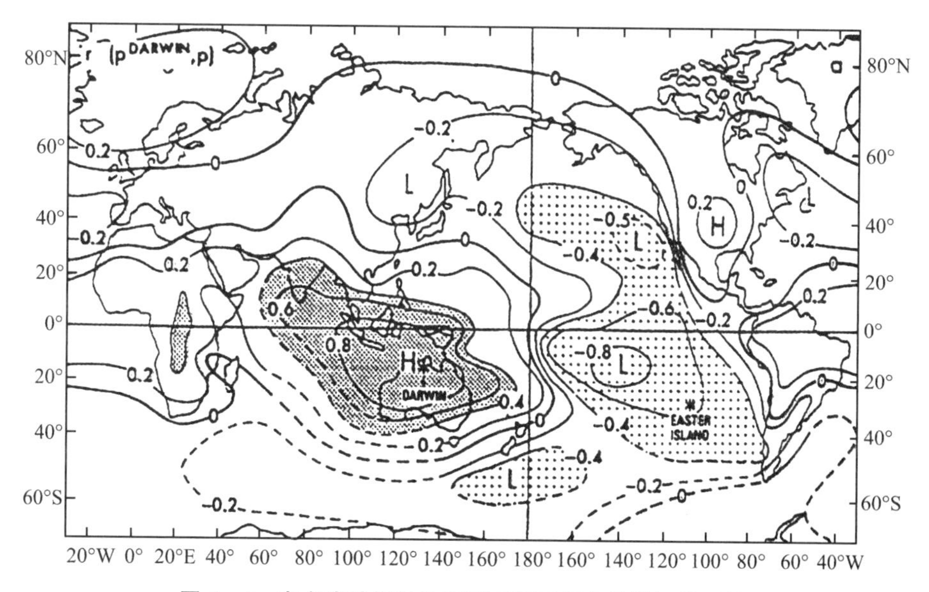

图 4-4 南方涛动指数与海平面气压场变化的相关系数

南方涛动指数 SOI(Southern Oscillation Index)的定义为达尔文(Darwin)岛和塔希提(Tahiti)岛气压差的标准差.图 4-5 是年平均南方涛动指数 SOI 的时间序列.该指数与赤道东太平洋的 SST 距平指数 Niño 3 呈反相关，也就是说，一般情况下，南方涛动指数为负时对应 El Niño 事件，南方涛动指数为正时对应 La Niña 事件，因为这种关系，人们将这两种现象合称为 ENSO，即 El Niño 与南方涛动(Southern Oscillation)为同一事件，所以 ENSO 代表了一个事件的两个方面：

(1) El Niño(EN)：海洋的异常增暖；

(2) Southern Oscillation(SO)：热带大气的环流异常，即 Walker 环流反向和印度洋、太平洋之间的气压场或质量发生转换.

研究表明,这两者是密切相关的,即印度洋和太平洋海平面气压场的差的变化与赤道东太平洋的海表面温度异常有强相关.图 4-6 是南方涛动指数 SOI 和海表面温度(SST)场的相关系数分布,可以看出,两者在赤道太平洋地区有很好的相关性.

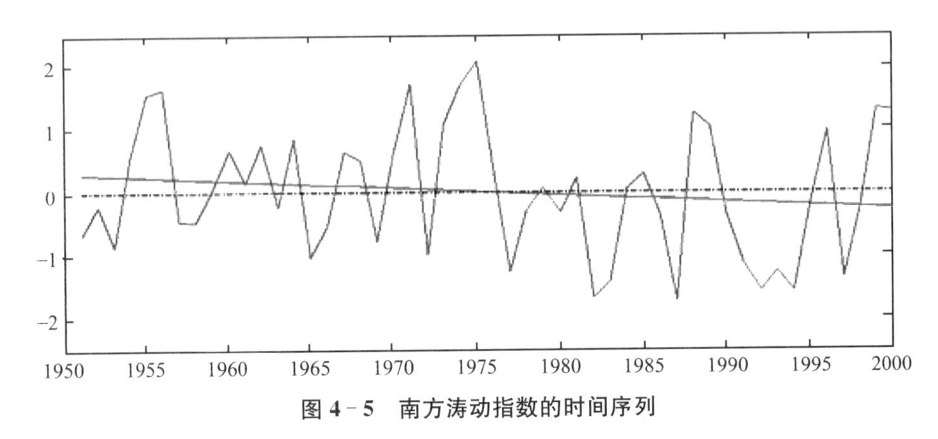

图 4-5　南方涛动指数的时间序列

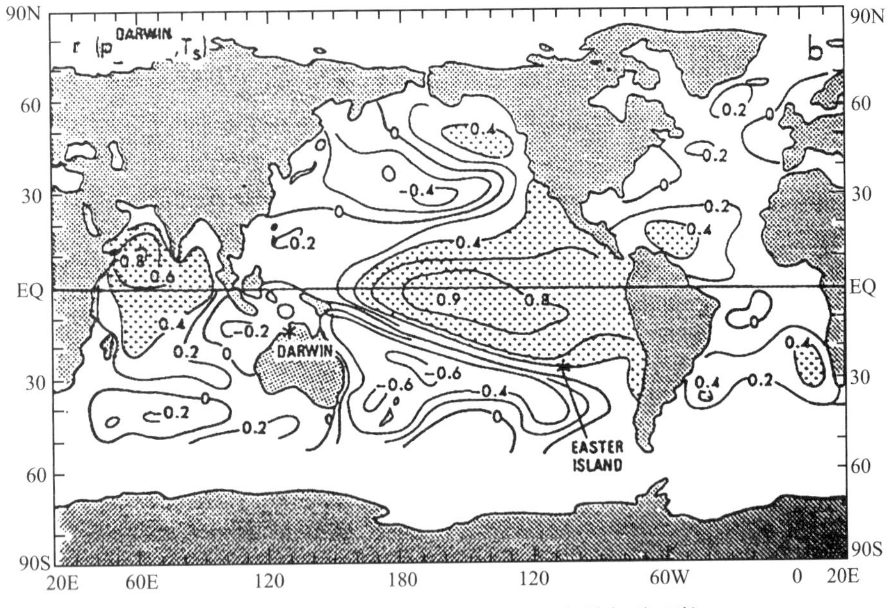

图 4-6　南方涛动指数与 SST 距平场的相关系数

为了详细分析赤道太平洋地区及印度洋海表面温度的变化和区域差异,人们还选择了一些特殊区域的海表面温度距平来定义各种 Niño 指数.如图 4-7 所示,分别有 Niño 1,Niño 2,Niño 3 和 Niño 4 指数区域,分别代表南美洲沿岸的海温变化(Niño 1,Niño 2)、赤道中东太平洋海温变化(Niño 3)和赤道西太平洋海温变化(Niño 4).还定义了 Niño A,Niño B,Niño C 和 Niño W 指数来分别表示日本东南海域(A)、北印度洋海域(B)、西太平洋暖水区(W)和东太平洋冷水区(C)的海温变化.在这些 Niño 指数中,Niño 3 可以直接代表 El Niño 事件的发生和强度.图 4-8 就是对应于 Niño 3 区域 100 年的经过滤波的海表面温度的变化序列,图中温度高于平均线或滑动平均线的阴影部分表示有不同强度的 El Niño 事件发生.图 4-9 是相应时间内的 Niño 3 指数,与图 4-8 的海温变化进行比较,可以看出两者具有类似的强度和时间特征.

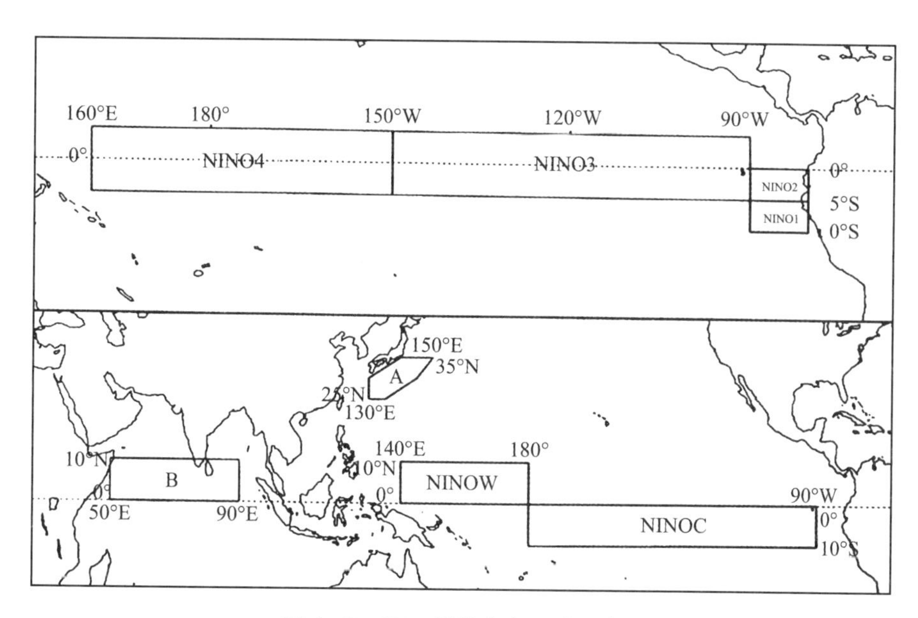

图 4-7 Niño 指数定义区域示意图

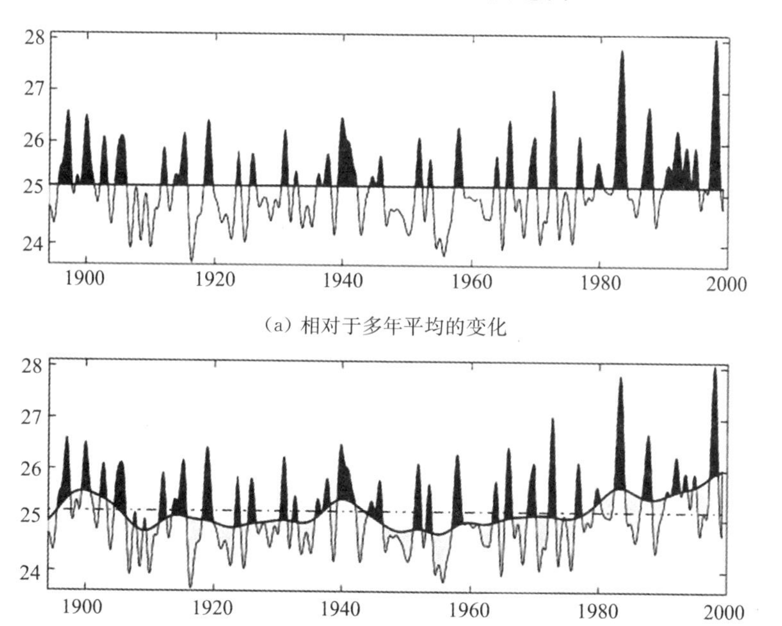

(a) 相对于多年平均的变化

(b) 相对于10年滑动平均的变化

图 4-8 1900～2000 年赤道东太平洋海表面温度变化(滤去季节变化)

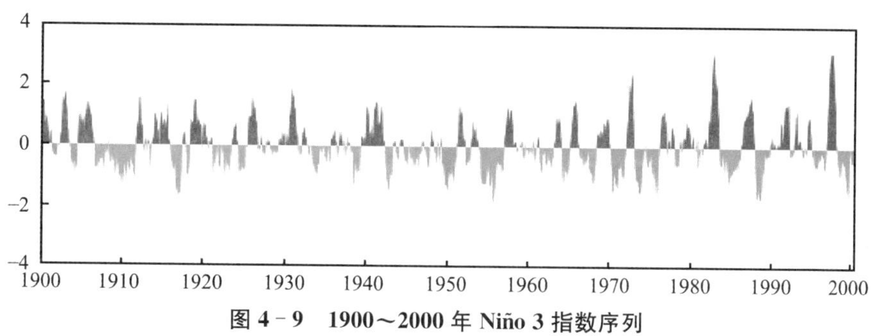

图 4-9 1900～2000 年 Niño 3 指数序列

三、ENSO与全球气候

如前所述，由于ENSO期间的大气环流异常，Walker环流方向改变，上升和下沉气流区发生变化，进而有可能直接或通过遥相关影响到赤道以外地区.通过赤道地区的异常可能通过大气波的传播，影响到赤道以外地区的气候，导致一系列气候异常事件和极端气候事件发生，如降水异常造成的旱涝、冷暖空气强烈交换引起的酷暑和严寒等.图4－10是最典型的1982～1983年El Niño事件导致的全球酷暑和严寒、洪水与干旱的分布示意图.如图4－10(a)所示，1982～1983年El Niño期间，整个赤道太平洋和沿南北美洲地区出现很强的增暖现象，同时美国北部、欧洲西部和非洲南部出现夏季高温，欧亚大陆高纬度中部出现暖冬，而加拿大东北部出现寒冷天气.图4－10(b)显示1982～1983年El Niño事件造成的全球降水异常.南美洲中部

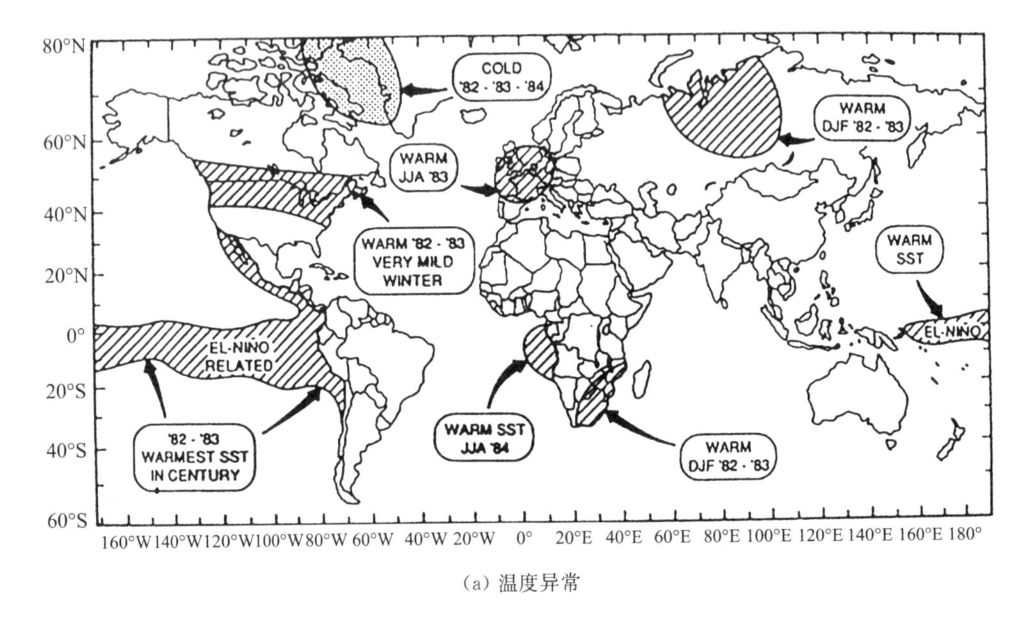

(a) 温度异常

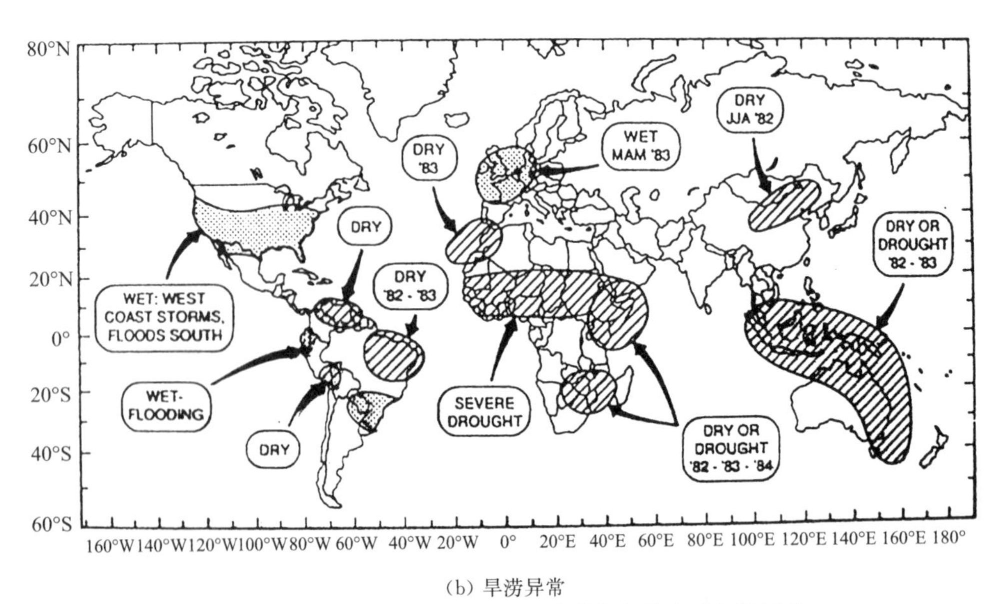

(b) 旱涝异常

图4－10　1982～1983年El Niño事件期间的全球气候异常

和太平洋沿岸地区、美国南部、欧洲西部出现严重洪涝；非洲中部、非洲西北部和东南部、澳大利亚东部、印度尼西亚、菲律宾群岛和中国华北地区出现严重干旱.图 4－11 是将多个 El Niño 年合成全球气候的区域响应特征分布.由图可以看出，在 El Niño 发生区域的冬季为湿热气候(浅蓝区域)，而在西太平洋赤道及附近区域(南亚、澳大利亚等)则为干热少雨气候(棕色、黄色区域)；除欧洲外，其他不同地区也分别出现干湿、干热、湿冷和偏热气候特征.有关研究表明，El Niño 事件与印度尼西亚的爪哇岛(Java)地区的干旱有很好的对应关系，该地的几乎 90% 以上的干旱都与 El Niño 事件相对应(见表 4－1).

图 4－1 中上图为冬季，下图为夏季.图中红色代表暖，棕色为干旱，绿色为湿润，浅蓝色为湿热气候，深蓝为湿冷气候，黄色代表干热气候，橙色代表干冷气候.

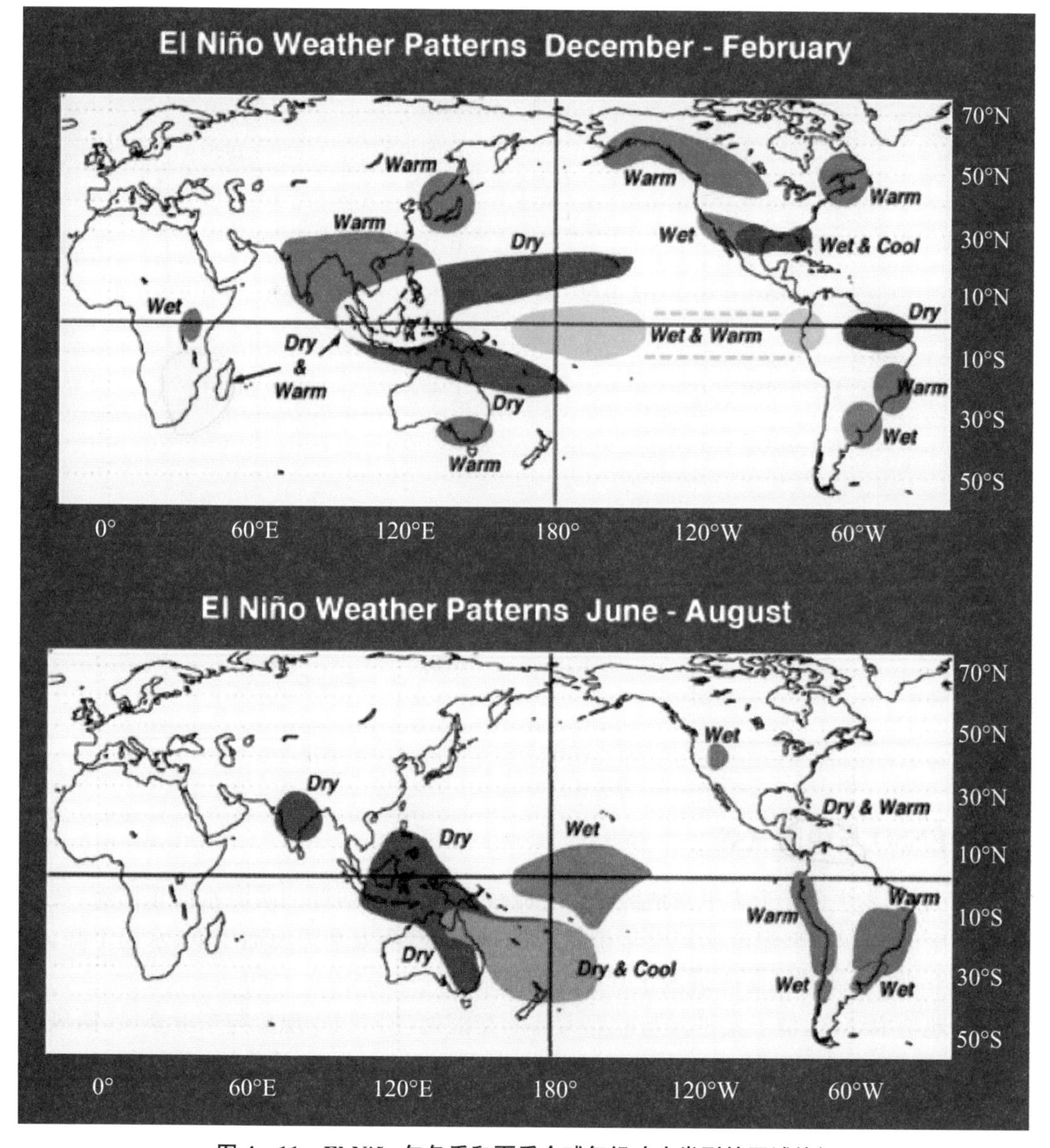

图 4－11　El Niño 年冬季和夏季全球气候响应类型的区域特征

表 4-1 El Niño 与 Java 干旱

干旱年份	El Niño 事件	说 明	干旱年份	El Niño 事件	说 明
1844	1844		1913		
1845	1845～1846		1914	1914	
1850			1918		
	1852			1918～1919	
1853	无		1919		
1855	1855		1923	1923	
1857	1857		1925		
				1925～1926	
1864	1864		1926		
1873	1873		1929	1929～1930	
1875	1875		1932	1932	
1877	1877～1878		1935	无	低指数
1881	1880	低指数	1940	1939～1940	
1883			1941	1941	
1884	1884～1885		1944	1943～1944	
1885			1945		
1888	1887～1889		1946		
1891	1891		1953	1953	
1896	1896		缺资料	1954～1975	
1902	1902		1976	1976	
1905	1905				

28(El Niño 事件)/30(干旱)=0.93,即 93%的干旱与 El Niño 有关.(Quinn 等,1978)

四、ENSO 与中国气候

El Niño 的发生使赤道太平洋地区偏东气流减弱或消失,西部的暖海水向东回流,使东太平洋海面比正常年份高,温度比正常年份高 2℃～5℃,而西太平洋海面变低、水温下降,从而改变了整个热带太平洋冷暖水域的正常位置和海平面气压场分布.

中国地处中纬度,位于太平洋与欧亚大陆的交汇处,El Niño 现象与东亚季风、西风带异常,青藏高原,北方冷空气等的相互作用将影响到区域气候变化.有关分析表明,El Niño 现象对中国气候影响的程度和范围是复杂的、变化的,使得中国区域夏季降水时空分布呈现不均匀性,导致气候异常和严重的旱涝灾害频发.例如有关研究发现,El Niño 年和La Niña 年的台风发生频率和空间分布有所不同;ENSO 年春、夏季温度偏低的概率增加;对海雾的影响表现为 ENSO 次年海雾偏多.ENSO 对降水的影响表现在雨带分布的时空变化上,如 75%的 ENSO

年主要雨带在江淮流域；ENSO 的次年，全国夏季以多雨为主等.但总体而言，中国气候与 ENSO 的关系相当复杂，目前还无法得出较确定的结论.

五、El Niño 对全球社会经济的影响

由于 El Niño 事件的出现引起全球不同地区的气候异常，特别是洪涝、严重干旱和高温酷暑、严寒等灾害性气候对人们的生活和生产造成严重影响，带来巨大的经济损失，其中受到直接影响的是秘鲁、智利、厄瓜多尔等国的渔业和相关产业，澳大利亚等地因严重干旱而使农业受到影响，其他一些地区受到间接影响. 全球因气候异常，一些国家和地区的农业及相关加工业遭受损失，区域性干旱和洪涝灾害给当地的生命财产和生产活动带来严重损失等.大量的统计资料证明，因 El Niño 引起的全球气候异常和气候灾害所造成的经济损失是巨大的.例如，1997～1998 年的 El Niño 是 20 世纪最强的事件之一，在 1997 年 11～12 月，东非索马里连降一个多月的暴雨，造成 1400 多人死亡、23 万人受灾；1997 年 7～10 月，由于印尼雨季推迟，引发了一场持续三个月的森林大火，烧毁森林 144 万亩，经济损失高达 1250 万美元；1998 年夏天地中海、东欧及亚洲一些国家创造了当地的高温历史记录等.

六、历史上的 El Niño 记录

根据不同标准确定的 El Niño 年略有不同.例如按照赤道东太平洋 SST 正距平(即高于多年平均值)达 10 个月或 1 年以上且最大正距平超过 2℃ 的标准定义 El Niño，则 20 世纪 80 年代和 90 年代的 El Niño 年有 1982～1983、1986～1987、1991～1992、1993、1994～1995 和 1997～1998 共 6 次，其中 4 次在 90 年代.

统计表明 El Niño 的发生周期平均为 2～7 年，但是更长时间的记录显示，El Niño 事件的发生频率是变化的：1990～2000 年发生 4 次，平均周期 2.5 年；1980～2000 年出现 6 次，平均周期 3.33 年；1950～2000 年发生 14 次，平均周期 3.57 年；1844～1946 年发生 26 次，平均周期 3.96 年；1525～2000 年发生 87 次，平均周期 5.46 年.可见，El Niño 的发生频率在增高.当然，由于历史记录、资料重建的原因，在有观测记录以前关于 El Niño 事件的确定存在一定的问题，但从 1864 年以来的 El Niño 记录是根据仪器观测得出的，相对是比较可靠的，据这一结果，自 1864～2000 年共出现 31 次 El Niño 事件，平均周期为 4.39 年.

七、ENSO 的监测和预测

对 El Niño 的监测，主要是对赤道东太平洋相关海域海表面温度 SST 的观测，早年是通过商船队、潮汐观测站，近 30 年来通过一些专门区域观测试验建立的浮标列阵可以进行全面的多要素的海洋观测等，特别是利用卫星和海洋测站对关键海区的温度、风场、斜温层及海平面高度进行观测已能及时有效地获取海洋状况的变化并及时发布 El Niño 发生发展的信息.

对 El Niño 的预测是一个热点前沿课题，虽然人们已经掌握了大量的 El Niño 发生发展的事实和资料，并认识了其形成的可能机理，但是其形成的原因太复杂，要准确进行预测目前还有很大难度.由于 ENSO 是全球气候变化的一个重要信号，对其进行准确的预测具有重要的意义，因此在这方面的研究一直是气候学家的关注焦点.目前进行 El Niño 预测主要有两类方法：一类是使用海洋或海气耦合模式进行模拟预测，包括各类海气耦合模式，也有一些相对简单的海洋模式和简化的海气耦合模式；另一类是根据大量观测资料进行综合诊断分析，从前期演变中捕捉相关信号和关键区域的前期征兆来预测 ENSO 的发生.下面将介绍一个曾成功进

行了 El Niño 预报的简单海气耦合模式.

4.4 一个简单的海气耦合 El Niño 预报模式介绍

S.E.Zebiak 和 M.A.Cane 发展了一个简单的海气耦合模式，用来研究 ENSO 现象.在没有异常外强迫的情况下，耦合模式模拟出了一些观测到的 ENSO 关键特征：如 3～4 年的不规则的 SST 升高现象.模拟表明：SST、风场和洋流决定 ENSO 的空间结构特征；而其时间演变的周期则与耦合强度的变化有关，强耦合可导致长时间的大的振荡；赤道海洋上层的热含量变率对于模式耦合振荡具有关键作用.

一、模式介绍

(1) 大气模式：赤道 β 平面上的线性浅水波方程，包括 Rayleigh 摩擦和 Newtonian 冷却.环流由 SST 异常和低层水汽辐合驱动.

(2) 海洋模式：简化的重力模式，只生成深度平均的正压流，表面层的流动由摩擦作用决定，因此采用了一个 50 m 的浅层摩擦层来模拟真实海洋的风驱洋流.

模式海洋区域：29°N～29°S，124°E～80°W.

(3) 热力学方程：包括三维温度平流方程、与 SST 异常相关的表面热通量等.

二、耦合模式的控制方程

该耦合模式分别由大气运动方程组、海洋运动方程组和热力学方程组构成，在给定初始和边界条件下积分求解获得模拟结果.具体控制方程和初始、边界条件如下：

1. 大气控制方程

$$\varepsilon u_{\mathrm{a}}^{n}-\beta_{0} y v_{\mathrm{a}}^{n}=\left(\frac{p}{\rho_{0}}\right)_{x}, \tag{4.1a}$$

$$\varepsilon v_{\mathrm{a}}^{n}+\beta_{0} y u_{\mathrm{a}}^{n}=-\left(\frac{p}{\rho_{0}}\right)_{y}, \tag{4.1b}$$

$$\varepsilon\left(\frac{p^{n}}{\rho_{0}}\right)+c_{\mathrm{a}}^{2}\left[(u_{\mathrm{a}}^{n})_{x}+(v_{\mathrm{a}}^{n})_{y}\right]=-Q_{\mathrm{s}}-Q_{1}^{n}, \tag{4.1c}$$

$$Q_{\mathrm{s}}=(\alpha T)\exp[(\overline{T}-30℃)/16.7℃], \tag{4.1d}$$

$$Q_{1}^{n}=\beta[M(\bar{c}+c^{n})-M(\bar{c})], \tag{4.1e}$$

式中

$$\overline{T}(x,y,t),\bar{c}(x,y,t) \tag{4.2}$$

是与垂直运动有关的量，分别为预置的月平均 SST 和海表面风场辐合量，其中函数

$$M(x)=\begin{cases}0, x\leqslant 0;\\ x, x>0\end{cases} \tag{4.3}$$

是迭代到第 n 步时的辐合距平量.

$$c^{n}\equiv-(u_{\mathrm{a}}^{n})_{x}-(v_{\mathrm{a}}^{n})_{y}.$$

2. 海洋控制方程

$$u=H^{-1}(H_{1}u_{1}+H_{2}u_{2}),$$

$$\beta_0=\frac{\partial f}{\partial y},$$
$$u_t-\beta_0 yv=-g'h_x+\tau^{(x)}/\rho H-ru,$$
$$\beta_0 yu=-g'h_y+\tau^{(y)}/\rho H-rv,$$
$$h_t+H(u_x+v_y)=-rh.$$

下标 1,2 分别表示表面层和下层,两层间的切变方程:

$$r_s u_s-\beta_0 yv_s=\tau^{(x)}/\rho H_1,$$
$$r_s v_s+\beta_0 yu_s=\tau^{(y)}/\rho H_1,$$

这里

$$\vec{u}_s\equiv\vec{u}_1-\vec{u}_2. \tag{4.8}$$

由此可以求出洋流表面流 u_1,并计算出上升流速度 w_s:

$$w_s=H_1[(u_1)_x+(v_1)_y]. \tag{4.9}$$

3. 表面温度控制方程

$$\frac{\partial T}{\partial t}=-\vec{u}_1\cdot\nabla(\bar{T}+T)-\vec{\bar{u}}_1\cdot\nabla T-[M(\bar{w}_s+w_s)-M(\bar{w}_s)]\times\bar{T}_z$$
$$-M(\bar{w}_s+w_s)\frac{T-T_e}{H_1}-\alpha_s T, \tag{4.10}$$

式中:$\vec{\bar{u}}_1(x,y,t)$,$\bar{w}_s(x,y,t)$,$\bar{T}(x,y,t)$分别代表平均水平流、上升流和平均 SST.

垂直温度梯度为:

$$T_z=(T-T_e)/H_1. \tag{4.11}$$

T_e 为卷入温度:

$$T_e=\gamma T_{sub}+(1-\gamma)T. \tag{4.12}$$

T_{sub}由下式计算:

$$T_{sub}=\begin{cases}T_1\{\tan h[b_1(\bar{h}+h)]-\tan h(b_1\bar{h})\},h>0;\\ T_2\{\tan h[b_2(\bar{h}-h)]-\tan h(b_2\bar{h})\},h<0.\end{cases} \tag{4.13}$$

$\bar{h}(x)$是平均表层厚度.

上述各方程的有关参数如下:

$\varepsilon=(2\text{days})^{-1}$,大气耗散系数;$c_a=60\ \text{ms}^{-1}$,大气自由波速;

$\alpha=0.031\ \text{m}^2\text{s}^{-3}/℃$,SST 加热系数;$H_1=50$ m,海表层深度;

$\beta=1.6\times10^4\ \text{m}^2\text{s}^{-2}$,大气辐合有效反馈因子;

$r=(2.5\ \text{years})^{-1}$,海洋垂直对流作用有效因子;

$c=2.9\ \text{ms}^{-1}$,海洋重力波速;$H=150$ m,海洋层厚度;

$r_s=(2\ \text{days})^{-1}$,海洋上表层的动量耗散系数;

$\alpha_s=(125\ \text{days})^{-1}$,SST 距平的热力耗散系数;

$\gamma=0.75$,海洋耗散系数;$T_1=28℃$,$T_2=-40℃$;

$b_1=(80\ \text{m})^{-1}$,$b_2=(33\ \text{m})^{-1}$,海洋参数;

ρ_0,大气密度;ρ,海洋密度.

4. 初始场和边界条件

初始风场距平表示为

$$u_a=(2\ \mathrm{ms}^{-1})\exp[-(y/20^\circ)^2].$$

经向风分量 v_a 在南北边界上均为零,即

$$v_a|_{\phi=\phi_c}=0,|\phi_c|=\pm 29^\circ.$$

对于海洋,其侧边界处风速均为零.

5. 方程求解

由大气方程组解出 u_a 和 v_a,并分别对其求 x 和 y 的导数,再将其代入第三个方程就可得到 p,u_a 和 v_a 的解.实际计算要将方程转换成球坐标形式,并变为差分方程,先给定 p 的初始值,用迭代法求差分方程,同样可求出 u_a 和 v_a.对海洋方程和温度方程也可得出差分方程,但不需要化成球坐标形式.海气模式耦合:通过加热项和风应力相联系,将海洋模式积分 10 天的 SST 距平放入大气模式;大气模式产生新的风场风应力,再作用于海洋.

三、模式模拟预报结果简介

模式共积分 90 年,得出了平均 SST 距平的时间序列,表现出不规则的周期性振荡,周期约为 3~4 年;赤道东太平洋出现 El Niño 现象的发生发展过程,风场距平变化也出现类似的过程,在关键海区的 SST 距平与实际的 Niño 指数变化序列相似.模拟结果举例包括 SST 距平演变以及 SST 正距平的发展过程在第 30~31 模式年的空间分布.从图 4－12 可以看出,模拟的 SST 距平序列具有振幅和位相都不规则的周期性振荡,这与实际的 Niño 3 指数和南方涛动指数 SOI 的特征十分相似.在模式的第 30~31 模式年(如图 4－13),其模拟的 SST 距平演变过程和空间分布特征描述了一个典型的 El Niño 现象发生发展过程,与实际观测结果基本一致.

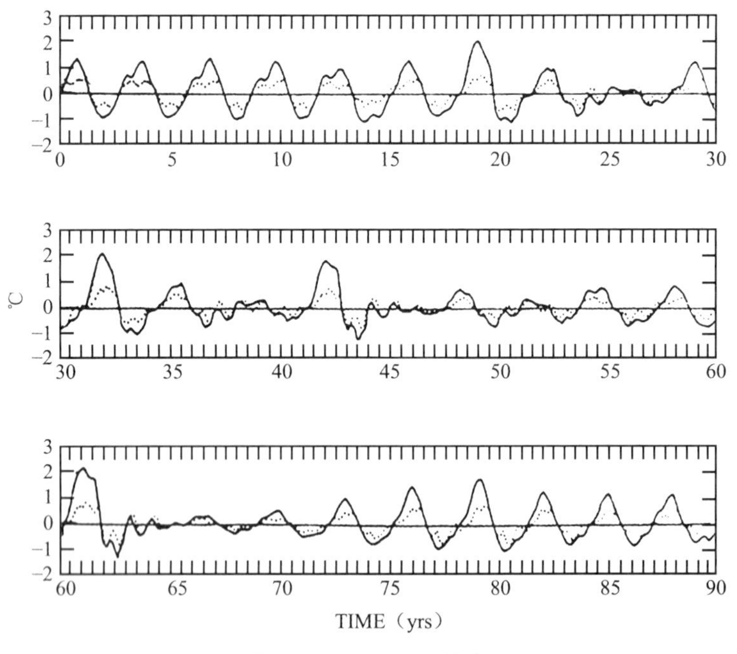

图 4－12　SST 距平演变

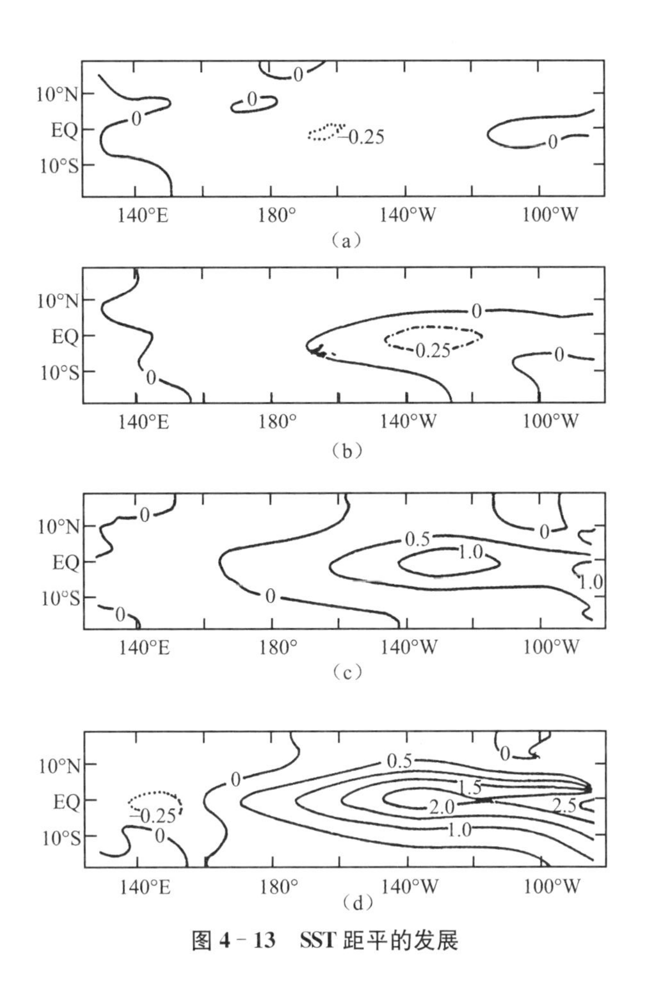

图 4-13　SST 距平的发展

4.5　大气环流与振荡(QBO,PDO,NAO,AO)

如前面介绍的南方涛动,大气环流在演变过程中会在一定空间尺度和时间周期上反复出现具有"跷跷板"现象的某些特定分布的环流型,代表着大气环流的内在的规律性,这类具有一定周期性的环流型人们称为"振荡"或"涛动".下面介绍几个最典型的振荡型.

一、准两年振荡(QBO)

准两年振荡(QBO,Quasi-Biennial Oscillation)是存在于热带平流层的纬向风和温度场的准两年周期的不规则振荡,其基本特征是赤道上空交替出现西风和东风,其周期约为 27 个月. QBO 形成的原因可能是大气内部的振荡,即大气自身波动与平均流相互作用的结果.图 4-14 表示赤道上空 20～60 km 的西风(红色)和东风(蓝色)的准两年的转换.也有研究认为,QBO 的形成与太阳活动有关,准两年振荡的周期长度和振幅随季节变化的强度和太阳活动 11 年周期变化的强度而变化,这表明太阳活动 11 年周期对气候系统中准两年振荡的影响.例如,一种看法认为 QBO 形成可能的机理是太阳耀斑产生出与对流层上层和平流层下层中的温室气体相互作用的粒子,导致辐射平衡的变化,从而引起气压和大气环流的异常.观测事实也发现, 30 hPa 的温度与太阳黑子活动有很好的相关性,在东风位相和西风位相时,30 hPa 的温度与太阳辐射量的相关系数分别达到 0.76(信度 99%)和-0.45(信度 99%).

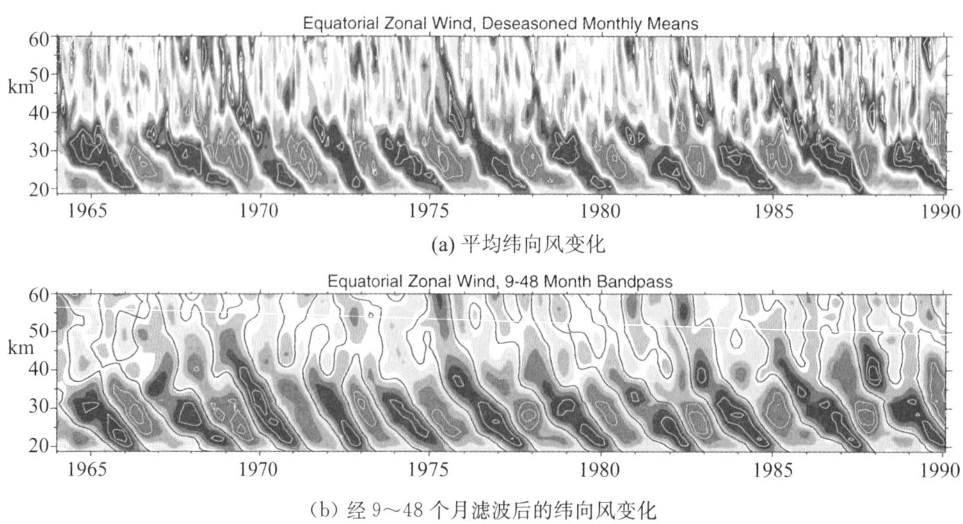

(a) 平均纬向风变化

(b) 经 9～48 个月滤波后的纬向风变化

图 4-14 赤道平流层纬向风的变化

二、太平洋年代际振荡(PDO)

太平洋年代际振荡(Pacific Decadal Oscillation,PDO)是根据北太平洋 1900 年以来的海温变化型而得出的一个气候指数.结果发现,该指数与北太平洋和西北太平洋的气候有着很好的相关性,如海平面气压、冬季大陆地表温度、降水和径流等.PDO 与北加利福尼亚洋流区域的海表面温度有很高的相关性,因此根据太平洋北美沿岸的海水温度距平符号将 PDO 分为"暖位相"和"冷位相".这两种位相与北太平洋冬季风向有关:该区域西南风时,因风驱作用使暖水进入该区域,海温升高而成为暖位相,而偏北风时导致冷水进入该区域使海温降低形成冷位相.PDO 全球分布型是通过去除全球平均海温距平后的北太平洋月海温距平场做 EOF 分析得到的第一模态来表示的.如图 4-15 所示为 PDO 的两个位相:(a)为暖位相,加利福尼亚沿岸为暖水区(正海温距平);(b)为冷位相,该区域为冷水区(负海温距平).

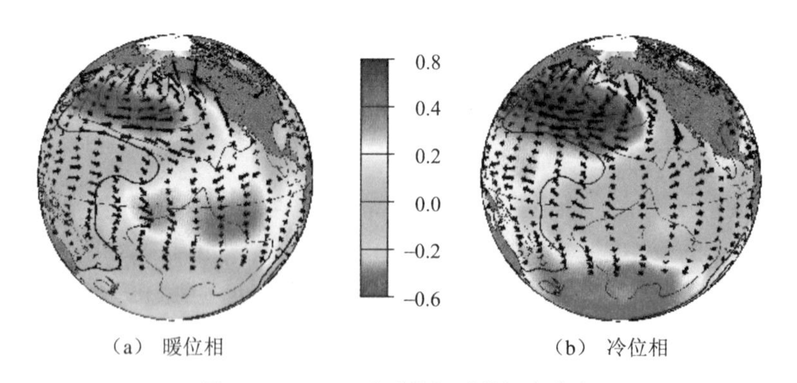

(a) 暖位相　　　(b) 冷位相

图 4-15 PDO 冷暖位相时的温度分布

从 1925 年至现代的 PDO 时间序列(5 月至 9 月指数和)图(如图 4-16)可以看出有明显的冷暖位相的时间周期变化.PDO 时间序列显示,1925 年至 1940 年代后期为正值(暖位相);此后至 1970 年代中期为负值(冷位相);1970 年代后期至 1990 年代后期又转变为暖位相;此后进入以负值为主的阶段.可以看出,其周期变化在 20 年左右,具有典型的年代际特征.

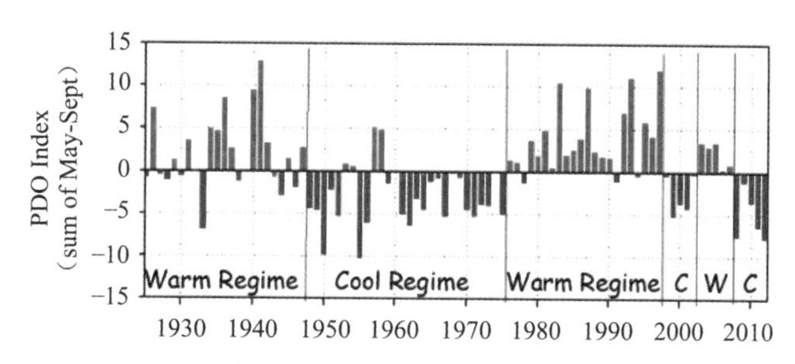

图 4-16　PDO 时间序列变化(红色为暖位相,蓝色为冷位相)

三、其他振荡简介

1. 北大西洋涛动(NAO,Northern Atlantic Oscillation)

北大西洋涛动(NAO)指亚速尔高压和冰岛低压之间气压的反相变化关系.它是大气环流最显著的模态之一,反映了从美国东海岸到西欧、从副热带大西洋到北冰洋的气候变化.北大西洋涛动在北半球冬季最为显著.图 4-17 为 NAO 模态图(EOF 第一模态,方差贡献31.1%),可以看出气压距平场的反相分布特征.图 4-18 是 NAO 指数的年变化时间序列,其变化也显示出年代际振荡特征,如图 4-18 中 11 年滑动平均线(红线)所示.

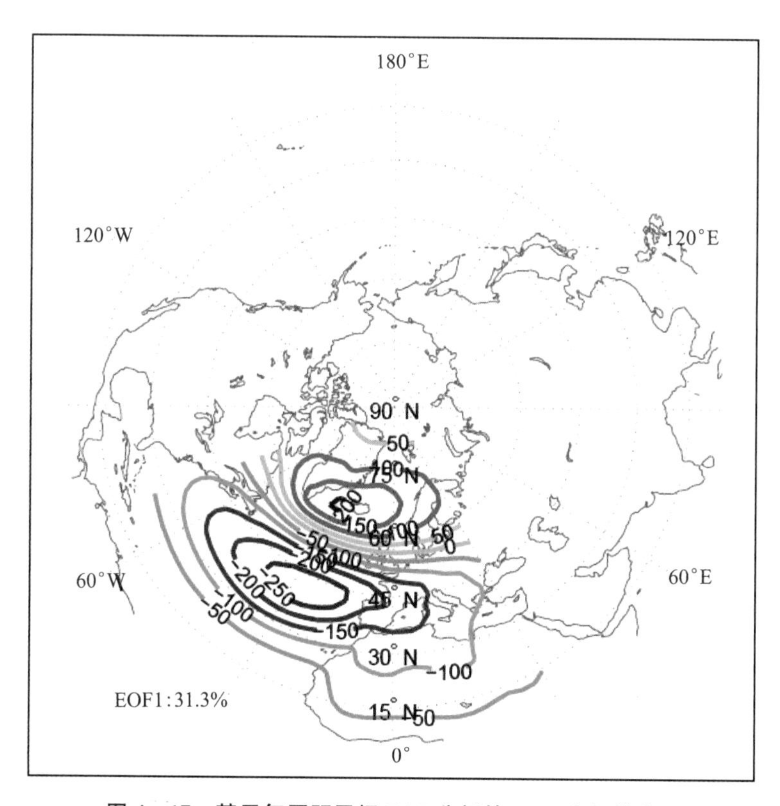

图 4-17　基于气压距平场 EOF 分析的 NAO 空间模态图

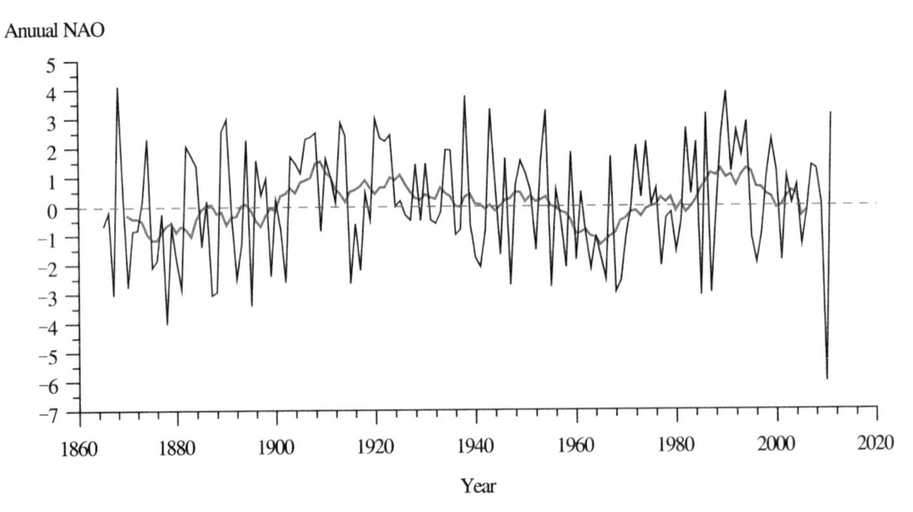

图 4-18 NAO 年变化时间序列(红线为 11 年滑动平均)

2. 北太平洋涛动(NPO,Northern Pacific Oscillation)

北太平洋涛动反映了北太平洋中高纬海平面气压变化的反向关系,两个极值中心大致与北太平洋副热带高压和阿留申低压相对应,模态图如图 4-19 所示(EOF 第二模态,方差贡献 18.4%).

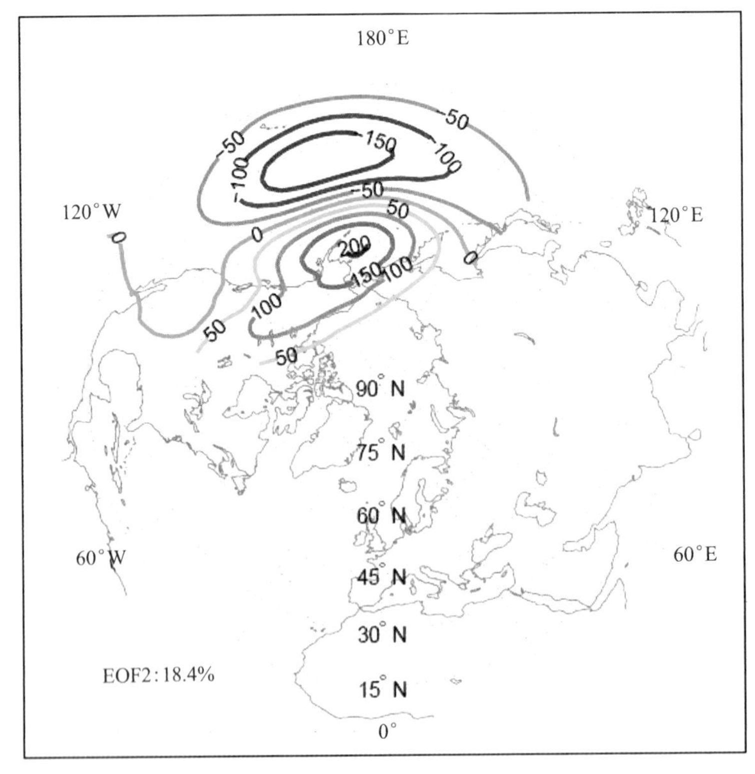

图 4-19 基于气压距平场 EOF 分析的 NPO 空间模态(EOF 第二模态)

3. 南极涛动(AAO, Antarctic Oscillation)

南极涛动(AAO)表现为南半球海平面气压的 EOF 第一模态，方差解释率为 22.8%.位于 45°S 左右几乎环绕地球一圈的正值区和整个极区的负值区反映出这两个区域的气压变化相反，南半球中高纬南北向的大气质量交换呈跷跷板结构，这个模态有很强的纬向对称性，因此也称为南半球环状模(SAM, Annular Mode，如图 4-20).

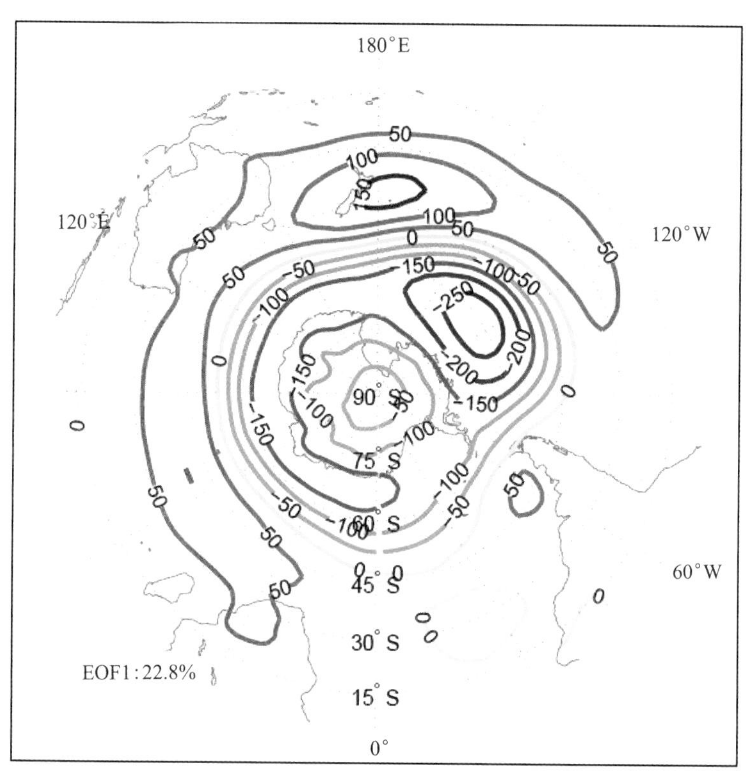

图 4-20　基于气压距平场 EOF 分析的 AAO 空间模态(EOF 第一模态)

4.6　大气环流特征的表示方法

大气环流是一个全球性系统，同时又具有区域性特征，根据研究对象的不同和要求，往往用不同的定量指标表示其不同的特征，这就产生各种各样的环流指数.这些指数可以清晰地描述和概括出大气环流的演变规律和特征，在气候诊断分析中有实际应用价值.这里介绍几种常见的大气环流指数.

一、极涡指数

极涡是环极气旋式涡旋，是大气环流的主要成员之一，极涡活动与中高纬度气候异常有密切的关系.极涡中心位置一般用中心所在经纬度表示，极涡强度用中心的 500 hPa 位势高度或极涡面积表示，计算公式如下：

$$S=\int_0^{2\pi}\int_{\varphi}^{\pi/2}a^2\cos\varphi\,\mathrm{d}\varphi\,\mathrm{d}\lambda\approx R^2\sum_{i=1}(1-\sin\varphi_i)\Delta\lambda. \tag{4.14}$$

式中：S 为极涡面积，R 为地球半径，$\Delta\lambda$ 为经度步长，φ_i 为极涡南界所在纬度，一般将行星锋区轴线作为极涡南界.

极涡指数也是表示极涡强度的指标,用 70°N～80°N 之间的平均 500 hPa 高度差来定义.极涡的状态是根据它的中心位置、中心强度、极涡面积、伸展和分裂的方式规定的.

极涡指数是常用来表示高纬冷空气动向的指数.一般说来,这一指数为负值且数值大时,称为"冷空气积蓄期";为正值且数值大时,称为"冷空气爆发期".

二、环流指数

两个特定纬度某等压面上平均位势高度之差,称为环流指数.Rossby 定义环流指数为环球 35°N 和 55°N 平均位势高度差,即

$$I_{\mathrm{R}}=\bar{H}_{35}-\bar{H}_{55}. \tag{4.15}$$

式中:I_{R}称为 Rossby 环流指数,$\bar{H}_{35}$,$\bar{H}_{55}$分别为 35°N 和 55°N 平均高度.当纬向环流发展旺盛时,称为高指数环流;而经向环流发展时,则称为低指数环流(如图 4－21).这一指数主要反映了大气环流的纬向特征,也称为纬向环流指数.当西风带出现大振幅的经向扰动,甚至出现阻塞形势时,计算出的环流指数常因南北纬度上位势高度相近而偏小.因此,又有主要用来表征大气经向扰动的所谓经向度,即

$$I_{\mathrm{M}}=\frac{1}{nm\Delta\lambda}\sum_{j=1}^{n}\left|\sum_{i=1}^{m}\frac{\Delta H_{ij}}{\cos\varphi_{j}}\right|. \tag{4.16}$$

式中:n,m 分别为经向和纬向格点数,ΔH 为同纬度相邻格点等压面上的高度差,$\Delta\lambda$ 为相邻格点经距,通常取 $\Delta\lambda=10°$.

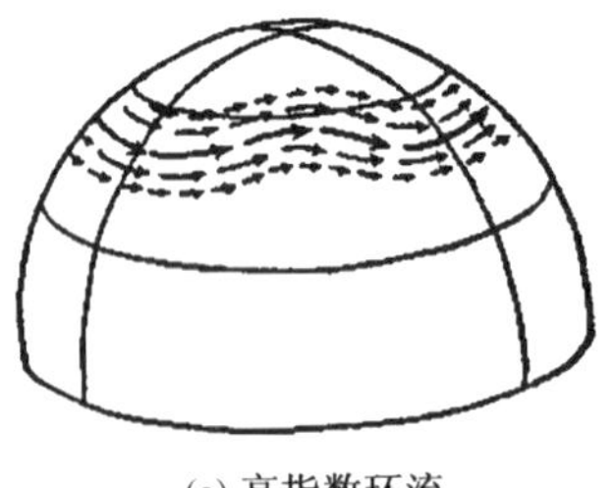

(a) 高指数环流

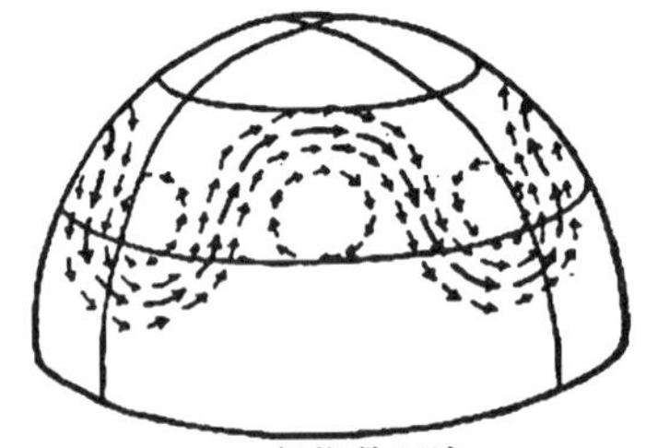

(b) 低指数环流

图 4－21　高指数环流和低指数环流

欧亚环流指数和亚洲环流指数一般取 0°～150°E 和 60°E～150°E 经度范围内 35°N 和 55°N平均位势高度差,通常在 500 hPa 上计算.

三、副热带高压指数

副热带高压指数简称副高指数,是表示副热带高压强弱的指数,也是目前我国制作长期天气预报常采用的一个物理量,一般以 500 hPa 图上副热带高压的平均状况为准,常用的指数有:副热带高压面积指数、强度指数、588 线北界位置、西伸脊点和平均脊线位置等多种.就副热带高压面积指数而言,是按照副热带地区北太平洋上空 500 hPa 上 588(dagpm)线所包围的面积而定.面积大小用经度(每隔 10°)和纬度(每隔 5°)的交点数计算.例如,中国通常取 110°E～180°E,10°N 以北广大区域内的 588(dagpm)线所包围的点数作为指数,也有取 125°E 以东太平洋上的大于或等于 588(dagpm)线所包围的点数为指数,更有以 150°E 为界分东、西

两部分统计副热带高压面积指数的，这样统计，可反映副热带高压主体和边缘部位的强度.例如在北半球夏季，副热带高压面积指数大，说明副热带高压强，如果它的控制地区在中国，则相应的地区就容易出现高温和伏旱；而在588(dagpm)线北界和南缘地区，就易产生雷阵雨天气.

四、大气低频振荡

大气低频振荡是指时间尺度在10～100天内大气的变化和运动.在大气的低频变化中最引人注意的是30～60天振荡和准双周(10～20天)振荡.

要分析大气中这种低频变化，首先要选取恰当的资料，然后对这些资料进行滤波处理，提出所需要的低频信号.在大气低频变化的研究中，一般选用低频带通滤波器.

设有原始资料序列$\{x_i\}$，$i=0,1,2,\cdots,N-1$，共N个记录.按带通滤波公式进行滤波，得到

$$y_k=a(x_k-x_{k-2})-b_1y_{k-1}-b_2y_{k-2}, \tag{4.17}$$

式中：y_k是过滤后的值，a,b_1,b_2为系数.该滤波器中只需用到第二个时次的资料x_{k-2}，同时用到前面两时刻的滤波值y_{k-1},y_{k-2}.

系数a,b_1,b_2的确定与频率有关.设有三个频率ω_0,ω_1和ω_2，其中ω_0为带通滤波器的中心频率，这时的响应函数值为1.0.ω_1和ω_2分别是在ω_0两侧的两个频率，其响应函数值均为0.5，因而ω_1和ω_2确定了带通滤波的带宽.这三个频率满足以下关系：

$$\omega_0^2=\omega_1\omega_2.$$

这里$\omega=2\pi/T$.若已知$\omega_0,\omega_1,\omega_2$中的两个，则第三个就可以按上式求出.已知$\omega_1,\omega_2$和取样时间间隔$\Delta T$，则系数$a,b_1,b_2$可由下式求出：

$$a=\frac{2\Delta\Omega}{4+2\Delta\Omega+\Omega_0^2},b_1=\frac{2(\Omega_0^2-4)}{4+2\Delta\Omega+\Omega_0^2},b_2=\frac{4-2\Delta\Omega+\Omega_0^2}{4+2\Delta\Omega+\Omega_0^2}. \tag{4.18}$$

这里

$$\Delta\Omega=2\left|\frac{\sin(\omega_1\Delta T)}{1+\cos(\omega_1\Delta T)}-\frac{\sin(\omega_2\Delta T)}{1+\cos(\omega_2\Delta T)}\right|,\Omega_0^2=\frac{4\sin(\omega_1\Delta T)\sin(\omega_2\Delta T)}{[1+\cos(\omega_2\Delta T)][1+\cos(\omega_2\Delta T)]}. \tag{4.19}$$

使用该带通滤波的具体步骤为：

(1) 由资料时间序列用前述公式求出初步过滤值y_k，即$\{y_k\}$.计算前应先将原时间序列的平均值和线性趋势剔除，下面将举例说明.

(2) 将$\{y_k\}$从时间上推算，再求一次过滤，得到最终的过滤值$\{y_k'\}$.

下面是在低频振荡研究中使用的滤波处理过程.设有某一气象要素资料序列$\{x_i\}$，其时间长度为5个月(共153天)，以$\overline{x}$代表5个月的平均值，x^*代表对于平均值的偏差，则有

$$x=\overline{x}+x^*. \tag{4.20}$$

又设x^*由下述季节趋势值和季内的瞬变部分x'组成，则有

$$x^*=a+b(t-t_0)+c\,(t-t_0)^2+x', \tag{4.21}$$

式中：前3项即代表季节趋势，t_0为该资料时间间隔的中间一天，即从起始天开始的第77天.a,b,c值可由资料拟合的最小二乘方法求出.现以x'做低频振荡分析，假设所求为40～50天振荡，则由前所述公式得

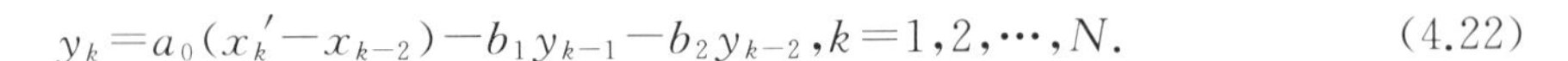

$$y_k = a_0(x_k' - x_{k-2}) - b_1 y_{k-1} - b_2 y_{k-2}, k = 1, 2, \cdots, N. \tag{4.22}$$

式中：$N = 153$ 天，$\Delta T = 1$ 天，$\omega_0 = \dfrac{2\pi}{45\text{天}}$，$\omega_1 = \dfrac{2\pi}{35\text{天}}$，$\omega_2 = \dfrac{\omega_0^2}{\omega_1} = \dfrac{2\pi}{58\text{天}}$，从而可以求出 a_0, b_1, b_2 值，再按照上述两个步骤得到滤波结果，这样凡在 40～50 天范围以外的振荡就被大大削弱，而 45 天处的振荡被基本完全保存下来，可以用来进一步分析 40～50 天低频振荡现象.

4.7　气候变化的统计诊断

气候诊断研究的重要任务，就是利用各种手段和工具，对气候及其变化进行诊断，得出一个关于气候变化过程的较完整的概念，弄清气候变化的基本规律和物理机理，为气候长期预报提供可靠的信息和物理依据.

对于不同时期的气候变化需用不同的研究方法，地质时期的气候变化涉及万年以上的时间尺度，主要依据古生物石、各种沉积物和冰碛石，因此要用地质学、地理学、天文学、考古学、生物学等多种学科和多种途径进行研究.历史时期的气候由于有了文字记载，主要依据大量的史料和文献记载以及树木年轮进行分析（详见第七章）.近一两百年的气候有了仪器观测的气候记录，记载更为详细和客观.随着科学的发展，探测和通讯工具、计算条件和技术不断改善，为监测和分析现代的气候变化提供了更为科学的手段和方法.

气候变化诊断的方法很多，概括起来有天气气候学方法、物理气候学方法、统计气候学方法和气候数值模拟方法等.地质时期和历史时期的气候变化，如果能够构成气候资料序列或者其空间分布有相当的代表性，也可以用气候统计学和数值模拟方法研究.本节主要介绍气候统计诊断方法.

统计方法是研究气候变化的一个重要工具，其内容很多，如各种相关分析、加归分析、判别分析、聚类分析、时间序列分析和极值分析等.分析气候变化的演变特征，我们可以发现，气候变化主要包括气候状态均值的缓慢上升或下降，气候围绕均值的振动幅度变大或变小以及气候在一个短时期内发生很大的、异常的、剧烈的变化.气候变化的这些基本特点，可以通过分析气候稳定性、气候噪声、气候持续性和气候变化周期来诊断和估计.

一、气候稳定性分析

气候稳定性是表征一个地区气候状态的最重要的特征之一，对气候资源的开发利用有重要的指导意义.例如，农作物的生长都需要一定的温度和降水等气候条件.如果某地区温度和降水量的变化大，则农作物可能经常受到低温（冻害）和干旱的威胁.统计上描述气候稳定性可以利用较差、距平、变率、均方差和变差系数等参数以及检验不同时段气候均值和距平（方差）是否发生显著变化等方法.

1. 较差、距平和变率

较差是气候要素（变量）观测值中的最大值和最小值之差，所以又称极差.例如气温年较差、日较差等等.设 $x_1, x_2, \cdots, x_n$ 为某气候要素 X 的 n 次观测值，$\max\limits_{1\leqslant i\leqslant n}\{x_i\}$ 和 $\min\limits_{1\leqslant i\leqslant n}\{x_i\}$ 分别为 n 次观测中的最大值和最小值，则 X 的 n 次观测值的较差表示为

$$r_v = \max_{1\leqslant i\leqslant n}\{x_i\} - \min_{1\leqslant i\leqslant n}\{x_i\}. \tag{4.23}$$

较差表示观测时期内气候要素的变化范围，较差愈大，变化愈剧烈.

距平是气候要素的某一观测值与它的平均值之差.设 $\overline{x}$ 为 n 次观测值 $x_1,x_2,\cdots,x_n$ 的平均值,则距平就是 $x_i-\overline{x}$.距平有正有负,正(负)距平愈大,变化也愈大.

变率有绝对变率和相对变率两种,绝对变率是平均的距平绝对值,用 V_a 表示,即

$$V_a=\frac{1}{n}\sum_{i=1}^{n}|x_i-\overline{x}|. \tag{4.24}$$

相对变率是绝对变率与平均值之比,用 V_r 表示,即

$$V_r=\frac{V_a}{\overline{x}}\text{ 或 }100\times\frac{V_a}{\overline{x}}(\%). \tag{4.25}$$

变率考虑了全部观测记录,较精确,因而优于较差,常用来表示气候要素观测值年际变化的大小.

2. 均方差和变差系数

均方差也称为标准差,是平均的观测序列离差平方和再开平方求得的特征量,计算公式为

$$s=\sqrt{\frac{1}{n}\sum_{i=1}^{n}(x_i-\overline{x})^2}=\sqrt{\frac{1}{n}\sum_{i=1}^{n}x_i-\overline{x}^2}. \tag{4.26}$$

均方差的数量级与观测值的量级有关.例如我国南方年降水量都在 1000 mm 以上,而北方年降水量大多在 800 mm 以下,因此南方年降水量的均方差显然要比北方大得多,但这并不能说明我国南方降水量的年际变化比北方更大.实际情况正相反,北方降水年际间的稳定性要比南方小得多,因此,若要比较不同观测序列变化性的大小,应当设法消除变量本身量级的影响.为此可采用变差系数 $\upsilon_{s/\overline{x}}$,它是均方差与平均值的比,即

$$\upsilon_{s/\overline{x}}=s/\overline{x}=\sqrt{\frac{1}{n}\sum_{i=1}^{n}(k_i-1)^2}. \tag{4.27}$$

式中:$k_i=x_i/\overline{x}$,称为模比系数.

3. 气候均值的稳定性

气候均值代表了气候的平均状态,一个地区的气候是否稳定,可以通过比较不同时段的气候要素均值是否发生显著变化,检验它们的均值是否相等来诊断.

图 4-22 是气候均值变化的示意图.可以看到,气候要素 X 随时间 t 变化,在时段 n_1 的均值 $\overline{x}_1$ 和时段 n_2 的均值 $\overline{x}_2$ 是不相等的,但它们是否有显著差异,则可以通过统计检验进行诊断.

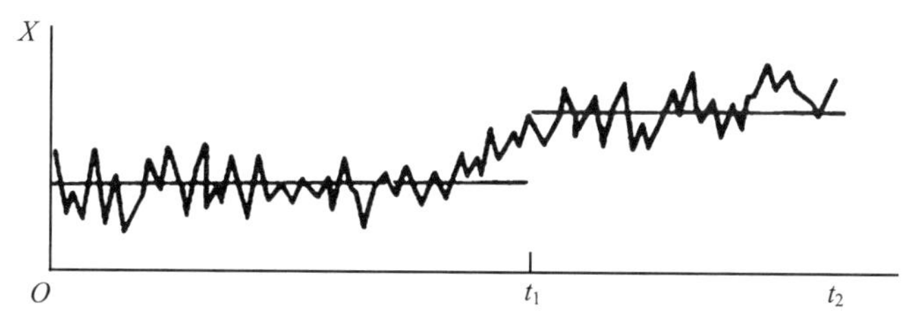

图 4-22　气候均值变化示意图

设气候要素 X 服从正态分布 $N(m,\sigma)$,其中 m 和 σ 分别为 X 的总体均值和标准差,又设 $\overline{x}_1,\overline{x}_2$ 和 s_1,s_2 分别是两个时段中 n_1,n_2 次观测的样本平均值和标准差,要检验这两个时段总体均值 m_1 和 m_2 是否显著差异,即检验假设

$$H_0:m_1=m_2. \tag{4.28}$$

假定两个时段的观测是相互独立的，总体方差不变，则统计量

$$t=\frac{\overline{x}_1-\overline{x}_2-(m_1-m_2)}{\sqrt{\frac{n_1s_1^2+n_2s_2^2}{n_1+n_2-2}}\sqrt{\frac{1}{n_1}+\frac{1}{n_2}}} \tag{4.29}$$

服从自由度为 n_1+n_2-2 的 t 分布，因此可以用 t -检验法检验两个时段的均值是否发生显著变化.由给定的显著性水平 α 和已知的自由度 n_1+n_2-2，查 t 分布表，得到假设(4.28)成立时的临界值 t_α.若根据样本值计算得到的值 $t_{实}$，有 $|t_{实}|>t$，就可以认为假设 H_0 不成立，两时段的均值发生了显著变化，均值是不稳定的；反之，均值是稳定的.

4. 方差的稳定性

气候要素的方差描述了气候变化的情形，通常情况下一个地区的气候都有一定的变化范围.如果在某个时期其均值虽然变化不大，保持基本稳定，但变化的幅度增大，那么气候环境也会恶化.例如冷暖异常、旱涝异常次数增加就是这种情形.因此气候是否稳定还要对不同时段的方差进行比较，看它们的变化是否发生了较大的差异.为了科学地进行这种比较，避免由于随机取样和主观因素而做出错误的判断，需要对两个时段的方差进行统计检验.

图 4－23 表示某气候要素方差变化的示意图.从图上可以看到，气候要素 X 随时间变化，其均值 $\overline{x}$ 没有变化或变化不显著，但在时段 n_1 和时段 n_2 的方差 σ_1^2 和 σ_2^2 有较大的变化，X 变化的幅度明显增大.这种变化是否显著，可以通过统计检验进行诊断.

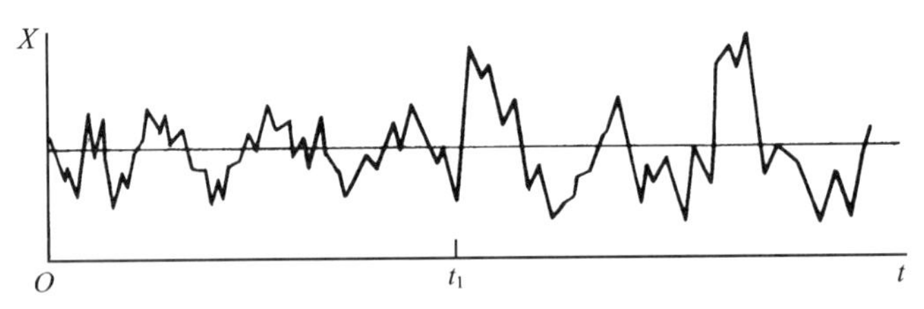

图 4－23　气候方差变化示意图

设 s_1^2 和 s_2^2 是取自正态总体 $N(m,\sigma)$ 两个不同时段的 X 的样本方差，样本容量分别为 n_1 和 n_2，要检验这两个时段的总体方差 σ_1^2 和 σ_2^2 是否发生显著变化，即检验

$$H_0: \sigma_1^2=\sigma_2^2=\sigma^2. \tag{4.30}$$

设两个不同时段的取值是相互独立的，根据数理统计知识，当原假设 H_0 成立时，统计量

$$F=\frac{\frac{n_1}{n_1-1}s_1^2}{\frac{n_2}{n_2-1}s_2^2}=\frac{\frac{s_1^2}{\sigma_1^2/n_1}/(n_1-1)}{\frac{s_2^2}{\sigma_2^2/n_2}/(n_2-1)}=\frac{\chi_1^2/(n_1-1)}{\chi_2^2/(n_2-1)} \tag{4.31}$$

服从 F 分布，其第一自由度为 n_1-1，第二自由度为 n_2-1.因此可以用 F -检验法来诊断两个时段的方差是否有显著变化.由已知的自由度 n_1-1 和 n_2-1 及给定的显著性水平 α，查 F 分布表，得到原假设成立时的一个下临界值 F_α' 和一个上临界值 F_α，使得

$$\left.\begin{aligned}P(F\geqslant F_\alpha)=\alpha/2,\\ P(F\leqslant F_\alpha')=\alpha/2.\end{aligned}\right\} \tag{4.32}$$

若由样本资料根据(4.31)式计算得到的 $F_{实}$ 满足 $F_\alpha'<F_{实}<F_\alpha$，则接受原假设，认为两个时段的总体方差没有显著变化；否则拒绝原假设，认为上面两个时段的总体方差有显著差异.

通过检验，如果拒绝了原假设，若 $s_1^2<s_2^2$，则认为气候变得不稳定；反之，若 $s_2^2<s_1^2$，则认为气候变得稳定.

二、气候噪声的估计

气候噪声是由气候系统内部的偶然因素影响造成的，对于不同的气候诊断问题，气候噪声的含义是不一样的.下面我们介绍气候时间序列和气候平均值中噪声的估计.

1. 时间序列的噪声

任何一个气候要素时间序列 X_t 都可以写成由下列几个分量组成的形式：

$$X_t=H_t+P_t+C_t+\varepsilon_t, \tag{4.33}$$

其中 H_t 为气候趋势，表示气候要素在超过序列长度的时间尺度上的缓慢上升或下降的变化；P_t 为周期变化，表示气候要素受天文因素影响所固有的变化，如月、年变化等；C_t 为循环变化，表示周期长度不很严格的振动，其周期长度在研究之前往往是不知道的，而在研究之后可能得到的往往也是估计值；ε_t 为随机扰动，也称为噪声，其均值为零，按二阶矩的统计特性，它可以分为白噪声和红噪声两种.

若

$$\mathrm{cov}\{\varepsilon_t,\varepsilon_{t+\tau}\}=\begin{cases}\sigma^2, 当\ \tau=0; \\ 0, 当\ \tau\neq 0.\end{cases} \tag{4.34}$$

则 ε_t 称为白噪声，其中 cov 表示协方差.

在实际中，往往把 ε_t 作为误差来处理，其方差 σ^2 用序列的剩余方差来估计.

若

$$\mathrm{cov}\{\varepsilon_t,\varepsilon_{t+\tau}\}=\rho_1^{|\tau|}\sigma^2, \tau=0,\pm1,\pm2,\cdots, \tag{4.35}$$

则 ε_t 称为红噪声，其中 ρ_1 表示后延时间间隔 $\tau=\pm1$ 的 ε_t 的自相关系数.

2. 气候均值的噪声

气候通常具有天气平均的含义，因此一般以有限时段气象变量的平均代表该时段的气候状态.气象部门整编的旬、月、年平均温度、湿度，风、气压以及降水总量等资料常用来研究气候和气候变化.由于天气波动非常激烈，通常会在时间平均值中产生相当的统计误差，显示出虚假的气候变化，因此估计气候噪声对于检测气候变化的信号是一项重要的工作，也是气候诊断、模拟和预测成功与否的关键问题.

在气候噪声的估计中，统计处理常遇到许多困难，如样本资料的独立性(方差的无偏估计)、平衡性以及样本容量大小的限制等.

(1) 方差的无偏估计.方差的无偏估计与样本资料的独立性有关，为了能够清楚地说明问题，我们考虑观测序列 $x_1,x_2,\cdots,x_N$ 的样本方差.假定其中日、年变化都已消除，如果总体平均 u 已知，则样本方差为

$$s^2=\frac{1}{N}\sum_{i=1}^{N}(x_i-u)^2. \tag{4.36}$$

对上式取数学期望，根据数理统计知识，如果观测序列是相互独立的，(4.36)式就是部分方差 σ^2 的无偏估计.但是，u 一般是未知的，仅能根据样本资料的平均值

$$\bar{x}=\frac{1}{N}\sum_{i=1}^{N}x_i \tag{4.37}$$

估计.当然 $\overline{x}$ 的期望值是 u,但是当以 $\overline{x}$ 代替(4.36)式中的 u 时,其结果则是总体方差的有偏估计,

$$s^2=\frac{1}{N}\sum_{i=1}^{N}(x_i-\overline{x})^2=\frac{1}{N}\sum_{i=1}^{N}(x_i-u-\overline{x}+u)^2=\frac{1}{N}\sum_{i=1}^{N}(x_i-u)^2-(\overline{x}-u)^2. \tag{4.38}$$

如果样本资料是随机独立的,则数学期望

$$E(\overline{x}-u)^2=\frac{\sigma^2}{N}, \tag{4.39}$$

$$E(s^2)=\sigma^2-\frac{\sigma^2}{N}=\frac{N-1}{N}\sigma^2. \tag{4.40}$$

因此总体方差的无偏估计为

$$\sigma^2=\frac{N-1}{N}s^2=\frac{1}{N-1}\sum_{i=1}^{N}(x_i-\overline{x})^2. \tag{4.41}$$

实际估计总体方差时,(4.41)式是一个普遍使用的公式.现在考虑样本资料不独立的情形,假定 T_0 是有效独立观测样本的特征时间,则在 N 次观测中有效独立观测的样本数为

$$N_{\mathrm{eff}}=N\cdot\frac{\Delta t}{T_0}.$$

这里 Δt 是样本观测的时间间隔,因此假定为 1.于是类似于(4.40)式,得

$$E(\overline{x}-u)^2=\frac{\sigma^2}{N_{\mathrm{eff}}}=\frac{T_0}{N}\sigma^2,$$

$$E(s^2)=\frac{N-T_0}{N}\sigma^2,$$

$$\sigma^2=\frac{N}{N-t_0}s^2. \tag{4.42}$$

T_0 的计算.设某一时间序列为:

$$X(t)=u+z(t). \tag{4.43}$$

式中 u 为总体均值,$z(t)$ 为关于 u 的随机扰动,其总体均值为 0,方差为 σ^2,滞后自协方差为

$$\langle z(t)z(t+\tau)\rangle=\sigma^2R(\tau). \tag{4.44}$$

这里 $R(\tau)$ 是后延为 τ 的自相关系数.

若取 $X(t)$ 在有限时段 T 内的平均作为总体均值 u 的估计,则

$$\overline{X(t)}=\frac{1}{T}\int_{-\frac{T}{2}}^{\frac{T}{2}}X(T+s)\mathrm{d}s=\frac{1}{T}\int_{-\frac{T}{2}}^{\frac{T}{2}}[u+z(t+s)]\mathrm{d}s=u+\overline{z(t)}. \tag{4.45}$$

这里 $\overline{z(t)}$ 是关于 u 的平均误差,即以 $\overline{X(t)}$ 估计 u 的误差.

因此,随机扰动序列在时段 T 内均值 $\overline{z(t)}$ 的方差可表示为

$$\sigma_T^2=\langle\overline{z(t)}\cdot\overline{z(t)}\rangle=\frac{1}{T^2}\int_{-\frac{T}{2}}^{\frac{T}{2}}\mathrm{d}s_1\int_{-\frac{T}{2}}^{\frac{T}{2}}\langle z(t+s_1)\cdot z(t+s_2)\rangle\mathrm{d}s_2$$

$$=\frac{\sigma^2}{T^2}\int_{-T}^{T}[1-|\tau|/T]\cdot R(\tau)\mathrm{d}\tau=T_0\sigma^2/T, \tag{4.46}$$

式中

$$T_0=\int_{-T}^{T}[1-|\tau|/T]\cdot R(\tau)\mathrm{d}\tau, \tag{4.47}$$

即为有效独立样本观测值之间的特征时间，它与时间序列的自相关系数有关.若

$$R(\tau)=0,\qquad \tau>0,$$

由于$R(0)=1$，则有$T_0=1$.若时间序列是离散的，以N代替T，以求和代替积分，(4.47)式变为

$$T_0=1+2\sum_{\tau}^{N}[1-|\tau|/N]\cdot R(\tau), \tag{4.48}$$

N为观测样本数.这就是计算有效独立样本观测值之间特征时间的公式.

(2) 年平均温度的气候噪声.对于不同的气候要素和不同时段的平均值来说，气候噪声的统计处理方法是不一样的.现在我们讨论年平均温度的气候噪声.

设某站第j年第i日地面气温的观测值为

$$X_{ij}=a_i+s_{ij}+n_{ij}+e_{ij}, \tag{4.49}$$

其中a_i是与年际变化无关的气候值；s_{ij}是由外部边界条件变化引起的气候变化值；n_{ij}是不考虑外部或边界条件下气候系统内部动力学引起的变化，虽然n_{ij}与时间日和年有关，但它的统计学性质假定是与各年无关的；e_{ij}是观测误差和局地不规则变化.若取某一时段平均，如旬平均，则e_{ij}可以忽略不计，即

$$X_{ij}=a_i+s_{ij}+n_{ij},\quad i=1,2,\cdots,N;j=1,2,\cdots,L. \tag{4.50}$$

这时i代表气温在第j年中的第i时段.

令

$$X_{ij}=X_{i\cdot}+X_{ij}^*,\quad s_{ij}=s_{i\cdot}+s_{ij}^*,\quad n_{ij}=n_{i\cdot}+n_{ij}^*, \tag{4.51}$$

其中下标$i\cdot$表示对第i时段取多年平均，右上角星号“$*$”表示对多年平均的离差，即异常.

因此

$$X_{ij}^*=s_{ij}^*+n_{ij}^*, \tag{4.52}$$

这里X_{ij}^*，s_{ij}^*和n_{ij}^*都可以假定是平衡的时间序列.因此，年平均异常可以写成

$$X_{\cdot j}^*=s_{\cdot j}^*+n_{\cdot j}^*. \tag{4.53}$$

它的方差为

$$\left.\begin{aligned}&V(X_{\cdot j}^*)=\frac{T_0}{N-T_0}\hat{\sigma}_{x.j}^2=\frac{T_0}{N-T_0}(\hat{\sigma}_{s.j}^2+\hat{\sigma}_{n.j}^2),\\&T_0=1+2\sum_{i=1}^{N}\left(1-\frac{L}{N}\right)r_L.\end{aligned}\right\} \tag{4.54}$$

其中

$$\hat{\sigma}_{x.j}^2=\frac{1}{N}\sum_{i=1}^{N}X_{ij}'^2,\hat{\sigma}_{s.j}^2=\frac{1}{N}\sum_{i=1}^{N}s_{ij}'^2,\hat{\sigma}_{n.j}^2=\frac{1}{N}\sum_{i=1}^{N}n_{ij}'^2,$$

$$X_{ij}'=X_{ij}^*-X_{\cdot j}^*,s_{ij}'=s_{ij}^*-s_{\cdot j}^*,n_{ij}'=n_{ij}^*-n_{\cdot j}^*.$$

且假定s_{ij}'与n_{ij}'独立无关，r_L为后延m的自相关系数，T_0是有效独立样本值之间的特征时间.

(4.54)式中$T_0\hat{\sigma}_{n.j}^2/(N-T_0)$的平方根称为年平均温度的气候噪声.由于$\hat{\sigma}_{n.j}^2$应不随$j$而变化(或变化很小)，因此可令

$$\hat{\sigma}_n^2=\hat{\sigma}_{n.j}^2,$$

于是(4.54)式中的第一式变为

$$V(X_{\cdot j}^*)=\frac{T_0}{N-T_0}\hat{\sigma}_{x.j}^2=\frac{T_0}{N-T_0}(\hat{\sigma}_{s.j}^2+\hat{\sigma}_n^2),j=1,2,\cdots,L. \tag{4.55}$$

可见,各年$\hat{\sigma}_{x.j}^2$的不同仅由$\hat{\sigma}_{s.j}^2$的变化产生.若$\hat{\sigma}_{s.j}^2=0$,则第j年的$\hat{\sigma}_{x.j}^2$应当最小.因此,如果样本资料年代足够长(一般大于30),则可以用$\hat{\sigma}_{x.j}^2$的最小值作为$\hat{\sigma}_n^2$的估计值,即有

$$\frac{T_0}{N-T_0}\hat{\sigma}_n^2=\frac{T_0}{N-T_0}\cdot\min_{1\leqslant j\leqslant L}\{\hat{\sigma}_{x.j}^2\}. \tag{4.56}$$

有了气候噪声的估计值,就可由

$$\frac{T_0}{N-T_0}\hat{\sigma}_{x.j}^2-\frac{T_0}{N-T_0}\hat{\sigma}_n^2 \tag{4.57}$$

开平方求得第j年气候信号的估计值,进而求得信噪比和最大信噪比.

3. 月降水量的气候噪声

在研究降水长期预报潜在的可能性时,可将每一个月降水量序列分为两部分:一部分由日降水变率造成的,称为气候噪声,是不可能预报的;另一部分为年际变化,是可以预报的,至少有潜在的可预报性.由下式估计气候噪声σ_{N}^2:

$$\sigma_{\mathrm{N}}^2=V^2/T, \tag{4.58}$$

其中

$$V^2=P(\sigma^*)^2+P(1-P)\frac{1+d}{1-d}(u^*)^2. \tag{4.59}$$

T为平均时间长度,月平均为30;P为日降水概率;d为持续性参数,$d=P_{11}-P_{01}$,P_{11}及P_{01}分别为前1日有雨及前1日无雨时当日有雨的概率,所谓有雨指日降水量在0.1 mm以上;$(\sigma^*)^2$和$(u^*)^2$为日降水量方差和仅用雨日的降水量方差.为估计降水的可预报性,可以计算F比,即

$$F=\hat{\sigma}_{\mathrm{A}}^2/\sigma_{\mathrm{N}}^2, \tag{4.60}$$

其中$\hat{\sigma}_{\mathrm{A}}^2$为实际月降水量的年际方差.若$F>2$,说明年际变率之中有一半以上是可以预报的;若$F$为1.0~1.5,说明预报的潜力不大.

三、气候持续性与气候趋势诊断

如前所述,气候持续性是指气候变化过程中,某种气候状态维持相当长的时间,例如连续几年少雨干旱或多雨洪涝,连续几年温度偏低或偏高.气候趋势是指气候从一种状态向另一种状态缓慢变化的情形.现在我们介绍统计上如何对它们进行诊断.

1. 气候持续性的诊断

设$x_1,x_2,\cdots,x_n$是某气候要素X的n次观测,根据气候持续性定义,我们可以得到如下关系式

$$x_t=ax_{t-1}+\varepsilon_t, \tag{4.61}$$

式中ε_t是随机误差.由数理统计知识,可以求得

$$\left.\begin{aligned}&a=\mathrm{cov}\{x_t,x_{t-1}\}/\sigma^2=\rho_1,\\&\rho_2=\mathrm{cov}\{x_t,x_{t-2}\}/\sigma^2=\rho_1^2,\\&\cdots\\&\rho_\tau=\rho_1^\tau,\\&\rho_{-\tau}=\rho^{|\tau|}.\end{aligned}\right\} \tag{4.62}$$

一个时间序列是否具有持续性,需要进行统计检验.由于气候持续性特性由它观测列的自

相关系数决定，故要对自相关系数，主要是后延为 1 的自相关系数 ρ_1 进行检验.

假定时间序列服从正态分布，且样本容量 n 足够大（时间足够长），一般 $n>30$，则在显著性水平为 α，原假设 $\rho_1=0$ 的条件下，可以求得判断样本相关系数 r_1 显著性的临界值为

$$r_{1\alpha}=\frac{-1\pm\sqrt{n-3}\,u_\alpha}{n-2}, \tag{4.63}$$

其中 u_α 为根据正态分布表查得的对应于 α 的值，当 n 相当大、τ 相对小时，上式也可用于任何 r_τ，这时式中 n 以 $n-\tau+1$ 代替.

(4.63)式用于检验气候序列的持续性时，根号前取正号.通过检验，如果样本相关系数 $r_1>r_{1\alpha}$，并且近似有 $r_2\approx r_1^2, r_3\approx r_1^3, \cdots$，则序列具有持续性；否则，序列无明显的持续性.

在时间序列谱分析中，持续性序列是一种无周期的序列，称为红噪声.通过谱展开，可以求得红噪声在频率为 ω 时的功率谱

$$\begin{aligned}
S_\omega &= \sum_{\tau=-\infty}^{\infty}\rho_1^{|\tau|}\mathrm{e}^{-\mathrm{i}\omega\tau} \xlongequal{\text{令 } z=\mathrm{e}^{\mathrm{i}\omega}} \sum_{\tau=-\infty}^{\infty}\rho_1^{|\tau|}z^{-\tau} \\
&=\cdots+\rho_1^n z^n+\rho_1^{n-1}z^{n-1}+\cdots+\rho_1^1 z^1+1+\rho_1^1 z^{-1}+\cdots+\rho_1^{n-1}z^{-(n-1)}+\rho_1^n z^{-n}+\cdots \\
&=\frac{1}{1-\rho_1 z}+\frac{1}{1-\rho_1 z^{-1}}-1=\frac{1-\rho_1^2}{(1-\rho_1 z)(1-\rho_1 z^{-1})} \\
&=\frac{1-\rho_1^2}{1-2\rho_1\cos\omega+\rho_1^2},
\end{aligned} \tag{4.64}$$

其中 $\omega=2\pi/T$，T 为周期.图 4-24 是红噪声功率谱示意图.

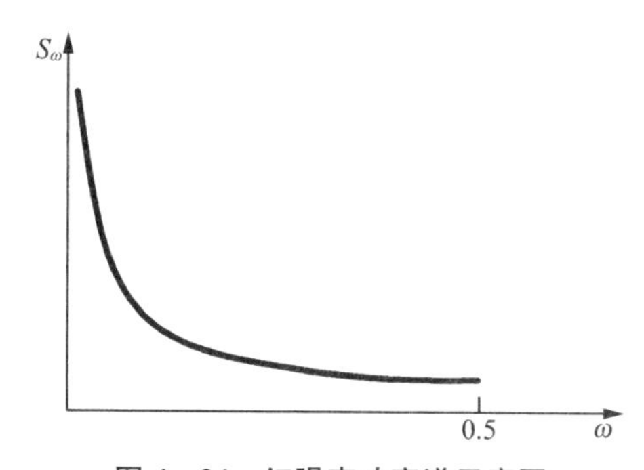

图 4-24 红噪声功率谱示意图

2. 气候趋势的诊断

对由(4.33)式所描述的气候要素时间序列，为了从气候时间序列中将趋势分离出来，一般先用年总量、年平均值，指定月、季总量或平均值构成时间序列，这样便消除了周期项 P_t，然后通过适当的统计处理，消除或削弱序列中循环变化 C_t 和随机振动项 ε_t，从而显示出趋势项 H_t.常见的气候趋势确定方法有以下几种.

(1) 移动平均法.又称为滑动平均法.它是以一连串部分重叠的序列的平均值组成新序列的一种方法.这种新的序列就是我们要确定的气候趋势.一般说来，为了使移动平均后的值与未进行移动平均的值在时间上能够相对应，移动平均所取的项数 m 应为奇数.若设序列为 x_1，x_2，$\cdots$，x_n，则在时刻 t 的 m 项移动平均值为

$$x_t'=\frac{1}{m}\left(x_{t-\frac{m-1}{2}}+\cdots+x_t+x_{t+\frac{m-1}{2}}\right)$$

$$=\frac{1}{m}\sum_{\tau=-\frac{m-1}{2}}^{\frac{m-1}{2}}x_{t+\tau},t=\frac{m-1}{2},\frac{m+1}{2},\cdots,n-\frac{m-1}{2}. \tag{4.65}$$

下面我们来说明为什么移动平均法能够显示出气象要素的气候趋势变化.

考虑最简单的情形.设原序列 x_t 中仅包含一直线趋势和一个正弦波,即

$$x_t=a+bt+c\cdot\sin\left(\frac{2\pi}{T}t+\varphi\right), \tag{4.66}$$

其中 c,T 和 φ 分别为周期振动的振幅、周期和初始位相,a 和 b 为与直线趋势有关的参数.若以时段 τ 为移动平均的长度,且假定 x_t 是连续的,则由(4.66)式得

$$x_t'=\frac{1}{\tau}\int_{t-\frac{\tau}{2}}^{t+\frac{\tau}{2}}\left[a+bt+c\cdot\sin\left(\frac{2\pi}{T}t+\varphi\right)\right]\mathrm{d}t=a+bt+\frac{Tc}{\tau\pi}\cdot\sin\frac{\tau\pi}{T}\cdot\sin\left(\frac{2\pi}{T}t+\varphi\right). \tag{4.67}$$

令

$$c'=c\cdot\frac{T}{\tau\pi}\sin\frac{\tau\pi}{T}, \tag{4.68}$$

则

$$x_t'=a+bt+c'\cdot\sin\left(\frac{2\pi}{T}t+\varphi\right). \tag{4.69}$$

由此可见,移动平均后的过程中仍含有直线趋势和以 T 为周期的振动.但直线趋势保持不变,而周期振幅与原振幅之比为

$$\frac{c'}{c}=\frac{T}{\tau\pi}\cdot\sin\frac{\tau\pi}{T}. \tag{4.70}$$

从上式可以得到以下几点:

① 当 τ/T 从 0 变化到无穷时,等号右边一项的绝对值从 1 趋于 0.换句话说,无论原序列的周期有多长,经移动平均后它的振幅总是被削弱的.

② 若 τ/T 为整数,则 $c'/c=0$,即 $c'=0$.这就是说,当移动平均时段正好等于周期的整数倍时,这种周期振动经过移动平均后将消失;如果移动平均时段接近于周期的整倍数,那么这种周期振动经过移动平均后也会大大削弱.

③ 当 τ/T 很小时,等式右边以 1 为极限;当 τ/T 很大时,等式右边以 0 为极限.若振动周期大大超过移动平均时段,那么这种周期振动经移动平均后受到的削弱很小;而当振动周期远远小于平均时段时,它的振幅经过移动平均后也被削弱得很厉害.

正由于上述原因,如果移动平均的项数选取适当,就能过滤掉气候时间序列中的周期性振动和随机振动而显示出其趋势项.

(2) 函数拟合法.移动平均法虽然能够显示出趋势,且运算简单,但没有给出趋势的数学表达式,这对于进一步分析和预报是很不方便的,同时在序列的开始和结束部分各要损失 $\frac{m-1}{2}$ 项信息.因此,在有些情况下,就要求用一个函数来表达趋势.

设气候要素观测序列为 $x_1,x_2,\cdots,x_n$,其趋势总可以用一个时间 t 的多项式表示,记为

$$H_t=a_0+a_1t+a_2t^2+\cdots+a_pt^p,p<N. \tag{4.71}$$

因此,根据最小二乘法,由

$$\sum_{t=1}^{N}(x_t - H_t)^2 = \text{最小}$$

可求得系数 $a_0, a_1, a_2, \cdots, a_p$.这就是以多项式函数拟合趋势.设 $p=1$,则可以求得一直线趋势的两个系数

$$a_0 = \bar{x} - a_1 \cdot \frac{n+1}{2},$$

$$a_1 = \sum_{t=1}^{N}(x_t - \bar{x}) \cdot t \Big/ \left(\sum t^2 - n \cdot \left(\frac{n+1}{2}\right)^2\right).$$

如取 $p>1$,则趋势为一曲线.一般说来,温度和降水用直线或二次曲线配合趋势方程即已足够.

四、气候周期变化的诊断

这里所讲的周期变化实际上是周期长度不很规则的振动.因为一般作为气候诊断的时间序列已通过求总量或取平均的方法把含日、年的严格周期性变化消除掉,因此通过趋势分析,将趋势消除后(如果有趋势的话),气候要素时间序列剩下的就是周期长度不很严格的周期振动 C_t 和随机扰动 ε_t.下面介绍几种诊断气候周期变化的方法.

1. 谐波分析

这是一种经典的分析方法.设 $x_1, x_2, \cdots, x_n$ 为不包括日、年变化,且气候趋势已被消除的时间序列.根据富氏级数理论,它可以用具有不同振幅和位相的正弦波叠加而成,即

$$x_t = A_0 + \sum_{i=1} A_i \cdot \sin(\omega_i t + \varphi_i), \tag{4.72}$$

其中,$\omega_i = 2\pi i/n$ 为第 i 个波频率.上式可以写成

$$x_t = a_0 + \sum_{i=1}(a_i \cos \omega_i t + b_i \sin \omega_i t). \tag{4.73}$$

这里

$$\left.\begin{aligned} & a_0 = A_0. \\ & a_i = A_i \sin \varphi_i. \\ & b_i = A_i \cos \varphi_i. \\ & i = \begin{cases} 1,2,\cdots,\dfrac{n-1}{2}, \text{当 } n \text{ 为奇数;} \\ 1,2,\cdots,\dfrac{n}{2}, \text{当 } n \text{ 为偶数.} \end{cases} \end{aligned}\right\} \tag{4.74}$$

根据三角函数的正交性,可以求得

$$\left.\begin{aligned} & a_0 = \frac{1}{n}\sum_{t=1}^{n} x_t. \\ & a_i = \frac{2}{n}\sum_{t=1}^{n} x_t \cdot \cos\frac{2\pi i}{n}t. \\ & b_i = \frac{2}{n}\sum_{t=1}^{n} x_t \cdot \sin\frac{2\pi i}{n}t. \end{aligned}\right\} \tag{4.75}$$

求出 a_i, b_i 后,A_i 和 φ_i 可由下式得到

$$\left.\begin{aligned} & A_i^2 = a_i^2 + b_i^2, \\ & \varphi_i = \arctan\frac{a_i}{b_i}. \end{aligned}\right\} \tag{4.76}$$

从统计学观点看，用上述方法计算得到的$\frac{n}{2}$$\left(或\frac{n-1}{2}\right)$个谐波并不都是序列中实际存在的，也就是有些谐波(实际是多数谐波)并不显著，而是一些随机扰动.因此要通过统计检验，将那些统计上显著的周期挑选出来，把那些显著性较低的作为随机项.具体检验步骤是：

首先构造一个统计量

$$F=\frac{\frac{1}{2}A_i^2/2}{(s^2-\frac{A_i^2}{2})/(n-2-1)},\tag{4.77}$$

其中$s^2=\sum A_i^2/2$为资料序列的方差，$A_i^2/2$为第i个谐波的方差贡献.

根据抽样分布理论，在原序列服从正态分布时，统计量F服从第一自由度为2，第二自由度为$n-2-1$的F分布.

然后根据给定的显著水平α(一般取0.05或0.01)，查F分布表，定出临界值F_α.若根据(4.77)式计算的F，有$F>F_\alpha$，则说明第i个谐波是显著的，序列中存在周期为$2\pi i/n$，位相为φ_i，振幅为A_i的周期变化；否则是不显著的，为随机扰动.

在实际检验时，往往只需挑选几个方差贡献较大的波进行检验即可，无需一一检验.

2. 快速傅里叶变换

用(4.75)式计算a_i，b_i时，需要n^2次乘加运算，为了减少计算量，可以使用快速傅里叶变换(FFT)方法，使计算速度大大提高.下面介绍这一方法.

设一气候时间序列x_t，$t=\overline{1,n}$，根据谐波分析展开为(4.73)式.现引入函数

$$\exp(ijz)=\cos(jz)+i\sin(jz),\ j=0,1,2,\cdots,n-1,$$

(4.73)式可以写成

$$x_t=\sum_{j=0}^{n-1}c_j e^{-ijz}=\sum_{j=0}^{n-1}c_j e^{-ij2\pi t/n},\quad t=1,2,\cdots,n,$$

其中

$$c_j=\frac{1}{n}\sum_{t=1}^{n}x_t\cdot e^{-ij2\pi t/n},\quad j=0,1,2,\cdots,n-1.\tag{4.78}$$

设$n=2^k$，k是正整数，令$\omega=e^{-i2\pi/n}$，则$\omega^n=1$.记

$$a_t=\frac{x_t}{n},$$

于是(4.78)式就简写成

$$c_j=\sum_{t=1}^{n}a_t\omega^{jt},\quad j=0,1,\cdots,n-1.\tag{4.79}$$

现在对c_j中的同类项进行合并，分别对奇数j和偶数j进行.

对于偶数j，$j=2j_1$，有

$$c_{2j_1}=\sum_{t=1}^{n}a_t\omega^{jt}=\sum_{t=1}^{\frac{1}{2}n}a_t\omega^{2j_1t}+\sum_{t=\frac{n}{2}+1}^{n}a_t\omega^{2j_1t}=\sum_{t=1}^{\frac{1}{2}n}a_t(\omega^2)^{j_1t}+\sum_{t=1}^{\frac{1}{2}n}a_{\frac{n}{2}+t}(\omega^2)^{j_1(t+\frac{n}{2})},$$

但$(\omega^2)^{j_1(\frac{n}{2})}=(\omega^n)^{j_1}=1$，所以上式最后变成

$$c_{2j_1}=\sum_{t=1}^{n}(a_t+a_{\frac{n}{2}+t})(\omega^2)^{j_1t},\quad j_1=0,1,\cdots,\frac{n}{2}-1. \tag{4.80}$$

和(4.78)式比较,由于 $\omega^2=\mathrm{e}^{-\mathrm{i}2\pi/(\frac{1}{2}n)}$,就知道这组偶数编号的 c_j,即 $c_0,c_2,\cdots,c_{n-2}$ 正好是 $a_t+a_{\frac{n}{2}+t}\left(t=1,2,\cdots,\frac{n}{2}\right)$ 这 $\frac{n}{2}$ 个数据的离散傅里叶变换.

对于奇数 j,$j=2j_1+1$,有

$$\begin{aligned}c_{2j_1+1}&=\sum_{t=1}^{\frac{1}{2}n}a_t\omega^{(2j_1+1)t}+\sum_{t=\frac{n}{2}+1}^{n}a_t\omega^{(2j_1+1)t}\\&=\sum_{t=1}^{\frac{n}{2}}a_t\,(\omega)^{(2j_1+1)t}+\sum_{t=1}^{\frac{n}{2}}a_{\frac{n}{2}+t}\,(\omega)^{(2j_1+1)(\frac{n}{2}+t)}\\&=\sum_{t=1}^{\frac{n}{2}}\left[a_t\omega^t\,(\omega^2)^{j_1t}+a_{\frac{n}{2}+t}\omega^{j_1n}\omega^{\frac{n}{2}}\omega^t(\omega^2)^{j_1t}\right],\end{aligned}$$

因为 $\omega^{j_1n}=1,\omega^{\frac{n}{2}}=-1$,于是

$$c_{2j_1+1}=\sum_{t=1}^{\frac{n}{2}}\omega^t(a_t-a_{\frac{n}{2}+t})(\omega^2)^{j_1t},\quad j_1=0,1,\cdots,\frac{n}{2}, \tag{4.81}$$

所以奇数编号的 c_j,即 $c_1,c_3,\cdots,c_{n-1}$,也正好是 $\frac{n}{2}$ 个数据 $\omega^t(a_t-a_{\frac{n}{2}+t})\left(t=1,2,\cdots,\frac{n}{2}\right)$ 的离散傅里叶变换.

于是 n 个数据的傅里叶变换(4.79)式可以分解成两个 $\frac{n}{2}$ 个数据的傅里叶变换(4.80)式和(4.81)式.用(4.79)式求 $c_1,c_3,\cdots,c_{n-1}$ 要 n^2 个操作;用(4.80)式和(4.81)式同样求出 $c_1,c_3,\cdots,c_{n-1}$ 却只要 $2\left(\frac{n}{2}\right)^2=\frac{n^2}{2}$ 个操作,工作量减少一半,当然还要加上形成 $(a_t+a_{\frac{n}{2}+t})$ 及 $\omega^t(a_t-a_{\frac{n}{2}+t})$ 的操作,但这也不过是 n.只要 $n=2^k$,我们就可以对(4.80)式和(4.81)式各再分一次奇偶,工作量又可以减少一些.这样一直最后做到第 k 次,每个 c_j 的表达式中都只有一项,于是变换就完成了.

现在计算一下工作量.假定 p_k 是 $2^k=n$ 个数据的傅里叶变换所需要的操作数,由上面的说明有

$$p_k\leqslant 2p_{k-1}+2^k,$$

并且显然有 $p_0=0$,由归纳法,

$$\begin{aligned}p_k&\leqslant 2(2p_{k-2}+2^{k-1})+2^k=2^2p_{k-2}+2\cdot 2^k\\&\leqslant 2^3p_{k-3}+3\cdot 2^{k-1}\leqslant\cdots\leqslant 2^kp_0+k\cdot 2^k\\&\leqslant 2^k\cdot k=n\cdot\log_2 n.\end{aligned} \tag{4.82}$$

就是说,用这种快速算法,作 n 个数据的傅里叶变换,工作量不大于 $n\cdot\log_2 n$ 个操作,因而使气候时间序列周期变化的诊断工作量大大减少.

3. 谱分析方法

就其结果而言,谐波分析(包括傅里叶变换)乃是从时域上研究气候序列中的周期变化的方法.若将气候时间序列视为复杂的振动轨迹,我们还可以从频率域上研究序列内部变化的结

构,借以考察哪些频率的振动是主要的,其贡献如何,从而分析周期变化,这就是所谓谱分析方法.这一方法的步骤如下.

(1) 计算自相关函数.设某气候要素的观测值 $x_1,x_2,\cdots,x_n$ 是在这一时段内经历了所有可能变化的资料序列,则时间间隔为 τ 的自相关系数为

$$R_\tau=\frac{1}{n-\tau}\sum_{t=1}^{n-\tau}(x_t-\overline{x})(x_{t+\tau}-\overline{x}),\quad \tau=0,1,\cdots,m. \tag{4.83}$$

这里 m 为最大后延时间间隔.一般认为 m 应取$\frac{n}{10}\sim\frac{n}{3}$.当 $m=\frac{n}{4}$时,按此式计算的自相关函数进行谱分析,还可能使序列中真正的周期振动项的方差贡献受到很大的削减而变得不显著,某些随机扰动可能会得到加强而变得显著起来,因此取 $m<\frac{n}{6}$较好.

自相关函数有以下几个重要性质:

① $R_0>0$,R_0 为气候要素时间序列的方差;

② $R_{-\tau}=R_\tau$,即 R_τ 是时间间隔 τ 的偶函数;

③ 当 $\tau>0$ 时,$|R_\tau|<R_0$;

④ 若 x_t 满足 $x_t=x_{t+T}$,即 x_t 是以 T 为周期的函数,则自相关函数 R_τ 也是周期函数,其周期与序列的周期 T 相同.

在时间序列中,$r_\tau=R_\tau/R_0$ 称为自相关系数,它是标准化的自相关函数.

(2) 计算方差谱.由于自相关函数 R_τ 是偶函数,按照傅里叶级数理论,可以展开成余弦级数,故有

$$R_\tau=\sum_{j=0}^{m}D_j\cos\omega_j\tau, \tag{4.84}$$

其中 $\omega_j=2\pi j/2m=\pi j/m$,系数 D_j 称为谱,由下式计算:

$$\left.\begin{aligned}
&D_0=\frac{1}{2m}(R_0+R_0)+\frac{1}{m}\sum_{\tau=1}^{m-1}R_\tau,\\
&D_j=\frac{1}{2m}[R_0+(-1)^m R_m]+\frac{2}{m}\sum_{\tau=1}^{m-1}R_\tau\cos\frac{j\pi\tau}{m},j=1,2,\cdots,m-1,\\
&D_m=\frac{1}{2m}[R_0+(-1)^m R_m]+\frac{1}{m}\sum_{\tau=1}^{m-1}(-1)^\tau R_\tau.
\end{aligned}\right\} \tag{4.85}$$

当 $\tau=0$ 时,由(4.84)式得

$$R_0=\sum_{j=0}^{m}D_j. \tag{4.86}$$

因此 D_j 表示频率为 $2\pi j/2m$ 的振动对时间序列的方差贡献的大小,称为方差谱,D_j 越大,说明相应频率的周期振动越显著.

由于随机因素的影响,用(4.85)式计算得到的谱是一种非平滑谱.为了减少随机误差,在实际操作中常用以下公式对谱估计值加以修正:

$$\left.\begin{aligned}
&\hat{D}_0=0.5D_0+0.5D_1,\\
&\hat{D}_j=0.25D_{j-1}+0.5D_j+0.25D_{j+1},j=1,2,\cdots,m-1,\\
&\hat{D}_m=0.5D_{m-1}+0.5D_m.
\end{aligned}\right\} \tag{4.87}$$

这种用自相关函数进行傅里叶级数展开，求不同频率的振动方差谱的方法称为Blackman-Tukey方法.若用自相关系数 r_τ 代替 R_τ 进行计算，求得的谱称为功率谱.

(3) 方差谱的显著性检验.为了排除序列取样的随机性和有限性的影响，计算的方差谱是否显著还需要进行检验.检验时对总体谱有两种假设，一种是白噪声假设，另一种是红噪声假设.

若时间序列为白噪声，根据(4.86)式，以积分代替求和，得

$$D_j=\frac{1}{m}\int_0^m R_\tau\cdot\cos\frac{j\pi\tau}{m}\mathrm{d}\tau=\frac{R_0}{m}=\overline{D}, \tag{4.88}$$

即白噪声的谱分布与频率无关，为一常数.

若时间序列为红噪声，根据(4.84)式和 $R_\tau=r_\tau R_0$，其方差谱为

$$D_j=\frac{R_0(1-r_1^2)}{1-2r_1\cos\frac{\pi j}{m}+r_1^2}. \tag{4.89}$$

因此，气候时间序列方差谱的检验式为

$$\left.\begin{aligned} D_j&=\frac{R_0}{m}\cdot\frac{\chi^2}{v}, &&\text{当假设时间序列为白噪声时；}\\ D_j&=\frac{R_0(1-r_1^2)}{1-2r_1\cos\frac{\pi j}{m}+r_1^2}\cdot\frac{\chi^2}{v}, &&\text{当假设时间序列为红噪声时.}\end{aligned}\right\} \tag{4.90}$$

其中 $v=(2n-m/2)/m$，为 χ^2 分布的自由度.由已知 v 和给定的显著性水平 α，查 χ^2 分布表，得临界值 χ_α^2；由(4.89)式计算得 $D_{j\alpha}$.若对应于 ω_j 的谱 $\hat{D}_j$ 有 $\hat{D}_j>D_{j\alpha}$，则以显著性水平 α 否定原假设，方差谱 $\hat{D}_j$ 是显著的，序列中存在频率为 ω_j 的振动；否则，频率为 ω_j 的振动是不显著的.

在实际检验时，往往只需挑选几个较大的方差谱进行，无需一一检验.

上面介绍的是诊断时间序列周期振动的各种基本方法，无论是时域上的谐波分析、快速傅里叶变换，还是频域结构上的谱分析，都是基于一个原理——富氏变换，虽然方法不同，但没有本质上的差别.后来有一些不同于传统分析方法的新方法用于时间序列的时频特征分析，如最大熵谱分析、奇异谱分析和小波分析等，这里不再介绍.

4.8　气候异常与突变的诊断

一、气候异常与突变的定义

什么是气候异常？什么是气候突变？所谓气候异常是指气候状态发生了与正常情况有较大差异的现象，也是一种气候变化.这个概念与气候变化的程度和时间尺度有密切的关系.气候异常有月气候异常、季气候异常和年气候异常等等.在英语里“异常”一词是不寻常(unusual)，而不只是不正常(abnormal).在气象领域里“常年”意味着寻常，也就是标准的气候.根据世界气象组织的规定，所谓常年的气候，是指30年的平均值.因此寻常是过去30年的平均状态，异常是指过去30年中没有观测到的偏差极大的气温和降水量等气候现象.

在气候变化的研究中，人们往往还会发现气候在一个较短的时期内发生了较大的冷暖变

化或干湿变化，这是一种气候突变问题，现在已引起越来越多气候学家的注意.但是至今还没有一个明确的定义，也没有形成一套完整的分析方法.

比如，有的学者认为，气候突变的时间尺度为50～200年，而对应的温度变化为冰期与间冰期温度差的一半，即2℃～3℃.Yamamoto(1985)在研究现代气候变化时提出：若在某一年之前与之后几十年的平均值之间的差异具有充分的统计显著性，则在给定范围内可以认为气候存在时间平均值的不连续，并将这种不连续定义为"气候突变".显然，气候突变的定义是一与气候变化的幅度和这种变化所经历的时间有关的问题，不同时间尺度的气候变化，气候突变的含义是不一样的.

关于气候异常和突变的例子很多.自20世纪以来，在气候变暖的总趋势中，世界各地低温冷害和炎热酷暑不断发生.如20世纪70年代前苏联连续发生低温冷害造成谷物严重减产，70年代中期北美东部严寒，有些地区冬季气温比正常值低达5℃，而80年代末在欧洲希腊和意大利，亚洲中国南方、印度、巴基斯坦发生酷暑等，都是很严重的气候异常现象.在温度异常不断发生的同时，世界各地降水异常也频繁发生.20世纪60年代末到80年代，非洲撒哈拉大沙漠南缘萨赫勒地区发生持续大范围降水减少，引起干旱和严重饥荒，沙漠南缘向外推进了几百公里，1975～1976年西欧发生大旱，许多地区在作物生长季节的雨量只有其正常值的40%，为200年以来的最少降水量.1988年北美大旱，造成美国和加拿大粮食减产1/3.而1991年我国长江中下游地区发生特大洪涝，造成的直接经济损失达人民币400多亿元.

气候异常和突变往往会给社会、经济造成巨大的影响，人类工业化以来大气中二氧化碳含量的增加引起了全球气候急剧变暖、气候异常和突变等问题，这些问题已成为当今气候变化研究的前沿课题之一.

但必须指出的是，所谓气候异常与突变乃是气候本身所具有的特性，从自然科学角度来看，异常气候仍是"普通气候"，气候突变仍是气候的一种变化形式和现象.

二、气候异常与突变的统计诊断

气候异常和突变给社会和生活带来的影响是人们能够感觉到的，由于人的感觉各不相同，会产生主观判断和评价的差异，因而必须以科学的方法客观地对其进行研究.由于气候异常和突变是气候本身的特征，由其自身的和外界的与气候有关的原因所决定，因此研究气候和气候变化的那些数学的、物理学的、统计学的、天气学的和气候学的各种方法都可以用来研究气候异常与突变.这里我们介绍如何应用统计方法进行诊断.

1. 气候异常的统计诊断

根据定义，气候异常是指与过去30年平均值相比有较大差异的月、季、年平均或总量.因此，考察气候记录距平就可以了解气候的异常变化.但要定量判断某一气候异常的程度，则需要用统计方法.

假定某气候要素月、季和年的平均值服从正态分布，其30年的平均值为总体均值，方差为总体方差，分别记为m和σ^2.假设一观测值x，要推断它与总体均值的异常程度.由于统计量

$$u=\frac{x-m}{\sigma}$$

服从正态$N(0,1)$分布，因此可以得到30年1次的异常气候高值或低值的距平差约为30年样本标准差σ的1.84倍，50年1次和100年1次的异常值距平分别为标准差的2.05和2.35倍.

从统计学观点看，以 30 年资料的平均值和标准差作为总体的均值和标准差，用 u -检验法推断气候异常是不够严格的.设 $\overline{x}$ 和 s 分别为 30 年气候记录的平均值和标准差，则

$$z=\frac{x-\overline{x}}{s}=\frac{x-m-(\overline{x}-m)}{\sqrt{n-1}s/\sqrt{n-1}}\cdot\frac{\sigma/\sqrt{n}}{\sigma/\sqrt{n}}=\frac{1}{\sqrt{n-1}}\left[\frac{\sqrt{n}(x-m)/\sigma}{\frac{s}{\sigma/\sqrt{n}}\Big/\sqrt{n-1}}-\frac{(\overline{x}-m)\Big/\frac{\sigma}{\sqrt{n}}}{\frac{s}{\sigma/\sqrt{n}}\Big/\sqrt{n-1}}\right].\tag{4.91}$$

当气候要素 x 服从正态分布时，上式括弧内两项的分子为 $\sqrt{n}-1$ 正态 $N(0,1)$ 变量，分母中的 $\frac{s}{\sigma/\sqrt{n}}$ 是 $\sqrt{\chi^2}$ 变量，自由度为 $n-1$.根据 t 分布的定义，上式可以写成

$$z=\frac{\sqrt{n}-1}{\sqrt{n-1}}\cdot t_{n-1}.\tag{4.92}$$

这里 t_{n-1} 表示自由度为 $n-1$ 的 t 分布变量.因此可以用 t -检验法，检验观测值 x 是否与总体均值有显著差异.根据 t -检验法，我们可以得到 30 年、50 年和 100 年 1 次的气候异常高值或低值的距平约为样本标准差的 1.509，1.735 和 2.047 倍.可见两种检验方法，其结果判别还是比较大的.

上述诊断气候异常的方法适用于气候要素服从正态分布的情形，如各种温度、气压和等压面上的高度等.但有些气象要素，如旬、月降水量等，这些要素的分布往往是偏态的，用上述方法估计气候异常时会有较大的误差，这时用 Γ 分布会获得较好的效果.

Γ 分布的密度函数为

$$f(x)=\frac{1}{\beta^{\alpha}\Gamma(\alpha)}(x-a_0)^{\alpha-1}\mathrm{e}^{-\frac{x-a_0}{\beta}},a_0\leqslant x<+\infty,\alpha,\beta>0,\tag{4.93}$$

其中 a_0 为位置参数，α 为形状参数，β 为尺度参数，可以用不同的方法进行估计.

用矩法估计，可以求得

$$\left.\begin{aligned}&a_0=m-2\sigma/c_s,\\&\alpha=4/c_s^2,\\&\beta=\sigma c_s/2,\end{aligned}\right\}\tag{4.94}$$

其中 c_s 为 X 的偏度系数.

用极大似然法，可以求得

$$\left.\begin{aligned}&\frac{1}{\beta}=(\alpha-1)\cdot\frac{1}{n}\sum_{i=1}^{n}\frac{1}{x_i-a_0},\\&\ln\beta+\Psi(\alpha)-\frac{1}{n}\sum_{i=1}^{n}\ln(x_i-a_0)=0,\\&\alpha\beta=\overline{x}-a_0,\end{aligned}\right\}\tag{4.95}$$

式中 $\Psi(\alpha)=\frac{\partial}{\partial\alpha}\ln\Gamma(\alpha)$.消去 β，则得

$$\left.\begin{aligned}&\alpha=\frac{(\alpha-1)(\overline{x}-a_0)}{n}\cdot\sum_{i=1}^{n}\frac{1}{x_i-a_0},\\&\Psi(\alpha)=\ln\alpha-\ln(\overline{x}-a_0)+\frac{1}{n}\sum_{i=1}^{n}\ln(x_i-a_0).\end{aligned}\right\}\tag{4.96}$$

这样通过迭代运算解出 a_0,α,然后再解出 β.

分布函数中的参数用样本资料估计之后,可以用来估计气候异常的程度.现在说明用矩法估计参数求气候异常高值的方法.

对 T 年一遇的异常大值 x_T 有

$$\int_{x_T}^{\infty} f(x)\mathrm{d}x=\frac{1}{T},$$

$$\frac{1}{\beta^{\alpha}\Gamma(\alpha)}\int_{x_T}^{\infty}(x-a_0)^{\alpha-1}\mathrm{e}^{-\frac{x-a_0}{\beta}}\mathrm{d}x=\frac{1}{T}. \tag{4.97}$$

令 $\Phi=\dfrac{X-m}{\sigma}$,并记 Φ 的取值为 φ,则

$$\varphi=\frac{x-m}{\sigma},$$

$$x=m+\sigma\varphi,$$

$$\mathrm{d}x=\sigma\mathrm{d}\varphi,$$

$$P(\Phi\geqslant\varphi_T)=\frac{1}{\beta^{\alpha}\Gamma(\alpha)}\int_{\varphi_T}^{\infty}(m+\sigma\varphi-a_0)^{\alpha-1}\cdot\mathrm{e}^{-\frac{m+\sigma\varphi-a_0}{\beta}}\cdot\sigma\mathrm{d}\varphi=\frac{1}{T},$$

代入用矩法求得的 a_0,α 和 β 的解,得

$$P(\Phi\geqslant\varphi_T)=\frac{\left(\frac{2}{c_s}\right)^{\frac{4}{c_s^2}}}{\Gamma\left(\frac{4}{c_s^2}\right)}\int_{\varphi_T}^{\infty}\left(\varphi+\frac{2}{c_s}\right)^{\frac{4}{c_s^2}-1}\cdot\mathrm{e}^{-\frac{2}{c_s}\left(\varphi+\frac{2}{c_s}\right)}\cdot\mathrm{d}\varphi=P. \tag{4.98}$$

这样 $P=\dfrac{1}{T}$,φ_P 即 φ_T.由此可见,对给定的 φ_P(因而也是给定的 x_T)的值,其概率 $P(\Phi\geqslant\varphi_T)$ 或 $\dfrac{1}{T}$ 只与 c_s 有关.因此,给定一个 c_s 值后,就可由(4.98)式求出概率 P 与 φ_P 一一对应的值,这样就可以制成函数表了(见表 4-2).Φ 称为离均系数.由于这种表主要用于计算 Φ 值,因此称为离均系数值表.

表 4-2　Γ 函数离均系数 φ_P

c_s \ P(%)	0.5	1	2	3	5	10
0.0	2.58	2.33	2.05	1.88	1.64	1.28
0.1	2.67	2.40	2.11	1.92	1.67	1.29
0.2	2.76	2.47	2.16	1.96	1.70	1.30
0.3	2.86	2.54	2.21	2.00	1.73	1.31
0.4	2.95	2.62	2.26	2.04	1.75	1.32
0.5	3.04	2.68	2.31	2.08	1.77	1.32
0.6	3.13	2.75	2.35	2.12	1.80	1.33
0.7	3.22	2.82	2.40	2.15	1.82	1.33
0.8	3.31	2.89	2.45	2.18	1.84	1.34
0.9	3.40	2.96	2.50	2.22	1.86	1.34

续　表

c_s \ $P(\%)$	0.5	1	2	3	5	10
1.0	3.49	3.02	2.54	2.25	1.88	1.34
1.1	3.58	3.09	2.58	2.28	1.89	1.34
1.2	3.66	3.15	2.62	2.31	1.91	1.34
1.3	3.74	3.21	2.67	2.34	1.92	1.34
1.4	3.83	3.27	2.71	2.37	1.94	1.33
1.5	3.91	3.33	2.74	2.39	1.95	1.33
1.6	3.99	3.39	2.78	2.42	1.96	1.33
1.7	4.07	3.44	2.82	2.44	1.97	1.32
1.8	4.15	3.50	2.85	2.46	1.98	1.32
1.9	4.23	3.55	2.88	2.49	1.99	1.31
2.0	4.30	3.61	2.91	2.51	2.00	1.30
2.1	4.37	3.66	2.93	2.53	2.00	1.29
2.2	4.44	3.71	2.96	2.55	2.00	1.28
2.3	4.51	3.76	2.99	2.56	2.00	1.27
2.4	4.58	3.81	3.02	2.57	2.01	1.26
2.5	4.65	3.85	3.04	2.59	2.01	1.25
2.6	4.72	3.89	3.06	2.60	2.01	1.23
2.7	4.78	3.93	3.09	2.61	2.01	1.22
2.8	4.84	3.97	3.11	2.62	2.01	1.21
2.9	4.90	4.01	3.13	2.63	2.01	1.20
3.0	4.96	4.05	3.15	2.64	2.00	1.18

表 4-3　Γ 函数离均系数 φ_T'

c_s \ $P(\%)$	0.1	1	3	5	10
0.0	−3.00	−2.33	−1.88	−1.64	−1.28
0.1	−2.95	−2.25	−1.84	−1.62	−1.27
0.2	−2.81	−2.18	−1.79	−1.59	−1.26
0.3	−2.67	−2.10	−1.75	−1.55	−1.24
0.4	−2.54	−2.03	−1.70	−1.52	−1.23
0.5	−2.40	−1.96	−1.66	−1.49	−1.22
0.6	−2.27	−1.88	−1.61	−1.45	−1.20

续　表

c_s \ $P(\%)$	0.1	1	3	5	10
0.7	−2.14	−1.81	−1.57	−1.42	−1.18
0.8	−2.02	−1.74	−1.52	−1.38	−1.17
0.9	−1.90	−1.66	−1.47	−1.35	−1.15
1.0	−1.79	−1.59	−1.42	−1.32	−1.13
1.1	−1.68	−1.52	−1.38	−1.28	−1.10
1.2	−1.58	−1.45	−1.33	−1.24	−1.08
1.3	−1.48	−1.38	−1.28	−1.20	−1.06
1.4	−1.39	−1.32	−1.23	−1.17	−1.04
1.5	−1.31	−1.20	−1.19	−1.13	−1.02
1.6	−1.24	−1.20	−1.14	−1.10	−0.99
1.7	−1.17	−1.14	−1.10	−1.06	−0.97
1.8	−1.11	−1.09	−1.06	−1.02	−0.94
1.9	−1.05	−1.04	−1.01	−0.98	−0.92
2.0	−0.999	−0.989	−0.970	−0.949	−0.895
2.1	−0.952	−0.945	−0.935	−0.914	−0.869
2.2	−0.909	−0.905	−0.900	−0.879	−0.844
2.3	−0.870	−0.867	−0.865	−0.849	−0.820
2.4	−0.833	−0.831	−0.830	−0.820	−0.795
2.5	−0.800	−0.800	−0.800	−0.791	−0.772
2.6	−0.769	−0.769	−0.769	−0.764	−0.748
2.7	−0.741	−0.740	−0.740	−0.736	−0.726
2.8	−0.714	−0.714	−0.714	−0.710	−0.702
2.9	−0.690	−0.690	−0.690	−0.687	−0.680
3.0	−0.667	−0.667	−0.667	−0.665	−0.658

从表 4－3 中我们可以求得 c_s 为 2.0 时 30 年、50 年和 100 年一次的异常高值距平分别为标准差的 2.425，2.91 和 3.61 倍，比用正态分布和 t 分布所要求的异常距平值要高得多.

对于服从偏态分布的气候要素，其异常气候高值距平和低值距平是不一样的.由

$$P(\Phi < \varphi_T{}') = \frac{\left(\frac{2}{c_s}\right)^{\frac{4}{c_s^2}}}{\Gamma\left(\frac{4}{c_s^2}\right)} \int_{-\infty}^{\infty} \left(\varphi + \frac{2}{c_s}\right)^{\frac{4}{c_s^2}-1} \cdot \mathrm{e}^{-\frac{2}{c_s}\left(\varphi + \frac{2}{c_s}\right)} \cdot \mathrm{d}\varphi = \frac{1}{T} = P, \tag{4.99}$$

可用 $\varphi_T{}'$ 关于 c_s 和 P 的函数表(见表 4－3)，从表上查得 c_s 为 2.0 时 30 年、50 年和 100 年 1 次异常低值距平分别为标准差的 0.967，0.980 和 0.989 倍.可见对于偏态的情形，异常低值距平

与异常高值距平的差别是比较大的，这种差别的大小取决于偏度系数大小.

在实际生活中我们常说的某种气候异常是过去30年没有出现的现象，实际上可能是过去50年、100年甚至更长时间没有出现的气候异常情形.短时间内观测到的气候异常是气候长期演变过程的一部分，这种异常不仅与过去30年相比是异常情形，可能与过去百年甚至千年相比也是异乎寻常的.

2. 气候突变的统计诊断

目前，统计上常用的气候突变诊断方法主要有低通滤波、Mann-Kendall法、滑动 t-检验法、Cramer法和Yamamoto法.

(1) 低通滤波.气候要素时间序列里存在着不同频率的振动，要根据气候记录判断气候是否发生了从一种平衡态到另一种平衡态的剧烈变化，可通过低通滤波，把序列中的高频振动部分过滤掉，从而使气候长期变化的特点较显著地表现出来.

滤波过程从数学上可以描述为：一个输入信号 $x(t)$，经过一个系统（滤波器，即数学运算过程），就有一个输出 $y(t)$（过滤后的时间序列）.对于线性系统，输出 $y(t)$ 和输入 $x(t)$ 之间的关系可以表示为

$$y(t)=\int_{-\infty}^{\infty} x(\tau)\omega(t-\tau)\mathrm{d}\tau \tag{4.100}$$

或

$$y(t)=\int_{-\infty}^{\infty} x(t-\tau)\omega(\tau)\mathrm{d}\tau, \tag{4.101}$$

其中 $\omega(\tau)$ 是描述系统（滤波器）动态特征的函数，又称为滤波权函数.权函数 $\omega(\tau)$ 的谱 $g(f)$ 称为频率响应函数

$$g(f)=\int_{-\infty}^{\infty} \omega(\tau)\mathrm{e}^{-\mathrm{i}2\pi f\tau}\mathrm{d}\tau. \tag{4.102}$$

由富氏变换知，输入 $x(t)$ 的变换为

$$X(f)=\int_{-\infty}^{\infty} x(t)\mathrm{e}^{-\mathrm{i}2\pi f\tau}\mathrm{d}t. \tag{4.103}$$

输出 $y(t)$ 的变换为

$$\begin{aligned} Y(f) &=\int_{-\infty}^{\infty} y(t)\mathrm{e}^{-\mathrm{i}2\pi ft}\mathrm{d}t \\ &=\int_{-\infty}^{\infty}\int_{-\infty}^{\infty} x(\tau)\omega(t-\tau)\mathrm{d}\tau\cdot\mathrm{e}^{-\mathrm{i}2\pi ft}\mathrm{d}t \\ &=\int_{-\infty}^{\infty} x(\tau)\mathrm{e}^{-\mathrm{i}2\pi ft}\mathrm{d}\tau\cdot\int_{-\infty}^{\infty}\omega(t-\tau)\mathrm{e}^{-\mathrm{i}2\pi f(t-\tau)}\mathrm{d}(t-\tau) \\ &=X(f)\cdot g(f). \end{aligned} \tag{4.104}$$

由此可见，权函数 $\omega(\tau)$ 是系统在时域上的动态特征，而频率响应函数 $g(f)$ 则是在频域上描述系统的动态特性.它的绝对值

$$|g(f)|=|Y(f)|/|X(f)| \tag{4.105}$$

为振幅响应函数，表示不同频率的输出振幅与输入振幅之比，也称为增益因子.

频率响应函数也可以写成

$$g(f)=|g(f)|\mathrm{e}^{-\mathrm{i}\varphi(f)}, \tag{4.106}$$

因此

$$Y(f)=X(f)\cdot|g(f)|\cdot\mathrm{e}^{-\mathrm{i}\varphi(f)}, \tag{4.107}$$

其中 $\varphi(f)$ 为位相响应函数，表示输出信息与输入信息两者之间的位相差，即输出滞后于输入的位相角，称为位相因子.因此，频率响应函数既包含了振幅放大(缩小)，又包含了位相移动的信息.

在实际应用中，我们往往希望滤波后的序列均值、位相保持不变，而只改变振幅.这样的滤波权函数满足

$$\int_{-T/2}^{T/2}\omega(\tau)\mathrm{d}\tau=1$$

或

$$\sum_{j=-\frac{m}{2}}^{m/2}\omega_j=1,$$

并且是对称的，即 $\omega(-\tau)=\omega(\tau)$ 或 $\omega_{-j}=\omega_j$，这样频率响应函数

$$g(f)=\int_{-\infty}^{\infty}\omega(\tau)\mathrm{e}^{-\mathrm{i}2\pi f\tau}\mathrm{d}\tau\int_{-\infty}^{\infty}\omega(\tau)\cos 2\pi f\tau\mathrm{d}\tau. \tag{4.108}$$

常用的低通滤波函数有滑动平均、二项系数和正态函数.

① 滑动平均：又称移动平均，对一般的等权滑动平均，权函数 $\omega_j=\dfrac{1}{m+1}$ 或

$$\omega(\tau)=\begin{cases}\dfrac{1}{T},\tau\leqslant\dfrac{T}{2};\\[2mm] 0,\tau>\dfrac{T}{2}.\end{cases} \tag{4.109}$$

它的频率响应函数，由(4.101)式得

$$g(f)=\int_{-\frac{T}{2}}^{\frac{T}{2}}\frac{1}{T}\cdot\cos 2\pi f\tau\mathrm{d}\tau=\frac{\sin\pi fT}{\pi fT} \tag{4.110}$$

或

$$g(f)=\frac{\sin\pi fT}{\pi fT}. \tag{4.111}$$

可见，滑动平均低通滤波，对于无限大的周期($f\to0$)，其频率响应函数 $g(f)\to1$，即滤波后无任何削弱.而对于周期等于滑动间隔的振动，均有 $g(f)=0$，即滤波后削弱为0.对于那些 $f=P/m,P=1,2,\cdots$ 的振动也有类似的效果.对于大于滑动间隔而又不是无限大的振动，即 $0<f<1/m$，则 $g(f)<1$，这类振动受到不同程度的削弱，周期越长，削弱程度越小.

② 二项系数滤波函数：是一种不等权的滤波函数.它在滑动间隔内的权重遵从二项分布，即

$$\omega_j=\mathrm{C}_m^i/2^{m-1}=\frac{m!}{i!\ (m-i)!}\Big/2^{m-1}, \tag{4.112}$$

其中 $i=j+k,m=2k+1$.

二项系数滑动的频率响应函数为

$$g(f)=\cos^m\pi f. \tag{4.113}$$

由于 f 在0与1之间变化，且 $f=0$ 时，$g(0)=1$；$f=\dfrac{1}{2}$ 时，$g\left(\dfrac{1}{2}\right)=0$.可见对高频振动会有较大的削弱.

③ 正态滤波函数：又称高斯滤波函数，是把权重函数在滑动间隔内取作正态分布(高斯分

布),即

$$\omega(\tau)=\frac{1}{\sqrt{2\pi}\sigma}\mathrm{e}^{-\tau^2/2\sigma^2}, \tag{4.114}$$

其频率响应函数为

$$g(f)=\frac{1}{\sqrt{2\pi}\sigma}\int_{-\infty}^{\infty}\mathrm{e}^{-\tau^2/2\sigma^2}\cdot\cos 2\pi f\tau\,\mathrm{d}\tau=\mathrm{e}^{-2\pi^2\sigma^2 f^2}. \tag{4.115}$$

可见,对于无限长的周期($f\to 0$),$g(f)\to 1$,经过正态滤波函数滤波后与滤波前一样,没有削弱;频率越大、周期越短的振动受到的削弱越多.

对于低通滤波而言,由于滑动平均的长度依赖人的主观性,滤波过程中不同频率的振动或多或少都受到了削弱,滤波后的输出相对原序列函数平滑了一些,所展现的也只是气候演变的趋势,因此,如何从曲线中判断气候发生了突变是没有严谨的数学和物理根据的,全靠人的直觉和经验,缺乏定量的判据,其结论往往因人而异.

(2) Man-Kendall 法.此法以气候序列平稳为前提,并且该序列是随机独立的.

在原假设 H_0:气候序列没有变化的情况下,设此气候序列为 $x_1,x_2,\cdots,x_N$,m_i 表示第 i 个样本 x_i 大于 $x_j(1\leqslant j\leqslant i)$ 的累计数,则统计量

$$d_k=\sum_{i=1}^{k}m_i \qquad (2\leqslant k\leqslant N) \tag{4.116}$$

的标准化形式

$$u(d_k)=\frac{d_k-E[d_k]}{\sqrt{\mathrm{var}[d_k]}} \tag{4.117}$$

服从正态 $N(0,1)$ 分布,其概率 $\alpha=P(|u|>|u(d_k)|)$ 可以查表或通过计算获得.(4.118a)式中

$$\left.\begin{aligned}&E[d_k]=k(k-4)/4,\\ &\mathrm{var}[d_k]=k(k-1)(2k+5)/72\end{aligned}\right\}(2\leqslant k\leqslant N) \tag{4.118a}$$

分别为 d_k 的数学期望和方差.

给定一显著性水平 α_0.当 $\alpha>\alpha_0$ 时,接受原假设 H_0;当 $\alpha<\alpha_0$ 时,原假设被否定,表示此样本序列存在着明显的增长或减少变化.所有 $u(d_k)$ 绘成一曲线 c_1,通过信度检验可知其是否有变化趋势.

把此方法引用到反序列中,$\overline{m_i}$ 表示第 i 样本 x_i 大于 $x_i(i\leqslant j\leqslant N)$ 的累计数,当 $i'=N+1-i$ 时,如果 $\overline{m_i}=m_{i'}$,则反序列的 $\overline{u}(d_i)$ 由下式给出:

$$\left.\begin{aligned}&\overline{u}(d_i)=-u(d_{i'}),\\ &i'=N+1-i \qquad (i,i'=1,2,\cdots,N).\end{aligned}\right\} \tag{4.118b}$$

所有 $\overline{u}(d_i)$ 绘成曲线 c_2.当曲线 c_1 超过显著性水平临界线,即表示存在明显的变化趋势;如果曲线 c_1 和 c_2 的交叉点位于临界线之间,这点便是突变的开始.

(3) Cramer 法.此法通过比较子序列与样本总序列平均值的差异性来判别气候要素是否发生突变.设样本总容量为 n,现从总样本中取出某段序列构成一个子序列,其容量为 m,$m\in\mathbf{N}$,$\overline{x}$ 和 $\overline{x}_m$ 分别为样本总序列和子序列的平均值,s 为总序列的标准差.若子序列和总样本序列的均值无显著差异,则统计量

$$t=\left[\frac{m(n-2)}{n-m(1+\tau_m^2)}\right]^{1/2}\cdot\tau_m \tag{4.119}$$

服从自由度为 $n-2$ 的 t 分布，其中

$$\tau_m=\frac{\bar{x}_m-\bar{x}}{s}.$$

因此，由给定的显著水平 α，可得到临界值 t_α.若 $|t|<t_\alpha$，则认为子序列均值与总样本序列均值无显著差异，没有发生突变.另取子序列，重复上述计算步骤.若 $|t|<t_\alpha$，则认为气候发生了突变.

Cramer 法中，$\bar{x}$ 覆盖了所选的子样本序列，因此往往给解释工作带来不便.

(4) 滑动 t-检验法.所谓滑动 t-检验法就是通过连续设置两组子样本，检验其均值差异的显著性来判断是否发生气候突变.两组样本的容量 m_1 和 m_2 也是凭经验或试验需要人为决定的.

设所要考察的气候时间序列为 $\{x_i\}$，$i=1,2,\cdots,n$.在该序列中设置两组相邻但互不重叠的子序列 $\{x_{i_1}\}$ 和 $\{x_{i_2}\}$，其容量分别为 m_1 和 m_2，$m_1+m_2\leqslant n$，$\bar{x}_1$，s_1 和 $\bar{x}_2$，s_2 分别为两序列的均值和标准差.假设它们的总体均值无显著差异，则统计量

$$t=\frac{\bar{x}_1-\bar{x}_2}{\sqrt{\frac{m_1s_1^2+m_2s_2^2}{m_1+m_2-2}}\sqrt{\frac{1}{m_1}+\frac{1}{m_2}}} \tag{4.120}$$

为服从自由度 m_1+m_2-2 的 t 分布.因此，由给定的显著性水平，可查表得到临界值 t_α，比较(4.120)式计算的 t.若 $|t|<t_\alpha$，则认为两个子序列的均值无显著差异.重新设置两个子序列，重复上述过程.若出现 $|t|<t_\alpha$，则否定原假设，认为气候发生了突变.这时两序列的分界点即为突变点.若有多个突变点连一起，则形成一个突变区域.

(5) Yamamoto 法.这一方法与滑动 t-检验法的计算过程类似，但不通过检验，而是通过计算信噪比来判断两个相邻子序列的均值是否有显著差异.具体方法是：

① 设置基准年，在基准年之前的几十年时段 n_b 内，计算时间平均值 $\bar{x}_b$ 及其 95% 的置信区间 R_b；在基准年之后的几十年时段 n_a 内，计算平均值 $\bar{x}_a$ 及其 95% 的置信区间 R_a.

② 计算基准年的信噪比

$$I_{\mathrm{SIN}}=|\bar{x}_a-\bar{x}_b|/(R_a+R_b). \tag{4.121}$$

③ 在可用的全部时段内，连续设置基准年，从而得到信噪比 I_{SIN} 的时间序列.

④ 当信噪比 $I_{\mathrm{SIN}}>1.0$ 时，确定为突变.

⑤ 在不同的 $\bar{x}_b$ 和 $\bar{x}_a$ 的各种组合中，具有最大信噪比 I_{SIN} 的时间定义为气候突变出现的时间.

⑥ 若所有不同组合的信噪比 $I_{\mathrm{SIN}}<1.0$，则认为无气候突变.

Yamamoto 建议 $\bar{x}_b$ 和 $\bar{x}_a$ 取 10，15，20，25 和 30 年.

Yamamoto 认为，在气候突变的研究中，精确地写出突变出现的年份是无意义的.因为气候年际之间的变化一般都较大，足以模糊突变出现的确切时间，因此突变出现的时间应定在一定时间宽度的范围内.

Yamamoto 方法用信噪比 $I_{\mathrm{SIN}}>1.0$ 定义气候突变，滑动 t-检验法定义气候突变与给定的显著性水平 α 有关，这两种确定气候突变的方法有什么联系和区别呢？现在我们来讨论这个问题.

我们知道在 Yamamoto 方法中用(4.121)式计算信噪比时，需要知道时段 n_b 和 n_a 内的均值 $\overline{x}_b$ 和 $\overline{x}_a$ 的 95%的置信区间 R_b 和 R_a.根据 t -检验法

$$P(|t|<t_\alpha)=1-\alpha=95\%, \tag{4.122}$$

先设

$$t=\frac{\overline{x}_b-m_b}{\dfrac{s_b}{\sqrt{n_b-1}}},$$

代入(4.122)式

$$P\left[\overline{x}_b-t_\alpha\frac{s_b}{\sqrt{n_b-1}}<m_b<\overline{x}_b+t_\alpha\frac{s_b}{\sqrt{n_b-1}}\right]=95\%.$$

这里 m_b 为 $\overline{x}_b$ 的期望值，即时段 n_b 内的总体均值.因此得到 $\overline{x}_b$ 的 95%置信区间(宽度)为

$$R_b=2t_\alpha\frac{s_b}{\sqrt{n_b-1}},$$

类似地得到

$$R_a=2t_\alpha\frac{s_a'}{\sqrt{n_a-1}}.$$

假定 $s_b=s_a=s$(s^2 为总样本方差)，$n_b=n_a=25$，由 t 分布查表得 $t_\alpha=2.064$，因此

$$R_b=R_a=2\times2.064\frac{s}{\sqrt{24}}=0.84s.$$

由(4.121)式得

$$|\overline{x}_a-\overline{x}_b|_R=(R_a+R_b)I_{\mathrm{SIN}}=1.68I_{\mathrm{SIN}}s.$$

突变发生时，$I_{\mathrm{SIN}}\geqslant1.0$，于是

$$|\overline{x}_a-\overline{x}_b|_R\geqslant1.68s. \tag{4.123}$$

根据滑动 t -检验法，由(4.120)式得

$$|\overline{x}_a-\overline{x}_b|_t\geqslant\sqrt{\frac{n_bs_b^2+n_as_a^2}{n_b+n_a-2}}\sqrt{\frac{1}{n_b}+\frac{1}{n_a}}t_\alpha,$$

代入 n_a,n_b,s_a,s_b 以及 $t_\alpha=2.011$，得

$$|\overline{x}_a-\overline{x}_b|_t\geqslant0.57s. \tag{4.124}$$

比较(4.123)式和(4.124)式，可见 Yamamoto 法比滑动 t -检验法判断气候突变是否发生的标准要高.

有些学者将 Yamamoto 法中的 R_b 和 R_a 理解为时段 n_b 和 n_a 内样本资料的标准差，按照这样理解，当突变发生时，则有

$$|\overline{x}_a-\overline{x}_b|_{y'}\geqslant2s.$$

第五章

气候系统中的平衡与循环过程

地球表面热量收支状况是气候特征的一个重要方面.20世纪50年代国际上一些气候学家对此做了全面的研究,当时研究的主要资料来源于地面能量平衡观测站和一些专门观测点.气候学家们通过对资料的分析和计算得出了全球地表热量的分布和变化特征.20世纪70年代以后气象卫星资料被用于地面热量平衡研究,人们对以前的结果进行了修正,得到更全面的结果.但分析比较表明,地面观测资料得出的地球热量收支特征与卫星观测资料得出的结果基本一致.从这些结果可以归纳出全球地表热量收支各分量的一些主要特征:① 随纬度的变化性;② 在海陆交界处的突变性;③ 云量和下垫面的性质对分布特征有明显影响,并可以得出这些量的纬度平均的特征.进一步,可以根据观测结果和相关平衡方程分析计算全球气候系统的能量、物质的循环和平衡机制.

5.1 热量输送与平衡的基本特征

一、全球热量收支状况

与辐射形式的能量相比,非辐射形式的能量分量分布特征与纬度和海陆分布有更为直接的关系.例如,蒸发潜热的数值在全球表现出的主要特征是海洋上蒸发潜热大于陆地,尤其以副热带海洋蒸发潜热最大,而赤道海洋蒸发潜热较小;在陆地上蒸发潜热最大值出现在赤道地区.此外,蒸发潜热的大小还与海洋表层的冷暖洋流有关.在地表热量收支各分量中,感热平均只有潜热的1/4~1/3,其空间变化受海陆分布的影响与蒸发潜热相反,即陆地上感热大于海洋,赤道地区感热较小,副热带沙漠地区感热最大.同样海洋中冷暖洋流的分布也对感热有显著影响.图5-1是纬度平均的地表辐射平衡(R_S)、蒸发潜热(LE)、感热(SH)和水平热交换量

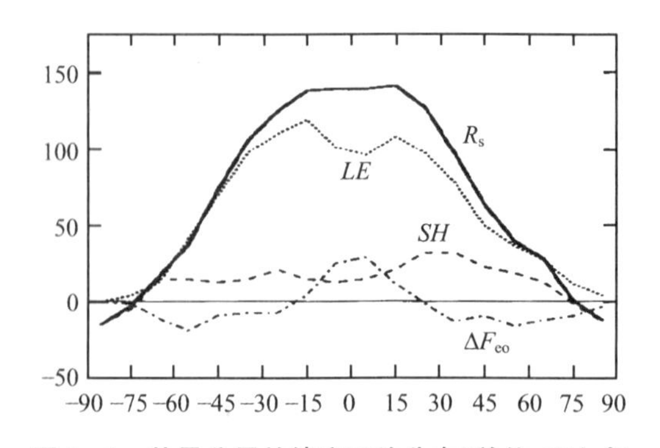

图5-1 热量分量的纬度平均分布(单位:W/m²)

(ΔF_{eo})随纬度的变化.可以看出，赤道附近和副热带地区的地表辐射平衡值最大，随着纬度增高而迅速降低，在纬度高于75°的极地区域变为负值.蒸发潜热随纬度变化的总体趋势和数值都与地表辐射平衡接近，只是在赤道和副热带地区有所不同，因为赤道附近空气湿度大，蒸发潜热是一个相对低值，其最大值在副热带高压带控制区域，在极地附近为零值.感热在所有纬度都较小，并在极地附近减小为零值.ΔF_{eo}随纬度变化幅度较小，但有符号变化，是对其他分量的响应和调节.

图5-2是海洋表面年平均的辐射平衡(a)、蒸发潜热(b)、感热(c)和与海洋下层的热量交换(d)通量分布.可以看出，辐射平衡的分布有明显的随纬度变化的特征，最大值在赤道海洋附近，然后随纬度升高而减小.其主要原因是受太阳辐射随纬度分布的影响，另一方面云量分布也会有显著影响，如赤道东太平洋的辐射平衡值大于赤道西太平洋，就与云量分布有关.蒸发潜热的分布空间变化较为复杂，但其最主要的特征是最大值区域位于强暖洋流控制区，如大西洋的墨西哥湾流和西太平洋的黑潮区域；其次是在副热带海洋区域，这里天气晴朗，海温较高且大气干燥，有利于海水蒸发.海洋表面的感热相对较小，而且空间分布简单，主要高值区域也位于两个最强的暖洋流墨西哥湾流和黑潮控制区域，其他海域的感热很小.海洋表面与下层海洋的热量交换分布复杂，主要与上述热量平衡各分量的变化有关.可以看出，在高辐射平衡、低蒸发潜热的赤道东太平洋地区，该值为正值，即海洋表面得到的过剩热量传输到海洋下层，而在辐射平衡值小、蒸发潜热大的墨西哥湾流和黑潮地区，海洋表面失去的能量比得到的能量多，因此其净热量收支为负值.

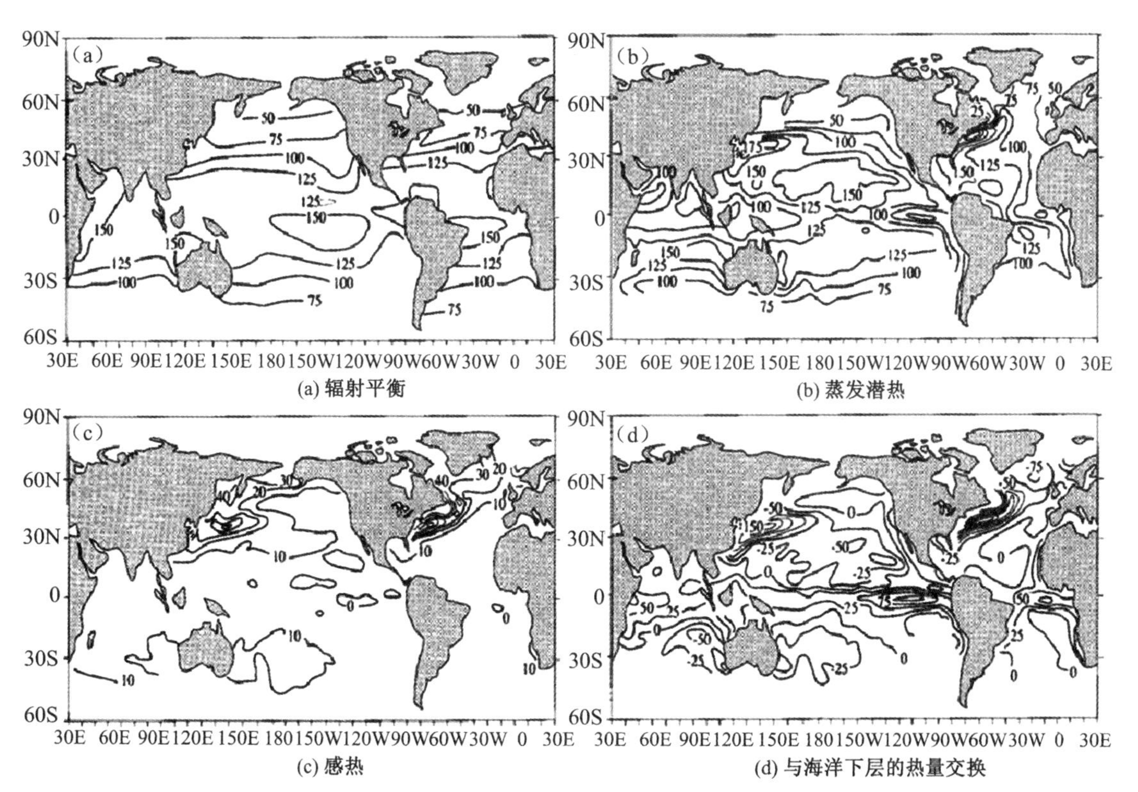

图5-2　海洋上年平均热量分量的分布(W/m²)(转引自D.L.Hartmann)

二、热量的经向输送特征

由于热量平衡在纬度之间的差异，这种差异导致了热量从低纬度地区向高纬度地区输送，这种输送是由大气环流和洋流的经向分量来完成的.著名的物理气候学家 Sellers(1965)最早系统研究了各种热量分量的经向输送特征，其后的卫星观测结果也证实了这些特征是可靠的，其结果揭示的热量经向输送的主要特征是：

(1) 各输送量在 2°N～5°N 附近出现方向性变化；

(2) 总热量最大输送值出现在 40°N(S)附近，而赤道和极地为低值区；

(3) 感热输送有两个极大值，分别出现在 20°N(S)和 50°～60°N(S)，且主要发生在近地面和对流层上部；

(4) 潜热输送较小，主要发生在近地层附近；

(5) 洋流输送以热赤道为分界点，极大值约在 20°N 附近.

详细的观测和研究发现，大气将热量从赤道向极地的输送是通过不同尺度的大气运动和环流系统来完成的.图 5-3 是北半球纬度平均情况下大气向北输送热量的分解示意图.可以看出，大气向北的热量总输送是由平均经向输送、涡动输送组成的.在涡动输送中包括瞬时涡动输送和定常涡动输送，而后者较小.因此在总输送中，最主要的是瞬时涡动输送，其量值与总输送基本相当；平均经向输送贡献很小，反映了平均经向环流在热量输送中只起调节作用.瞬时涡动输送表明了各种较小时间尺度的环流变化和天气系统对热量输送的重要意义.

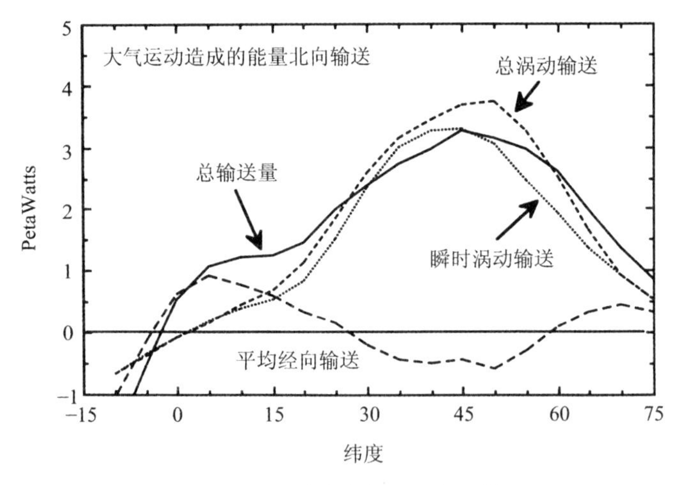

图 5-3　年平均热量分量的向北输送

5.2　能量循环

地球大气系统吸收太阳辐射和地表放出的长波辐射而使气候系统具有能量循环和变化，同时辐射能量的形式会发生转换而形成非辐射形式的能量，又由于大气层的质量、地球重力作用、温度和密度的差异而形成大气的运动.因此大气层就具有了与大气物理状况和运动有关的各种能量形式，各种能量形式在大气运动过程中发生转换而形成各种天气气候现象和过程.因此，大气能量学在气候研究中具有重要意义.本节主要介绍大气中的基本能量形式和循环过程.

1. 大气中的主要能量形式

根据物理学基本概念，大气中的能量可以分为内能、位能、潜热能和动能等，其中内能与位能之和又称为总位能.各种能量的定义表达式如下.

内能：大气热状况的表征.

$$E_I = C_v T. \tag{5.1}$$

位能：大气质量单元在某一海拔高度所具有的位势能.

$$E_p = gz. \tag{5.2}$$

潜热能：水的相变所引起的可能能量变化.

$$E_L = Lq. \tag{5.3}$$

总位能：内能与位能之和.

$$E_T = E_I + E_p. \tag{5.4}$$

动能：大气微元(单位大气质量)因运动所具有的能量.

$$E_K = \frac{1}{2}(u^2 + v^2 + w^2). \tag{5.5}$$

用以上各式对整层大气积分可以得到单位面积上气柱的总能量：

$$E_I = \int_0^\infty \rho C_v T \mathrm{d}z = \frac{1}{g}\int_0^{p_0} C_v T \mathrm{d}p, \tag{5.6}$$

$$E_p = \int_0^\infty gz\mathrm{d}z = \int_0^{p_0} z\mathrm{d}p = \frac{1}{g}\int_0^{p_0} R_d T \mathrm{d}p, \tag{5.7}$$

$$E_L = \int_0^\infty Lq\rho\mathrm{d}z = \frac{1}{g}\int_0^{p_0} Lq\mathrm{d}p, \tag{5.8}$$

$$\begin{gathered} E_T = \frac{1}{g}\int_0^{p_0} (C_v T + R_d T)\,\mathrm{d}p = \frac{1}{g}\int_0^{p_0} C_p T \mathrm{d}p, \\ C_p = C_v + R_d. \end{gathered} \tag{5.9}$$

上式中 E_T 又称为焓.

$$E_K = \int_0^\infty \frac{1}{2}\rho(u^2 + v^2)\,\mathrm{d}z = \frac{1}{2g}\int_0^{p_0} (u^2 + v^2)\,\mathrm{d}p. \tag{5.10}$$

位能、内能、总位能和动能的关系可以表示如下：

$$E_p/E_I = \frac{C_p}{C_v} - 1 = 0.41, \tag{5.11}$$

即整个气柱中位能约占内能的 41%.根据上述关系可知：

$$E_p + E_I = \frac{1}{0.41}\int_0^{p_0} c^2 \mathrm{d}p. \tag{5.12}$$

式中 c 是大气中的声速($c^2 = R_d T C_p / C_v$)，约为 330 m/s.因大气中的平均风速一般只有声速的 1/20，所以近似得到动能与总位能之比、动能与位能之比分别为

$$\begin{gathered} \frac{E_K}{E_p + E_I} \approx \frac{1}{2000}, \\ \frac{E_K}{3.43E_p} \approx \frac{1}{2000}, \\ \frac{E_K}{E_p} \cong \frac{2}{1000}. \end{gathered} \tag{5.13}$$

为了定量描述大气运动中动能和位能的实际转换率，通常引入有效位能的概念，即总位能中可转换为动能的最大值.一般而言，平均动能约占平均有效位能的 1/20，由此可以推知，有效位能约占总位能的 1/1000.

二、动能和有效位能的转换

若以 K_M 表示纬向平均动能，K_E 表示涡动动能，P_M 表示纬向平均有效位能，P_E 表示涡动有效位能，则全球大气中的年平均能量循环过程特征可以归纳如下：

(1) 热带地区：大气由吸收大量太阳辐射及降雨产生的凝结潜热加热，使热带大气获得大量热量，净加热为正；

(2) 高纬度地区：大气吸收太阳辐射较小而放出很多长波辐射，因为失去的长波辐射远远大于吸收的短波太阳辐射，所以表现为强劲冷却作用；

(3) 由此形成的经向温度梯度和纬向平均辐射加热而产生纬向平均有效位能；

(4) 同时由于大气的斜压性形成的斜压涡旋通过斜压扰动向高纬度输送暖空气而向低纬度输送冷空气，因此使得平均有效位能转换为涡动有效位能；

(5) 而斜压涡旋中的垂直运动又将涡动有效位能转换为涡动动能，进而维持纬向平均大气运动所需要的动能；

(6) 最终，大部分涡动动能损失于摩擦耗散，一小部分则以正压过程转换为纬向平均动能.图 5-4 是该循环过程的示意图.

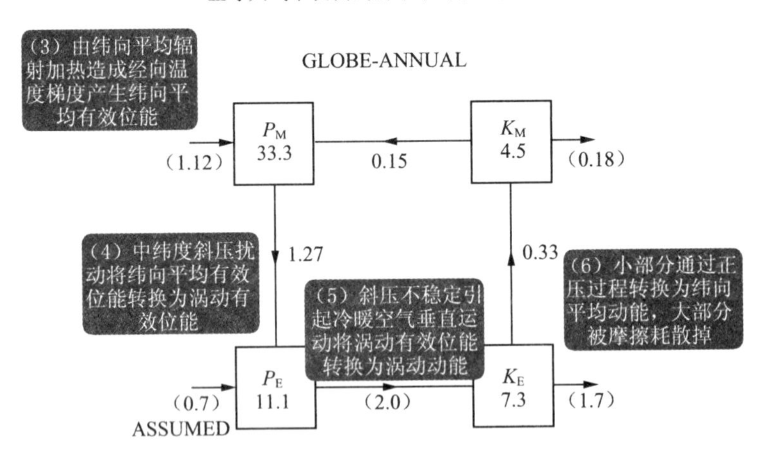

图 5-4　大气中的年平均能量循环

图中箭头表示能量转换(Wm^{-2})，方框内数字是能量($10^5\ Jm^{-2}$)

三、海洋中的能量循环

同样，海洋的流动需要由动能和位能之间的转换来维持.由于其流体特性，海洋在全球能量循环和输送中具有重要作用，特别是对长时间尺度的能量输送与循环起着决定性作用.海洋的主要特点是：

(1) 液态流体，密度大，可压缩性小；

(2) 有固定的底边界和侧边界；

(3) 垂直尺度小，稳定性强.

这种性质的流体有效位能的产生主要由以下机制引起:海表海水密度的变化、温度与盐度的变化以及辐射、降水、蒸发和径流对海洋热力和密度的影响.海洋表层动能的产生主要是因为海气交界面处的风应力强迫引起的风驱洋流所致,而有效位能和动能的转换则是由温盐环流来完成的,图 5－5 是这一过程的示意和量级估计.图中 P 为有效位能,K 是动能,$G(P)$代表有效位能的产生项,而 $C(P,K)$代表有效位能向动能的转换.可以看出,海洋特有的热力性质使其以 0.002 $\mathrm{Wm^{-2}}$的效率产生有效位能,有效位能以相同的效率将其转换为动能($0.08\times10^5\ \mathrm{Jm^{-2}}$),但其中一部分动能来自风驱动力作用,其效率达到 0.007 $\mathrm{Wm^{-2}}$.最终,海洋表层的有效位能除转换为动能外,其余在与深层海水交换中耗散,而动能则因与边界的摩擦作用而消耗.但由于缺乏详细的观测资料,对于海洋中的能量转换的确切定量关系的估计还不完全准确,有待于进一步观测和研究.

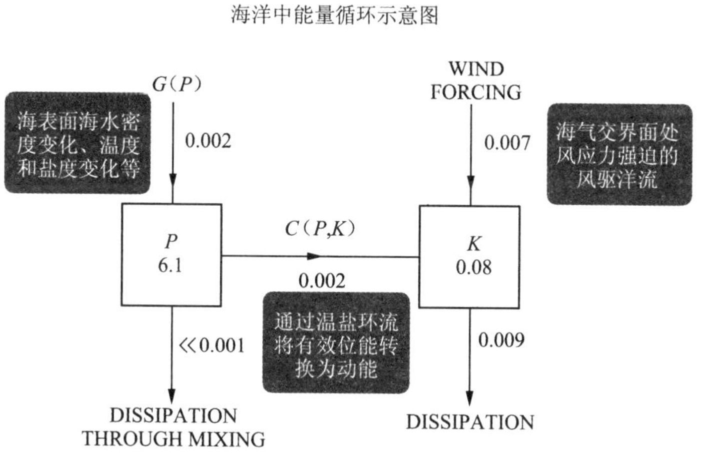

图 5－5　海洋中的平均能量循环

图中箭头表示能量产生与转换($\mathrm{Wm^{-2}}$),方框内数字是能量($10^5\ \mathrm{Jm^{-2}}$)

四、热量平衡有关分量的计算方法

由于大气的运动,大气中非辐射形式的各种能量可以由大气的运动而在大尺度空间进行输送,从而改变能量的空间分布.在气候诊断分析中往往需要对这些能量输送和散度(辐合辐散)进行计算和分析,下面简单介绍有关方法和步骤.

1. 热量输送的计算

单位质量的大气感热(C_pT)和潜热(Lq)总量可以表示为

$$HP = C_pT + Lq, \tag{5.14}$$

其输送通量密度和散度计算的一般方案如下.

对某一等压面上的热量 HP,其输送通量可以表示为:

$$\vec{F}(p) = \frac{1}{g} HP \cdot \vec{V}. \tag{5.15}$$

该式在 u—v 方向上的分解表达式为:

$$\begin{aligned} F_u(p) &= \frac{1}{g} HP \cdot u, \\ F_v(p) &= \frac{1}{g} HP \cdot v, \end{aligned} \tag{5.16}$$

分别表示纬向和经向输送分量.

将上式对整个气柱积分可得整个气柱的输送通量：

$$F_u = \frac{1}{g}\int_0^{p_0} (C_p T + Lq) u \mathrm{d}p,$$
$$F_v = \frac{1}{g}\int_0^{p_0} (C_p T + Lq) v \mathrm{d}p. \tag{5.17}$$

纬向和经向输送分量合成后的量值大小$|F|$和总输送方向θ分别为：

$$|F| = \sqrt{F_u^2 + F_v^2},$$
$$\theta = \pi + \arctan\left(\frac{F_u}{F_v}\right). \tag{5.18}$$

由观测的风向可以通过下式将风场分解为u—v分量：

$$u = |\vec{V}|\sin(\Phi - 180),$$
$$v = |\vec{V}|\cos(\Phi - 180). \tag{5.19}$$

式中Φ是风向，陆地风向一般用16个方位表示，把圆周分成360°，北风(N)是0度(即360°)，东风(E)是90°，南风(S)是180°，西风(W)是270°，其余的风向都可以由此计算出来，如图5-6所示.得出输送量后，可以对输送通量矢量计算通量散度，即

$$\nabla \cdot \vec{F} = \nabla \cdot (C_p T + Lq)\vec{V} = \frac{\partial F_u}{\partial x} + \frac{\partial F_v}{\partial y} \tag{5.20}$$

表示热量在某一区域的辐合与辐散程度.

根据能量平衡原理，对于气候平均状况，单位面积上气柱的热量收支方程可以写为：

$$C_p \frac{\partial T}{\partial t} = R_a + \nabla \cdot (C_p T + Lq)\vec{V} + \delta. \tag{5.21}$$

方程左边表示气柱中能量的变化，方程式右边第一项R_a为大气辐射平衡，第二项为水平热量输送散度，第三项δ表示其他能量形式的贡献.

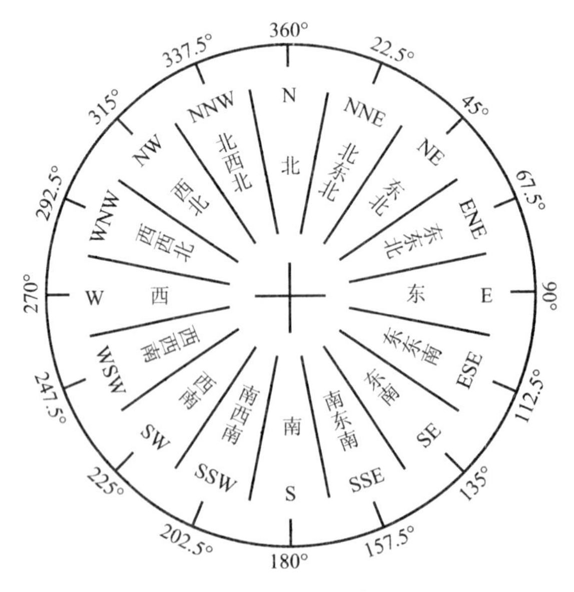

图5-6　风向示意图

对给定的大气柱，其内部能量通过界面与周围大气进行交换，气柱总能量的变化率为

$$\frac{\partial E}{\partial t}=\int_{v}\nabla\cdot\left(E_{I}+E_{p}+E_{L}+E_{K}+\frac{p}{\rho}\right)\rho\vec{V}\mathrm{d}v. \tag{5.22}$$

将上述体积分变为面积分，有

$$\frac{\partial E}{\partial t}=\oint_{s}(E_{T}+E_{p}+E_{L}+E_{K})\rho V_{n}\cdot\mathrm{d}s. \tag{5.23}$$

根据上述公式可以计算给定面积上大气柱总能量变化和能量散度，也可以分别进行各个分量的类似计算.有时为了分析气候变化的能量输送特征，需要计算从低纬度向高纬度的经向能量输送，其计算公式可写为：

$$E_{M}=\int_{0}^{\infty}\int_{0}^{2\pi}V\left(C_{p}T+Lq+gz+\frac{V^{2}}{2}\right)\rho a\cos\varphi\mathrm{d}\lambda\mathrm{d}z, \tag{5.24}$$

式中 a 为地球半径，φ 是纬度，λ 为经度.若以气压坐标代替垂直高度坐标，做纬度平均后，在给定纬度 φ 上的整层大气经向能量输送为：

$$E_{M}=\frac{2\pi a\cos\varphi}{g}\int_{0}^{p_{0}}\left(C_{p}T+Lq+gz+\frac{v^{2}}{2}\right)v\mathrm{d}p. \tag{5.25}$$

5.3　角动量循环与输送

角动量代表了旋转地球上大气运动的强度特征，在气候和大气环流分析中具有广泛应用.本节对角动量的概念及有关计算做简单介绍.

一、角动量守恒

对于大气层，其运动的角动量应该是守恒的，保证其守恒的基本过程是，大气从东风带获得角动量，从西风带还给地球，如图 5－7 所示.因为当气块向北移动，如果不和其他气块或地面交换角动量，则维持角动量不变.而随着气块向北移动到其地轴的距离在减小，气块的向东纬向风速必须增加以维持总角动量守恒.

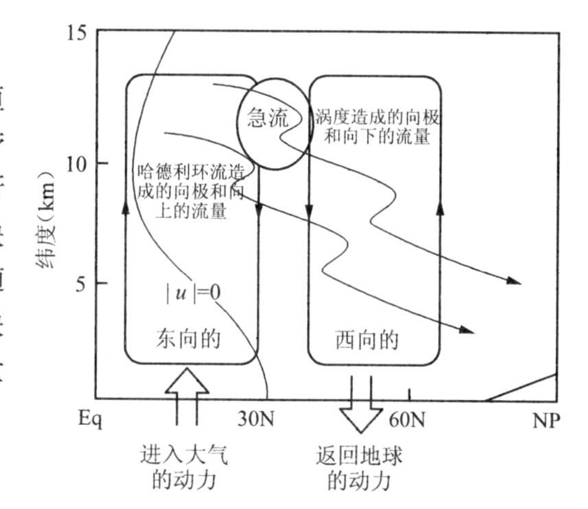

图 5－7　角动量循环守恒示意图

二、角动量经向输送的计算

1. 角动量的定义

如图 5－8 所示，单位质量的空气绕地球旋转的绝对角动量为

$$M=\left(\Omega+\frac{u}{r}\right)r^{2}=(\Omega r+u)r, \tag{5.26}$$

式中 $\Omega=7.292\times10^{-5}\ \mathrm{s}^{-1}$ 为地球自转角速度，u/r 为空气相对角速度，r 为空气质点到地轴的距离

$$r=(a+z)\cos\varphi. \tag{5.27}$$

因 z 远小于 a，所以近似有

$$M = \Omega a^2 \cos^2\varphi + ua\cos\varphi. \tag{5.28}$$

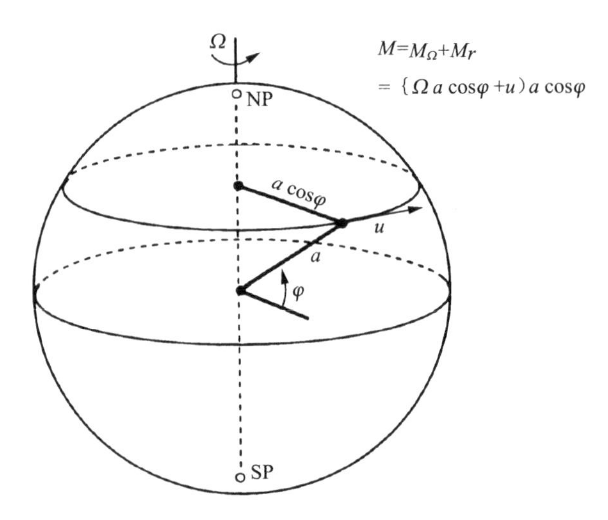

图 5-8 角动量计算示意图

2. 角动量的输送

对某一气层($p_1 - p_2$)通过某一纬度 φ 的角动量输送可表示为

$$M_\varphi = \frac{a^2\cos^2\varphi}{g}\int_{p_1}^{p_2}\int_0^{2\pi}(\Omega av\cos\varphi + uv)\,\mathrm{d}\lambda\,\mathrm{d}p. \tag{5.29}$$

3. 角动量收支方程

角动量收支方程,即空气质点的角动量变化在球坐标中可表示为

$$\frac{\mathrm{d}M}{\mathrm{d}t} = -\frac{\partial\Phi}{\partial\lambda} + a\cos\varphi F_\lambda, \tag{5.30}$$

式中 Φ 是位势高度,F_λ 为摩擦力,其局地变化表达式为

$$\frac{\partial M}{\partial t} = -\frac{1}{a\cos\varphi}\left(\frac{\partial M_u}{\partial\lambda} + \frac{\partial Mv\cos\varphi}{\partial\varphi}\right) - \frac{\partial M\omega}{\partial p} - \frac{\partial\Phi}{\partial\lambda} + a\cos\varphi F_\lambda, \tag{5.31}$$

式中,

$$F_\lambda = -g\frac{\partial\tau_\lambda}{\partial p} = \kappa_z\frac{\partial^2[\overline{u}]}{\partial z^2}. \tag{5.32}$$

κ_z 是动量输送系数.

三、角动量的分解

因为大气环流在时间和空间上的变化性,大气运动可以分为平均和涡动两种情况.根据大气环流的一般分析方法,可以有时间和空间平均、相对于时间和空间平均的时间和空间涡动,同样对大气角动量也可以引入如下分解公式.

相对于时间,变量 x 可以表示成平均和涡动之和:

$$x = \overline{x} + x', \tag{5.33}$$

这里“—”和“′”分别表示时间平均和时间涡动.

同样,对于纬向空间,x 也可以表示成平均和涡动之和:

$$x = [x] + x^*. \tag{5.34}$$

式中“[]”和“ * ” 分别表示纬度平均和纬度涡动.

根据上两式对角动量定义式(5.28)和经向风分量进行时间和纬度空间分解,求出时间和纬度平均的角动量,进而得到在给定纬度 φ 处纬向和时间平均的角动量输送:

$$[\overline{vM_{\varphi}}]=\frac{2\pi a^2\cos\varphi}{g}\int_{p_1}^{p_2}(\Omega a\cos\varphi[\bar{v}]+[\bar{u}][\bar{v}]+[\bar{u}^*\bar{v}^*][\overline{u'v'}])\,\mathrm{d}p. \tag{5.35}$$

同样的方法可以得出对时间和纬圈平均的角动量收支方程:

$$\frac{\partial[\overline{M}]}{\partial t}=-\frac{1}{a\cos\varphi}\left(\frac{\partial[\bar{J}_{\lambda}]}{\partial\lambda}+\frac{\partial}{\partial\varphi}[\bar{J}_{\varphi}]\cos\varphi\right)-\frac{\partial}{\partial p}[\bar{J}_p]-\left[\frac{\partial\Phi}{\partial\lambda}\right]. \tag{5.36}$$

式中各项分别为:

$$\begin{aligned}
[\bar{J}_{\lambda}]&=a^2\cos^2\varphi\Omega[\bar{u}]+a\cos\varphi([\bar{u}][\bar{v}]+[\bar{u}^*\bar{v}^*]+[\overline{u'u'}]),\\
[\bar{J}_{\varphi}]&=a^2\cos^2\varphi\Omega[\bar{v}]+a\cos\varphi([\bar{u}][\bar{v}]+[\bar{u}^*\bar{v}^*]+[\overline{u'v'}]),\\
[\bar{J}_p]&=a^2\cos^2\varphi\Omega[\bar{w}]+a\cos\varphi([\bar{u}][\bar{w}]+[\bar{u}^*\bar{w}^*]+[\overline{u'w'}]+g[\bar{\tau}_{\lambda}]).
\end{aligned} \tag{5.37}$$

对纬向平均的角动量输送还可写成:

$$[\overline{vM_{\varphi}}]=[\bar{v}](\Omega a\cos\varphi+[\bar{u}])a\cos\varphi+\{[\overline{u'v'}]+[\bar{u}^*\bar{v}^*]\}a\cos\varphi. \tag{5.38}$$

式中右边第一项为平均输送,第二项为涡动输送.

四、角动量经向输送的观测事实

图 5-9 是冬季(DJF)和夏季(JJA)的平均经向角动量涡动输送的纬度-高度剖面图,图中正值表示向北输送,负值表示向南输送.可以看出,在中低纬度角动量是从低纬度向高纬度输送,最大输送中心在 10 km 高空,北半球角动量输送强度有明显的季节变化,最大强度中心冬季是夏季的两倍,而南半球角动量输送强度季节变化较小.在极地附近有向低纬度的角动量输送,在南极高纬度(60°S 以南)向低纬度的角动量输送较大,而北极附近角动量输送十分微弱.

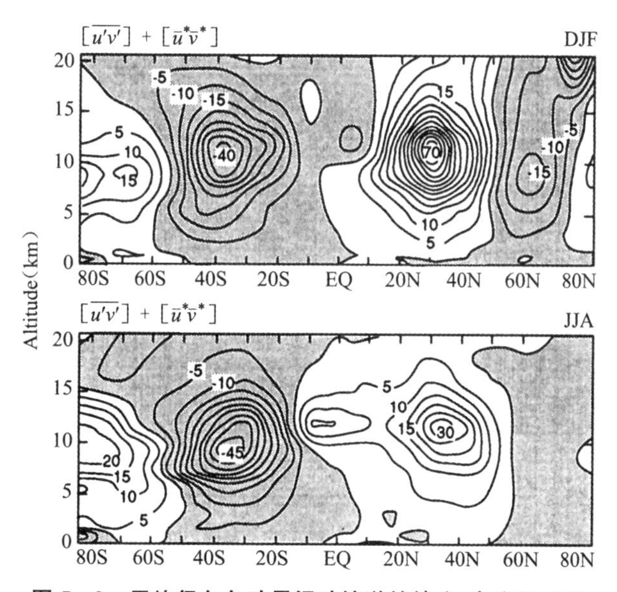

图 5-9　平均径向角动量涡动输送的纬度-高度剖面图

5.4　水分循环

水分循环在气候系统中具有重要作用，一方面它可以通过大气、海洋、陆地、冰雪和植被等圈层完成水的输送分配和相变，决定降水的分布、强度和季节变化；另一方面，水的相变与大气中能量收支和转化有密切关系，同时水汽还是重要的温室气体.因此，在研究气候形成和气候变化中，水分的循环与输送是一个重要的方面.

一、气候系统水分循环的主要过程

如图 5－10 所示，气候系统水分循环主要由四个过程完成，它们是蒸发、降水、径流和大气中的水汽输送.蒸发和降水是地球表面与大气层直接的水分交换，其数值大小除与环流系统有关外，还与下垫面状况有关.在全球尺度上平均而言，海洋的蒸发(118)大于陆地蒸发(48)，同时也大于海洋上所获得的降水(107)，蒸发除降水外剩余的水汽(11)由大气环流输送到陆地补充陆地降水；由于陆地上的降水(75)大于陆地蒸发(48)，因此陆地上多余的降水以径流(27)的形式流入海洋以补充海洋蒸发的损失.海洋与陆地的降水与蒸发虽然不平衡，但通过径流和大气的水汽输送调节，全球陆地和海洋的平均降水与蒸发是平衡的，约为 97 cm.

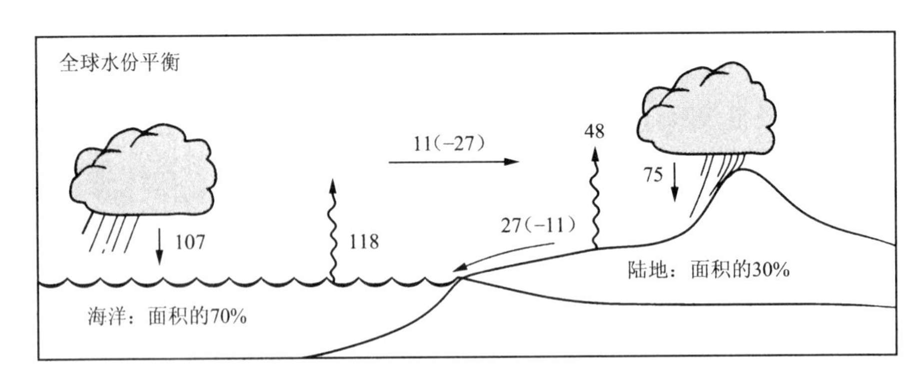

图 5－10　气候系统水分循环示意图(单位：cm)

二、地表水分平衡方程

地球表面的水分收支可以用平衡方程进行定量表示和计算.地表水分平衡方程的一般形式为：

$$g_w = P + D - E - \Delta f. \tag{5.39}$$

式中 P 为降水，D 是水汽凝结，E 是蒸发，Δf 是地表径流，g_w是净水分变化量.

对于长期平均情况，D 和 g_w可以忽略不计，则水分平衡方程简化为：

$$\Delta f = P - E, \tag{5.40}$$

即一个地区在多年平均情况下，降水和蒸发的差决定径流的大小.

三、大气的水分平衡方程

大气中的水分收支方程可以写成如下形式：

$$g_{wa} = -(P + D - E) - C, \tag{5.41}$$

该式表明，大气中的水分变化(g_{wa})是由大气中的水平水汽输送的净变化(散度 C)、蒸发(E)

和降水(P)等决定的.同样,对于多年平均情况上式可简化为:

$$P-E=C,$$

即大气中降水的水分来源除本地蒸发外,另一重要来源是大气水汽输送的辐合.

对于地球和大气系统的水分平衡方程为地表和大气两部分的合成:

$$g_{\mathrm{w}}+g_{\mathrm{wa}}=-\Delta f-C. \tag{5.42}$$

该式的意义是,对给定区域的地表和大气系统,其水分的变化主要取决于系统与区域外的水分交换,交换的形式有两种:径流和水汽输送.

四、全球水分收支概况

全球因海陆分布的差异、大气环流的变化、纬度差异、地表特征的不同和气候类型的差异,其各自的水分平衡特征有很大的差异,这种差异通过洋流和大气环流的水汽输送来调节而达到全球水分总体的收支平衡.表 5－1 列出了全球七大洲、四大洋的地表水分收支情况.表中最后一列是径流与降水的比值,该比值反映了相应区域的干湿状况:比值越大,气候越湿润;反之,气候越干燥.

表 5－1　陆地和海洋的水分收支(mm/年)

区　域	E	P	Δf	$\Delta f/P$
陆地				
欧洲	375	657	282	0.43
亚洲	420	696	276	0.40
非洲	582	696	114	0.16
澳大利亚	534	803	269	0.33
北美洲	403	645	242	0.37
南美洲	946	1564	618	0.39
南极洲	28	169	141	0.83
陆地总和	480	746	266	0.36
海洋				
北冰洋	53	97	44	0.45
大西洋	1133	761	−372	−0.49
印度洋	1294	1043	−251	−0.24
太平洋	1202	1292	90	0.07
海洋总和	1176	1066	−110	−0.10
全球	973	973	0	

五、大气中的水汽输送与收支计算

为了分析降水的水汽来源和大气中的水汽资源,需要根据地面和探空资料计算大气中的水汽含量、水汽输送和水汽收支.水汽含量通常用大气中的可降水量表示,具体各量的计算公式如下:

1. 大气中的可降水量(W)

$$W=\frac{1}{g}\int_{0}^{p_0}q(p)\,\mathrm{d}p, \tag{5.43}$$

式中 q 为比湿，p_0 为地面气压.

2. 大气中的水汽输送

某一气压层上的水汽输送通量为：

$$\vec{Q}(p)=\frac{1}{g}q(p)\vec{V}(p), \tag{5.44}$$

其 u—v 分量形式为：

$$Q_u(p)=\frac{1}{g}q(p)u(p),$$
$$Q_v(p)=\frac{1}{g}q(p)v(p). \tag{5.45}$$

从地面到大气顶积分后可得整层大气的水汽输送：

$$Q_u=\frac{1}{g}\int_0^{p_0}q(p)u(p)\mathrm{d}p,$$
$$Q_v=\frac{1}{g}\int_0^{p_0}q(p)v(p)\mathrm{d}p. \tag{5.46}$$

合成输送量(Q)及输送方向(θ)分别由下式计算：

$$Q=\sqrt{Q_u^2+Q_v^2},$$
$$\theta=\pi+\arctan\left(\frac{Q_u}{Q_v}\right), \tag{5.47}$$

由于大气水汽主要集中在对流层下层，水汽输送一般只要计算到 300 hPa 就可以了.

六、大气中的水汽收支

大气中的水汽收支是考虑给定区域内，输入的大气水汽总量和输出的水汽总量之差，包括大气层内水汽含量的变化、水汽的辐合辐散、降水和蒸发等.对单位面积上的气柱而言，水汽收支方程可写为：

$$\frac{\partial W}{\partial t}+\nabla\cdot\vec{Q}=E-P, \tag{5.48}$$

式中

$$\frac{\partial W}{\partial t}\approx W(t_2)-W(t_1),$$
$$\nabla\cdot\vec{Q}=\frac{\partial Q_u}{\partial x}+\frac{\partial Q_v}{\partial y}. \tag{5.49}$$

分别为水汽含量的变化量和水汽输送通量散度.如果已知风向和风速，风场的 u—v 分量分解可按(5.19)式计算.

七、大气中水汽输送与循环的基本特征

根据大气观测资料和计算可以全面认识气候系统中水汽输送和水分循环的时间空间变化特征，例如蒸发、降水与径流的纬度平均特征，大气对水汽输送的分解特征，水汽输送的垂直分布特征，大气水汽输送的年际和季节变化，水汽输送、水汽辐合与降水的关系等.图 5－11 是地表水分平衡的纬度平均特征，可以看出，降水(P)与径流(Δf)随纬度的变化趋势基本一致，在赤道辐合带附近有最大值，在南北半球的副热带地区有两个极小值，在中纬度锋区又出现两个

次极大值，在极地附近趋向于零值.蒸发量(E)的分布最大值在南半球热带-副热带海洋，赤道地区为一相对低值区，然后随纬度增高向南北半球减小，在极地附近趋向于零值.

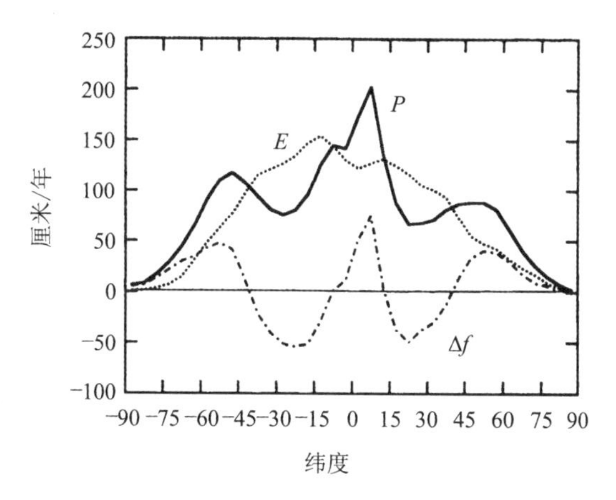

图5　11　纬度平均的地球表面水分平衡各分量

各纬度带水分平衡特征是在一定的水分循环机制下形成的，在全球水分循环中，大气环流系统对水汽的循环和输送起着决定性作用.如前所述，由于大气环流具有时间和空间上的平均运动特征和涡动特征，大气中的水汽输送也具有类似的性质.由于赤道和极地之间热力和海陆分布的差异，低纬度和高纬度之间的大气水汽来源产生了巨大的差异，因此一般的大气水汽输送主要有两种类型，一是从海洋上空向陆地上空输送，一种是从低纬度向高纬度输送，或者是从高水汽含量的区域向低水汽含量的区域输送.但无论哪种输送，都受大气环流的控制.图5－12是纬度平均的大气中水汽输送通量散度，图中分别给出了总的输送散度、由平均经向环流完成的输送散度和大气水汽涡动输送的散度随纬度的变化.可以看出，水汽的总输送散度量主要是由平均经向输送散度构成，涡动输送散度所占比例较小.水汽散度在赤道附近为最大值，是水汽辐合最强的区域；水汽辐合次强区在中高纬度的极锋区域.这两个区域正是地球上降水最多和最集中的地区.南北半球的副热带纬度区域为水汽辐散带，该纬度带在大气环流作用下向赤道和高纬度输送水汽，特别是副热带海洋蒸发量大，是水汽的重要源地.大气水汽散度随纬度分布特征说明，平均经圈环流对水汽辐合起决定性作用，而涡动输送散度则将赤道地

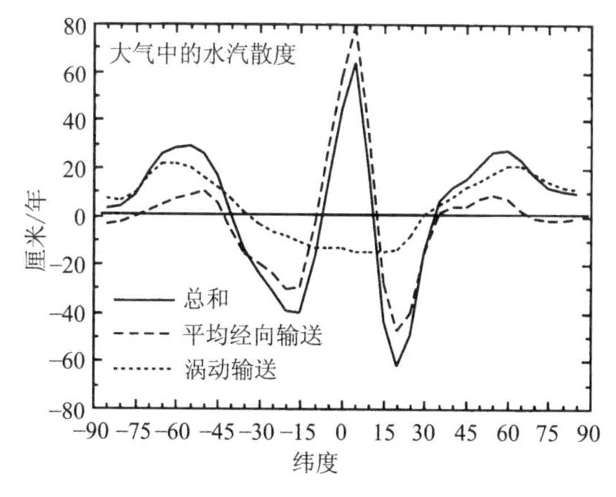

图5－12　大气对水汽输送的分解特征

区的水汽输送到高纬度并在那里形成辐合降水.

图 5-13 是水汽的平均输送通量(a)、瞬时涡动输送通量(b)、平均涡动输送通量(c)和定常涡动输送通量(d)的垂直剖面图,揭示了各水汽输送通量随纬度和高度的变化.该图的两个主要特征是:① 向南和向北的输送方向变化主要在赤道偏北位置;② 水汽输送主要集中在约 700 hPa 高度以下的低层大气,因此 700 hPa 以下的大气环流变化对水汽输送具有重要意义.

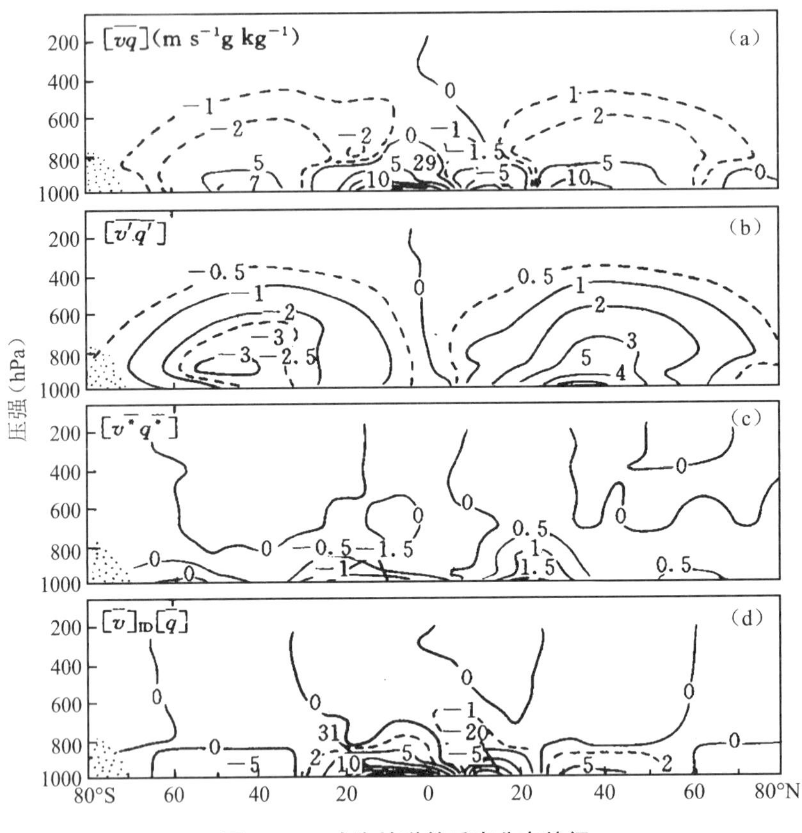

图 5-13 水汽输送的垂直分布特征

5.5 气候系统中的碳循环

大气中二氧化碳(CO_2)含量的多少和分布是由地球气候系统的碳循环过程决定的,碳的循环由自然循环过程和人类活动影响过程控制.特别是自工业革命以来,人类生产活动使 CO_2 排放量迅速增加,导致了大气中 CO_2 含量的增加而使地球温室效应增强.一般认为,由此而引起的温室效应是近几十年来全球变暖的主要原因.因此,碳循环及由此而造成的大气中 CO_2 含量的增加对气候变化具有重要意义.本节简单介绍有关 CO_2 的气候意义及其循环的基本特征和主要机制.

一、CO_2 与辐射

CO_2 的温室效应主要是由其辐射强迫特性决定的.因为 CO_2 对太阳短波辐射的吸收十分微弱,仅在 1.4~2.2 μm 之间有几个弱的吸收带,而 CO_2 对长波辐射的吸收较强,特别是在大气窗附近的强吸收带可以吸收来自地表和低层大气放出的长波辐射，使其不能逃逸到宇宙空间而使地球系统能量损失减小，因此地面附近温度升高，这就是所谓的温室效应.CO_2长波辐射吸收谱带显示：强吸收带主要位于 14.7 μm，4.3 μm，2.7 μm；弱吸收带在 5.0 μm，9.4 μm，10.4 μm 等波段.可以看出，14.7 μm 的强吸收带在大气窗附近，正是这一吸收带对CO_2的温室效应起了重要作用.

二、CO_2与人类活动

大气层中CO_2增加有两种来源：自然系统释放的CO_2和人为排放的CO_2.但CO_2的自然变化幅度很大，且有一定的周期性和不确定性.在人类出现以前，CO_2的循环是一个自然过程，是地球各圈层，大气、海洋、地表、生物圈之间碳的交换和转移过程，同时大气中的CO_2多少还与太阳辐射强弱有关.大气中CO_2含量的增加可能使某些作物生长增强而提高产量，其程度因植物类型和光合作用的机制而异.有的植物对大气CO_2浓度变化较为敏感，而有的较为迟钝.通常 C3 植物比 C4 植物更为敏感.常见的 C3 植物有：小麦、水稻、菜豆和土豆等；C4 植物有高粱、玉米、甘蔗等.

人类出现后，其生活和生产活动排放出的CO_2开始进入大气层，特别是自工业革命以来，大气层中的CO_2含量增加与人类活动的关系越来越密切.图 5-14 给出更长时间尺度上CO_2的变化周期，可以看出，CO_2自然含量的变化有约 10 万年的变化周期.在不考虑人为排放情况下，大气中的CO_2含量在未来 10 万年应该进入一个下降期，但人类活动可能改变这一自然趋势.图 5-15 是过去 2000 年来大气中CO_2含量和其他两种主要温室气体甲烷和氧化氮气体含量的变化曲线，增加十分显著.近 100 年来，包括CO_2在内的温室气体含量迅速增加，CO_2约从不到 300 ppm 增加到 2005 年的约 380 ppm.这一增加幅度与人类化石燃料的使用量和碳的排放量成正比（如图 5-16）.因此可以认为，人类活动是目前大气中CO_2浓度迅速增加的主要原因.

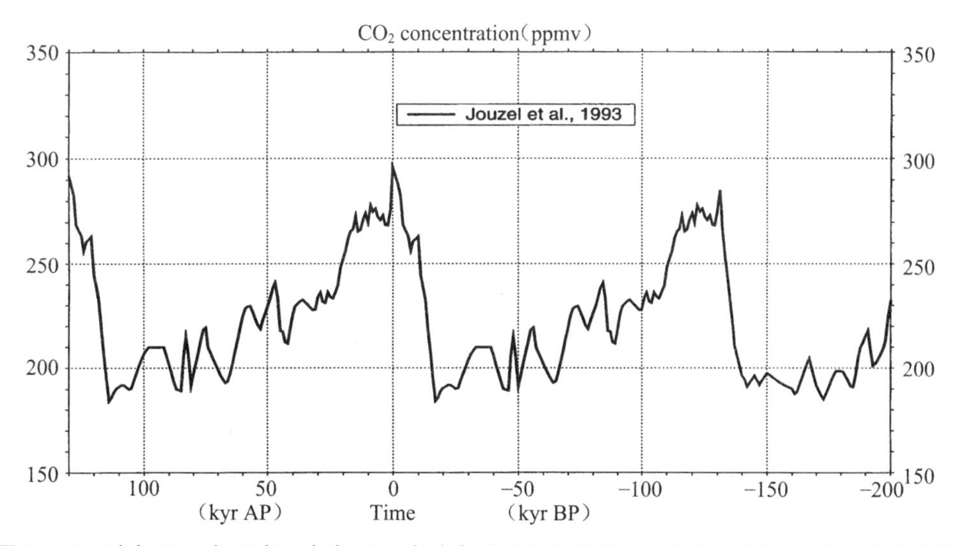

图 5-14　过去 20 万年以来及未来 10 万年大气中CO_2自然含量的变化和趋势(未考虑人为排放)

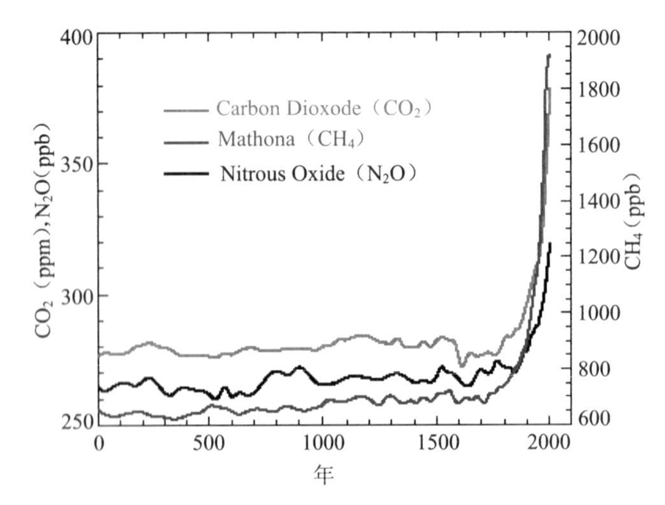

图 5－15　过去 2000 年来主要温室气体含量的变化趋势（IPCC AR4）

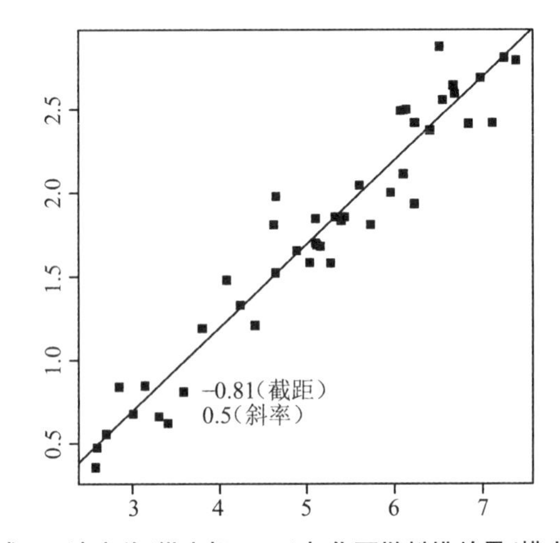

图 5－16　南北半球 CO_2 浓度差（纵坐标，ppm）与化石燃料排放量（横坐标，GtC/年）的关系

三、CO_2 循环机制分析

CO_2 循环主要发生在大气、海洋和地表植被层之间，特别是海洋对 CO_2 的吸收和释放对于大气中 CO_2 的浓度变化具有重要调节作用.海洋和大气之间 CO_2 的交换主要是通过两个过程来实现的，一个是生物过程，即生物泵：即海洋中浮游动物和生物及细菌对碳的吸附的有机碳化过程.如图 5－17 所示，海洋中碳的生物循环是一个相当复杂的过程，并有不同的时间尺度，它通过海洋中的各种生物和植物来完成碳的转换和循环，沉积在深海的碳最终通过物理过程，被带到海洋表面与大气进行交换.另一个是物理过程，即物理泵：通过海洋中海流的垂直运动与深海的碳进行循环，并在海洋表面与大气完成交换.水平方向的碳的循环输送则通过温盐环流水平输送带来完成.如图 5－18 所示，赤道东太平洋、赤道大西洋和西北印度洋是大气 CO_2 的源区，海洋中的 CO_2 向大气输送；北太平洋大部分区域、北大西洋、南半球中高纬度海洋大部分区域为大气 CO_2 的汇区，即海洋吸收来自大气的 CO_2.在 El Niño 事件期间，赤道东太平洋海水表面温度升高，涌升流减弱或停止，海洋向大气的 CO_2 输送通量也减小或停止.因此，海

洋对碳的吸收和释放也间接与海洋表面的温度有关，例如 El Niño 和 Li Niña 情况下，因为海水表面温度的变化和垂直洋流的变化，大气与海洋的 CO_2 循环方向就发生相反的变化.

在陆地上，大气中碳与陆地表面圈层的交换更为复杂，与地表状况特征、植被类型、岩石和土壤类型、植被覆盖率、农业种植活动和土地利用、水体及城市化都有密切关系. 图 5－19 是全球各圈层之间 CO_2 循环通量和贮存量示意图，图中红色数字表示现代人类活动引起的 CO_2 通量和变化量.

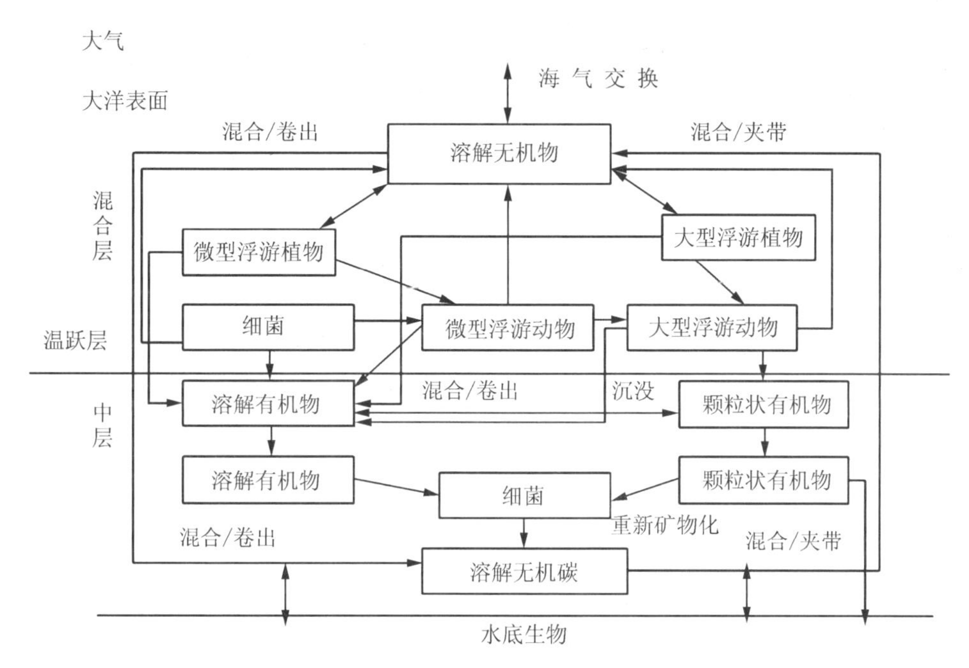

图 5－17　海洋中 CO_2 循环的生物过程

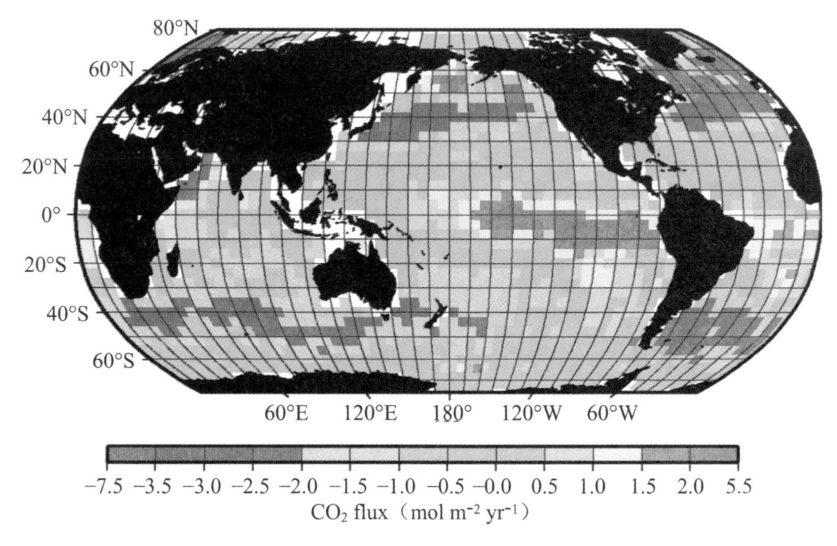

图 5－18　不同海域海洋向大气释放 CO_2 的通量分布（单位：mol/m² 年）

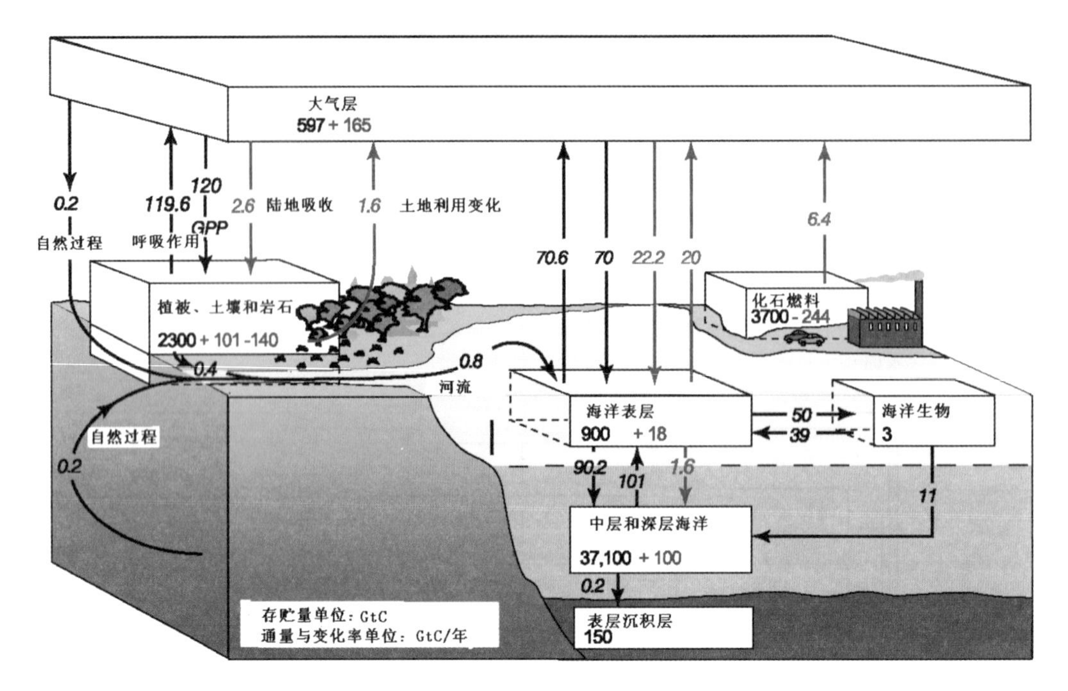

图 5－19　1990 年代的全球碳循环示意图(IPCC AR4)

(工业革命前的自然通量为黑色数字，现代人类活动贡献为红色数字)

第六章

气候变化

地球形成以来的50亿年里，气候始终处于运动和变化之中，无论在远古的地质时代，还是后来的历史时期和现代，冷暖交替，干湿变易，从来没有停止过.本章对地球气候和气候变化的基本特点、成因及其研究方法做简单介绍.

6.1 气候变化的基本特点

一、气候态的基本稳定性

根据气候观测记录、历史文献记载和地质考古资料分析，从地球诞生、气候形成以来的整个地质时期、历史时期直至现代，气候一直不断地发生变迁.尽管由于获取资料的困难和研究方法的不同，人们对气候研究的结果还存在相当的不确定性，有些结果甚至是彼此矛盾的，但对全球平均温度的变化却取得了较为一致的看法.

图 6-1 是几十亿年来地球温度和降水的概略变化曲线图.从图上可以看出，在近 10 亿年中发生了三次大冰期，即前寒武纪大冰期(约 6 亿年前)、石炭-二叠纪大冰期(约 2.5 亿～3 亿年前)和第四纪大冰期(约 2 百万年前到现在).另外，在奥陶-志留纪(约 4.5 亿～4.8 亿年前)也存在过一次较弱的冰期.在元生代和元生代以前，地球还有过大冰期的反复来临，但时代不明确，证据有时也不太清楚.与有观测记录的现代气候比较，最近 200 万年中有 90%的时期比现在冷，而在地球整个气候演变史中，有 90%的时期比现在暖.与地球冷暖不断变化一样，降水也不断发生变化，干湿气候交替出现.

地球气候虽然是不断变化的，但又是基本稳定的.地球每经历一次寒冷的冰期以后就要出现一次温暖的间冰期，经历过一段干燥少雨的时期以后就要出现一段湿润多雨的时期.在目前所了解的整个地球气候演变史中，温度变幅没有超过 20℃.这种不断变化又相对稳定的特点是地球气候变化的最基本的特点，这就是地球气候系统的稳定性.

地球气候及其变化特点的形成首先是由太阳辐射的强度和地球表面的特征所决定，其次地球的质量、半径和自转速度决定了地球表面的重力加速度和大气层的准水平、准地转的特征，进而形成了地球大气特有的运动特征和相对稳定又有变化的大气环流背景.

二、气候变化时间和空间的多尺度性

气候变化的时间尺度从上亿年、数千万年、数百万年的冰期间冰期循环，到几百年、几十年，甚至几年和季节的短期气候振动.气候变化所涉及的空间范围，既有全球、区域的，又有更小的局地性的.因此，气候变化具有多时间尺度和多空间尺度.表 6-1 给出了北半球陆地上不同时间尺度平均温度的变幅.可以看出时间尺度不同，温度的变幅是不一样的.较短时间尺度

的日、天气周期、年的温度变幅可以达到 10℃～20℃，同时大冰期的 10^5 年和 3×10^8 年的时间尺度上的温度变幅也可达到 10℃～20℃，但它们的原因却是不同的.其他各时间尺度的温度变幅都在 5℃以下.这种不同时间尺度温度变化幅度受外强迫因子和内强迫因子控制，如日和年的变化受与地球自转和公转有关的太阳辐射控制，10^5 年的气候变化与地球轨道参数的周期变化有关，而 10^8 年的气候变化可能与太阳系在银河系中运动的周期(银河周期)相联系.图 6-2 是自 3 亿年以来不同时间尺度上的全球温度变化曲线示意.

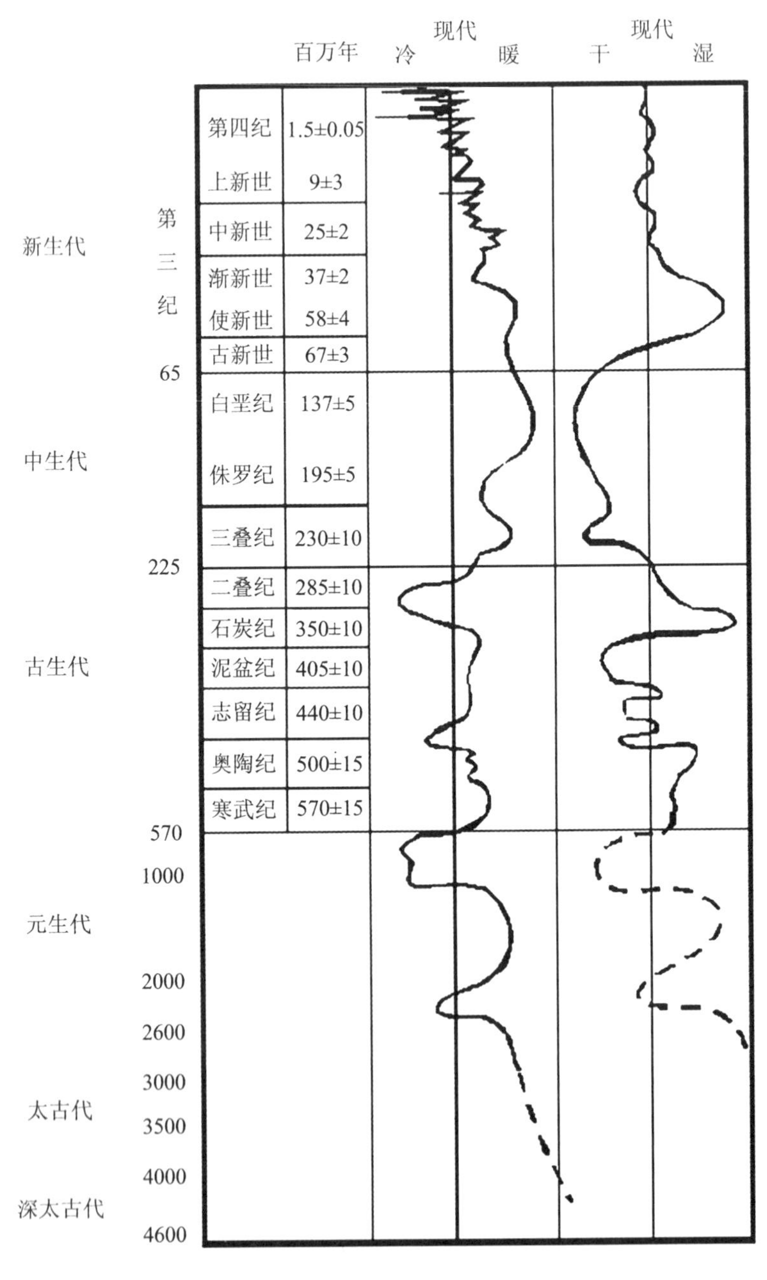

图 6-1　地球温度和降水概略史

表 6-1　北半球陆地上不同时间尺度平均温度变幅(℃)

时间尺度	日	天气周期	节气周期	月	季	年	年际	10^1 年
变幅	≈10	5～10	≈	3～5	2～3	10～15	≈0.5	0.1～0.3
时间尺度	10^2年	10^3年	10^4年	10^5年	10^6年	10^7年	3×10^8年	
变幅	≈0.5	1～2	3～5	≈10	1～3	3～5	15～20	

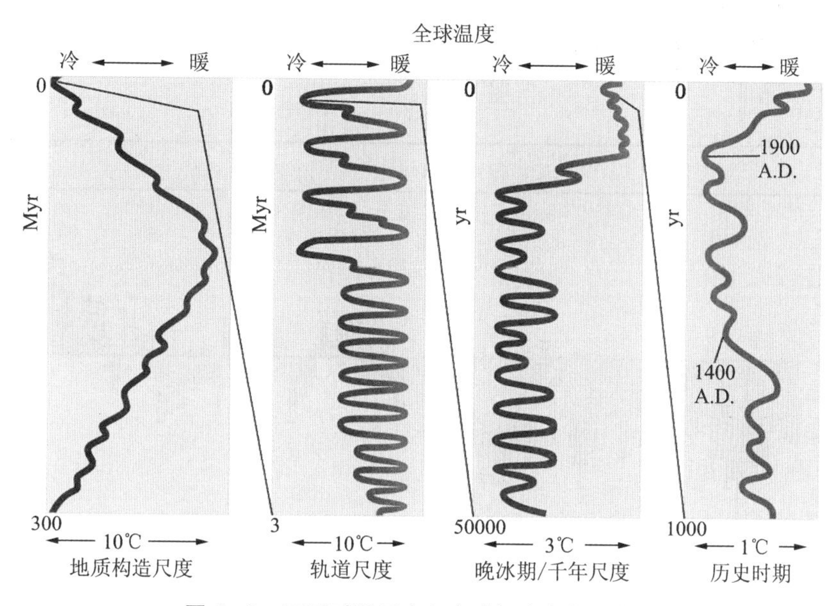

图 6-2　不同时间尺度上全球温度变化示意图

从图 6-3 可以看出，近 100 多年来南、北半球和全球的平均气温都有明显的波动，大约在 19 世纪 70～80 年代，全球温度下降到近 100 多年中的最低点，此后逐渐回升，20 世纪 40 年代达到高峰，50 年代之后又波浪式地下降，到 80 年代后期又迅速上升，到 20 世纪末达到一个新的高值，南、北半球和全球的变化趋势基本一致.

三、气候变化的周期性与非周期性

受地球轨道参数控制和地球自转的周期控制，地球气候变化具有明显的周期性.根据地质资料，气候的米兰柯维奇周期和银河周期也是很明显的.从图 6-2 也可以看到，气候在经历了一个相对寒冷期后总要出现一个相对温暖期，在经历了一个大冰期之后一定会出现一个大间冰期，虽然这些周期不是很严格，但总体是呈波动型周期性振荡变化的.由于影响气候的非周期性因子的存在，如大陆漂移、火山活动、其他星球的引力变化等，又可以引起气候变化的非周期性.气候变化的非周期性与随机性是相互联系的.由于随机性的影响，实际气候变化的周期性变得不严格甚至很紊乱.

四、气候变化的持续性与突变性

在气候演变的过程中，往往会出现一段时间连续温暖或者一段时间连续寒冷，降水也往往会出现一段时间多雨洪涝，一段时间少雨干旱，这就是气候的持续性.例如冰期与间冰期都持续一个相当长的时间，使得地球气候处于相对的较为稳定的时期.如 20 世纪 70 年代以来非洲

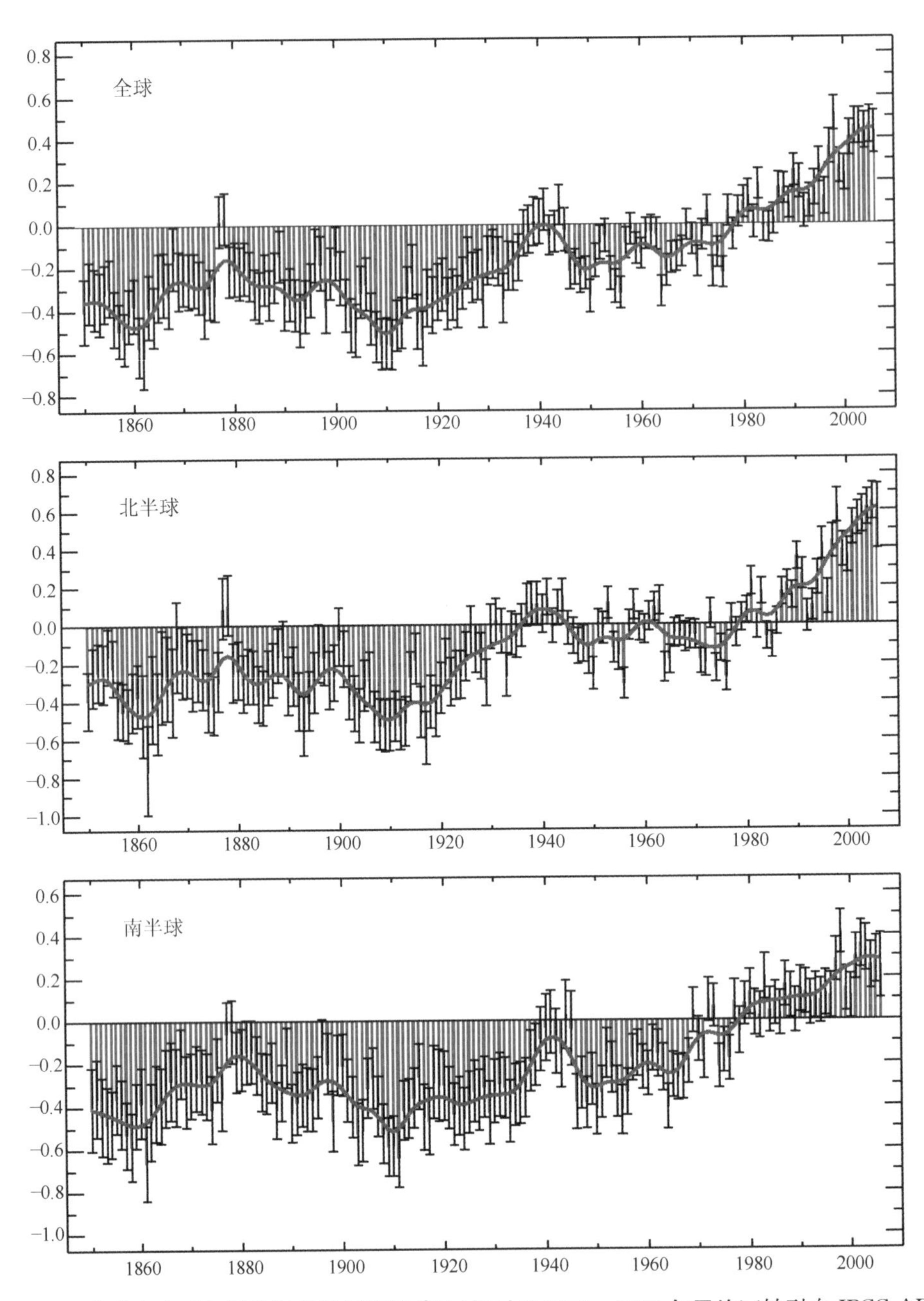

图 6-3　全球和半球年平均温度距平变化(℃)(相对于 1961～1990 年平均)(转引自 IPCC AR4)

的持续干旱就是气候持续性的表现.

然而,气候往往会从一种稳定持续状态突然在短期内跳跃到另一种状态,这种快速的气候变化称为气候突变.气候突变是由影响气候的各种因子复杂的相互作用引起的,不同时间尺度的气候变化,其突变的时间尺度和幅度也是不一样的.例如新仙女木事件就是气候从末次盛冰期向全新世暖期变化过程中的一次突然变冷事件,类似的突然变冷事件在全新世还发生过多次,例如最典型的有 8.2 ka BP 突然变冷事件,但它的持续时间和变化幅度都比新仙女木事件要小得多.图 6-4 是格陵兰冰芯恢复的温度变化曲线,可以看出,在过去 1.5 万年的温度变化中经历过几个温度迅速降低和迅速升高的时期和阶段,同时也可发现有相对稳定、变化幅度较小的气候持续性时期.特别是在 11.6～12.8 ka BP 的新仙女木气候事件(Younger Drays, YD)是在从末次冰期向中全新世暖期逐渐增温过程中的突然急剧降温事件,在约 100 年的时间内温度突然下降 10℃以上,在持续了约 1000 年的寒冷气候之后又在不到 100 年的时间内迅速升温约 15℃,由此可见气候变化之剧烈.同样,由我国大九湖地区孢粉资料重建的过去1.5 万年以来的温度变化曲线(如图 6－5)也显示出新仙女木事件及其他主要气候变化事件.这说明,这些气候事件是具有全球性的普遍现象,反映了气候变化的自然过程.

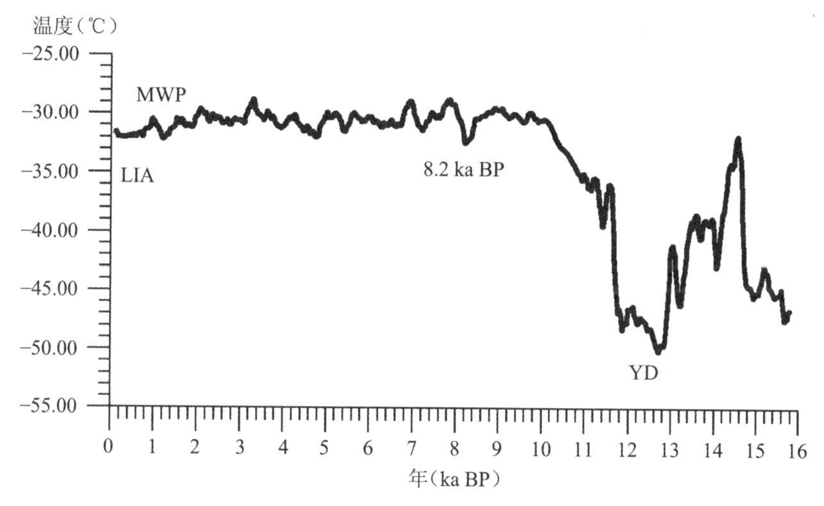

图 6－4　由冰芯恢复的格陵兰温度变化曲线

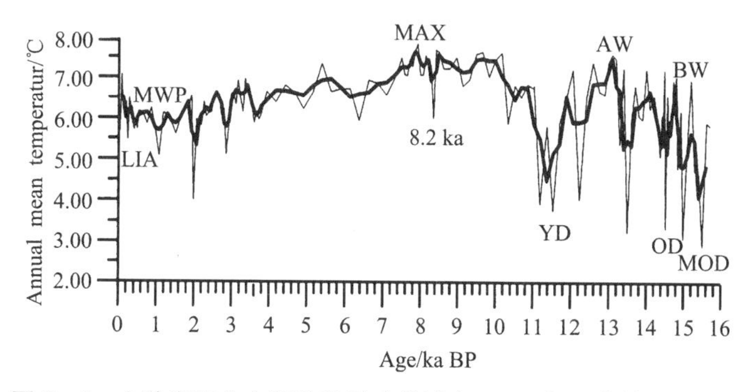

图 6－5　由神农架大九湖孢粉重建的过去 1.5 万年以来的温度变化

五、气候变化的区域同步性与不同步性

由于外源强迫因子作用的影响,全球或半球气候的变化在空间上具有相似性和一定程度上的同步性.与此同时,内强迫因子和某些随机因素及地球本身的特性,如海陆分布、大地形、纬度差异等导致地球气候变化不具有全球同步性,而表现出明显的区域特征,在全球出现区域性变化上的不同步现象.往往气候变化时间尺度越短,这种区域不同步特征越显著;而气候变化时间尺度越长,全球的同步性特征就越突出.例如千年尺度上的气候变化区域的不同步性就十分明显.利用气候变化区域的不同步性,人们可以根据一些地区已经发生的气候变化来获得和预测其他地区将来气候变化的重要信息和可能趋势.

6.2 气候变化的主要物理过程

气候系统内部各种要素之间通过各种物理过程发生相互作用，影响气候形成和气候变化.概括起来，这些过程主要有：辐射过程、云过程、陆面过程、海洋过程、冰雪圈过程、二氧化碳过程、臭氧和其他微量气体过程以及气溶胶过程.火山活动和地球运行轨道参数变化对气候也有明显的影响，它们在气候变化中往往作为强迫因子.太阳活动对气候的影响将在有关章节专门介绍.

一、辐射过程

太阳辐射能是地球上一切热量的主要来源.它既是大气、陆地和海洋增温的主要能源，又是大气中一切物理过程和物理现象形成的基本动力.太阳辐射能的分布、传输、反射、吸收、散射和能量的转换是气候形成的基本因素，因此，辐射过程是影响气候的最重要的物理过程之一.

地球及其大气接收的总太阳辐射量决定了地球-大气系统的有效辐射温度.总入射太阳辐射的变化会使辐射温度产生相应的变化(如果达到辐射平衡).大气上界入射太阳辐射的分布随纬度和季节变化，这种变化由天文和地理因子决定.

影响辐射过程的首先是射入太阳辐射强度和谱分布的变化.Sellers(1969)用能量平衡模式模拟得出，如果太阳常数减少2%，将会触发一次新冰河期.近年来通过卫星观测资料分析发现，太阳辐射常数的变化约为0.2%～0.5%，至于几十年、几百年的变化是否可能有1%，现在还不能肯定，需要更长时期的观测和研究.与太阳活动相联系的辐射变化主要是紫外线通量.紫外线通量变化会引起臭氧浓度的变化，从而引起平流层和中间层温度的变化.但从能量的观点看，太阳活动对太阳辐射的影响是很小的，现在还没有一个系统的理论来圆满地解释太阳活动与气候变化之间的物理联系.

入射的太阳辐射通过大气时一部分被吸收、反射和散射，一部分到达地球表面.表6-2为晴空时到达地球表面的太阳辐射能量月平均值.可以看到，到达地球表面的太阳辐射能量随纬度和季节而变化.

到达地球表面的太阳辐射除一部分被吸收外，又有一部分被反射.地球表面获得太阳辐射，也从大气获得热辐射，同时又以自身的温度发射长波辐射，还通过感热和潜热与大气进行热交换.大气吸收太阳辐射，从地球表面获得热辐射，通过海-气、地-气热交换获得热量，同时也以自身的温度向外发射长波辐射.

如果把到达大气上界的太阳辐射能作为100%，那么被反射回太空的30%太阳短波辐射和70%的射出长波辐射正好与之平衡.其中云反射了20%，大气反射了6%，下垫面反射了4%，三者合起来占30%.余下的70%太阳辐射被大气(臭氧和水汽等)吸收16%，其次是云直接吸收太阳短波辐射4%和地球表面吸收50%(如图2-10).

这些结果是人们根据对辐射过程已有的认识和资料估计的，随着新的资料不断获得，或者计算方法的改进以及人们对辐射过程的进一步认识，这些结果可能会有改变.当然，如果大气成分发生改变时(如CO_2浓度增加和火山爆发引起的火山灰增加)，大气的吸收、反射和散射性质也要改变，上述各种过程的相互关系和相对重要性也将随之改变.

表 6-2　地球表面各纬度平均可能太阳辐射月总量(kcal* · cm^{-2} · 月$^{-1}$)

纬度＼月份	1	2	3	4	5	6	7	8	9	10	11	12
60 °N	1.7	1.1	9.3	14.9	20.6	22.1	21.3	17.1	11.1	6.1	2.4	1.2
50°	4.4	6.9	12.4	17.0	21.4	22.3	22.1	18.7	13.6	9.3	5.3	3.5
40°	7.7	9.8	14.9	18.5	22.0	22.3	22.3	19.9	15.7	12.4	8.4	6.9
30°	10.9	12.1	17.1	19.5	21.9	21.6	22.0	20.5	17.3	14.9	11.5	10.1
20°	14.0	14.7	18.7	19.9	21.3	20.7	21.3	20.6	18.6	17.0	14.2	13.3
10°N	16.8	16.8	19.9	19.7	20.2	19.2	19.9	20.2	19.3	18.8	16.6	16.3
0°	19.4	18.2	20.4	19.1	18.5	17.2	18.0	19.1	19.3	20.0	18.8	18.9
10°S	21.2	19.1	20.4	18.0	16.5	14.9	15.8	17.6	18.9	20.8	20.4	21.1
20°	22.4	19.7	19.7	16.3	14.0	12.1	13.1	15.7	17.7	20.8	21.5	22.8
30°	23.4	19.6	18.4	14.2	11.2	9.1	10.2	13.2	16.1	20.4	21.9	23.8
40°	23.8	18.9	16.6	11.7	8.2	6.3	7.2	10.3	14.0	19.2	22.0	24.5
50°	23.8	18.0	14.5	8.7	5.2	3.4	4.1	7.2	11.5	17.6	21.6	24.6
60°S	23.4	16.5	11.6	5.9	2.3	0.9	1.5	4.1	8.6	15.4	20.4	24.6

* 1 cal = 4.1868 J,下同.

二、云过程

云可以影响地-气系统和海-气系统的能量和水分分布,是气候影响因子中最为复杂的一个.云与其相联系的物理过程可以通过下列方式影响气候:

(1) 通过凝结热与蒸发热以及感热和潜热的重新分布及动量的重新分布,使大气中的动力过程和水文过程相耦合;

(2) 通过反射、吸收和发射辐射,使大气的辐射过程和动力学-水文过程相耦合;

(3) 通过降水,使大气中和地面上的水文过程相耦合;

(4) 通过改变地表的辐射和湍流输送,影响大气和地面之间的耦合.

观测表明,在大气层中,尤其在热带和副热带有大量的云系存在.由于不同的云系在上述耦合过程中起着不同的作用,云系的时空变化对气候及其变化的影响可以有很大的差异.

云对气候最直接的影响是对太阳辐射和地表热辐射的吸收、反射和散射作用.在平均地球反射率中,云所起的作用约占 2/3,高云的反射作用小于它的温室效应,高云增加,会增加地面温度;低云的反射作用大于它的温室效应,低云增加,会减少地面温度.全球云的总效果是降低地面温度.根据卫星资料研究云对全球辐射平衡的影响发现,在大气顶云量对射入太阳短波辐射的影响超过了对地球射出长波辐射的影响,而且云对海洋上净辐射的影响比陆地上大,对低纬地区的影响比高纬地区大,总的影响都是减少地-气系统获得的太阳辐射.表 6-3 是从卫星观测资料得出的云的辐射强迫效应的平均情况对比.可以看出,虽然云的存在使地球系统放出长波辐射(OLR)减少了 31 W/m^2,但吸收的太阳辐射减少了 48 W/m^2,总的净辐射减少了 17 W/m^2,其主要原因是云使地球系统的平均反照率增加了 15%.

表 6-3　由卫星资料估计的云对辐射的影响(W/m²)

	平均情况	无云情况	云的作用
射出长波辐射(OLR)	234	266	+31
吸收太阳辐射	239	288	−48
净辐射	+5	+22	−17
反照率	30%	15%	+15%

研究表明高云、中云和低云对地面平衡温度的影响是有区别的.从图 6-6 可以看到,高云增加会使地面温度升高,中云和低云增加会使地面温度降低,且低云引起的降温比中云大.这是由于低云和中云含有较多的水汽,因而对太阳辐射有较大的反射率且自身的热辐射能力也很强.

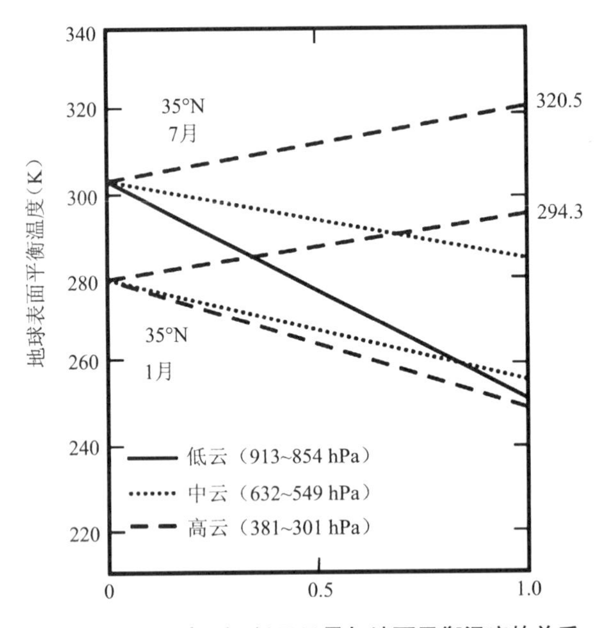

图 6-6　不同高、中、低云云量与地面平衡温度的关系

三、陆面过程

陆地和大气之间动量、能量和物质输送这三个基本物理过程在很大程度上由地表性质所决定.人们常把陆地表面分成具有永久性或半永久性特征和可变特征两类.对气候模拟主要考虑的时间尺度来说,地形可以看作永久性特征,土壤特征、植被类型、自由水表面和永冻区范围的大小一般都属于可变特征,但对于短期气候来说可考虑为固定特征.冰雪覆盖以及土壤湿度一般都作为可变特征.对于季节性的时间尺度来说,植物循环和季节性冰雪覆盖都是重要的.

陆地表面常常是大气的一个相对动量的汇.汇的强度常用地面曳力 τ_0 表示.它是环境风速、空气动力学的表面粗糙度以及地表加热率的函数,是确定大气近地面层能量的涡动扩散度的基本因子.如果摩擦速度$\sqrt{\tau_0/\rho}$(式中 ρ 为大气密度)超过某个临界值,则能引起风蚀和尘暴,增加大气中的气溶胶含量,从而影响地表特征和大气的辐射传输性质.

陆面对能量转换的影响主要是大气边界层中的机械能耗散.这里起支配作用的因子也是

地面曳力.一般来说,陆地上的能量消耗比海洋上要显著.最明显的例子是热带气旋登陆后,风速减小,迅速减弱为低气压.地面特性不同影响着地表反射率,从而影响吸收太阳辐射的多少.不同的土地类型、植被、土壤特征、土壤湿度及冰雪覆盖等都会影响地表反射率.地面特性不同也影响着地面热辐射,但它与海洋不同,就几天的时间尺度来说,陆地上的热量贮存与释放效应一般是不重要的.

陆地和大气之间的物质输送主要是水汽、二氧化碳以及尘埃等.陆地表层的水是由大气降水供给的,其中一部分通过土壤和植物蒸发又回到大气中,另一部分形成径流,流入大海.植物进行光合作用时吸收大气中的二氧化碳,释放出氧气.土壤与大气也有二氧化碳交换,但目前关于陆-气间二氧化碳交换的研究还很少.陆地特别是干旱和沙漠地区是大气尘埃的主要来源,干旱和沙漠范围的扩大都会增加大气中尘埃微粒的含量.

由人类活动造成的地表特性改变会影响陆面过程,对于小气候、区域气候以及全球气候而言,最重要的地面特性变化是森林的砍伐和草原的沙漠化.由于毁林改耕和草原的过度放牧,地表能量和水分循环发生了变化,特别是热带森林滥伐以多种方式对气候变化产生复杂的影响.表 6－4 给出不同地面的热量平衡.由表 6－4 可以看出,从热带雨林到裸露土壤,太阳净辐射和潜热能量依次降低,反射率和感热能量则依次增加.

表 6－4　不同地面的热量平衡(Baumgartner,1979)

地表类型	净辐射 ($cal \cdot m^{-2} \cdot min^{-1}$)	感热 ($cal \cdot m^{-2} \cdot min^{-1}$)	潜热 ($cal \cdot m^{-2} \cdot min^{-1}$)	反射率 (%)
热带雨林	1571.2	358.7	1219.5	10
针叶林	1147.8	358.7	789.1	10
落叶林	932.6	286.9	645.6	15
湿润疏松地	1004.3	358.7	789.1	20
草原	932.6	286.9	645.6	20
稀树平原	932.6	358.7	573.9	25
作物地	860.8	358.7	502.1	25
裸沙地	645.6	358.7	286.9	30
城区	645.6	430.4	215.2	30
半沙漠	645.6	502.1	143.5	30
干沙漠	1004.3	932.6	71.7	35

由于土地利用引起的地面特性改变可能导致 10%的反射率变化,例如 Charney(1975)研究指出,地面植被破坏,反射率增加,引起空气下沉,是撒哈拉沙漠形成和扩展的重要原因.利用大气环流模式模拟,得出热带毁林、反射率变化导致全球温度的变化很小,地表平均降温 0.2℃,降水减少 1%,但对毁林区本身的影响很大,昼夜温差增大,年降水量减少 200 mm.

四、海洋过程

海洋占全球面积的 2/3,与大气进行能量、动量和物质的交换,在多种时间尺度的气候变化中起着重要的作用.目前公认的至少有下列四种过程使海洋对全球气候及其变化产生强烈的影响：

(1) 海洋具有巨大的热容量和热惯性，对气候及其变化起着调节和控制作用；

(2) 海洋是制约大气环流和气候水分循环中水汽的主要来源；

(3) 海洋水平输送热量，影响气候的空间分布及其变率；

(4) 海洋不同深度的特性和物理化学过程对不同时间尺度的全球气候有控制作用.

海洋接受了 80%的太阳辐射和 2/3 的大气向下热辐射，然后以感热、潜热和长波辐射形式进入大气而影响大气环流和气候.

到达洋面的太阳辐射，一部分被反射，一部分被上层几米深的海水所吸收.海洋吸收太阳辐射的多少与洋面反射率有关.表 6－5 表示北半球不同纬度洋面反射率随季节的变化.可以看出，北半球夏季月份洋面反射率较小(小于 0.10)，冬季月份中、高纬度洋面具有较大的反射率(小于 0.23，大于 0.10).

表 6－5　洋面对太阳辐射的反射率

纬度°N \ 月份	1	2	3	4	5	6	7	8	9	10	11	12
70	—	0.23	0.16	0.11	0.09	0.09	0.09	0.10	0.13	0.15	—	—
60	0.20	0.16	0.11	0.08	0.08	0.07	0.08	0.09	0.10	0.14	0.19	0.21
50	0.16	0.12	0.09	0.07	0.07	0.06	0.07	0.07	0.08	0.11	0.14	0.16
40	0.11	0.09	0.08	0.07	0.06	0.06	0.06	0.06	0.07	0.08	0.11	0.12
30	0.09	0.08	0.07	0.06	0.06	0.06	0.06	0.06	0.06	0.07	0.08	0.09
20	0.07	0.07	0.06	0.06	0.06	0.06	0.06	0.06	0.06	0.06	0.07	0.07
10	0.06	0.06	0.06	0.06	0.06	0.06	0.06	0.06	0.06	0.06	0.06	0.07
0	0.06	0.06	0.06	0.06	0.06	0.06	0.06	0.06	0.06	0.06	0.06	0.06

海洋通过洋面释放热量，与大气进行热交换，洋面下海水的能量以分子传导、海水涌升(或沉降)、海水对流及湍流交换四种过程输送到表面，释放到大气中.除了上层很薄的洋面外，分子传导热量是很缓慢的，海洋中热量的垂直输送主要通过海水涌升和沉降，其次由于表层蒸发使海的密度增加，引起上下对流.

Stommel(1980)计算了世界海洋中热量的水平输送，图 6－7 是计算结果，虽然计算较为粗糙，但仍可以看到，海洋中的热量是从低纬向高纬输送的，因而增加了高纬的海面温度和气温，减少了经向温度梯度.海洋和大气之间的动量交换主要是通过洋面风进行的.风吹洋面，使海水流动形成洋流，因摩擦力带动，使下层海水产生流动，洋面风速也减小.

海洋和大气之间的物质交换主要是水分、多种盐类和气体.水分交换的形式是蒸发和降水.海水蒸发后通过大气环流可以被输送到很远的地方凝结降落，释放出热量.盐类的交换则通过高速风切削海面波浪等方式进行，形成洋面低层大气海盐气液胶.海水可以溶解一定量的气体，并与大气中的各种气体保持平衡的趋势，其中海洋对 CO_2 的吸收与气候变化有更密切的关系.估计人类每年向大气排放的 CO_2 中大约 30%～50%通过海-气交界面进入海洋，并通过各种作用转化为碳的化合物，从上层海水转入海洋深层以至底层.

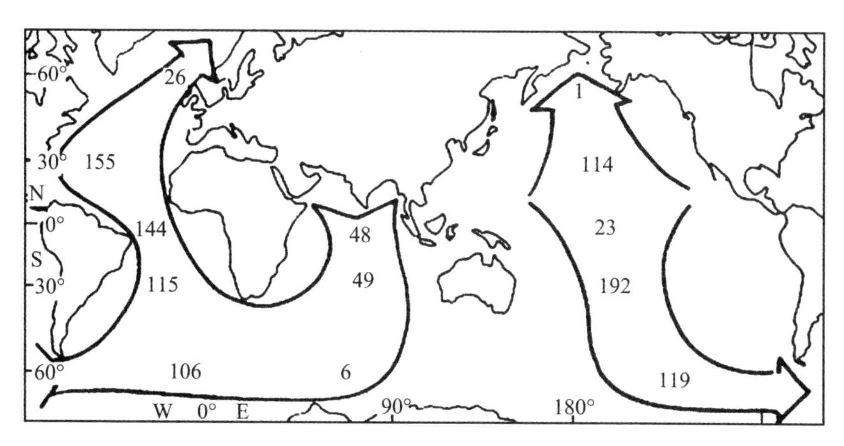

图 6－7 全球海洋的热量输送(10^3 W)

CO_2在海洋中垂直分布的变化很大，一般表层海水每升含 CO_2 为 0.088 g，而在中层和深层的海水平均含量则为每升 1.7×10^{-3} g.占整个海洋体积 10%的上层海水，其贮存的 CO_2 占整个海洋中 CO_2含量的 85%.估计大气贮存CO_2的能力约为 7×10^{11} t 碳，海洋约为 390×10^{11} t 的溶解碳(不包括颗粒的有机碳和无机碳).说明海洋贮碳的能力单溶解一项大约就为大气贮存 CO_2量的 56 倍.CO_2在大气中的滞留时间约 50～200 年，在海洋中的滞留时间为 300～400 年.因此海洋对大气中 CO_2含量的增加起着缓冲和调节作用，海洋本身 CO_2含量的增加也在更长的时间尺度上对气候产生影响.

五、冰雪圈过程

就一个季节到长达百万年的时间尺度的气候来说，地球表面性质的最显著和范围最广的变化是冰雪圈范围的变化.冰雪覆盖与气候有关，同时又是气候的影响因子.冰与雪能有效地反射太阳辐射，影响地面热量平衡.

一般认为冰雪圈包括大陆冰原、海冰、高山冰川和季节性雪被.它们对陆地和海洋的热量平衡过程和边界层过程有极大的影响.表 6－6 给出全球陆冰和海冰的估计量.

表 6－6 全球陆冰和海冰的估计量

冰雪类型		冰雪覆盖面积(km^2)		冰雪体积(km^3)
陆冰	南极冰原		14×10^6	28×10^6
	格陵兰冰原		1.8×10^6	2.7×10^6
	高山冰川		0.35×10^6	0.24×10^6
	永久冻土		8×10^6	
	季节性积雪	欧亚地区	30×10^6	2×10^3～3×10^3
		美洲地区	17×10^6	
海冰	南半球海洋	(极大)	2.5×10^6	5×10^3
		(极大)	15×10^6	5×10^4
	北极地区	(极小)	8×10^6	5×10^4

(1) 冰原:从表 6－6 中可以看到,南极大陆和格陵兰冰原几乎占了全球冰体积的 97.5%,它们几乎贮存了地球上 4/5 的淡水.根据地貌学的证据,在过去 10^5 年中这些冰原的变化是比较小的,在近 200 年中几乎保持平衡.

冰原对气候的影响除了对太阳辐射有很高的反射作用外,就是它有很大的热惯性.巨大冰原特别是南极大陆的深厚冰原及其上空厚度约 1 km 的大气层对地球气候变化起着极其重要的调节与稳定的作用.

(2) 海冰:海冰的覆盖面积平均起来大约是冰原的 1.5 倍,其体积不到 0.2%.从表 6－6 中可以看到,海冰范围有巨大的季节变化,因而可以影响时间尺度从几个月到几年的气候变化.海冰的形成与海洋热量平衡和垂直密度的结构有关.海冰一旦形成,空气、雪、冰和水四种介质相互作用,表面性质和热量平衡发生极大的变化,海冰的含盐量比海水要少 10%～70%,成冰时析出的盐使海洋上层变得不稳定,而冰的覆盖抑制了动力混合和海面与大气之间的辐射和潜热交换.

(3) 高山冰川:虽然在某些地方高山冰川具有气象上、水文上和经济上的意义,但从冰的体积和表面积这两个方面看,它们在全球冰雪圈中所占比例很小,因此作为全球气候系统相互作用的一个要素,是不重要的,但是它们可以起着短期气候和长期气候变化的指示器和积分器的重要作用.

(4) 季节性雪被:雪的效应是增加地表面反射率,减少地面获得的太阳辐射和地热传导.从表 6－6 中可以看到季节性雪被覆盖很大的范围,但其体积所占比例甚微.在半干旱和部分高山地区,季节性雪被融化可能有重要的经济影响.

不同类型的冰雪覆盖与气候系统中其他分量主要物理过程相互作用的时间尺度是不一样的.冰原和永久冻土为 10^3～10^5 年,高山冰川为 10～10^3 年,海冰和季节性雪被为 10^{-2}～10 年.

比较南北半球冰雪覆盖在气候系统中的作用可以发现,由于北半球积雪覆盖的森林和北极冰原表面夏季融化时具有较低的反射率,虽然冰雪覆盖的范围大于南极,但其反射了较少的太阳辐射而吸收了较多的太阳辐射.研究还发现,在气候变化中,冰雪覆盖不是一个活跃的,而是一个更为被动的气候因子.

六、其他微量气体过程

除前面讨论过的 CO_2 气候效应外,臭氧是除 CO_2 之外微量气体中对气候影响研究得最多的气体.大气中的臭氧大多数集中在平流层,平流层构成了大气质量的 15%.平流层内的大气主要通过臭氧吸收紫外辐射而被加热.由于这种吸收的不均匀性加热,决定了平流层厚度、静力稳定度,在一定程度上也决定了其动力学性质.平流层中的臭氧不仅作为气候因子是重要的,而且对地球上的生命也是十分重要的,因为它使地球上的生命免受紫外线的伤害.

臭氧浓度的短期变化受天气过程的影响,其长期变化尚不能得到很好的解释.研究认为人类活动对臭氧有很大的影响,其主要依据是使用氯-氟-甲烷以及高层飞行的航空器把 NO 注入到平流层,并与臭氧产生化学反应.NO 还能从土壤中通过微生物由硝酸盐和亚硝酸盐产生出来的 N_2O 生成.计算表明(见表 6－7),如果土壤中 N_2O 的生成能力增加 1 倍,那么大气中总臭氧就会减少将近 20%.估计在平流层中 N_2O 的滞留时间约为 50 年.如果以 1992 年年增加率 8.5%的速率继续使用氯-氟-甲烷,则可导致全部臭氧的减少率接近 10%.

表 6-7　不同高度的臭氧浓度(分子数·厘米$^{-3}$)，由于连续使用氯-氟-甲烷(第 3 列)及由于(假设)土壤的 N_2O 产物增加 1 倍(第 4 列)引起浓度减少的百分数

高度(km)	O_3($\times10^{12}$)	O_3(%)	O_3(%)
55	2.4×10^{-2}	≈0	≈0
50	6.6×10^{-2}	−3	≈0
45	2.8×10^{-1}	−11	−3
40	1.0	−17	−3
35	2.2	−14	−18
30	3.6	−5.5	−17
25	5.0	−4.2	−14
20	4.1	−2.5	−7
≥15	8.9×10^{6}	−6.5	−16

注:最后 1 行表示 15 km 以上的总臭氧(分子数·厘米$^{-3}$)及减少的百分数.

观测资料显示臭氧的变化很大，London 和 Relley(1974)统计全球大气中臭氧的变化(标准偏差)，得到:北半球 1957 年 8 月～1961 年 3 月为−4.7%±1.5%，1961 年 4 月～1970 年 5 月为 11.3%±2.3%；南半球 1957 年 8 月～1961 年 9 月为 2.5%±2.3%，1961 年 10 月～1970 年 5 月为−1.1%±1.6%.最近几十年来臭氧含量不断减少，呈下降趋势，南极臭氧洞不断扩大.

七、气溶胶过程

大气中的气溶胶和它们对辐射的影响是很复杂的过程，目前对此了解还很少.气溶胶质点大小范围从半径 10^{-6} cm 到大于 5×10^{-3} cm.一般来说每个气溶胶质点由不同物质的混合物所组成.只有在一个源起支配作用的情况下(例如海洋上浪花飞溅的质点)，质点的成分才比较一致.与其他的大气成分相比，气溶胶在大气中的平均滞留时间是比较短的，在对流层中大约几天到两周，在平流层中可达几年.

一般将对流层气溶胶分成四大类:

1. 海盐气溶胶

这种气溶胶是由海洋上破碎浪花产生的.由于海水盐粒的体积和溶解比较大，因此它们容易被冲洗和雨涤，只有很少的部分能穿过海平面上 3 km 以外的“云过滤器”.过去的研究说明，这种气溶胶不可能对辐射产生影响而成为气候变化的原因.

2. 大陆气溶胶

这种气溶胶是指不包括矿物尘埃的部分，主要在大陆上由转化成气态硫、氮和一些化合物的悬浮微粒形成.这种气溶胶既有自然来源，又有人为来源.各种燃烧都能直接产生这类气溶胶，如森林火灾、植被破坏以及工业区的污染和其他人类活动.但在自然条件下，这种气溶胶变化往往也不是气候变化的原因，而是气候变化的结果.现在我们关心的是人类活动诱发的这种气溶胶变化在多大程度上对长期气候产生影响.

3. 矿物尘埃气溶胶

矿物尘埃也来自大陆，尤其是干旱地区，这种气溶胶微粒的大小大部分是处在对辐射有重要影响的范围内，且能输送很远的距离.它的源区尤其是干燥区边缘对植被覆盖、土壤蚀损等的变化都很敏感，比其他气溶胶有更显著的气候效应.过去一系列时间尺度的气候变化都有这种气溶胶的参与.

4. 本底气溶胶

这种气溶胶存在于海洋上大约3 km以上、陆地上5 km以上的中高层对流层中，分布比较均匀，故通常称为对流层的本底气溶胶.它主要由大陆气溶胶和矿物尘埃气溶胶穿过对流层底层的雨水冲洗“过滤器”，进入中高对流层的那部分所组成.人们对这类气溶胶的知识以及它在云和雨的形成方面所起的作用了解得还不是很完全.

平流层中的气溶胶是由SO_2的氧化作用形成的.根据资料分析，平流层存在正常的气溶胶层，即使在没有火山活动的长时期内，这层气溶胶层仍然存在，但较弱；在火山爆发后的3～5年内有一个增强的气溶胶层.由于大的火山爆发，平流层中气溶胶含量可增加50倍.平流层中的SO_2，一是来自对流层的SO_2正常向上扩散；一是由于火山喷发的H_2S氧化成SO_2后到达平流层.

气溶胶对辐射的影响在对流层与平流层是不一样的.对流层气溶胶对辐射的影响可分为直接影响和间接影响.直接影响是指在有云大气中对辐射的影响，间接影响是指气溶胶吸收水汽成云后吸收率和反射率的变化对辐射的影响.由于对流层丰沛的水汽以及气溶胶质点的吸湿性，因此对辐射收支的影响是气溶胶对气候最重要的影响.就太阳辐射而言，Fischer(1973)研究指出，气溶胶将会产生较弱的地表增温.平流层气溶胶能够增加对太阳短波辐射的吸收，因而使进入对流层的太阳辐射减少.气溶胶对长波辐射的影响主要是因为比辐射率较高，这是由气溶胶中的硫酸盐和石英所造成的.即使在洁净的空气条件下，这种气溶胶的长波比辐射率与对流层气体的总比辐射率相比也是不能忽略的.

6.3 气候变化的研究方法

如前所述，气候系统概念和理论的提出使气候变化原因和机制研究的科学范畴更为广泛，涉及地球气候系统的五个圈层和人类活动.同时，气候变化的多时间尺度特征和影响因子的复杂性对气候变化研究的方法提出了新的更高的要求，既需要了解和掌握多学科的理论和方法来综合研究，也需要多学科的研究人员协作.因为气候系统五个圈层的时间特征和物理性质的差异，各个圈层在气候变化过程中的作用和响应也有很大差别，所以，对不同时间尺度上的气候变化研究所采用的方法也不相同.但无论什么样的时间尺度，气候研究的方法可以分为两大类:资料分析和数值模拟.资料分析包括代用资料和仪器观测资料，而数值模拟包括应用各种类型的气候模式对不同气候问题的模拟试验和分析.这两类方法中都要用到数理统计分析来处理数据和模拟输出结果.本节主要介绍各种气候代用资料和观测资料的获取和意义，数值模拟方法将在第七章中专门介绍.

一、古气候和历史时期气候变化研究方法

古气候研究是IPCC和过去全球变化研究计划(PAGES)的重要组成部分之一，其目的是为了获取和解释大量自然记录和历史资料，从而更好地了解过去的地球系统的自然状况和人为变化，而古气候资料的获取及分析也是气候变率及其可预报性研究计划(CLIVAR)的基础，用于探讨长期气候变化的规律和特点以及校正各种气候模式，在全球气候变化研究中占有相当重要的地位.当前的很多气候变化现象，如全球增暖和其他一些极端气候都是年代至世纪时间尺度上的气候变化问题.为了完全理解这个时间尺度上的变化，需要有良好空间覆盖的至少1000年的过去的气候记录.然而现有的仪器记录时间太短，无法满足这一要求.通过各种分析

技术可以获得古气候代用资料，它们能够在一定程度上满足这个需要.古气候记录可以使人们清晰认识到20世纪发生的气候突变事件仅仅是气候系统异常活动的一部分，异常气候很久以前就在发生，而且在未来仍将继续发生.

随着全球变化研究的开展，古气候研究越来越受到重视，国内外科学家为此做了大量卓有成效的工作.为此，国际地圈——生物圈计划(IGBP)的全球变化核心计划(PAGES)，倡议建立全球古气候观测系统(GPOS)，以完善全球气候观测系统(GCOS)、全球海洋观测系统(GOOS)和全球陆地观测系统(GTOS).将气候资料序列延伸至千年以前，关键是获得过去气候变化的证据，其主要来源包括：古岩层、古土壤、古生物化石、冰芯；同位素分析、孢粉、物候学方法；历史文献、地方志及其他文字记载；树木年轮等.此类生物沉积物已在国际上定量古气候研究中得到广泛应用，如孢粉、硅藻、介形类、有孔虫、金藻、摇蚊类、双壳类、植硅体等.

二、气候代用资料及分析方法的具体分类

与现代仪器观测资料相比，古气候资料存在较多缺陷，这成为造成目前气候变化科学不确定性的重要原因之一.但是，现有的古气候代用资料对于我们理解全球气候变化问题仍然具有重要科学价值.当前使用的古气候代用资料主要有冰芯、湖泊沉积物、黄土地层沉积物、树木年轮、石笋等，以及最近几年最新发现的“分子温度计”.具体分类可以包括：

(1) 冰川学：包括地球化学中的氧和氢的离子和同位素，空气泡中的气体含量、微粒子和微量气体的浓度及其结构等.

(2) 地质学：包括海洋沉积类，可以分成生物沉积，氧同位素构成，动物和植物群种的丰度、形态的变化和硅藻类生物的沉积；非生物沉积，陆地尘埃与冰碎片、泥土矿物沉积物.陆地沉积类包括冰川侵蚀特征和残留物、冰川边缘特征、海岸线特征、风成沉积(如黄土和沙丘等)、湖泊沉积和侵蚀特征、土壤自然结构特征、岩石形成、年代和稳定同位素组成等.

(3) 生物学：包括树木年轮的宽度、密度、稳定同位素构成；孢粉的类型、相对丰度、绝对浓度和百分比含量；植物化石的年代、分布；昆虫的样本特征，地球化学物，湖泊沉积中的硅藻、介形物、其他生物群和现代种群的分布等.

(4) 历史学：以文字记载的环境指示因子，如气象现象的表述、现象学记录与描述等.

下面简单介绍各种代用资料的具体应用和意义.

1. 冰芯资料

冰芯研究是检测过去气候变化、监测现在气候变化和预测未来气候变化的重要手段.目前主要是通过对冰芯中冰的积累量、氢氧同位素以及微量气体、离子、痕量金属元素、氢氧以外的其他同位素、放射性核素的研究来恢复过去的降水变化和温度变化，也可以发现过去温室气体含量的变化和火山活动等.冰芯资料的主要特点是分辨率高、信息量大、保真性强、时间序列长和洁净度高等.1950年以来的冰芯研究一直集中在两极地区，已经取得了一系列重大成果，如恢复了过去20多万年以来的气候环境变化信息，判别出人类工业化以来大气中温室气体含量的急剧增加和剧烈的火山活动等.

2. 湖泊古气候数据

湖泊是地表水载体，对水资源短缺、水环境恶化、水灾害频发反应敏感.湖泊水量变化提供了大量的气候湿度和降水变化信息，而区域性的湖泊水量同步变化可以过滤掉个别湖泊受局部地域影响的水量变化，从而反映出较大范围的气候变化.因此，湖泊水量(湖泊水位、面积等)变化不仅是最重要的水量变化代用指标，也可以作为未来水量变化预测的参照，进行湖泊古水

量的恢复研究.此外,各种湖泊沉积物是古气候研究重要的代用资料来源,湖泊沉积中记录气候变化的代用指标有十几种,如孢粉、碳和氧同位素、微体化石、分子化合物、碳酸钙含量、有机碳含量、藻类、沉积物粒径、矿物组合及矿物结构、自生矿物、沉积物地球化学元素、磁化率等.近十多年来对我国青藏高原、新疆和云南等地的众多湖泊的钻探取样,已由大量的样品分析获取了有关这些地区过去的降水(湿度)变化信息,恢复重建了过去几万乃至几十万年来的降水量(湿度)序列.由于湖泊沉积时间分辨率的原因,由湖泊沉积获得的有关近 2000 年以来的降水和温度序列相对较少.

湖泊水位、面积、深度以及湖水咸淡等的变化数据是建立在对逐个湖泊地貌、沉积、生物、地球化学等湖泊记录的系统分析上.确定每个湖泊水量变化事件至少根据两种或两种以上的独立证据,例如湖泊沉积变化和水生植物组合变化.用来重建古湖泊水深变化的证据主要来源于综合的沉积记录,包括湖泊沉积物的性质变化、沉积结构变化以及沉积物分布上限等;古生物记录也是重要的恢复湖泊水深、湖面升降的证据,一些湖面高度或湖水深度变化可以从地貌、考古证据和历史记录等获得,湖盆内多个湖泊钻孔的相关分析也可获得古湖泊面积变化的范围.

3. *地层沉积物*

黄土是重要的古气候研究代用资料来源,其作为古气候信息载体的研究已取得非常丰富的成果.中国黄土的研究水平处于世界领先地位,如我国著名科学家刘东生、安芷生等就对黄土成因、形成时代、黄土的形成与气候环境的关系进行了深入的研究,建立了中国一系列黄土研究剖面以及第四纪以来的古环境变化模式.

黄土这一陆相碎屑沉积覆盖着约 10%的陆地表面,其分布的广泛性以及黄土的结构特点决定了它不仅是记录着丰富古环境变迁信息的地质体,同时黄土还与人类的生存和发展密切相关.对黄土层的研究主要通过对地层剖面的地层沉积相、磁化率、孢粉、地球化学元素、粒度、$CaCO_3$ 含量、同位素、有机质含量、色度代用指标、岩性特征等的分析来研究古气候变化.近年来对黄土层的研究多集中在中国陕西、新疆、西藏、甘肃、青海、宁夏等西部地区,分别从磁化率、磁通量、粒度、古土壤、地球化学、Be^{14}、稳定同位素等不同方面对黄土剖面开展了深入细致的研究工作,所建立的古气候代用指标曲线与深海氧同位素曲线的变化大致吻合.

4. *树木年轮*

树木年轮是一种高分辨率的代用指标.1970 年代初,美国科学家根据年轮宽度变化和气压距平场的关系来推测历史时期的气温、降水状况,绘制出 1700 年以来北半球西半部 10 年平均的环流图.

树木年轮代用资料主要有树轮宽度和密度指数及树轮纤维碳同位素.树木年轮资料特点具有定年准确、连续性强、分辨率高、易于获取复本、可靠性高等特点.中国树轮学家对新疆天山中部、北疆、天山东部、祁连山地区、青海都兰地区、青藏高原东南部、陕西关中、贺兰山地区和东北等地的树轮进行了采样研究,恢复重建了过去几百年到数千年的降水和温度序列.图 6－8 是约 1000 年的树轮指数变化曲线,其波动特征反映了气候环境,如降水和温度的变化.结合现代气候观测资料可以找出树轮指数与有关气候要素的函数关系,进而重建和恢复过去的气候变量.

5. *石笋*

石笋因具有分布广泛、时间跨度大、生长机制对环境敏感、沉积剖面完整、微层明显、组分构造有序和时间分辨率高等特点而更能保存系统的、连续的气候信息.洞穴石笋可进行高分辨率定年,其分辨率至少可以到年或季,时间跨度可达数万年至几十万年,其时间分辨率不会因

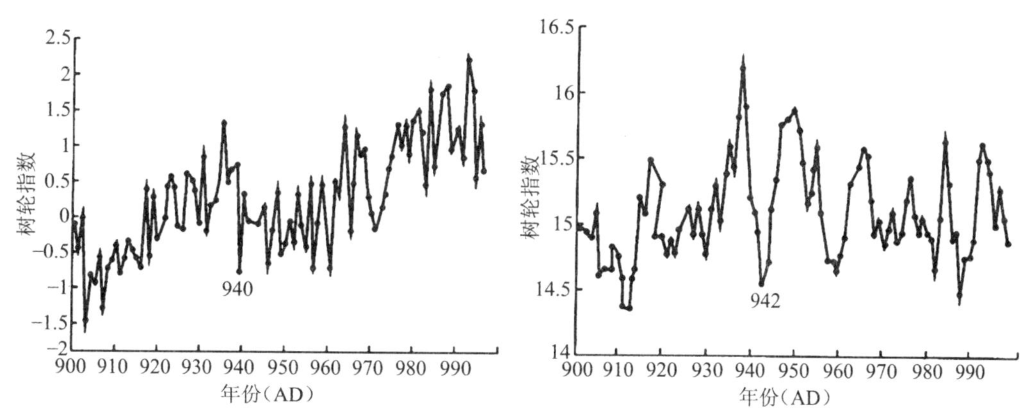

图 6-8 欧亚高纬度地区和澳洲塔斯马尼亚岛 900～999 年树轮指数变化

年代的久远而降低.与历史记录和树木年轮相比,石笋微层具有低频信息的优势;与冰芯相比,石笋微层不会因压实作用而使年层合并,这些独特的优点使石笋成为近年来综合研究气候变化的理想代用资料来源.在中国南方,特别是贵州、云南等地,溶洞众多,石笋资料丰富,同时北方地区也有不少石笋分布,为研究气候特征提供了有利条件.

石笋微层的厚度通常为 0.01～1.00 mm,层与层之间具有韵律变化,并由一个微细的界面隔开,分为两类纹理:生长纹理和生长层理.与树轮一样,石笋年层计数方法可以精确构建古气候研究的时标,其分辨精度可达年甚至季.通过石笋微层厚度、灰度变化对气候因子,如温度、降水、典型气候事件等响应规律的研究,可以推测出古气候环境状况,因此石笋微层厚度和灰度是研究古气候的一项重要代用指标.

6. 分子温度计

所谓"分子温度计"是指利用通过有机地球化学方法获得的沉积物中烯酮化合物的相对丰度来估算古海水表面的温度.烯酮化合物的不饱和度(U_{37}^{k})与其生物母源的生长温度密切相关,同时这种信息不受有机质溶解与成岩作用影响,而能较完整地保存于海洋沉积物中,因而通过它能很好地反映古海洋与古气候的演变.这种方法不受盐度、上升流与极地冰盖变化等因素影响,尤其适用于碳酸盐贫乏海区的古海洋与古气候研究.Kennedy 等(1992)在美国南加州以外的圣巴巴拉海盆采集未经扰动、沉积速率较高的沉积柱状样,然后每 1～4.5 mm(平均 3 mm)取一个样,对每个样本进行 U_{37}^{k} 及生物标志化合物分析,结果与 20 世纪以来的十余次 El Niño 事件记录吻合得十分完美.U_{37}^{k} 指标不仅清楚地反映出每次 El Niño 事件发生时海水表面温度的突然增高,同时具有高分辨率的生物标志化合物,也反映出气候与海洋环境变异时,海洋初级生产力随海水温度、风力及营养状况变化而消长的情形.

三、气候资料的时间分类及其意义

根据气候资料的来源、性质、时间长度等,可以将其归纳为以下三类:

(1) 仪器记录资料:约从 1700 年开始,代表了现代气候记录时代,而较为完整的记录约 200 多年.

(2) 历史记录资料:约 5000～7000 年以来.

(3) 古气候代用资料:完全地球系统的自然记录.

这些记录可以代表各种气候和环境要素,如温度(T)、降水(P)、湿度或水的平衡有效降水(P-E)、大气的化学成分(CA)或水的化学成分(CW)、生物数量和植被种类的信息(B)、火山爆发(V)、地貌变化(M)、海平面变化(L)和太阳活动(S)等.表6－8是根据不同记录资料来源可能获得的气候或环境要素信息、时间分辨率和记录长度分类.

表6－8　各种资料可能提供的气候环境信息与时间尺度

档　案	样本最小间隔	时间间隔(单位:1/年)	可能的信息
历史记录	天/小时	$\sim 10^3$	T,P,B,V,M,L,S
树林年轮	年/季	$\sim 10^4$	T,P,B,V,M,S
湖泊沉积物	年/20	$\sim 10^4 - 10^6$	T,B,M,P,V,Cw
珊瑚	年	$\sim 10^4$	Cw,L,T,P
冰芯	年	$\sim 5\times 10^5$	T,P,Ca,B,V,M,S
花粉	20年	$\sim 10^5$	T,P,B
洞穴堆积物	100年	$\sim 5\times 10^5$	Cw,T,P
故土壤	100年	$\sim 10^6$	T,P,B
黄土	100年	$\sim 10^6$	P,B,M
地貌特征	100年	$\sim 10^6$	T,P,V,L,P
海底沉积物	500年	$\sim 10^7$	T,Cw,B,M,L,P

四、年代确定方法简介

在各种代用指标中,除记录长度、时间分辨率以外,一个重要的工作是定年,即要准确地确定代用资料所代表的确切时间和年代.目前用于代用资料定年的主要方法有下述几种.

(1)放射性同位素方法:包括放射性同位素^{14}C测年、^{40}K/^{40}Ar同位素测年、U系列放射性同位素测年、同位素发光体测年和裂变测年等.同位素测年年代的长短和分辨率高低取决于放射性元素的半衰期.常用放射性元素的半衰期分别为:^{14}C:$5.73\times 10^3\pm 40$年;^{238}U:4.51×10^9年;^{235}U:0.71×10^9年;^{40}K:1.31×10^9年.

(2)古磁场方法:通过对沉积样本的磁性测量来确定过去可能的气候环境变化的时间特征.

(3)化学方法:通过样本中氨基酸比例、火山岩水化物、火山沉积学特性等的分析了解过去气候环境的时间变化特征.

(4)生物学方法:主要使用地表层(包括海洋)中的地表植物(地衣)、树木年代(轮)学等来确定气候变化年代.

五、气候资料的检测分析

除了古气候代用资料外,很多近代有记录的气候资料也在当前的古气候研究中发挥着重要的作用.然而由于过去仪器的精度不高、使用的标准不统一等种种问题往往造成气候资料的不连续、不统一、不均一,严重地制约了资料的使用.因此,需要对各种资料进行均一化检验,下面介绍有关均一化检验和调整方法的例子.

1. 累计方差法

此方法最早由英国的J.M.Craddock在1979年提出,用来对英国16世纪开始的降水资料进行整理和检测,主要思路是首先选取相对比较可靠的降水资料,然后用它来对需要检测的数据进行对比研究,从而进行修正.该方法的具体思路如下:

首先选取基本数据(即比较可靠的数据),将降水量记录为$x_1,x_2,x_3,\cdots,x_n$;需要比较的数据记录为$y_1,y_2,y_3,\cdots,y_n$.

定义系数：

$$c=\frac{\overline{y}}{\overline{x}}. \tag{6.1}$$

求出方差为：

$$d_1=cx_1-y_1,\ d_2=cx_2-y_2\cdots. \tag{6.2}$$

累计方差：

$$s_k=d_1+d_2+\cdots+d_k. \tag{6.3}$$

然后将 s_k 与时间 t 作图，根据曲线可以判断出两站间相对降水变化的明显拐点；当观测值与平均系数不吻合的时候，即一段图形倾向于水平的时候，可以找出造成该现象的因子.然后对照该站点的记录，就可以找出造成数据不均一的原因，一般多为迁站或新仪器的使用所造成.找出拐点后对数据进行调整，其方法如下：

首先，定义新的方差

$$d_j=c_jx_j-y_j. \tag{6.4}$$

然后根据公式：

$$c_{j+1}=c_j-\frac{vd_j+ws_j}{y_j} \tag{6.5}$$

来求出 c_{j+1}，其中 v 和 w 是两个系数，可通过当地的降水标准来求解方程，例如取 $v=1.1$，$w=0.7$ 等.

累计方差法的优点是方法简单，易于识别拐点而结果较好；缺点是每个站点均需要点绘成图，不利于较多数据量的处理.

2. 比例检验法

用降水序列的待测值与参考态的比例值来代替距平有很多优点：首先，比例值在对缺测数据的插值中使用广泛；其次，使用比例值可以不必指定降水量本身的分布情况；第三，使用比例数列可以有效地减弱结果中的噪音，使相对均一性的主要特征更突出.

定义标准化比例值：

$$z_i=(q_i-\overline{q})/s_q, \tag{6.6}$$

其中，$\overline{q}$ 是比例值 q_i 的算术平均，s_q 是比例值 q_i 的标准化方差.

根据检验假设可知，序列 $\{z_i\}$ 满足以下形式的正态分布的假设为：

H_1：对于 $1\leqslant v<n$，且 $\mu_1\neq\mu_2$，

$$\begin{aligned}&Z\in \mathbf{N}(\mu_1,1),\quad 对于\ i\leqslant v;\\&Z\in \mathbf{N}(\mu_2,1),\quad 对于\ i>v.\end{aligned} \tag{6.7}$$

由上式可得，对于 $\mu_1=\overline{z_1}$ 和 $\mu_2=\overline{z_2}$，且根据

$$\overline{z_1}=\frac{1}{v}\sum_{i=1}^{v}z_i,$$

$$\overline{z_2}=\frac{1}{n-v}\sum_{i=v+1}^{n}z_i, \tag{6.8}$$

经过计算可以求得

$$\max_{1\leqslant v<n}[v\,\overline{z_1^2}+(n-v)\overline{z_2^2}]>2\ln C=C', \tag{6.9}$$

然后求出测试统计量 T_0

$$T_0=\max_{1\leqslant v\leqslant n}\{T_v\}=\max_{1\leqslant v\leqslant n}[v\,\overline{Z}_1^2+(n-v)\overline{Z}_2^2]. \tag{6.10}$$

接下来点绘出 T_0 的时间曲线图，根据所需通过的信度标准和临界值，可以得出具体哪一年造成非均一性，而且根据突变点前后的比例值的平均值$\overline{q_1}$和$\overline{q_2}$可以得出降水的相对变化.最后就可以用上文提到的 Craddock 的调整方法对数据进行调整了.表 6－9 是不同资料序列长度和显著水平(α)下所对应的临界值.

表 6－9　不同显著水平(α)下 T_0 临界参考值 T_c

序列长度(n)	α=0.25	α=0.10	α=0.05	α=0.01
10	4.7	6.0	6.8	7.9
15	4.9	6.5	7.4	9.3
20	5.0	6.7	7.8	9.8
30	5.3	7.0	8.2	10.7
40	5.4	7.3	8.7	11.6
70	5.9	7.9	9.3	12.2
100	6.0	7.9	9.3	12.5

六、气候变化和波动的类型

气候变化的波动性和趋势性存在于整个气候演变历史中，在不同的阶段会表现出不同的特征.根据对大量气候记录的分析，可以把气候的变化类型划分为以下几种类型(如图 6－9)：

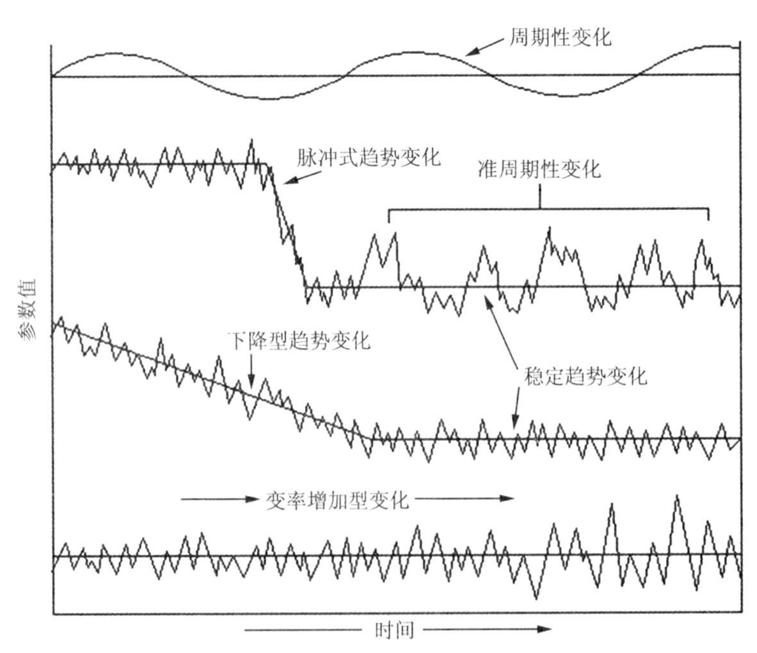

图 6－9　气候变化类型示意图

(1) 周期性变化(Periodic Variation)；

(2) 准周期性变化(Quasi-Periodic Variation)；

(3) 脉冲式趋势变化(Impulsive Change)；

(4) 下降(上升)型趋势变化(Downward/Upward Trend)；

(5) 稳定趋势变化(Stable Central Tendencies)；

(6) 变率增加型变化(Increasing Variability).

6.4　地质时期和历史时期的气候变化

地质时期的气候变化一般是指在地质年表上指示出来的时间尺度上的气候变化，其研究的主要资料是冰芯、海底钻孔、黄土沉积、湖泊沉积、石笋和孢粉等代用资料，借助于现代分析手段和定年技术，并结合统计分析方法来揭示气候特征和变化规律.

一、地质时期的年代划分

地质时期气候变化的描述是按照地质年代进行的，地质年代按其时间跨越的大小可分为代、纪、世.代中有纪，纪中有世，世以万年计，纪则在数百万年以上，而代则有数亿年以上，表6-10是一种地质年代的划分.目前地球所处的地质时期是第四纪，开始于距今200多万年以前，属于第四纪大冰期气候时期.由于代用资料的获取和分析、定年技术的局限，目前的地质时期气候变化的研究主要集中在第四纪时期以来的百万年尺度上，而更多更可靠的资料可以支持的气候时期约数十万年，研究最多的是末次盛冰期以来的气候变化.其中备受关注的几个典型气候时期和气候事件有末次盛冰期(Last Glacial Maximum，LGM，21 ka BP，或18 ka BP C^{14}定年)、新仙女木事件(约12 ka BP)、8.2 ka BP气候事件、中全新世暖期(Mid-Holocene)、中世纪暖期(Medieval Warm Period，MWP)、小冰期(Little Ice Age，LIA)和现代气候增暖期等.

二、地质时期的主要气候特征

地质时期气候的主要特征是大冰期、大间冰期的交替出现，地球上有20%～30%的冰雪覆盖；其变温幅度约10℃，即在寒冷期温度变幅为$\Delta T\approx-3$℃～-7℃，温暖期温度变幅为$\Delta T\approx8$℃～12℃.第四纪大冰期的气候特征是冰期间冰期冷暖气候交替的周期为10万年左右，变温幅度10℃～15℃；其间出现过五个典型的冰期，即多脑冰期(1400～1800 ka BP)、群智冰期(900～1000 ka BP)、民德冰期(700～800 ka BP)、里斯冰期(200～300 ka BP)和武木冰期(10～100 ka BP).

人们从大量的地质证据发现了地质时期的若干气候特征和影响地质时期气候的若干因子的变化.如在百万年尺度上大陆块的变化，包括青藏高原隆起；氧同位素变化$\delta^{18}O$(‰)与温度变化呈正比关系；近15万年来的气候特征，如温度、海平面高度、大气尘埃、CO_2、硫化物含量与甲烷CH_4含量的变化；环境变化与土壤、湖泊、沙漠化等变化的关系等.研究还发现，21000年前的末次盛冰期在北半球有两大冰流，整个北半球气候寒冷干燥.此后发生的新仙女木气候突变事件使北半球进入一个持续约1000年的短暂寒冷气候期.自全新世以来(距今约10000年)，全球气候进入一个相对温暖湿润的气候期.全新世温度变化幅度$\Delta T\leqslant2$℃，其主要气候特点是在中全新世(6 ka BP)出现最暖期，季风降水增多，北半球夏季太阳辐射增加，植被带北移.

图6-10是距今约3亿年前的大陆位置和海陆分布情况，显然，这种与现代海陆分布完全不同的格局必然带来与现代完全不同的气候特征.图6-11是260万年来$\delta^{18}O$的变化，其峰值和谷值与地球上冰川体积有很好的对应关系，因而间接反映了地球气候冷暖变化的规律.图6-12是250万年来$\delta^{18}O$变化的周期/频率分析，可以看出其变化有显著的41 ka和96 ka的周期，这与地球轨道的黄赤交角变化周期和偏心率变化周期相吻合，说明在地质时期气候变化中，地球轨道参数周期具有重要作用.

表 6-10　古气候地质年代表(转引自周淑贞等)

代	纪	符号	世	绝对年代 开始时间 按同位素测定	距今(百万年) 一般通用	持续时间 按同位素测定	(百万年) 一般通用	地壳运动	气候概况
新生代(K_z)	第四纪	Q	全新世	0.025		1	2～3	喜马拉雅运动(新阿尔卑斯运动)	第四纪大冰川气候
			更新世	1	2 或 3				
	晚第三纪	N	上新世	12	12	27	22～23		大间冰川期气候
			中新世	28	25				
	早第三纪	E	渐新世	40	40	40～44	45		
			始新世		60				
			古新世	68～72	70				
中生代(M_z)	白垩纪	K		130～140	135	70	65	燕山运动(旧阿尔卑斯运动)	
	侏罗纪	J	晚侏罗世 中侏罗世 早侏罗世	175～185	180	45	45		
	三迭纪	T	晚三迭世 中三迭世 早三迭世	220～230	225	45	45		
晚古生代(P_z)	二迭纪	P	晚二迭世			30	45	海西运动	石炭—二迭纪大冰川气候
			早二迭世	265～275	270				
	石炭纪	C	晚石炭世			70	80		
			中石炭世						大间冰川期气候
			早石炭世	320～330	350				
	泥盆纪	D	晚泥盆世 中泥盆世 早泥盆世	370～390	400	50	50	加里东运动	
	志留纪	S	早志留世 中志留世 早志留世	410～430	440	60	40		
早古生代(P_z)	奥陶纪	O	晚奥陶世 中奥陶世 早奥陶世	485～515	500	75～80	60		
	寒武纪	Є	晚寒武世 中寒武世 早寒武世	580～620	600	95～105	100		
	震旦纪	Z	晚震旦世 中震旦世 早震旦世	990～1000	1000?				震旦纪大冰川气候
隐生代	元古代 太古代	P_t A_r	前震旦纪					吕梁运动 五台运动 劳伦运动	元古代大冰川气候 太古代大冰川气候
地壳局部分异大陆开始形成最古矿物									
地球形成									

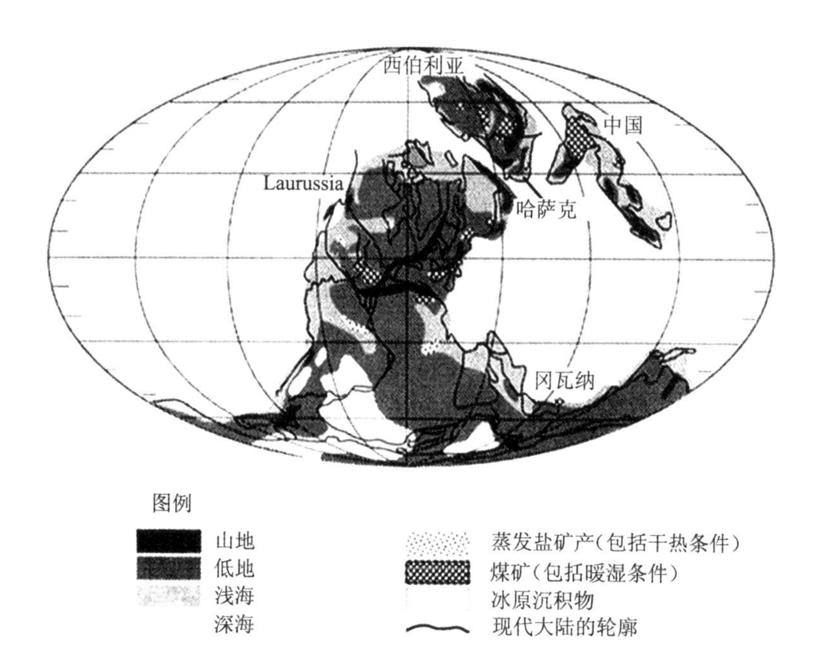

图 6－10　310～320 Ma 年前的大陆分布位置

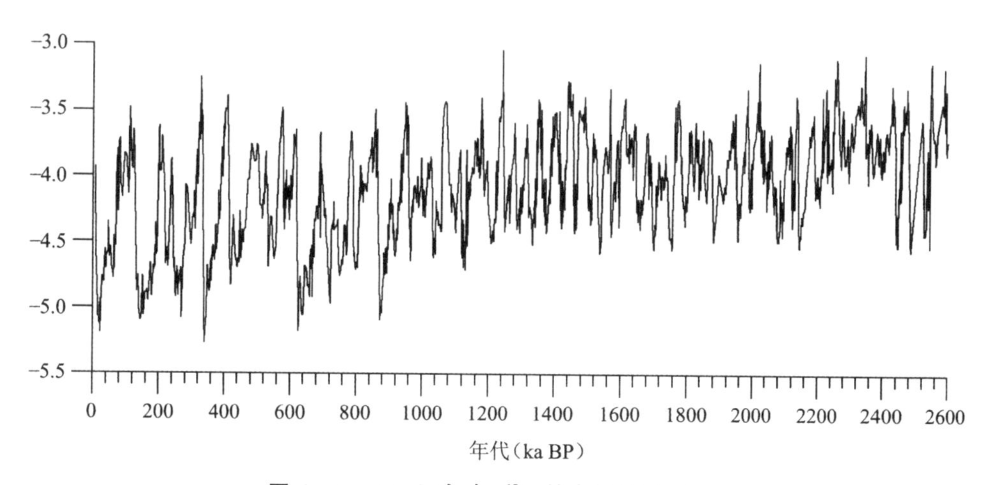

图 6－11　260 万年来 $\delta^{18}O$ 的变化(单位:‰)

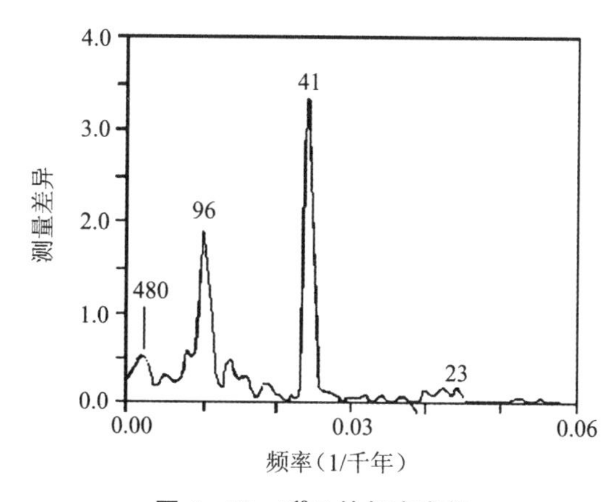

图 6－12　$\delta^{18}O$ 的频率变化

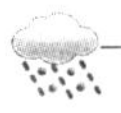

过去 10000 年来的温度变化显示，全新世气候从新仙女木事件以来进入相对较暖的时期，特别是在 6000 年前达到最暖时期，这就是著名的中全新世暖期(如图 6－13).此后又出现了两个重要的气候特征时期，即相对较暖的中世纪暖期和相对较冷的小冰期.

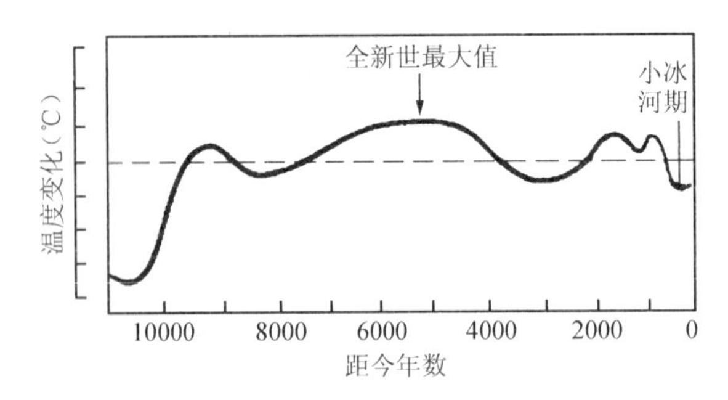

图 6－13　中全新世暖期(6 ka BP)温度变化

三、中世纪暖期(Medieval Warm Period)和小冰期(Little Ice Age)

中世纪暖期是过去 1000 多年出现的相对较暖的气候时期，其强度、持续时间和区域分布范围一直存在争议.一般认为，其发生的时间在 900～1200 年，气候特征是偏暖，温度比平均状况偏高约 0.5℃.也有人认为比现代气候稍暖，但也有相反意见，认为其暖的强度没有现代变暖幅度大.特别是中世纪暖期出现的区域很不确定，区域性差异较大，有的地区无明显证据.因此是否是一个全球或北半球现象仍没有确定的结论.

紧接着中世纪暖期的是著名的小冰期气候，全球都出现了较寒冷的气候现象，特别是欧洲最早出现小冰期且降温幅度最大，给欧洲带来极为严重的影响.一般认为小冰期出现的时间在 1550～1850 年，因区域不同可能会有一些差异，其全球平均降温幅度为 0.5℃左右.现代研究证明，小冰期的出现与太阳活动有关，其寒冷期的出现与太阳黑子活动的四个最小期有关，即沃尔夫最小期(Wolf minimum，1280～1350)、斯波尔最小期(Sporer minimum，1416～1534)、孟德最小期(Maunder minimum，1645～ 1715)和道尔顿(Dalton minimum，1800～1830)，其中以孟德最小期最强，太阳黑子和太阳辐射能量显著减小，加上火山活动相对活跃，因而导致了寒冷的小冰期发生.图 6－14 是中世纪暖期和小冰期的温度变化趋势示意图.

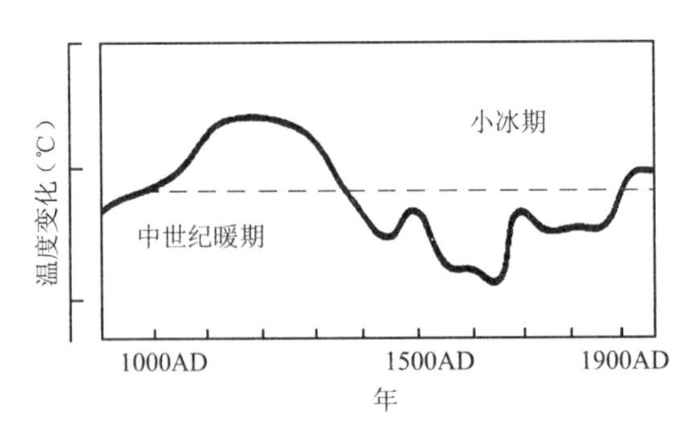

图 6－14　中世纪暖期和小冰期温度变化

6.5　现代气候变化

自小冰期结束、工业革命开始以来的100多年为现代气候变化时期，也是有了较全面的仪器观测气候记录的时代.这一时期由于其特殊的时间和特殊的因子的共同作用，使得现代气候变化成为一个热点问题.从小冰期结束开始，全球温度开始自然回升，但伴随着工业化引起的温室气体排放增加，大气中的CO_2浓度迅速增加，这样就可能在一定程度上加速了小冰期以后的温度上升，最终导致20世纪的全球变暖，而且随着人类活动的影响越来越大，这种变暖趋势更为强劲，并伴随着气候异常和极端气候事件的频繁发生.因此，人们开始担心，全球变暖会进一步加剧吗，全球变暖真是温室气体引起的吗，未来会产生气候突变吗，这一系列问题成为各国政府和社会普遍关心的问题，也成为现代气候学家研究、争论的焦点.

现代大量观测资料表明，大气中的CO_2含量显著增加，因而增强了大气层的温室效应，直接导致了全球变暖.不同的资料显示，相对于1961～1990年的平均温度，全球陆地表面平均气温在过去100年约升高了1℃，近50年来约升高了0.9℃，近20年来升高了约0.8℃（如图6－15）.图6－16给出了这种升温加速的线性趋势变化比较.在全球平均温度升高的同时，最低和最高温度也在升高，但温度日较差（DTR，Diurnal Temperature Range）在减小（如图6－17），其原因是最低温度上升幅度要大于最高温度上升幅度.然而，虽然全球平均出现增温趋势，但在全球不同的区域的温度变化是不同的，即全球变暖存在空间上的不均匀性：中高纬度地区升温显著而低纬度地区不显著，甚至某些地区还出现微弱的降温.此外，全球增温在时间上也不均匀，即出现波段性升温，如过去100多年总体温度趋势是上升的，但在某些时段如1950～1980年间是降温的（如图6－15）.因此，全球变暖的原因是复杂的，还有许多未知影响因子有待于进一步去研究和认识.

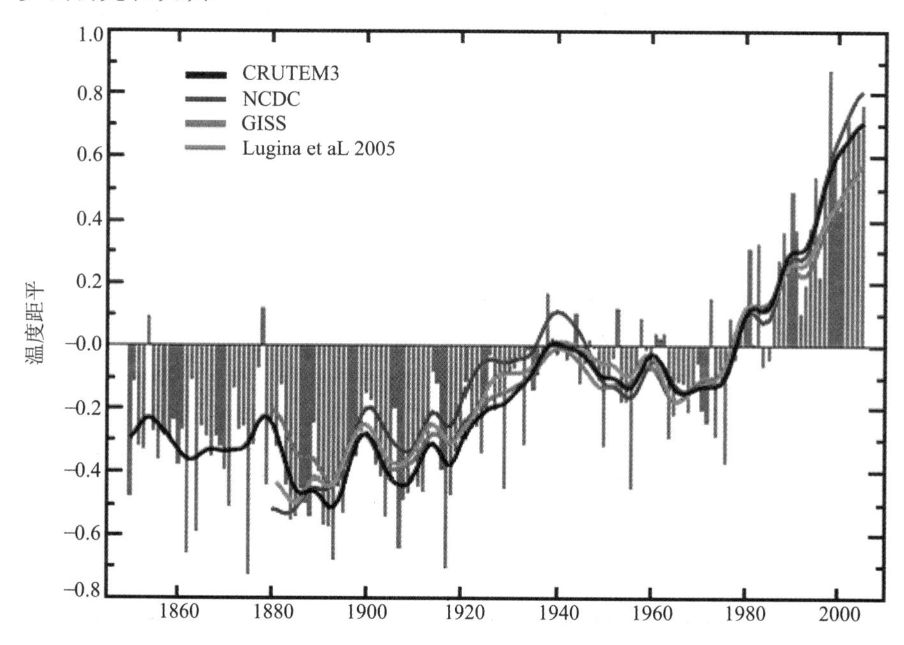

图6－15　1850～2005年全球陆地平均气温距平（相对于1961～1990年平均）变化

黑色：CRUTEM3（Brohan et al.，2006），蓝色：NCDC（Smith and Reynolds，2005），红色：GISS（Hansen et al.，1999），绿色：Lugina et al.，2005

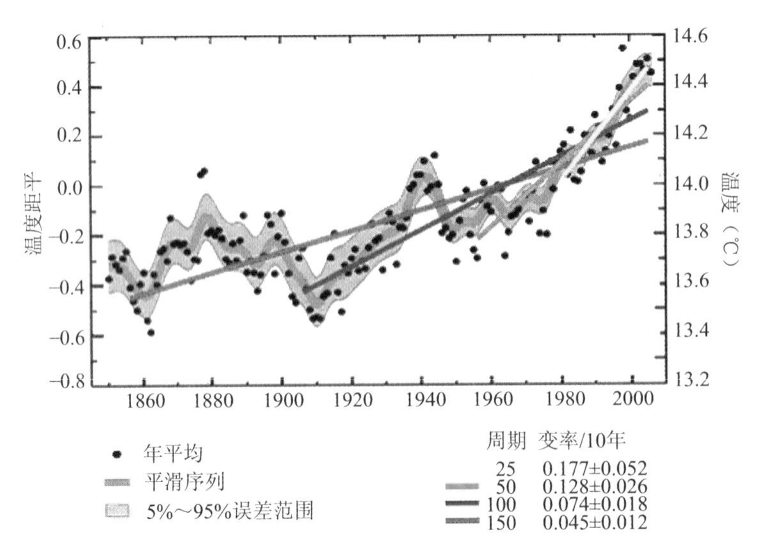

图 6－16　1850～2005 年升温加速的线性趋势变化比较

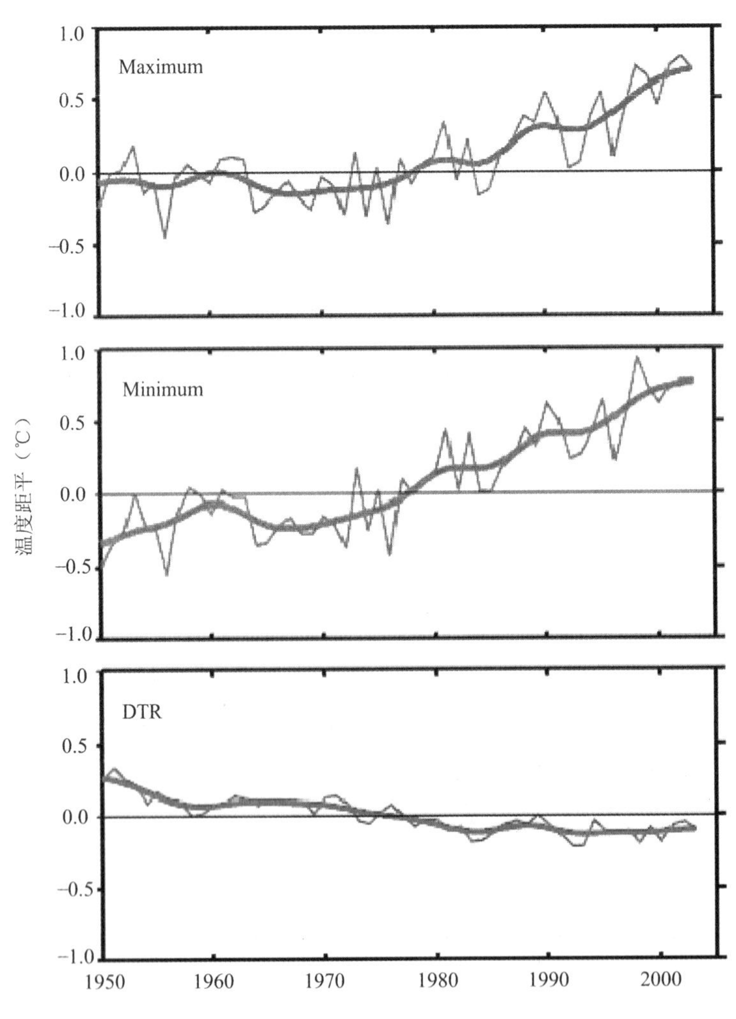

图 6－17　1950～2004 年最高和最低温度及温度日较差距平(℃)

(Vose et al.,2005a,转引自 IPCC AR4).

全球变暖的同时也必然引起降水的变化，而降水在时间和空间上变化比温度变化更为复杂，影响更为严重，可以直接导致全球不同区域降水气候异常和极端降水事件频发，旱涝灾害加剧.图 6－18 是各种资料来源得出的 100 多年来全球陆地平均降水距平变化，可以看出降水变化没有像温度变化那样有明显的趋势性.图 6－18 显示，1950 年代、1970 年代陆地降水偏多，1980 年代开始至 1990 年代中期降水急剧减少，20 世纪末开始有所回升.图 6－19 是 1976 年以后与 1976 年以前的陆地平均降水差的分布，可以看出，亚洲、非洲、北美的大多数地区降水减少，南美洲中部和澳大利亚北部小范围降水有所增加.这可能预示 1976 年是一个降水趋势转折点.图 6－20 是撒赫勒地区标准化降水的变化趋势，显示自 1970 年代开始该地区进入一个降水持续减少的干旱时期，干旱化在不断加剧.

上述分析表明，现代气候总体呈增温趋势，全球陆地降水总体在减少，区域性干旱化有发展趋势.这些气候变化的现象是否因温室效应引起，或是有其他自然原因，以及与此相关的气候系统的反馈与相互作用过程都是现代气候变化研究必须解决的问题.

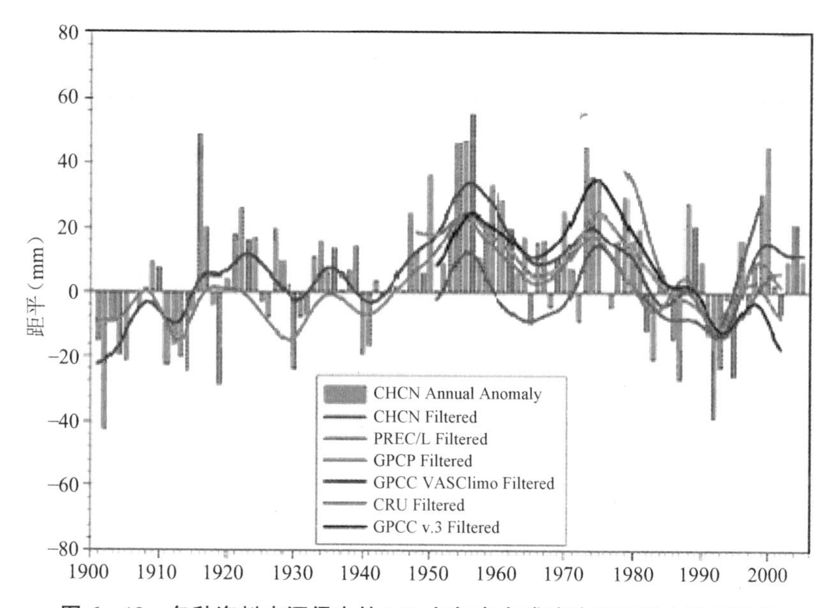

图 6－18　各种资料来源得出的 100 多年来全球陆地平均降水距平变化

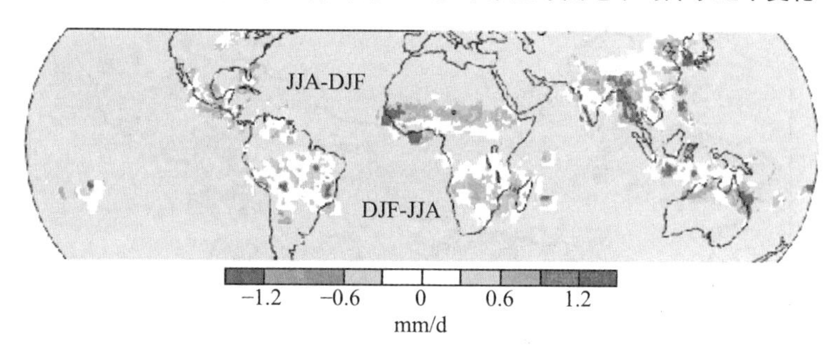

图 6－19　年降水的变化：1976～2003 平均减去 1948～1975 平均

（资料来源：PREC/L，Chen et al.，2002）

在现代气候变暖背景下，气候的短期变化和气候异常在加剧.如前所述，ENSO 事件发生的频率在增加，热带气旋的破坏性在加大，极端气候事件在增多，等等.这些气候异常现象与气候的年际变化、年代际变化密切相关.另外一些气候异常现象表现为季节性的突发性和多发

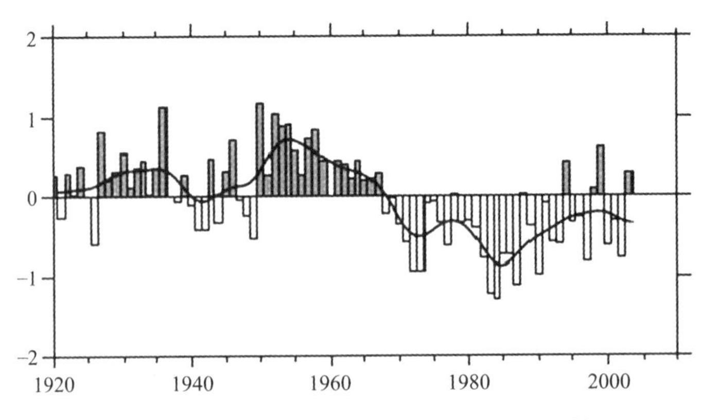

图 6－20　撒赫勒地区标准化降水的变化趋势

性，相对于短期天气现象而言具有较长的时间周期，这种时间上的特征成为低频振荡，其周期为 30 ～ 60 天.同时，气候的年际和年代际变化加剧，气候异常和极端气候事件增多.如图 6－21 所示，全球性出现强降水事件增加的趋势.据统计，1953～2000 年极端强降水日数在中国许多地区增加显著(如图 6－22)，除华北和东北部分地区外，中国南方、新疆地区、西南地区、东北北部极端降水日数都在增加.

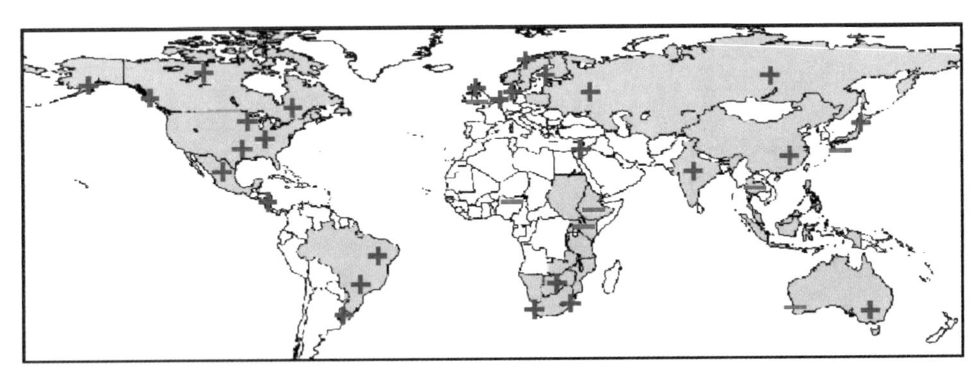

图 6－21　全球强降水增加区域示意图(蓝色十号为增加，红色一号为减少)

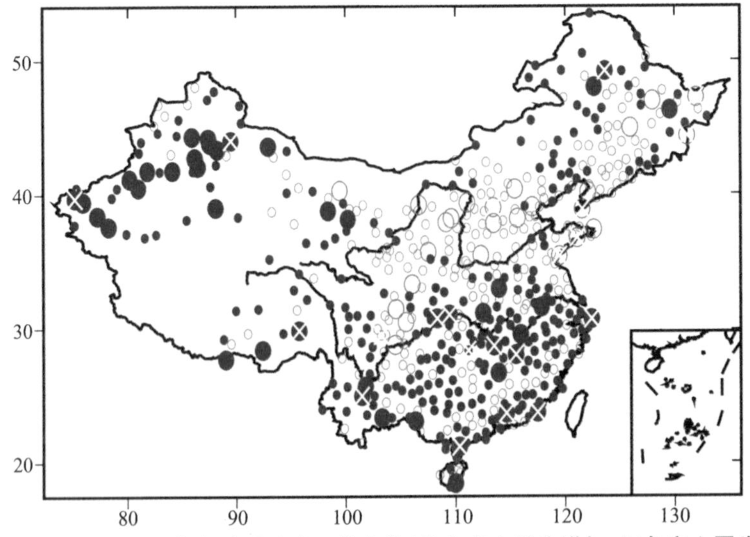

图 6－22　1951～2000 年极端强降水日数变化(蓝色实心圈为增加，红色空心圈为减少)

6.6　气候变化的自然原因

虽然工业革命以来人类活动对气候的影响越来越大，但气候变化总体上还是受自然因子的控制.因此，现代气候变化的原因应该是在自然变化的基础上叠加人类活动的影响；同时为了更清楚、准确地分析人类活动对气候变化的影响程度和机制，首先必须全面、准确地认识和揭示气候变化的自然原因.

一、气候变化的自然强迫

了解气候变化自然原因的最直接证据来源就是在没有人类活动前的古气候地质资料，这些资料虽然分辨率不高、定量化程度低，但它们可以提供和证明没有人类活动影响时的地球气候变化的基本事实.通过对这些事实资料的分析、代用资料的重建与自然现象和因子变化的对比分析，可以定性地发现引起气候变化的自然强迫因子.对不同时间尺度的气候变化，起主要作用的强迫因子是不同的，从人们已经认识到的气候变化基本事实和自然规律看，主要的自然强迫因子包括太阳辐射、气溶胶、火山活动和地球轨道参数等.下面对这些自然强迫因子分别作简单介绍.

二、太阳辐射变化

基本数据分析表明，现在的太阳辐射(太阳常数)较太阳系形成时增加了约30%.古土壤研究表明，在约400万～320万年前，地球大气的CO_2含量是现代的约16倍.在漫长的演变过程中，因为太阳常数的增大和地球表面植被的吸收，地球大气中的CO_2含量逐渐减少.图6-23是不同时期地球大气中CO_2浓度的变化对比，可以发现，根据不同的资料来源，近1万年来CO_2浓度处在一个比较稳定的时期，大致在260 ppm～360 ppm，但在此之前，CO_2浓度经历了较大的变化，特别是在3000万年前，地球大气中的CO_2浓度可能达到约6500 ppm，是目前的十几倍.由此可见，完全由自然过程引起的大气中CO_2含量的变化比目前人类活动造成的变化要大得多，太阳辐射的强弱对地球大气中的组成成分起着决定性作用，当然，这是一个相当漫长的演变过程.

太阳黑子(sunspots)是表示太阳活动强弱、输出能量大小的一个重要而有效的指标.观测发现，当太阳黑子出现时，太阳表面往往伴有明亮的光斑区(faculae)，比光球的平均温度(6000 K)约高1000 K，此时太阳表面放出的能量要增加约15%.太阳黑子的出现有明显的周期性，其表现出来的周期称为太阳黑子周期，主要有11年、22年和86年周期等.为了定量表示太阳黑子，有关学者提出了太阳黑子数，其中最著名、使用最多的是Wolf太阳黑子数(W)，其定义是

$$W = n + 10g \tag{6.11}$$

式中：n——可视半球的太阳黑子数；

g——太阳黑子的组(群)数.

图6-24是1700年以来年平均太阳黑子数的变化，可以看出，在孟德最小期(1645～1715)，太阳黑子数很小，几乎观测不到太阳黑子.在1800～1830年也是一个太阳活动最小期，即道尔顿最小期(Dalton Minimum).

由上述对太阳黑子的认识可以发现，我们通常所说的太阳常数(solar constant)实际上并

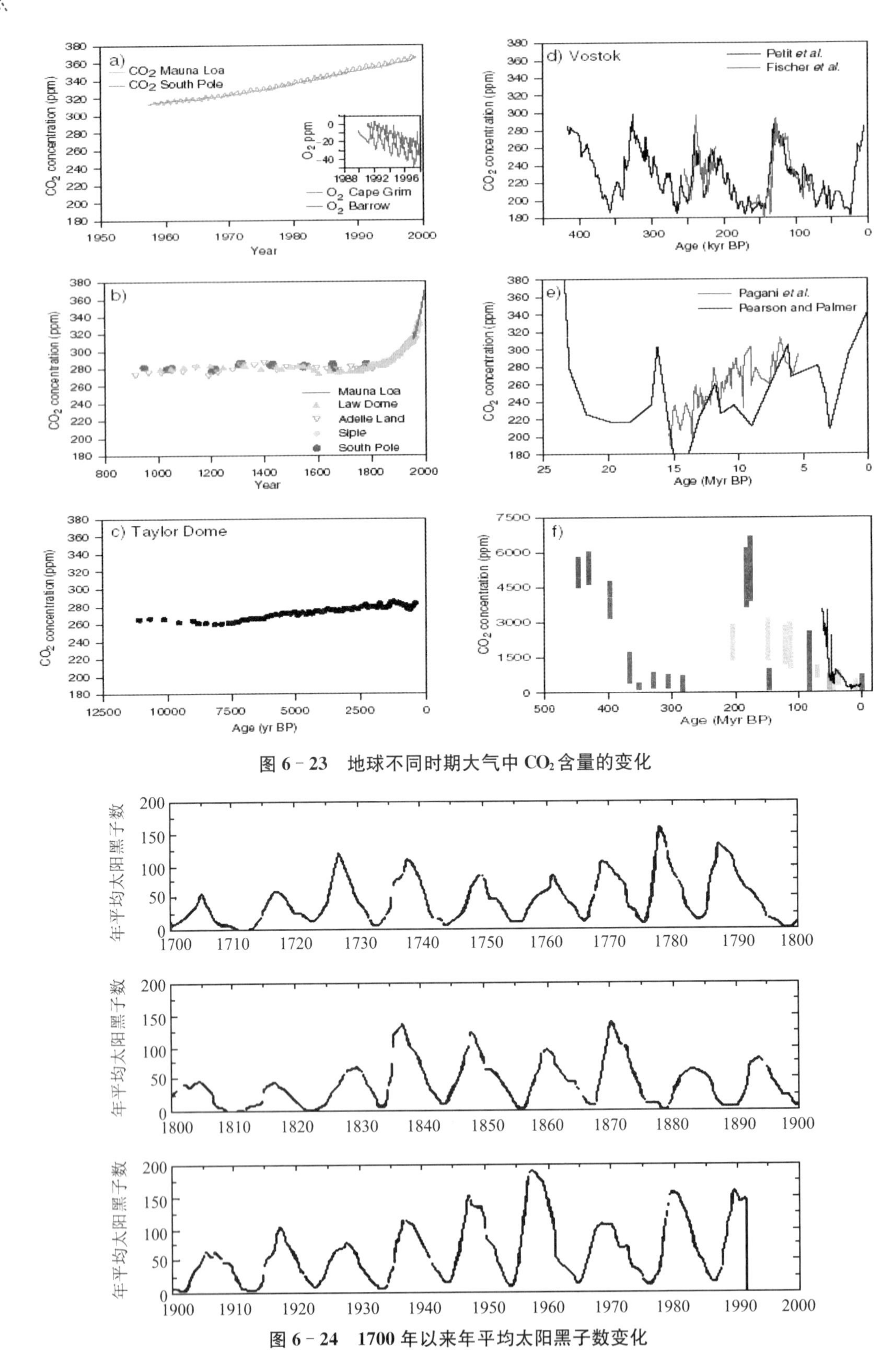

图 6－23　地球不同时期大气中 CO_2 含量的变化

图 6－24　1700 年以来年平均太阳黑子数变化

不是“常数”，而是变化的.自有卫星观测以来，太阳常数有了连续的观测记录，人们从这些记录中可以分析其变化的周期和幅度.卫星观测得到的太阳常数平均值为 1367 Wm^{-2}，变化幅度为 0.1%(1.5 Wm^{-2})(1980～1990).图 6－25 是 1978～1999 年期间不同卫星系统观测得到的太阳常数变化.可以看出，在这一时间范围内，不同卫星观测系统得到的太阳常数都是变化的，而且各卫星观测互相之间也有差别.1982 年世界气象组织 WMO 所规定的标准太阳常数值就是 1367 Wm^{-2}.

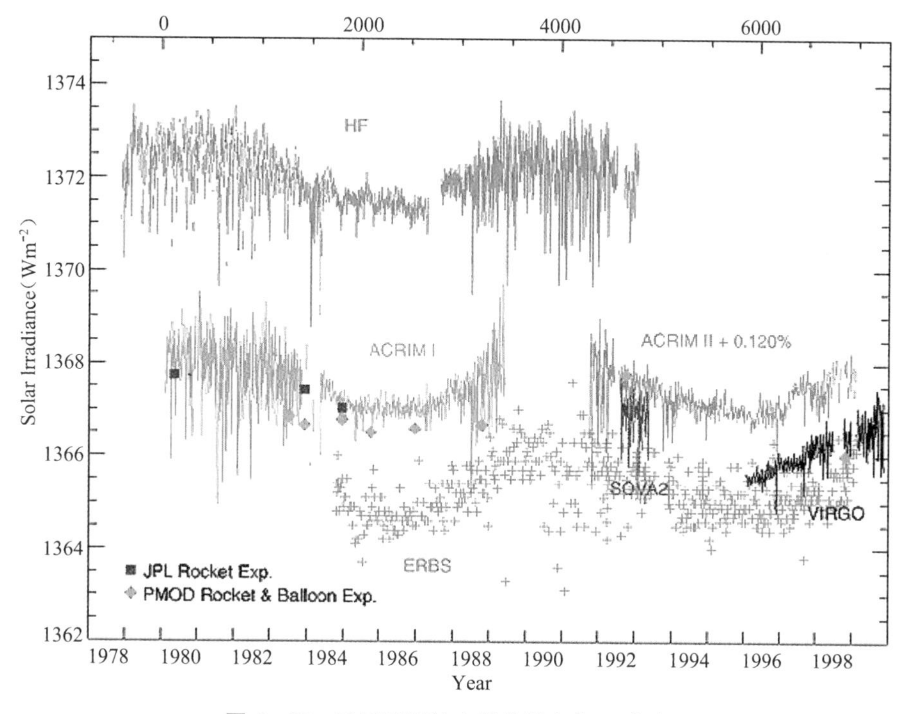

图 6－25　卫星观测的太阳常数变化(W/m^2)

太阳常数的变化与太阳黑子数的变化有直接关系，观测研究表明，太阳黑子增加时，太阳活动增强，太阳常数增大；反之亦然.图 6－26 是根据过去 100 年太阳黑子数变化和太阳辐射变化得出的比较关系，可以看出，太阳常数的变化幅度、周期特征与太阳黑子数的变化特征相当吻合，并反映出 19 世纪以来太阳黑子数呈增加趋势，表明太阳活动在增强，辐射值进入变大的周期段.因此太阳黑子及其变化的气候效应很早就被人们关注，例如对太阳黑子的 11 年周期的研究发现，该周期引起的约 1 Wm^{-2}(0.07%)的太阳常数变化仅相当于 0.175 Wm^{-2}的辐射强迫气候效应，对地球平均温度的影响幅度 $\Delta T<0.1$℃.

为了了解太阳常数更长时间的变化趋势，可以根据宇宙射线、碳同位素等方法来间接恢复过去太阳常数的变化.图 6－27 就是用这种方法结合现代观测得出的过去 1000 年有效太阳常数的变化趋势，其中下伸线条表示火山活动造成的等效太阳辐射减少.这类太阳常数序列被广泛用于长时间气候模拟的太阳辐射强迫计算.

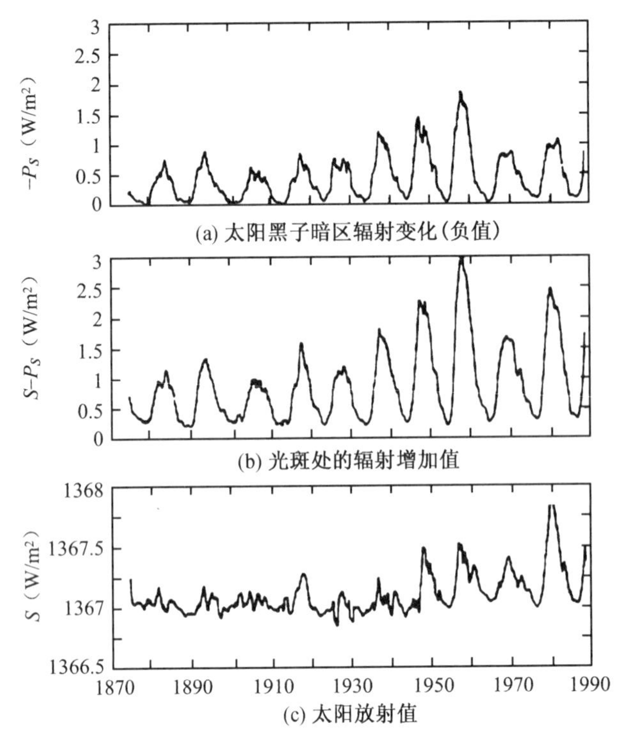

图 6－26　太阳常数变化与太阳黑子的关系

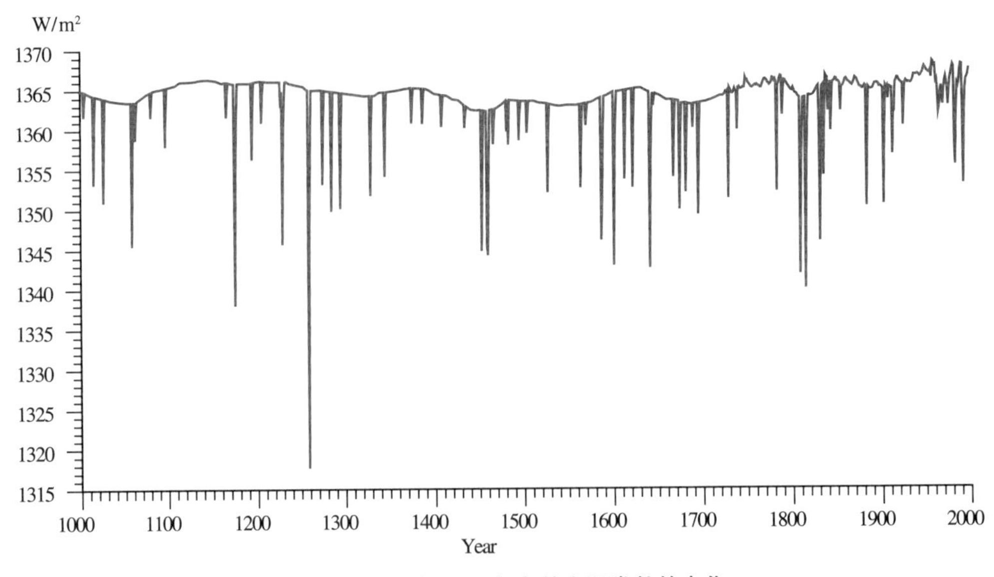

图 6－27　过去 1000 年有效太阳常数的变化

三、气溶胶(aerosols)与气候

气溶胶是影响气候的重要大气成分之一，特别是现代人类活动向大气层放出的气溶胶数量和种类在不断增加，已经对现代气候变化造成了直接和显著的影响.因此，气溶胶和气候的关系已成为现代气候研究的一个十分重要的领域.

大气中气溶胶来源非常广泛，有自然源，也有人为排放源，有直接来源，也有间接来源.气溶胶的直接来源包括海盐、矿物源、火山、森林大火、宇宙碎片、生物物质等；间接来源（气体-粒子）有硫化物、氮化物、碳氢物等.气溶胶的主要气候效应是通过辐射过程来影响气候，其作用是降低大气的透明度，减少地面的太阳辐射吸收而使地面降温，在对流层上部和平流层下部因吸收太阳辐射而产生增温效应.表 6－11 对气溶胶的各种来源做了归纳，表 6－12 是作为间接源的人类活动产生的硫化气体排放量.

表 6－11　气溶胶的来源（TG/年）

来源类型	Peterson and Junge(1971)		SMIC(1971)
	所有的大小	半径<2.5 μm	
自然来源			
直接排放			
海盐	1000	500	300
矿物质	500	250	100～500
火山	25	25	25～150
森林大火	35	5	3～150
陨星碎片	10	—	—
生物物质	—	—	—
小计	1540	780	428～1100
气粒转换			
硫酸盐	244[a]	220	130～200
硝酸盐	75	60	140～200
碳氢化合物	75	75	75～200
小计	394	355	245～1100
自然来源总计	1964	1135	773～2200
人为来源			
直接排放			
运输	2.2	1.8	
固定来源	43.4	9.6	
工业生产	56.4	12.4	
固体废弃物的处置	2.4	0.4	
混杂物质	28.8	5.4	
农业上的燃烧	—	—	
小计	133.2	29.6	10～90
气粒转换			
硫酸盐	220	200	130～200
硝酸盐	40	35	30～35
碳氢化合物	15	15	15～90
小计	275	250	175～325
人为来源总计	408	280	185～415
总计	2372	1415	958～2615

摘自 Warneck(1988)　a：现在被认为数值偏高

表 6－12　全球硫化气体的排放

资　　源	全球	北半球	南半球	全球(Andreae,1990)
燃料燃烧及工业活动	77.6	69.8	7.8	80±10
生物燃烧	2.3	1.3	1.0	＞2.5
火山	9.6	7.6	2.0	9.6～13
海洋生物圈	11.9	5.3	6.6	35～57
陆地生物圈	0.9	0.5	0.3	4.8～13
总计	102.2	84.5	17.7	128～148

表中单位为 Tg S/年.(摘自美国地球物理学协会,Spiro et al.(1992)和 Andreae(1990),转载通过 Elsevier Publishers 授权引用)

四、火山活动与气候

火山活动是气候变化的一个重要外强迫因子,而且相对于气候本身而言具有随机性,其爆发产生的火山灰具有很强的辐射效应,强火山爆发可以产生较长时间的大范围的全球性降温,所以从有历史记载以来,火山活动与气候变化的关系就一直受到人们关注.

类似于大气气溶胶,火山灰的作用主要是增加大气的光学厚度而减少近地面附近的太阳短波辐射.当火山灰进入平流层后在大气环流的作用下形成火山灰层,增加了大气层的光学厚度,强火山可使其光学厚度比正常值高 10 倍以上.因为火山灰强烈阻挡(吸收、反射)而减少到达地表面的太阳辐射,使地面附近气温降低.一般大的强火山爆发可以导致全球的温度下降,并持续 1～2 年.表 6－13 列出了几个典型的火山产生的平流层气溶胶量对大气光学厚度的影响和相应的温度变化的估计值.

表 6－13　火山爆发造成的平流层气溶胶及气候效应的估计[a]

火山	纬度	日期	气溶胶(Mt)	北半球光学厚度 τ_D	北半球降温(℃) ΔT(℃)
爆发性的火山爆发					
St.Helens	46°N	1980.5	0.3	＜0.01	＜0.1
Agung	8°S	1963.3～5	10	＜0.05[b]	0.3
El Chichón	17°N	1982.3～4	20	0.15	＜0.4
Pinatubo	15°N	1991.6	30	0.25	～0.5
Krakatau	6°S	1883.8	50	0.55	0.3
Tambora	8°S	1815.4	200	1.3	0.5
Rabaul?	4°S	536.3	300	2.5	Large?
Toba	3°N	－75000 年	1000?	10?	Large?
溢出性的火山爆发					
Laki	64°N	1783.6～1784.2	～0	局部偏高[c]	1.0?
Roza	47°N	－14000000 年	6000?	80?[d]	Large?

(摘自 Rampino et.al(1988),转载通过(原文)授权引用)

a:Rampino and Self(1984),光学厚度是可见的、直接的光束.

b:南半球.

c:气溶胶大部分都是对流层的.

d:如果气溶胶被均匀地散布在全球,那么北半球的平均光学厚度约为 40.

五、冰期的地球轨道参数理论

对于冰期、间冰期循环尺度上的气候变化，地球轨道参数的变化起着重要作用，这就是气候变化的地球轨道参数理论，也叫米兰柯维奇理论（Milankovitch Theory）.由于这一理论的重要性，国际上有专门的研究组织和国际会议交流该理论的研究成果和新的进展.

1. 理论起源

关于“冰期”一词的说法最早出现于18世纪欧洲.1842年天文学家开始试图用天文理论来解释冰期的形成，认为是地球轨道变化导致了地球上冰期寒冷气候的出现，这一猜测对以后Milankovitch理论建立起到了启发作用.

气候变化的地球轨道参数理论由法国应用数学家Milutin Milankovitch加以发展和完成.从1911年开始，他为此进行了30多年的艰苦研究，并在著名德国气候学家Köppen的鼓励和帮助下建立了这一理论.Milankovitch用数学工具计算了与轨道参数有关的地球上任一时刻、任一地点的天文辐射；气候学家Köppen指出：夏季辐射的减少应该是北极冰流增长的关键因子，由此推断，夏季辐射减少引起的冰川融化的减弱是冰流扩张的直接原因.按照这一推论，Milankovitch进行了约100天的计算，得出了650000年来的55°N、60°N和65°N的夏季辐射变化曲线，这在当时没有现代计算设备的情况下是一个相当艰巨的计算量，将计算的太阳辐射变化曲线与历史上发生过的几次冰期进行对比后发现吻合得很好.从此，这一理论被人们接受，并用来研究地球气候的冰期循环和气候变化.虽然1950年以来，陆续出现一些与Milankovitch理论吻合或不吻合的证据，但并没有从根本上影响这一理论的正确性，反而是促使人们更深入地研究和发展完善这一理论.

2. 地球轨道参数的影响

如图6－28所示，由于地球绕太阳运行的特殊轨道，使得地球在轨道的不同位置上接受到的太阳辐射会发生变化，又因为宇宙间太阳、月亮和其他星球的万有引力的共同作用，地球轨道的参数是随时间变化的，所以地球轨道的变化就十分复杂.描述地球相对于太阳位置的有关轨道参数列举如下：

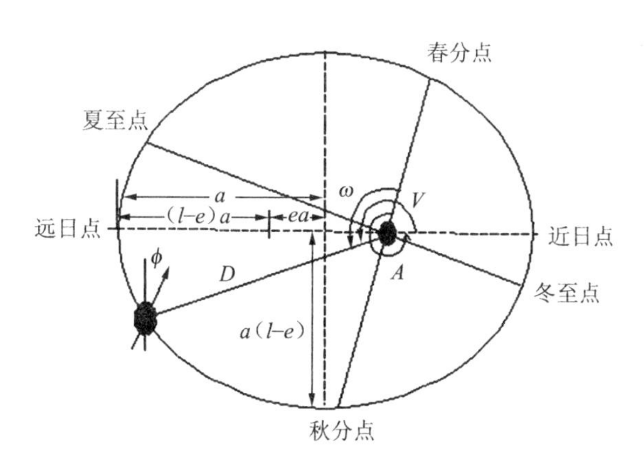

图6－28　地球轨道参数示意图

日地距离(d)：地球相对于太阳的实际距离；

近日点(Perihelion)和远日点(Aphelion)：在轨道上地球一年中离太阳最近和最远的位置；

春分、秋分点(Vernal Equinox and Autumnal Equinox):一年中太阳穿过视平面的位置;

夏至、冬至点(Summer Solstice and Winter Solstice):一年中太阳赤纬最高和最低的位置;

偏心率(Eccentricity):地球椭圆轨道的变化程度;

倾角(Obliquity):地球自转轴与轨道平面轴的夹角;

近日点的赤经(Longitude of Perihelion):地球近日点位置所处的轨道位置的经度.

3. 理论推导

如图 6-28 所示,设近日点和远日点的距离分别为 d_p 和 d_a,偏心率为

$$e=\frac{d_a-d_p}{d_a+d_p}. \tag{6.12}$$

实际日地距离可表示为

$$d(v)=\frac{a_0(1-e^2)}{1+e\cos v}. \tag{6.13}$$

这样,任一纬度和季节的日射量可写为

$$Q=\frac{S_0}{4}\tilde{s}(\Phi,x,t) \tag{6.14}$$

$\tilde{s}(\Phi,x,t)$是分布函数,对其归一化后有

$$\frac{1}{2}\int_{-1}^{1}\tilde{s}(\Phi,x,t)\mathrm{d}x=1, \tag{6.15}$$

式中 Φ 是倾角,t 是时间,与岁差有关.一般仅考虑纬度分布时,取

$$\tilde{s}(\Phi,x,t)=s(x). \tag{6.16}$$

按 Legendre 函数展开

$$s(x)=1+s_2P_2(x), \tag{6.17}$$

式中
$$s_2=-0.477,P_2(x)=\frac{1}{2}(3x^2-1),$$

即得

$$s(x)=1.2385-0.7155x^2. \tag{6.18}$$

若考虑时间季节的变化,则有

$$s(x,t)=s_0+s_1(t)P_1(x)+s_2(t)P_2(x), \tag{6.19}$$

其中
$$s_0(t)=1+2e\cos(2\pi t-\omega),$$
$$s_1(t)=s_1(\cos 2\pi t+2e\sin\omega\sin 2\pi t),$$
$$s_2(t)=s_2[1+2e\cos(2\pi t-\omega)]+(s_{22}+s_{22}'e)\cos(4\pi t-\omega).$$

式中 t 以年为单位,北半球夏至时 $t=0$.ω 为岁差,s_1,s_2,s_{22}是与倾角有关的系数,在目前情况下分别为:-0.796, -0.477, 0.147.当不考虑 ω,e 和 Φ 的周期变化时,可以得到

$$s(x,t)=1+s_1\cos 2\pi t\cdot P_1(x)+(s_2+s_{22}\cos 4\pi t)P_2(x). \tag{6.20}$$

但对于古气候研究,必须考虑地球轨道参数的变化.下面讨论轨道参数对地球上辐射的影响.考虑太阳通量密度($S_0/4$)和日地平均距离($\bar{d}$),按图 6-28 有

$$\frac{S_0}{4}s(e,\Lambda,\Phi,x,v)=\frac{S_0}{4}\tilde{s}(\Phi,x,v)\frac{\bar{d}^2}{d(v)^2}. \tag{6.21}$$

根据 Kepler 第二定律有

$$\frac{\mathrm{d}v}{\mathrm{d}t}=\frac{M_e}{d^2}.$$

式中 M_e 是单位地球质量的角动量常数.以轨道周期定义时间单位

$$P_0=\frac{2\pi}{M_e}\bar{d}^2\sqrt{1-e^2}, \tag{6.23}$$

对于 2π 个时间单位则有

$$\frac{\mathrm{d}v}{\mathrm{d}t}=\frac{\bar{d}^2}{d^2}\sqrt{1-e^2}. \tag{6.24}$$

对全年积分并求平均有

$$\begin{aligned}\frac{1}{2\pi}\int_0^{2\pi}\frac{S_0}{4}\tilde{s}(\Phi,x,v)\frac{\bar{d}^2}{d(v)^2}\mathrm{d}t'&=\int_0^{2\pi}\frac{S_0}{4}\tilde{s}(\Phi,x,v)\frac{\bar{d}^2}{d(v)^2}\frac{\mathrm{d}t'}{\mathrm{d}v}\mathrm{d}v\\&=(1-e^2)^{-1/2}\int_0^{2\pi}\frac{S_0}{4}\bar{s}(\Phi,x,v)\mathrm{d}v\\&\approx\int_0^{2\pi}\frac{S_0}{4}\tilde{s}(\Phi,x,v)\mathrm{d}v.\end{aligned} \tag{6.25}$$

可见,任一点的年平均日射量与近日点的位置(Λ)无关,但与$(1-e^2)^{-1/2}$呈正比.因为 e 的差异很小(约 0.18%),可以略去不计.

近日点的变化对于夏季辐射的影响随轨道偏心率的增加而加大,定量分析如下:

将 $d(v)$的表达式代入(6.21)式有

$$\frac{S_0}{4}s(e,\Lambda,\Phi,x,v)=\frac{S_0}{4}\tilde{s}(\Phi,x,v)\frac{[1+e\cos(\omega-\Lambda)]^2}{(1-e^2)^2}. \tag{6.26}$$

夏至时 $\omega=\pi/2$,略去二阶小量,因而有

$$\frac{S_0}{4}\tilde{s}(\Phi,x,v)\frac{(1+e\sin\Lambda)^2}{(1-e^2)^2}\approx\frac{S_0}{4}\tilde{s}(\Phi,x,v)(1+2e\sin\Lambda). \tag{6.27}$$

辐射分布函数 $\tilde{s}(\Phi,x,t)$随纬度和季节的变化如图 6-29 所示,图中 $\Phi=23.5°$.

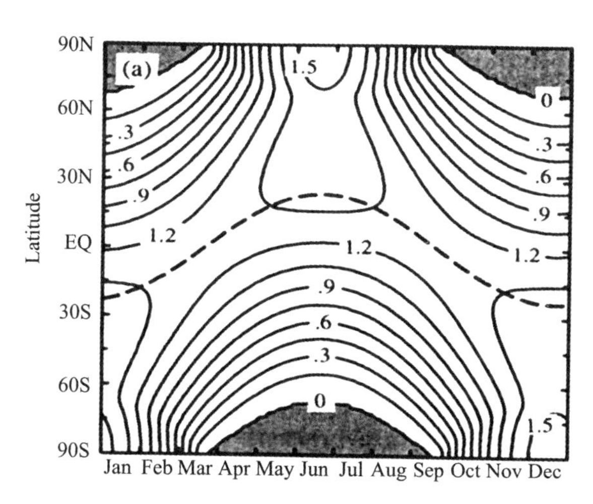

图 6-29 辐射分布函数

分布函数对于倾角的敏感性随纬度和季节而变化,敏感度函数定义为:

$$\Delta\Phi\left(\frac{\partial\tilde{s}}{\partial\Phi}\right)_{\Phi=23.5°}.$$

图 6-30 是敏感度函数的分布,图中取 $\Delta\Phi=2°$.

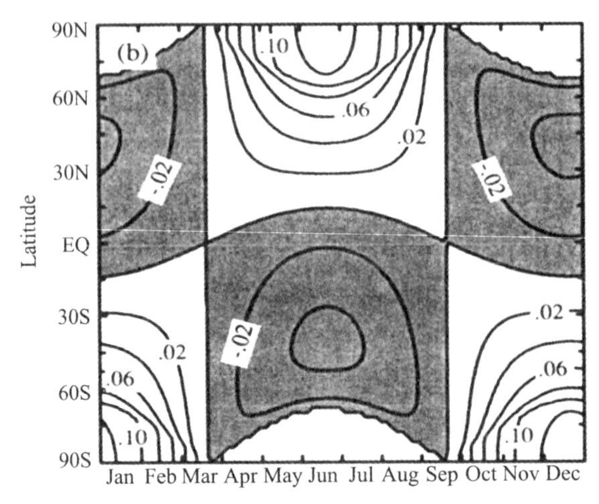

图 6-30 敏感度函数的分布

4. 讨论

根据上述理论分析可以看出,年平均天文辐射的变化与偏心率有关,即与$(1-e^2)^{-1/2}$呈正比,但 $e<0.06$,故可忽略.倾角(22.0° ～ 24.5°)和其他参数共同决定赤道与极地的辐射差异及季节变化幅度的大小,由此引起的最大变化可达 10%(高纬度夏季).参数 $e\sin\Lambda$ 的综合作用可使高纬度的夏季辐射有约 15%的变化.综合而言,三个参数的共同作用可在高纬度造成约 30%的天文辐射变化.如此巨大的辐射差异正是引发冰期和间冰期气候循环的原因所在.

图 6-31 是北半球夏至和冬至时的日平均天文辐射相对于 150000 年前至未来 20000 年平均值的距平变化图,上图是夏至时的情况,下图对应于冬至.可以看出,在北半球夏至的天文辐射在约 20 万年的尺度上可产生显著的变化,最大变化可达 50 Wm^{-2}以上.例如在距今约 1 万年前北半球夏至的辐射值比现在高 20～40 Wm^{-2},正对应于全新世暖期的开始;而在距今约 2 万年前,北半球夏至的辐射值比现在低约 20～40 Wm^{-2},对应于末次盛冰期.由此可以看出,因地球轨道参数变化引起的高纬度夏季天文辐射的变化确实对地球气候有着显著控制作用.

5. Milankovitch 理论的验证

这里我们对米兰柯维奇理论做一个简单的验证.假定过去 500000 年的全球冰体的变化完全是由地球轨道参数变化引起的,则全球冰川对应于轨道变化的平衡响应为:

$$I_{eq}=I_0-b_\Phi\frac{(\Phi-\Phi_0)}{\sigma(\Phi)}-b_e\frac{e}{\sigma(e)}\cos(\Lambda-\varphi_0). \tag{6.28}$$

式中各量的意义如下:

I_0:偏心率为 0 和参考倾角时的冰体积;

Φ_0:参考倾角 ;

b_Φ:相对于平衡响应时的倾角参数;

b_e:相对于平衡响应时的近日点循环参数;

φ_0:冰体积最小时近日点位相;

$\sigma(\Phi)$:过去 500000 年的倾角标准差;

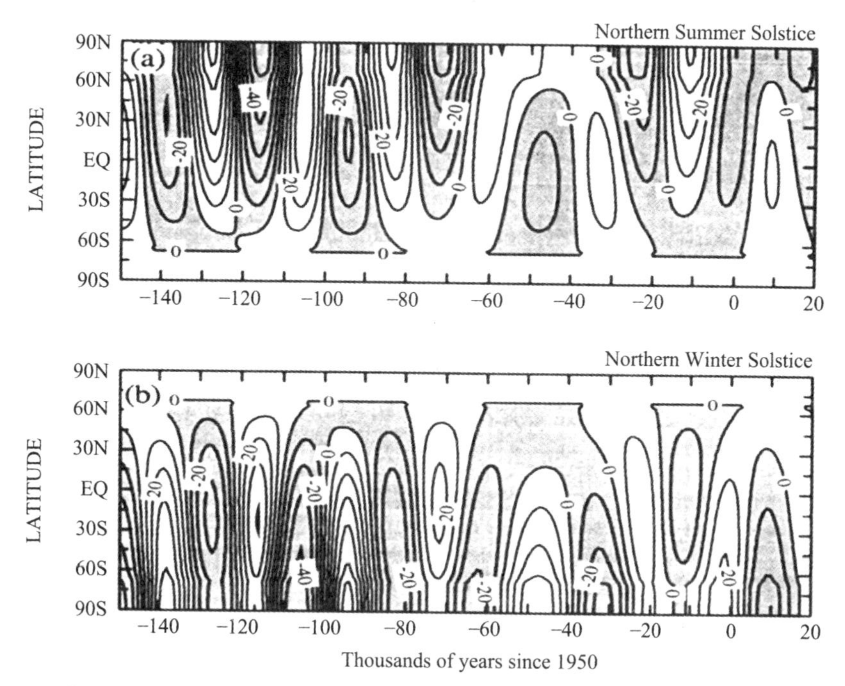

图 6－31　北半球夏至和冬至时的日平均天文辐射距平变化图(Wm^{-2})

$\sigma(e)$：过去 500000 年的偏心率标准差.

再假定冰体积按某一时间尺度达到其平衡值，该时间尺度与冰体积的变化方向有关，即

$$\frac{\partial I}{\partial t}=\frac{(I_{\text{eq}}-I)}{\tau_I}. \tag{6.29}$$

式中

$$\tau_I=\begin{cases}\tau_c, I<I_{\text{eq}};\\ \tau_w, I>I_{\text{eq}}.\end{cases}$$

这里 τ_c 和 τ_w 分别为冰积累和消融的特征时间尺度.全球冰量的变化记录表明，冰积累较慢而消融较快.根据记录资料得出如下参数：

$$\tau_c=42000\text{ 年},$$
$$\tau_w=10600\text{ 年},$$
$$b_\Phi>0,$$
$$b_e/b_\Phi=2,$$
$$\varphi_0=125°.$$

上述参数值实际上预示，最小冰量的发生条件是黄赤夹角最大且近日点位于北半球的夏至点和秋分点之间，对此，黄赤夹角和近日点具有同等的重要性.

特别是 42000 年的时间尺度，对于气候系统中一些现象的发生具有重要意义.例如：深海环流的演变需要万年以上的时间；冰川和冰流动力学估计显示，目前 Green Bay 和 Wisconsin 冬季的月降水量约为 25 mm，整个冬季的降水量为 75 mm，即使夏季冰雪不融化，其达到 3 km 厚的冰流约需 40000 年时间，若考虑其他因素，实际时间要更长.由于地壳均衡调整的需要，大陆块在冰体的重力下缓慢下沉，冰体融化后，大陆块重新上升的时间介于 5000～20000 年；从地球化学的角度看，海洋与大气层中 CO_2 含量的变化取决于冰期和间冰期的转换时间和气候条件.

6.7 气候变化的人为原因

近100年来大气中CO_2含量迅速增加，如果化石燃料的消耗继续以大约每年4%的速率增加，则大气中CO_2浓度大约在2030年达到工业革命以前数值的2倍，即600 ppm.预计下个世纪后期大气中CO_2浓度增长会更快，而且海洋和陆地植物从大气中吸收附加CO_2的能力可能会随着大气中CO_2浓度水平的提高而减小，海洋溶解CO_2的能力也会因海洋中含碳化合物浓度的增加而降低，结果滞留于大气中的CO_2将增加更快.如果化石燃料蕴藏量允许的话，那么在22世纪的某个时间大气中CO_2浓度有可能达到工业化前的10倍，即约2800 ppm.一旦CO_2达到如此高的水平，即使停止使用化石燃料，因为陆地植物吸收CO_2能力将丧失，海洋中海水和沉积物对海面CO_2状况的变化只能做出缓慢的反应，大气中的CO_2只能相当缓慢地减少，要再回到工业化以前的水平至少要1千年或数千年的时间.如果这样，地球气候可能会像一个超级温室.

现在有两点观测事实可以说明CO_2含量增加会引起气候变化：第一，近百年来全球地面气温在波动中缓慢上升，这与大气中CO_2增加趋势相一致；第二，虽然平流层观测记录较短，但是近30年来南、北半球平流层温度明显下降，这与CO_2增加、平流层温度下降相符.

当然，要根据观测资料直接准确地估计大气中CO_2含量的增加引起了多大程度的气候变化还比较困难.IPCC报告给出的各种可能情景的模式模拟结果和其他一些研究结果显示，当CO_2含量增加到600 ppm时，全球地表平均气温将增加1.5℃～4.5℃，降水率将增加2%～10%，高纬度平均雨水径流和热带地区对流性降水可能会增加，而中纬度干旱可能会更加频繁.由于全球增暖引起的积雪和冰原融化，海平面将会升高20～140 cm.在假定大气CO_2含量加倍、热带地区洋面温度增加2℃～3℃的条件下，模拟得出大部分飓风地区，如加勒比海、大西洋西部及太平洋部分地区，飓风的最大强度将增加40%～50%，墨西哥湾飓风最大强度将增加60%.

一、人类活动与温室效应

人类活动产生的温室气体不仅仅是CO_2，大气中主要温室气体包括CO_2，CH_4，N_2O，CFCs等，观测表明，随着人类活动强度增大、化石燃料使用量的增加而引起的排放量增加，这些温室气体的含量也在增加.表6-14是1990年和工业革命前主要温室气体含量变化的一些特征数据.这些数据显示，所有的温室气体的浓度都在增加，但它们在大气中所占的比例有很大差别，其中CO_2占55%，其次是CFCs类气体和甲烷，分别占17%和15%，其他气体仅占13%，所以CO_2仍然是气候变暖最主要的温室气体和影响因子.

表6-14 主要温室气体特征

参 数	CO_2	CH_4	CFC-11	CFC-12	N_2O
未工业化前的大气浓度	280 ppmv	0.8 ppmv	0	0	288 ppbv
现阶段大气浓度	353 ppmv	1.72 ppmv	280 pptv	484 pptv	310 ppbv
现阶段大气浓度年增长率	1.8 ppmv (0.5%)	0.015 ppmv (0.9%)	9.5 pptv (4%)	17 pptv (4%)	0.8 ppbv (0.25%)
在大气中滞留的时间(年)	(50～200)	10	65	130	150

转摘自Watson et al.(1990)

1. CO_2

如前所述，大气中CO_2的浓度取决于其在大气、海洋和陆地间的循环.由于碳在大气、海洋和陆地间的快速交换，大气中的CO_2分子每循环一次要4年，大气CO_2浓度达到新的稳定平衡状态的时间约为50～200年.人类化石燃料使用量与碳的排放量之间有直接线性的关系(如图5-16).根据1980年至1989年10年的资料估计，每年因化石燃料的消耗，约有5 Gt的碳进入大气(见表6-15)，而且这个数字还在增加.图6-32是过去250年来CO_2的含量变化，可以看出在最近几十年增长速度显著加快.在过去约40万年时间内，大气中CO_2浓度在180 ppm～280 ppm之间以约10万年的周期振荡.但从工业革命以来，CO_2浓度没有按原先的周期性变化在应该出现振荡回落的地方下降，而是突破了过去的上界后继续上升(如图6-33)，这种持续快速上升的趋势是与人类活动密不可分的.

表6-15　人类活动引发的1980年至1989年全球碳收支的估计

碳的源和汇	GtC/年
化石燃料燃烧排放进入大气	5.4±0.5
森林采伐和土地利用过程中的排放	1.6±1.0
大气的累积	3.4±0.2
海洋的吸收	2.0±0.8
净的不平衡	1.6±1.4

摘自Watson et al.(1990)

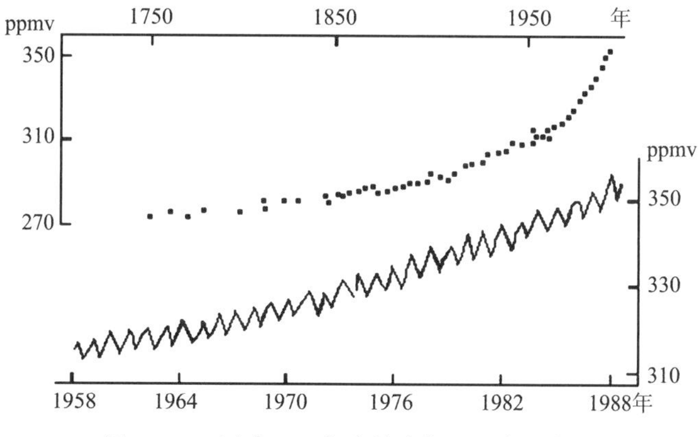

图6-32　过去250年来的大气CO_2含量变化

2. 卤碳类化合物(Halocarbons)

卤碳类化合物主要包括大量的含碳化合物，可以产生影响地球气候的温室效应气体，例如CFC-11(CCl_3F)，CFC-12(CCl_2F_2)等，这些气体主要用于制冷设备.该类气体在8～11 μm大气窗能强烈吸收长波辐射，有与CO_2类似的温室作用，其主要特性列于表6-16.可以看出，各类卤碳类化合物在大气中的比例、增长率和平均寿命都相差很大，因为总含量较小，其温室作用对气候变化的影响还较小，但这类气体对大气平流层臭氧层的破坏更为引人注目.

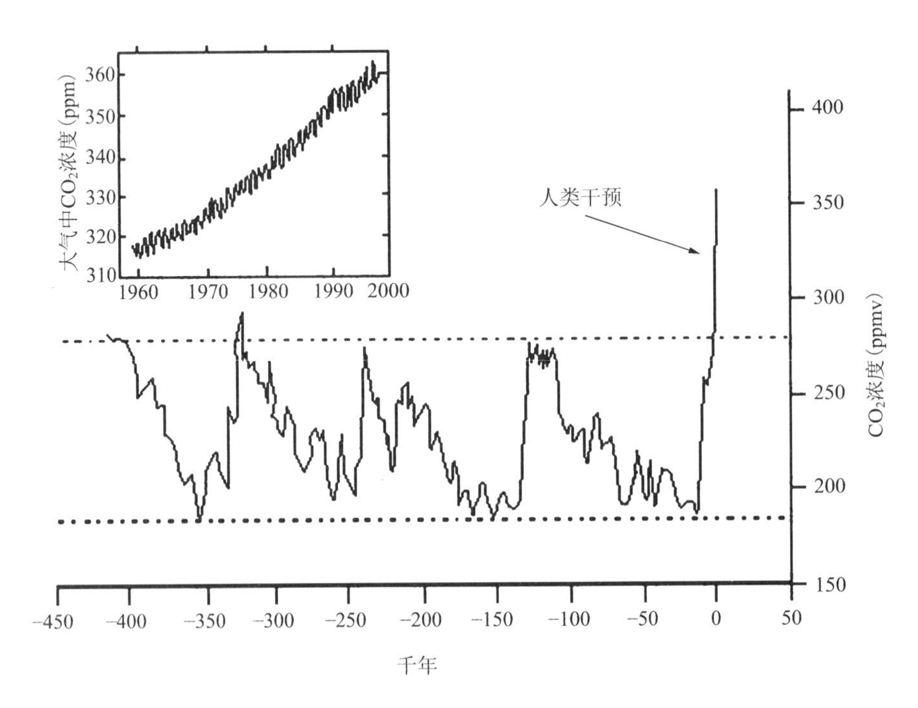

图 6-33 过去 40 万年来大气 CO_2 含量变化

表 6-16 卤碳类化合物的特征(摘自 Watson et al. 1990)

卤碳类化合物		混合比(pptv)	年增长率		寿命(年)
			pptv	%	
CCl_3F	(CFC-11)	280	9.5	4	65
CCl_2F_2	(CFC-12)	484	16.5	4	130
$CClF_3$	(CFC-13)	5			
$C_2Cl_3F_3$	(CFC-113)	60	4～5	10	90
$C_2Cl_2F_4$	(CFC-114)	15			
C_2ClF_5	(CFC-115)	5			
CCl_4		146	2.0	1.5	50
$CHClF_2$	(HCFC-22)	122	7	7	15
CH_3Cl		600			1.5
CH_3CCl_3		158	6.0	4	7
$CBrClF_2$	(Halon 1211)	1.7	0.2	12	25
$CBrF_3$	(Halon 1301)	2.0	0.3	15	110
CH_3Br		10～15			1.5

3. 甲烷(CH_4)

甲烷是除 CO_2 以外最重要的温室气体,而且其浓度的增长速度远大于 CO_2 浓度的增长速度.甲烷的来源也分为自然源与人为源两种.如表 6-17 所示,甲烷主要来源包括天然湿地、稻田、动物的排泄物等，同时在天然气和煤矿的开采中也会产生.在自然源中最主要的是湿地、沼泽等，人为源中最主要的是煤、天然气和石油开采.同时甲烷在大气中被氧化并产生水汽，是平流层中水汽的主要来源和重要的温室气体.大气的清除作用和土壤的吸收作用可以减少大气中的甲烷.

表 6-17　大气中 CH_4 的主要源汇(Tg/年)

源	平均	变化幅度
自然源		
湿地	115	100～200
白蚁	20	10～50
海洋	10	5～20
淡水	5	1～25
甲烷水化物	5	0～5
人为源		
煤、天然气、石油开采	100	70～120
稻田	60	20～150
腐化物	80	65～100
动物排泄物	25	20～30
民用污水处理	25	
垃圾场	30	20～70
生物燃烧	40	20～80
汇		
大气清除	470	420～520
土壤吸附	30	15～45
大气转化	32	28～37

4. 臭氧(O_3)及氮氧化物(N_2O)

臭氧是一种重要的大气微量气体，全球平均整层气柱含量 0.3 cm 左右，大部分集中在10～50 km的平流层，对流层中臭氧占其总量的 10%左右.臭氧是影响对流层—平流层大气动力、热力、辐射、化学等过程的关键成分，在气候和环境变化中扮演非常重要的角色.臭氧是对流层和平流层大气化学过程的核心成分，作为一种强氧化剂，其浓度的分布和变化直接影响大气化学的循环和平衡.臭氧通过吸收太阳辐射的紫外光和可见光部分而成为平流层的主要热源，在很大程度上决定了对流层顶的存在和平流层的温度结构，从而对大气环流和全球气候的形成起重要作用.臭氧在红外波段有许多吸收带，特别是在 9.6 μm 处有一很强的吸收带，成为重要的温室气体.臭氧在对流层和平流层下层是有效的温室气体.

观测资料显示臭氧浓度的变化很大，全球大气中臭氧变化的标准偏差为:北半球 1957 年 8 月～1961 年 3 月为$-4.7\pm1.5\%$，1961 年 4 月～1970 年 5 月为 $11.3\pm2.3\%$；南半球 1957 年 8 月～1961 年 9 月为 $2.5\pm2.3\%$，1961 年 10 月～1970 年 5 月为$-1.1\pm1.6\%$.全球臭氧含量在 1970 年代后期至 1990 年代早期持续减少，最低值出现在 1992～1993 年，其值比1964～1980年的平均值低 6%.平流层下层的臭氧总量的下降，最为典型的就是南极臭氧洞，其结果是使到达地表附近的太阳紫外线辐射增加，对人和生物构成危害.1993 年后臭氧量开始

缓慢回升,在2000～2003年时比1964～1980年的平均值低4%,但目前仍无法清楚确认全球臭氧层的恢复趋势是否可靠.

氮氧化物主要来源于土壤和水中的生物源,在大气中的滞留时间约150年,其汇是平流层.冰芯的证据表明,大气中的N_2O浓度在过去2000年中保持在285 ppbv,此后以约0.2%/年～0.3%/年的速率增加,1990年达到310 ppbv.N_2O的人为源包括化肥的使用、植物的燃烧及大量的工业活动等.

5. 气溶胶和硫化物

人类活动引起的环境问题也带来许多与气候变化有密切关系的影响因子,而在众多气候变化的影响因子的作用机制中,最不确定的是气溶胶的气候效应.大气中气溶胶的增加不仅导致区域性大气污染,同时还带来区域甚至全球气候的变化.大气气溶胶是指悬浮在大气中的固体和液体微粒共同组成的物质,其粒子的直径大多在10^{-3}～10^{2} μm.气溶胶在大气中平均滞留时间较短,在对流层中大约几天到两周,但在平流层中可达几年.平流层中始终存在着气溶胶层,但浓度较低;火山爆发后的2～5年内平流层气溶胶层会有所增强.如前所述,气溶胶粒子主要包括沙尘气溶胶、碳气溶胶(黑碳和有机碳气溶胶)、硫酸盐气溶胶、硝酸盐气溶胶、铵盐气溶胶和海盐气溶胶等.

大气中气溶胶来源非常广泛,有自然源也有人为排放源,有直接来源也有间接来源.气溶胶的直接来源包括海盐、矿物源、火山、森林大火、宇宙碎片、生物物质等;间接来源则有硫化物、氮化物、碳氢物等.具体而言,对流层中气溶胶主要分为以下四种.

(1) 海盐气溶胶,这种气溶胶由海洋上破碎浪花产生.由于海水盐粒的体积和溶解比较大,因此它们容易被冲洗和雨涤,只有很少的部分能穿过海平面上3 km以外的云过滤器.这种气溶胶不可能因为对辐射产生影响而成为气候变化的主要原因.

(2) 陆地气溶胶,主要在陆地上由气态硫、氮和一些化合物的悬浮微粒形成,可以有自然源和人为来源.各种燃烧都能直接产生这类气溶胶,如森林火灾、植被破坏以及工业区的污染和其他人类活动.在自然条件下,这种气溶胶的形成也不是气候变化的原因,而是气候变化的结果.现在人们更为关注的是人类活动产生的此类气溶胶在多大程度上会对气候长期变化产生影响.

(3) 矿物尘埃气溶胶,是对流层气溶胶的主要成分.矿物尘埃气溶胶来自陆地表面,尤其是在干旱地区更为明显.这种气溶胶的粒径大小很大一部分是处在对辐射有重要影响的范围内,而且极易被大气环流输送到很远的距离.此类气溶胶的浓度对干旱区边缘、植被覆盖变化、土壤蚀损等很敏感,有更为显著的气候效应,各种时间尺度的气候变化都与这种气溶胶有密切关系.

(4) 本底气溶胶,这种气溶胶存在于海洋上空3 km以上、陆地上空5 km以上的中高层对流层中,分布比较均匀,故通常称为对流层的本底气溶胶.它主要由大陆气溶胶和矿物尘埃气溶胶穿过对流层的雨水冲洗过滤器后的残余部分所组成.平流层中的气溶胶是由SO_2的抗氧化作用形成的.

气溶胶的气候效应主要是通过散射和吸收太阳短波辐射以及地球长波辐射而影响地气系统的辐射平衡(直接效应);与此同时,大气气溶胶可以作为凝结核影响云的辐射特性以及作为反应表面影响大量化学反应的速度而引起相应的天气和气候变化(间接效应).有关模拟结果显示,人类活动引起大气气溶胶增加倾向于使地球表面降温.例如,工业化以来大气气溶胶增加引起的地面变冷可以部分地抵消温室气体增加引起的地面气温上升.气溶胶的主要气候效应仍是通过降低大气透明度改变辐射过程，如减少地面的太阳辐射吸收使地面降温而影响气候；在对流层上部和平流层下部则因气溶胶吸收太阳辐射而产生增温效应.

6. 地表植被破坏

主要表现为热带和中纬度的森林破坏、沙漠化加剧以及城市化，其结果是对区域地表状况的改变和局地气候的影响，典型的例子就是地表反射率的改变，从而影响到能量平衡，对生态系统和人类的生存环境具有严重危害，产生了一系列严重后果.如图 6－34 所示，在过去 300 多年里，全球的地表覆盖因人类活动发生了很大变化，特别是近百年来变化加剧.农牧业用地比例已从 1700 年的不足 10%增加到现在的约 38%，而自然植被则从 90%以上下降到约 60%.

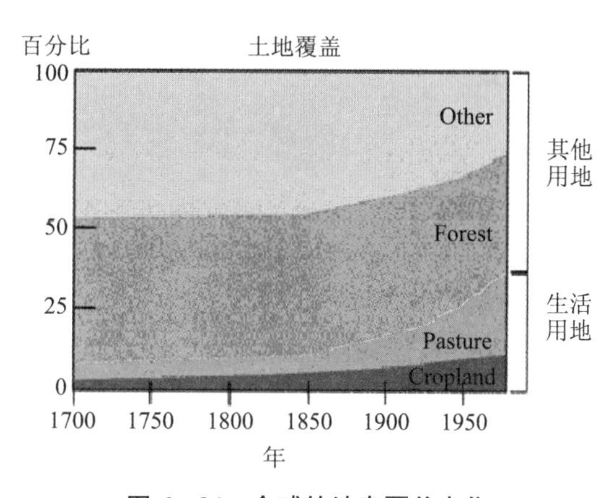

图 6－34　全球的地表覆盖变化

第七章

气候模拟与预测

气候模拟是利用气候模式研究气候系统及气候变化的定量方法，通过计算机数值求解描述气候系统中各种物理过程的偏微分方程组来解释气候变化的事实，揭示气候变化的规律与成因机制.气候模式是用于模拟和研究气候系统变化及各圈层之间相互作用和其内部过程的数值实验室，是现代气候研究必不可少的重要手段.气候模式建立在描述地球气候系统状态、运动和变化的一系列方程组之上，是研究气候变化的成因机制及预测未来气候变化的有力工具.如果气候模式是一个数值实验室的话，气候模拟就是在这个实验室进行的实验.因此，气候模拟方法使得气候学成为一门“可实验”的科学.气候模拟的基本步骤包括模式的选择、调试，模拟方案的设计，初始场和边界强迫条件的确定，模式运行，模拟结果的输出处理、绘图和相关辅助性计算等.最后要对模拟结果做综合分析，并与实际观测资料进行比较得出所需要的结论.

气候系统是一个高度非线性系统，对气候系统进行完全定量的物理和数学描述是非常复杂的.气候模式的偏微分方程组主要包括气候系统的各组成部分的动力学和热力学方程以及状态方程和连续方程等.例如对于典型的含有海洋、大气和海冰耦合的气候模式，必须包括大气、海洋和海冰的动力学方程和热力学方程以及大气状态方程、连续方程、海洋连续方程和盐度方程等.本章将简洁、系统地介绍有关气候模式的基本概念、基本原理和常见类型，在此基础上介绍气候模拟的有关内容，最后讨论气候预测问题.

7.1　气候模式体系

由于气候系统数学物理描述上的难度和复杂性，又由于模式实现在计算方法和计算机条件上的限制及研究气候问题的侧重点不同，人们在建立气候模式时要根据实际需要和具体要求进行模式方程的简化和近似，得出各种气候模式.这种简化和近似在物理上是要突出特定时空尺度上气候系统最主要的过程和特征，忽略次要的过程和特征.从数学上讲，可以在保证物理意义明确的前提和计算条件允许的条件下尽可能简化运算.此外，对于不能用模式变量直接求解描述的过程和变量，则要进行参数化处理.

在此基础上，根据研究的需要可以建立一系列气候模式.经过近半个世纪的探索和发展，全球各类气候模式已经形成一个庞大的体系和不同的家族.例如按照模式的空间范围有全球气候模式和区域气候模式.全球模式按照复杂程度又可分为简单模式、中等复杂程度模式和复杂模式.按空间维数有 0 维或 1 维模式、2 维和 2.5 维模式及 3 维模式等.按照模式所依据的方程和强调的物理过程，可分为能量平衡模式、辐射对流模式、纬向平均动力模式、随机统计动力模式、环流模式等.按照模式所描述的系统可分为大气环流模式、海洋环流模式、海冰模式、陆冰模式、植被模式、生物模式、化学模式和水文模式等.

简单气候模式中包括典型的 0 维和 1 维能量平衡模式、箱式能量平衡模式和 1 维辐射对流模式等；中等复杂程度模式包括经向—纬向的或经向—垂直方向的 2 维、2.5 维动力和能量平衡模式；复杂模式是目前用于大规模气候模拟的主体，主要是以 3 维大气环流模式为核心，耦合了海洋模式、海冰模式等辅助模式的复杂模式系统.该类模式包括了较为全面的动力和物理过程，能够较全面地反映气候系统中各个物理过程及其相互作用.全球大气环流模式按数学处理和计算方案可分为格点模式和谱模式.

格点模式是指在物理空间格点上将空间导数用空间差分近似，然后求数值解的模式.用差分近似微分时，计算精度不及谱方法.但是，在物理过程参数化和地形引入等方面，格点模式又较谱模式方便和灵活.谱模式则是将物理量展开为球谐函数的级数(谱)形式，然后进行数值求解.

1. 气候系统特征与气候模式

在第二章中我们介绍了地球气候系统的主要性质，这些性质对于气候模式的设计和建立十分重要.这需要考虑在气候模式中如何表现气候系统的能量、物质的输送，具有非线性相互作用的复杂物理和动力过程及各种反馈机制；在何种程度上体现气候过程的多层次、多时空尺度特征.目前对气候系统的数学物理描述的能力及其局限性等都是气候模式发展中所面临的问题.根据研究的需要可以发展和使用不同类型的气候模式.

2. 气候模式的类型及特点

从气候模式的总体功能上讲可以将其分为两大类.第一类是机制模式，是在固定其他的气候组成部分的条件下研究单个机制或几个简单的物理过程和耦合机制，这些气候模式称为“机制模式”，如能量平衡模式、辐射对流模式等；第二类是模拟模式，这类模式可以在一定程度上在三维空间和时间(x,y,z,t)上再现气候系统或子系统中主要物理过程、相互作用及反馈机制，并可以进行真实时间的连续积分模拟和未来气候预测，给出气候要素场的时空分布和变化，这就是所谓“模拟模式”，如全球大气环流模式、海气耦合环流模式和区域气候模式等.

这两大类模式的同时存在和发展，既有助于人们逐步深入地研究和认识气候系统中的各种耦合过程和反馈机制，又使得不同时空尺度气候变化的真实模拟成为可能.

3. 模式的技术问题

气候模式建立中的主要技术问题包括以下三个方面：

(1) 数学方法：描述气候系统的方程组的可解性、初始条件和边界条件，在数值计算上的可行性、可靠性和稳定性；

(2) 物理过程：对引入模式的各种物理过程设计的合理性、可靠性和可实现性，特别是根据研究对象的特点和需要，在物理过程的简明性和复杂性之间作出合理的选择；

(3) 参数化方案：对一些无法在模式分辨率上描述的或暂时无法得出精确表达式的物理过程，需要进行参数化处理，即用大尺度模式变量来描述某些次网格过程或某些无法直接精确计算的物理量，具有经验性和统计性质.

作为一个对地球气候系统进行物理数学描述的气候模式，要求能适应各种变化和设定的强迫场及边界条件，并作出具有一定敏感性的响应.因此对气候模式的总体要求是能体现外强迫(太阳辐射等)、气候系统内部物理过程及相互作用(海气、陆气相互作用等)、初始场和边界条件的确定的作用；具体要求可以根据模式的特性、用途和复杂程度而定，应突出主要物理意义和气候学意义，见表 7－1 所示.

4. 气候模式体系

为清楚起见，这里对上面介绍的有关气候模式按空间维数、模式性质和用途归纳如下：

(1) 空间维：可分为0维、1维、2维、3维模式；

(2) 性质：能量平衡、辐射对流、纬向平均动力模式、全球模式、随机统计动力模式等.

总体上按其使用的方程性质可为两大类：① 热力模式，如能量平衡、辐射对流模式等；② 动力模式，如全球大气环流模式、海洋环流模式等.表7－2和表7－3对上述模式进行了归纳.

表7－1　气候模式设计主要构成

项　目	基 本 内 容	说　明
物理过程设计	物理过程(动力学过程、热力学过程、辐射收支、水相变、其他物质循环、热力学过程)、化学过程、生物过程等	牛顿第二定律；热力学定律；质量守恒定律；其他方程
数学方法设计	模式方程(算子形式)、控制参数、初始条件和边界条件、空间和时间分辨率、参数化等	计算稳定性；计算收敛性；方程组闭合；耦合计算方案
计算程序设计	积分和微分的数值近似计算求解，多维时空离散化(时间和空间计算的数学处理网格或基函数)，主程序(计算流程图)、子程序(通用模块单元)等	物理过程设计和数学物理设计在计算机上的实现
资料处理设计	边界条件、初始条件资料输入、中间结果的存取、最后结果的输出等	

表7－2　气候模式体系

简单模式	中等复杂程度模式	复 杂 模 式
0－D EBM	2－D经向-垂直纬向平均模式	3－D AGCM
箱式 EBM	2－D经向-纬向 EBM	
1－D EBM		
1－D RCM	2－D经向-垂直 RCM	
	2－D经向-纬向海气耦合模式	3－D OGCM
	2.5－D经向-纬向海气耦合模式	3－D OAGCM
		3－D OAVGCM
		3－D CGCM

表7－3　气候模式主要类型

序　号	模　　式	缩　写
1	辐射对流模式	RCM
2	能量平衡模式	EBM
3	统计动力模式	SDM
4	随机气候模式	RM

续 表

序 号	模 式	缩 写
5	大气环流模式	AGCM
6	海洋环流模式	OGCM
7	海冰模式	IM
8	生物化学模式	BCM
9	耦合环流模式	CGCM

7.2 气候模式的数学物理基础

本节对各类气候模式的主要数学表达方程和物理意义做简单介绍，以了解常见气候模式的数学物理框架和相互之间的差别与联系.

一、能量平衡模式(Energy Balance Model，EBM)

能量平衡模式从其空间维数定义，可以有 0 维至 3 维，但使用比较多的是 0 维和 1 维模式.随着该类模式的发展和对气候长时间模拟的需要，一些 2 维和 2.5 维的中等复杂程度模式得到迅速发展.有关中等复杂程度模式在后面有关章节做专门介绍.

1. 0 维模式

此类模式将地球看作一个整体，没有空间分布，只描述在外强迫太阳辐射作用下，地球系统的辐射平衡所决定的地球大气的平均温度，其方程为

$$C\frac{\partial T}{\partial t}=Q(1-\alpha)-\varepsilon\sigma T^4 \tag{7.1}$$

或

$$C\frac{\partial T}{\partial t}=Q(1-\alpha)-(A+BT). \tag{7.2}$$

式中 C 为地球系统的热容量，Q 是太阳辐射，T 为温度，α 为地球系统反照率，ε 是地球系统的长波放射率，σ 是 Stephen-Boltzman 常数，A 和 B 是经验常数.这一类能量平衡模式可以求解析解，也可求数值解，常用来研究气候系统对外强迫的敏感性和反馈机制.

2. 1 维模式

在 0 维模式的基础上引入温度随纬度的变化，使温度成为一维空间和时间的函数，其方程为

$$C(x)\frac{\partial T(x,t)}{\partial t}=QS(x,t)[1-\alpha(x,t)]-A-BT(x,t)+D(x,t). \tag{7.3}$$

式中 $x=\sin\varphi$，是纬度的正弦函数，$s(x,t)$ 是太阳辐射分布函数，$D(x,t)$ 为热量的经向交换量，其他变量意义同上.

方程中辐射和反射率的分布函数均可以用 Legendre 函数展开：

$$\begin{aligned}S(x,t)&=\sum_{i=0}^{2}S_i(t)P_i(x),\\ \alpha(x,t)&=\sum_{i=0}^{2}\alpha_i(t_i)P_i(x).\end{aligned} \tag{7.4}$$

$P_i(x)$ 是 i 阶 Legendre 函数.热量水平输送为：

$$D(x,t)=-\frac{\mathrm{d}}{\mathrm{d}x}D(1-x^2)\frac{\mathrm{d}T(x,t)}{\mathrm{d}x}. \tag{7.5}$$

关于 $D(x,t)$函数,可以采用不同的参数化处理,如著名气候学家 Budyko 的参数化水平热量输送表示为：

$$A(\varphi)=\beta[T(x)-T_0], \tag{7.6}$$

式中 T_0为平均温度,β 为热量输送经验系数.

著名物理气候学家 Sellers 还提出了一个箱式 1 维模式,将全球分为 18 个纬度带,对每个纬度带的热量方程可用下述形式表示：

$$R_s^*=L\Delta C+\Delta S+\Delta F. \tag{7.7}$$

式中各项的意义如下：R_s^* 是净辐射收支,C 是水汽输送,S 是大气感热输送,F 是海洋热量输送.如果考虑到各纬度的差异,则有：

$$-R_s^*\frac{A_0}{l_1}=LC_1+S_1^*+F_1-P_1\frac{l_0}{l_1}. \tag{7.8}$$

式中,A_0为该纬度带的面积;l_0,l_1分别为北侧和南侧的纬圈长度;$P_0=LC_0+S_0^*+F_0$,下标“0”和“1”分别表示北界和南界.在两极分别有：

$$\begin{aligned}&-R_s^*\frac{A_0}{l_1}=LC_1+S_1^*+F_1 \qquad (80°\mathrm{N}<\varphi<90°\mathrm{N});\\&R_s^*\frac{A_0}{l_0}=P_0 \qquad (80°\mathrm{S}<\varphi<90°\mathrm{S}).\end{aligned} \tag{7.9}$$

在平衡方程中可用两纬度间温度差的形式：$\Delta T=T_0-T_1$.

方程中各项的计算如下：

辐射平衡：

$$R_s^*=Q(1-\alpha)-\sigma T_g^4[1-m\tanh(19T_g^4\times10^{-16})], \tag{7.10}$$

式中 $m=0.5$,tanh 是双曲函数.

考虑冰的反馈机制,地表反照率与地面温度(纬度)有关,设：

$$\alpha=\begin{cases}b-0.009T_g,T_g<283.16\ \mathrm{K};\\b-2.54800,T_g>283.16\ \mathrm{K}.\end{cases} \tag{7.11}$$

式中 b 是与纬度有关的反照率参数.

水汽输送表示为：

$$C=\left(v_q-K_q\frac{\Delta q}{\Delta y}\right)\frac{\Delta p}{g}. \tag{7.12}$$

式中 v 是经向风速,q 是比湿,Δy 是纬度带宽度,约为 1.11×10^8 cm, Δp 是对流层的气压差,K_q 为水汽涡动扩散系数.

大气与海洋的经向感热输送为：

$$\begin{aligned}S^*&=\left(vT_0-K_h\frac{\Delta T}{\Delta y}\right)\frac{C_p}{g},\\F&=-K_0h_s\frac{l_s}{l_1}\frac{\Delta T}{\Delta y}.\end{aligned} \tag{7.13}$$

式中 K_h,K_0 分别为大气和海洋的扩散系数,h_s 为海洋深度,l_s 为海洋所占纬度的宽度.

3.2维模式

引入水平2维位置矢量,即考虑变量在经向和纬向的分布,则有:

$$C(\vec{r})\frac{\partial T(\vec{r},t)}{\partial t}-\nabla[D(\vec{r})\cdot\nabla T(\vec{r},t)]+A+BT(\vec{r},t)=QS(\vec{r},t)[1-\alpha(\vec{r},t)]. \tag{7.14}$$

另一类2维模式是考虑经向和垂直方向的分布,相当于1维模式与辐射对流模式的合成.表7-4对能量平衡模式做了归纳.

表7-4 各种EBM的主要特征

模式名	模式变量	模式参数	模式特征
0D-EBM	$T(t)$	A,B,α	辐射、反照率
1D-EBM	$T(\alpha,t)$	A,B,D,α	辐射、反照率、扩散
2D-EBM(水平)	$T(\alpha,\lambda,t)$或$(\vec{r},t)$	A,B,C,D,α	辐射、反照率、扩散、海陆热力差异
2D-EBM(经向/垂直)	$T(\varphi,z,t)$ 或 $T(\varphi,p,t)$	云量、湿度、反照率	辐射、云、水汽、反照率、经圈环流热输送、漩涡热输送
箱式-EBM	$T(b,h,t)$ 或 $T(b,z,t)$ b为海洋或大陆盒子	辐射、热交换系数、热扩散系数、海水垂直速度、深层海水临界温度	海洋中的各种能量过程

二、辐射对流模式(Radiation-Convective Model, RCM)

该类模式是通过垂直方向的辐射收支和温度的对流调整来获得大气的垂直温度分布,是一种考虑时间演变的1维模式.该模式的物理假定是,在任何高度上的太阳辐射和长波辐射通量与对流热通量保持平衡;因辐射差异引起的温度垂直分布的不稳定由对流调整而达到稳定.

1.无对流调整的辐射平衡模式

假定大气温度的垂直分布$T(z,t)$是由辐射收支决定的,则温度变化方程为:

$$\left(\frac{\partial T}{\partial t}\right)_r=\left(\frac{\partial T}{\partial t}\right)_i+\left(\frac{\partial T}{\partial t}\right)_s. \tag{7.15}$$

右边第一、第二项分别代表长波辐射和短波辐射引起的温度变化.但由此得出的温度廓线在近地面的垂直递减率过大,且在对流层顶及平流层给出的温度分布与实际观测值也有较大差异.由此可见,仅仅由辐射平衡确定温度的垂直分布是不完全的,还需引入其他机制.

2.有对流调整的辐射平衡模式

实际大气的动力特性对温度的垂直分布有重要影响,因此在辐射平衡方程中引入对流调整.其基本假定是:

(1)在大气顶,净入射短波辐射等于射出长波辐射;

(2)大气的净辐射冷却作用等于大气长波辐射与短波辐射之差;

(3)温度直减率小于规定值时,气层维持局地辐射平衡;

(4)当温度直减率大于规定值时,对温度分布进行调整,以使其达到规定值.

模式方程为:

$$\left(\frac{\partial T}{\partial t}\right)_n=\left(\frac{\partial T}{\partial t}\right)_r+\left(\frac{\partial T}{\partial t}\right)_a. \tag{7.16}$$

右边第二项为对流调整项，当不考虑对流调整时该项为零，与(7.15)式相同.在对流层质量守恒条件下有：

$$\frac{c_p}{g}\int_{p_t}^{p_b}\left(\frac{\partial T}{\partial t}\right)_n \mathrm{d}p=\frac{c_p}{g}\int_{p_t}^{p_b}\left(\frac{\partial T}{\partial t}\right)_r \mathrm{d}p. \tag{7.17}$$

在地表面应满足热量平衡方程，即：

$$\frac{c_p}{g}\int_{p_t}^{p_b}\left(\frac{\partial T}{\partial t}\right)_n \mathrm{d}p=\frac{c_p}{g}\int_{p_t}^{p_b}\left(\frac{\partial T}{\partial t}\right)_r \mathrm{d}p+(S_s-F_s). \tag{7.18}$$

同时可定义各层的短波辐射增温率和长波辐射冷却率分别为：

$$\begin{aligned}\left(\frac{\partial T}{\partial t}\right)_s&=\frac{g}{c_p}\frac{\Delta S}{\Delta p},\\ \left(\frac{\partial T}{\partial t}\right)_i&=-\frac{g}{c_p}\frac{\Delta F}{\Delta p}.\end{aligned} \tag{7.19}$$

对方程(7.16)积分，进行数值迭代求解可以计算温度值：

$$T^{(n+1)}=T^{(n)}+\left(\frac{\partial T}{\partial t}\right)_n^{(n)}\Delta t. \tag{7.20}$$

当达到给定的精度时，即

$$|T^{(n+1)}-T^{(n)}|\leqslant \varepsilon. \tag{7.21}$$

迭代结束，得到垂直温度廓线 $T(z)$.

3. 对流调整的实现

对流调整由以下步骤实现.设临界温度直减率为 LRC，则当

$$T_N^{(1)}-T_N^{(0)}>(LRC)_{N-\frac{1}{2}}$$

时，计算

$$T_N^{(2)},T_{N-1}^{(1)},$$

使之满足

$$T_N^{(2)}-T_{N-1}^{(1)}=(LRC)_{N-\frac{1}{2}},$$

直到

$$T_N^{(1)}-T_N^{(0)}<(LRC)_{N-\frac{1}{2}},$$

再设

$$T_N^{(2)}=T_N^{(1)},T_{N-1}^{(1)}=T_{N-1}^{(0)}.$$

4. 辐射通量的计算

计算温度变率的主要过程是计算各层因辐射收支而引起的温度变化，包括短波辐射和长波辐射.

(1) 短波辐射.对 $N-1$ 和 N 层之间的短波吸收辐射可以表示为

$$\Delta S=S_N-S_{N-1}, \tag{7.22}$$

其中

$$S_N=S_N^{\downarrow}-S_N^{\uparrow}, \tag{7.23}$$

表示第 N 层向下的太阳辐射和向上的太阳辐射(反射辐射)之差.

(2) 长波辐射.同理，对 $N-1$ 和 N 层之间的净长波辐射损失可以表示为

$$\Delta F=F_{N-1}-F_N, \tag{7.24}$$

其中

$$F_N=F_N^{\uparrow}-F_N^{\downarrow}, \tag{7.25}$$

表示第 N 层向上长波辐射和向下长波辐射之差.

5. 辐射对流模式 RCM 的主要用途

(1) 对地球气候系统能量传输有关问题进行模拟研究;

(2) 着重分析辐射传输的总体气候效应,如温室效应、气溶胶的气候效应、云与辐射的相互作用;

(3) 与能量平衡模式结合形成 2 维能量平衡模式;

(4) 作为 GCM 和相关气候模式中的辐射计算模式.

三、全球大气环流模式(General Circulation Model, GCM)

如前所述,全球大气环流模式按其数值计算的处理方法可分为两类:格点模式和谱模式.前者将物理量按模式的水平格点数(一般是经度和纬度的交叉点)进行计算;后者则是将物理量用给定的截断波数的球函数展开.目前绝大多数全球气候模式都采用谱模式,但无论是格点模式还是谱模式,其所依据的基本物理和动力方程组是相同的,只是表示方法不同,同时它们在垂直分层方法上也是相同的.

模式的垂直分层结构可以采用不同的坐标,常见的有 σ 坐标和 $p-\sigma$ 混合坐标,如图 7-1 和图 7-2 所示.

图 7-1　σ 坐标示意图

σ 坐标的定义为

$$\sigma=\frac{p-p_t}{p_s-p_t}, \tag{7.26}$$

其中 p 为气压,p_s 为地面气压,p_t 为模式顶层气压.

$p-\sigma$ 混合坐标的表达式为

$$\sigma=\frac{p-p_c}{p_s-p_c}, \tag{7.27}$$

这里 p_c 为转换层气压，在该层以上为纯气压坐标，该层以下为 σ 坐标（如图 7－2）.图 7－3 是 σ 坐标与垂直高度的大致对应关系.

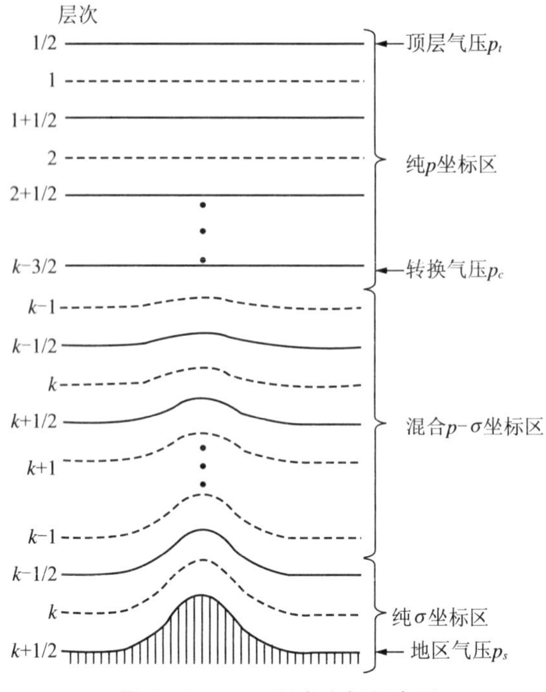

图 7－2　p－σ 混合坐标示意图

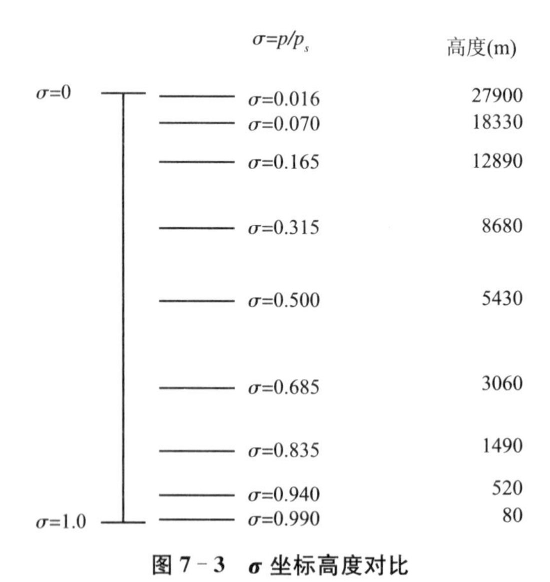

图 7－3　σ 坐标高度对比

如果垂直方向采用 z 坐标，则球面 z 坐标下的全球大气环流模式方程组可以分别写成如下形式.

1. 运动方程

$$\frac{\mathrm{d}\vec{V}}{\mathrm{d}t}=-\frac{1}{\rho}\nabla p-f\times\vec{V}+\vec{F}. \tag{7.28}$$

2. 静力平衡方程

$$g = -\frac{1}{\rho}\frac{\partial p}{\partial z}. \tag{7.29}$$

3. 连续方程

$$\frac{\partial \rho}{\partial t} + \nabla \cdot (\rho \vec{V}) + \frac{\partial}{\partial z}(\rho w) = 0. \tag{7.30}$$

4. 热流量方程

$$c_p \frac{\mathrm{d}T}{\mathrm{d}t} - \frac{1}{\rho}\frac{\mathrm{d}p}{\mathrm{d}t} = Q. \tag{7.31}$$

5. 状态方程

$$p = \rho RT. \tag{7.32}$$

上述各式中的运算符号意义分别为：

$$\begin{aligned} \frac{\mathrm{d}}{\mathrm{d}t} &= \frac{\partial}{\partial t} + \frac{u}{a\cos\varphi}\frac{\partial}{\partial\lambda} + \frac{v}{a}\frac{\partial}{\varphi} + w\frac{\partial}{z}; \\ \nabla &= \frac{1}{a\cos\varphi}\frac{\partial}{\partial\lambda}\vec{i} + \frac{1}{a}\frac{\partial}{\partial\varphi}\vec{j}. \end{aligned} \tag{7.33}$$

6. 水汽方程

$$\frac{\partial q}{\partial t} + \vec{V} \cdot \nabla q + w\frac{\partial q}{\partial z} = S, \tag{7.34}$$

相应的状态方程为

$$p = \rho RT_v, \tag{7.35}$$

其中

$$T_v = \left[1 + \left(\frac{R_v}{R} - 1\right)q\right]T. \tag{7.36}$$

大气环流模式的数值求解需要初始场和边界条件.一般而言,初始场和边界条件可以由观测资料经处理后获得.

① 初始条件.在 $t = t_0$ 时全球大气环流模式的初始场(包括风场、气压场、温度场和湿度场等)可以表示为:

$$\begin{aligned} \vec{V} &= \vec{V}(\lambda, \varphi, z, t_0), \\ w &= w(\lambda, \varphi, z, t_0), \\ p &= p(\lambda, \varphi, z, t_0), \\ T &= T(\lambda, \varphi, z, t_0), \\ q &= q(\lambda, \varphi, z, t_0). \end{aligned} \tag{7.37}$$

② 边界条件.全球大气环流模式的边界条件主要包括地面和模式大气顶的约束条件,如对垂直速度的约束为:

$$z = z_s(\lambda, \varphi), \quad w = \frac{u_s}{a\cos\varphi}\frac{\partial z_s}{\partial\varphi} + \frac{v_s}{a}\frac{\partial z_s}{\partial\varphi}, \tag{7.38}$$

$$z = z_T, w = 0.$$

这实际是质量守恒条件的特殊形式.

对一些特殊的气候模拟,如古气候模拟等,还需要补充一些强迫条件,将在7.7节介绍.

由于空间分辨率和物理过程描述的限制,大气环流模式中的一些主要物理过程的计算需要进行参数化处理.这些常见的物理过程及参数化包括下述内容：

➢ 辐射传输过程，具体包括：短波辐射及其计算的参数化；长波辐射及其计算的参数化；放射率和吸收率的参数化；云的短波辐射参数化；地表反照率；地球轨道参数的近似计算等.

➢ 垂直扩散和大气边界层过程的参数化.

➢ 陆面过程及其参数化方案，包括：地表面的能量交换；陆面积雪量的计算；土壤、海冰中的热量传输；生物圈与大气的传输过程；陆面状况的分布和类型.

➢ 积云对流参数化，可以包括如下内容：对流调整方案；水汽辐合方案（气柱内有净的水汽辐合则有积云对流发生）；质量通量方案以及其他参数化方案等.

四、海气耦合模式

由于整个大气层受到海洋表层热力和动力强迫，为了真实地进行大气和气候模拟，在大气环流模式中必须体现这一作用.最初是通过预置海洋表面温度（SST）来引入海洋的热力强迫作用，这一方法虽然考虑了海洋的热力作用，但无法表现海洋的动力作用，同时也不能反映出大气对海洋的反作用.因此必须发展海洋环流模式来与大气环流模式耦合，实现大气与海洋的相互作用.随着海洋模式的发展和完善，陆续出现了浅层海洋模式、薄层海洋模式、混合层海洋模式和包括深层海洋的完全海洋模式.这些海气耦合从预置 SST、根据平流计算 SST、在混合层模式中包括 SST 和垂直通量交换直到完全动力海洋模式的完整耦合方案，形成了现代较为先进的全球海洋大气耦合气候模式.

对于完整的气候模式体系，还应包括相应的初始资料和后处理程序，包括对初始场的处理，如对观测资料（气压、风、温度、湿度、降水）、边界强迫场资料（SST、地形、地表粗糙度、地表反照率、土壤水分含量、植被、太阳辐射、海冰、雪盖）等的客观分析，垂直和水平插值.对模式输出结果的处理包括输出资料格式的转换，由预报量（风场、温度、气压、湿度）求出导出量，导出量包括位势高度、垂直速度、相对湿度、海平面气压等.此外还要进行必要的垂直插值、水平插值、输出场和导出场的作图，以及对输出结果进行统计检验等.

五、区域气候模式

由于全球气候模式的空间分辨率一般在数百公里的量级，因而对较小的区域尺度的气候及其变化的模拟再现能力不足.弥补全球模式这一不足的方法之一就是采用区域气候模式.

相对于全球模式而言，区域气候模式有较高的空间分辨率，可以对所研究的地区进行显微放大.区域气候模式的动力学框架与全球模式类似，也需引入气候物理过程参数化方案以及初始和边界条件，特别是要引入侧边界嵌套方案，与观测场或全球模式输出场进行嵌套.目前已有不少比较成熟的区域气候模式可以用于气候模拟.有关区域气候模式的详细介绍可参考有关文献和专著.

六、中等复杂程度地球气候系统模式

从理论上说，气候模式应该包括大气圈、水圈、岩石圈、冰雪圈、生物圈并且能够进行长时间的模拟积分，以再现长时期气候变化的过程.但由于对地球系统各种圈层内部的物理、化学、生物过程及圈层之间相互作用的过程、机理的认识与描述和计算机性能的限制，要建立和使用完全的地球气候系统模式进行长时间气候模拟在目前条件下是难以实现的.而前面介绍的简单气候模式的物理过程过于简单，不能满足对现代气候系统描述的需要.因此，人们发展了介于复杂全球气候模式和简单气候模式之间的所谓中等复杂程度地球(气候)系统模式(Earth System Models of Intermediate Complexity, EMIC).这类模式包括了最主要的、经过简化的气候系统的主要圈层及其相应的物理过程，在空间分辨率上较粗，但能反映出海陆分布特征和一定的空间特征，并以此获得高速计算能力，可以在普通计算机上进行长时期气候模拟，可以稳定快速地积分 100 年、1000 年、10000 年，甚至几十万年，而且可以方便快速地进行气候变化对不同强迫条件和参数的敏感性模拟试验，认识不同时间尺度和时期气候变化的控制因子和驱动机制，是目前进行历史气候和古气候模拟研究的有效工具之一.目前国际上较为成熟的这类模式有十多个，如著名的 CLIMBER－2，Bern 2.5D，EcBilt－CLIO，MIT，MPM(Ⅱ)，MoBidiC，PUMA 模式等，已形成一个 EMIC 家族.这些模式一般是 2 维或 2.5 维，即可以在水平空间上区分陆地、海洋或纬度，某些区域可以通过降尺度区分经纬度，但在垂直方向的大气分层较简单，而在海洋中垂直分层较详细.因此这类模式往往对海洋有较细致的描述，可以用于海洋环流和海气相互作用方面的模拟研究，如温盐环流等.

图 7－4 是 MPM(Ⅱ)模式海陆分布的一个示意图.由图可以看出，该模式考虑了主要的海陆分布特征和纬度差异，纬度的分辨率为 5°N；在大陆的 30°N～75°N 区域降尺度到 5°×5°分辨率；太平洋、大西洋、印度洋被分别处理为三个海洋区并与南半球海洋相通，同时全球被近似处理成欧亚大陆、美洲大陆和南极洲三个陆地板块，非洲和澳大利亚与欧亚大陆相接成为一个整体；欧亚大陆与北美大陆在高纬度地区的太平洋连通是一个近似，但北大西洋与北冰洋是连通的，反映了较为真实的情况.该模式可以快速积分进行长时期气候模拟试验，在古气候和历史气候模拟中有着明显优势，已成功用于古气候模拟试验和过去一千年气候的模拟试验.随着这类模式的不断完善，其应用将越来越广.

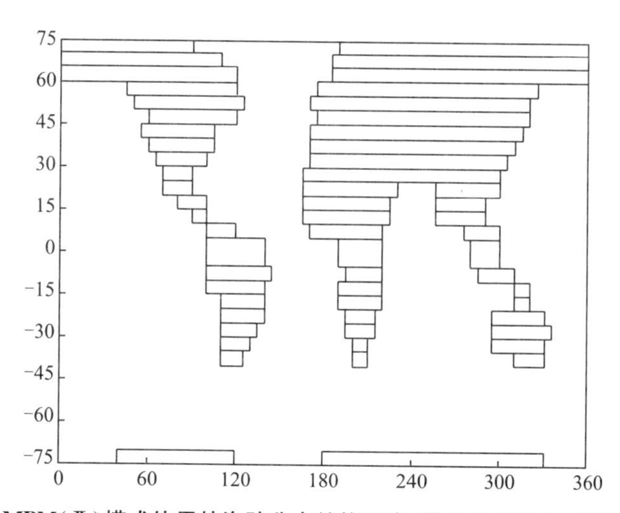

图 7－4　MPM(Ⅱ)模式使用的海陆分布结构示意(横坐标为经度，纵坐标是纬度)

7.3　气候模拟概述

在气候研究中，气候模拟具有两方面的意义：

① 用气候模式来重复、再现实际气候，从而解释气候形成和变化的物理机制；

② 考察气候模式的可靠性和预测能力，进而用于可能的气候预报和敏感性试验.

气候模拟方法因所使用的模式和要研究的对象不同而有所不同，但其基本过程是相近的.图 7-5 是一个用大气环流模式进行气候模拟的流程框图，包括前处理、模式运行、后处理、绘图、结果分析和成因机理探讨等部分.

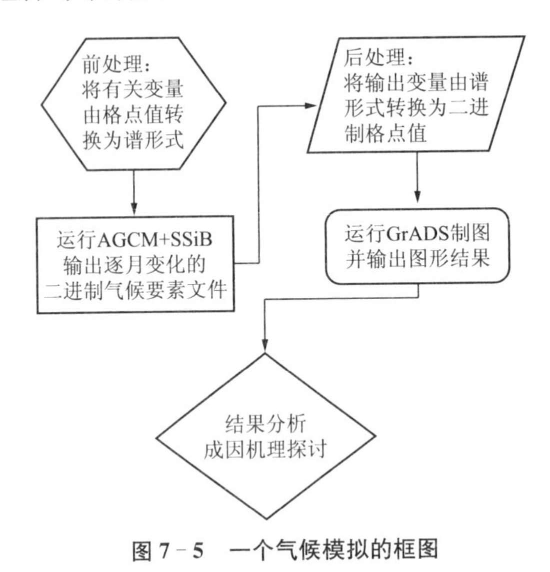

图 7-5　一个气候模拟的框图

实际应用中应首先根据研究问题的特点和需要确定所要使用的气候模式并熟悉如何使用该模式，然后设计相应的模拟方案，并根据模拟方案准备初始资料场、边界条件和强迫条件等资料.一般模拟方案的设计至少应包括两个模拟试验，一个是参照试验或叫控制试验，是作为基本气候态的标准试验；另一个(或多个)是强迫模拟试验，是根据研究问题改变初始场、边界条件或强迫条件而设计的.通过强迫模拟试验结果和控制模拟试验结果的对比，可以检验和分析不同因素的变化对气候模拟结果的影响或模式气候对强迫条件改变响应的敏感性，从而发现影响气候变化的主要驱动因子.下面各节将通过一些实际模拟的例子来了解不同气候模式进行气候模拟的方法、效果、意义和优缺点，认识气候模式和气候模拟能够解决的问题及其局限性等，以便对气候模拟有更为全面的了解，进而灵活、有效、合理地应用气候模拟方法去研究和解决气候问题.不同的气候模拟问题所使用的气候模式、强迫条件(边界条件)和初始场是不一样的，而且模拟方案的设计也有很大差异.另外一个关键问题是对模拟结果的检验，需要用实际气候场与模拟场进行各种比较，包括直接对比和统计分析对比，以确认模拟结果的可接受程度和可信性.因此，模式和资料的比较工作是气候模拟中不可缺少的部分，可靠的观测资料和重建的代用资料对气候模拟的检验至关重要.

7.4　气候模拟举例

本节介绍简单气候模式在气候一般性问题模拟研究中的应用，使用辐射对流模式和能量平衡模式进行基本气候特征和形成机理的分析，如大气垂直温度廓线的形成、云的作用、气候稳定性分析及“核冬天”的虚拟模拟试验等.其他复杂气候模拟试验将在后续各节详细介绍.

一、辐射对流模式 RCM 的模拟结果

前面我们介绍了辐射对流模式(RCM)的基本方程和原理.该模式的一个主要作用就是可以模拟出大气温度的垂直廓线,还可以模拟试验云对温度的影响、大气湿度对温度形成的作用、气候系统的温室效应等.这里给出两个模拟试验,一个是纯辐射平衡模拟试验,一个是辐射对流模拟试验.通过两个模拟试验结果的对比可以得出与真实大气温度垂直分布最为接近的方案.因为 RCM 是简单模式,其边界约束条件由地表辐射平衡和对流层顶的质量守恒代替,其模拟过程分以下三步:

① 确定初值场:取垂直方向上的等温大气,即 $T=360$ K;

② 运行模式积分约一年,使温度达到稳定分布;

③ 结果分析.

模拟的温度廓线如图 7－6 所示,左图为纯辐射平衡模拟结果,右图为辐射对流模拟结果.两种模拟方案得出的对流层顶高度(H)和地表气温(T_s)分别如下:

纯辐射平衡,$H=10$ km;$T_s=332.3$ K;

有对流调整,$H=13$ km;$T_s=300.3$ K.

可以看出,纯辐射平衡模拟出的对流层顶高度偏低而地面气温过高,与实际情况相差很多;而辐射对流调整方案模拟出的对流层顶高度和地面气温与实际情况较为接近.通过两个模拟试验结果的对比可以看出,对流调整对实际大气温度的垂直分布具有重要意义.

除基本的温度模拟试验外,还可以用 RCM 进行云对温度影响的模拟对比试验、CO_2 的温室效应模拟试验等.例如分别在不同的模式高度层加入低云、中云和高云:

低云:913～854 hPa,云中有效水含量 140 g/m^2;

中云:632～549 hPa,云中有效水含量 140 g/m^2;

高云:381～301 hPa,云中有效水含量 20 g/m^2.

进行模拟后得出的主要结果表明中低云使地面温度降低;而高云有类似温室的效应,使地面温度升高.

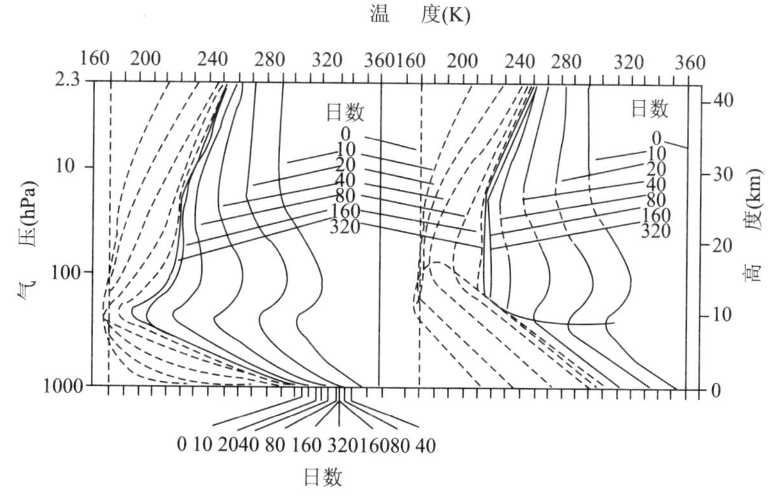

图 7－6　RC 和 RCM 模拟结果比较

RCM 还可以进行温室效应的模拟试验,例如对 CO_2浓度加倍的气候效应的模拟,可以设计两个试验:一个是控制试验,采用正常的 CO_2 浓度,一个是对比试验,在模式中加入两倍的 CO_2浓度.将两个模拟试验的结果相减可以得出 $2\times CO_2$浓度温室的影响,根据不同 RCM 模式的模拟,得出地表平均气温可增加 0.48℃～4.2℃,其总体上小于 GCM 的模拟结果.

随着对气候问题研究的不断深入,人们还可以将 RCM 与大气化学模式相耦合来进行加入化学过程后的大气温度的模拟试验,其基本流程是:由 RCM 给出温度分布,由此温度分布驱动化学模式来产生新的大气成分分布;再由新的大气成分分布驱动 RCM,又产生新的温度分布,不断重复这一过程直到模式达到平衡.这种耦合模拟方案考虑了大气化学反应的自然过程与温度的关系,所得出的温度分布更接近于实际情况.

二、EBM 的模拟结果

0 维和 1 维能量平衡模式是研究气候系统总体特征的最为简单和方便的模式,因其简单,在一定假设下可以得到其解析解并直接分析有关气候系统的基本特性(如第二章),但同时也就无法反映真实气候系统的复杂性而缺乏实际应用价值.所以,这类模式一般用于一些气候基本理论的探讨,如气候的突变性和稳定性等.

1. 气候突变

1 维能量平衡模式及其定解条件

$$-\frac{\mathrm{d}}{\mathrm{d}x}\left[D(1-x^2)\frac{\mathrm{d}T}{\mathrm{d}x}\right]+A+BT(x)=QS(x)[1-\alpha(x)], \tag{7.39}$$

$$D(x)\sqrt{1-x^2}\,\frac{\mathrm{d}T}{\mathrm{d}x}\bigg|_{x\to\pm 1}=0. \tag{7.40}$$

该定解问题的求解过程是对

$$T(x)=\sum_{n=0}^{\infty}T_nP_n(x) \tag{7.41}$$

利用 Legendre 函数的性质:

$$\begin{aligned}&-\frac{\mathrm{d}}{\mathrm{d}x}(1-x^2)\frac{\mathrm{d}P_n(x)}{\mathrm{d}x}=n(n+1)P_n(x),\\&\int_{-1}^{1}P_n(x)P_m(x)\mathrm{d}x=\frac{2\delta_{mn}}{2n+1}.\end{aligned} \tag{7.42}$$

假定 D 与 x 无关,则有

$$\sum_n\left\{[Dn(n+1)+B]T_nP_n(x)+A\delta_{n0}\right\}=QS(x)[1-\alpha(x)]. \tag{7.43}$$

两边乘以 $P_m(x)$并从－1 到 1 积分得

$$\begin{aligned}&\sum_n\left\{[Dn(n+1)+B]T_n\frac{2\delta_{mn}}{2n+1}+2A\delta_{n0}\right\}=\frac{2}{2m+1}QH_m,\\&H_m=\frac{2m+1}{2}\int_{-1}^{1}S(x)[1-\alpha(x)]P_m(x)\mathrm{d}x,\\&T_n=\frac{QH_n-A\delta_{n0}}{n(n+1)D+B}.\end{aligned} \tag{7.44}$$

T_0 即为全球平均温度,因为

$$H_0=\frac{1}{2}\int_{-1}^{1}S(x)[1-\alpha(x)]\mathrm{d}x, \tag{7.45}$$

如果假定温度分布为南北半球对称，且 n 为奇数时，$T_n=0$，可取一级近似，有

$$T(x)\approx T_0+T_2P_2(x),$$

$$T_2=\frac{QH_2}{6D+B}. \tag{7.46}$$

可以求出 $H_2=-0.4$，根据观测值可知：

$T_0=14.9$℃，$T_2=-28$℃，$D=0.966\ \mathrm{W/(m^2℃)}$.如果冰线位置与温度有关，设冰线处的临界温度为

$$T(x_s)=T_s=-10℃. \tag{7.47}$$

当 $T(x)<T_s$ 时有冰；反之无冰.由 T_n 的表达式可得出冰线纬度 x_s 与 Q 的关系为(对偶数求和)

$$Q(x_s)=\frac{\frac{A}{B}+T_s}{\sum_n\frac{H_n(x_s)P_n(x_s)}{n(n+1)D+B}}. \tag{7.48}$$

由上式可求出 Q/Q_0(现代太阳常数)与 x_s 的关系曲线.该曲线指示的主要特征是在 $Q=Q_0$ 附近有多个解；当太阳辐射减少时，冰盖向南推进；一旦冰线达到 45°N～50°N，即使太阳辐射增加，冰线将仍然向南推进而使赤道地区也被冰雪覆盖，地球进入大冰期气候态，如图 7-7 所示.

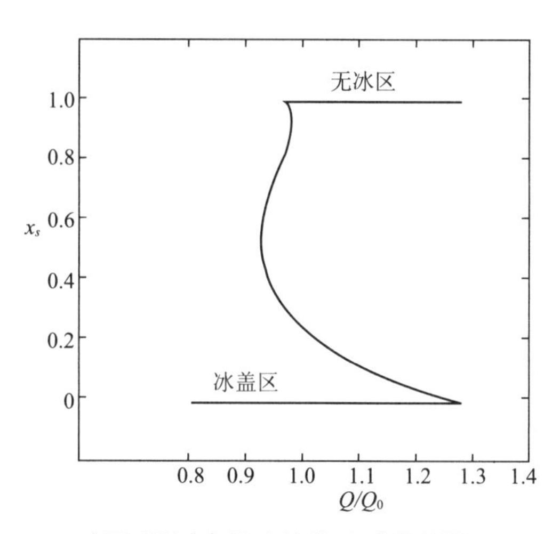

图 7-7　冰雪反照率与温度的关系(冰线位置 $x_s=\sin\varphi$)

2. 气候的稳定性问题

用不同维数的 EBM 模式都可以进行气候稳定性分析，下面是两个例子.

① 0 维 EBM 模式.0 维气候模式可以写成

$$A+BT=Qa_p(T), \tag{7.49}$$

即吸收的太阳辐射与放出长波辐射相平衡.式中

$$a_p(T)=1-\alpha(T)=\alpha_1+\frac{1}{2}(\alpha_f-\alpha_i)(1+\mathrm{th}rT), \tag{7.50}$$

表示地球系统对太阳辐射的吸收率，与温度有关.由(7.49)式得到太阳辐射、吸收率与长波辐射的函数关系为

$$Q=\frac{(A+BT)}{a_p(T)}. \tag{7.51}$$

由于吸收率与温度的关系呈非线性变化，而长波辐射与温度为线性关系，因此在图 7-8 的温度—能量坐标系中，太阳吸收辐射曲线和长波辐射线出现三个交点，代表不同的气候态.

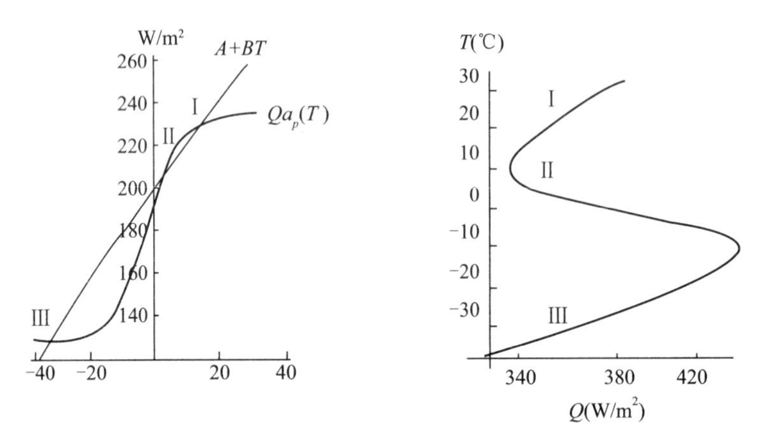

图 7-8　气候稳定性示意图

设 T_e 为地球系统的平衡温度，假定有一个偏离系统平衡态的小扰动，系统不再平衡，并将该扰动引入平衡方程，得到关于扰动的平衡方程，即：

$$\begin{aligned}&T(t)=T_e+\delta T(t),\\&C\frac{\mathrm{d}}{\mathrm{d}t}\delta T(t)=[-B+Qa_p(T)]\delta T(t).\end{aligned} \tag{7.52}$$

对平衡方程的 T_e 求导并整理后求出扰动解有

$$\begin{aligned}&B=Q\frac{\mathrm{d}a_p}{\mathrm{d}T_e}+\frac{\mathrm{d}Q}{\mathrm{d}T_e}a_p,\\&\frac{\mathrm{d}\delta T}{\mathrm{d}t}=-\lambda\delta T,\\&\delta T(t)=\delta T(0)\mathrm{e}^{-\lambda t}.\end{aligned} \tag{7.53}$$

上式中

$$\lambda=\frac{a_p(T_e)}{C}\frac{\mathrm{d}Q}{\mathrm{d}T_e} \tag{7.54}$$

是系统的稳定性判据，可以得到：

当 λ 为正时，有稳定解，系统将趋于稳定的平衡态；

当 λ 为负时，有不稳定解，趋于无穷大，系统远离平衡态，是不稳定的.

而 λ 的符号取决于曲线的斜率 $\mathrm{d}Q/\mathrm{d}T_e$，由此可以根据其符号判断解的稳定性.在图 7-8 中，Ⅰ为稳定解，接近于现代气候；Ⅲ也是稳定解，代表全球性冰期气候；Ⅱ是不稳定解，表示太阳辐射的扰动会引起地球气候的方向性变化.

② 1 维模式.用 1 维 EBM 模式进行气候稳定性分析，情况较 0 维模式复杂，这里只作概念性说明.这里同时引入温度和冰线位置的小扰动量，即

$$\begin{aligned}&T(x,t)=T_e(x)+\delta T(x,t),\\&x_s=x_0+\delta x_s(t).\end{aligned} \tag{7.55}$$

代入能量平衡方程并做处理可得

$$\delta T_n(t)=\delta T_n e^{-\lambda t}. \tag{7.56}$$

系统的稳定性仍取决于λ的符号.稳定度的关系式为

$$\frac{dQ}{dx_0}=\lambda\frac{Q}{T_s}\sum_n\frac{\Delta\alpha S(x_0)f_n^2}{l_n(l_n-\lambda)}. \tag{7.57}$$

式中l_n是正实数,f_n是正交函数.该式也是曲线的斜率,其符号决定系统的稳定性(详见黄建平《理论气候模式》).

三、"核冬天"(Nuclear Winter)模拟介绍

20世纪80年代初,前苏联与美国的核竞赛导致核战争一触即发,核战争对全球气候可能产生的影响引起了科学家的关注.

1982年初,联邦德国马普(Max Planck Institute,MPI)化学研究所的保罗·克鲁岑和美国科罗拉多州立大学环境学家约翰·伯克斯,在美国加利福尼亚州圣巴巴拉举行的国际科学家会议上,正式发表了他们多年研究的一项很有意思的研究成果,题目是《核战后的大气层:昏暗的中午》.他们通过研究核爆炸对地球大气层上空臭氧层可能产生的破坏程度得出了令人惊讶的结论:一场核战争的核爆炸将使数亿吨浓烟进入大气层,并将完全遮蔽阳光对地球的照射,白天不见阳光,从而使地球上的气候发生严重的变化.

早在1971年,美国"水手"9号宇宙探测器发回的火星被其风暴掀起的尘埃所遮盖的照片就引起了康奈尔大学行星研究室主任、国际著名天文学家卡尔·萨根的关注.他在对这一现象进行了连续100天的跟踪监测后,发现升到火星上层大气中的这些尘埃能大量吸收太阳光,并使这一层的大气加热,而火星表面则变得黑暗不清,温度急剧下降.1983年初,萨根从《人类环境》(AMBIO)杂志上看到《核战争后的大气层:昏暗的中午》一文后,便同美国加利福尼亚那德雷从事大气研究的理查德·科特,加州国家航空航天局艾姆斯研究中心的布赖恩·图恩、托马斯·阿科曼和詹姆斯·波拉克,组成了著名的"TTAPS"研究小组.他们原来研究的课题是核战争尘埃对大气层的影响,受保罗·克鲁岑和约翰·伯克斯研究的启发,把浓烟量也加进了他们的研究之中,通过气候模式对核战争情景模拟的综合分析,得到了引人注目的成果.

1983年10月,在美国华盛顿召开的"核战后的世界"国际学术研讨论会上,卡尔·萨根等五名美国科学家宣读了题为《核冬天:大量核爆炸造成的全球后果》的研究报告,首次正式提出了"核冬天"的理论.后来,人们根据这五位科学家名字的首写字母(Turco RP, Toon OB, Ackerman TP, Pollack JB, Sagan C.),把这一理论称为TTAPS理论.理论的基本观点是:大规模核爆炸掀起的微尘和引起火灾所产生的烟雾,将会遮蔽太阳光对地面的照射,但是,却挡不住地面的热能以红外线的形式向宇宙空间放射.这样,整个地球(首先是北半球)将处于黑暗和严寒的笼罩之中,出现"核冬天".这种情况可持续数月之久,那时,地球上的大部分动物和植物,甚至包括人类,很可能因此而毁灭.这篇报告后来发表在美国1983年12月23日出版的《科学》杂志上.随后,"TTAPS"理论,即"核冬天"理论便闻名全球.

此后,更多的气候学家使用各种气候模式对不同核战争情景的气候效应进行了模拟研究.不同模式和研究小组得出的主要结论是:核爆炸及其引起的燃烧将使大量的尘埃粒子和烟尘进入大气层,大大增加大气层特别是对流层上部和平流层下部的光学厚度,大量吸收和反射太阳辐射,使地面附近温度急剧下降并持续数十天以上,形成所谓的"核冬天".其后果是生物死亡,地球生态系统彻底毁灭,其危害远远大于核爆炸本身的直接后果.可以说"核冬天"假说是

气候学家首次用气候模拟结果来预示人类可能出现的灾难性后果，是气候学家对人类社会发展的关注和贡献.这里对有关“核冬天”模拟研究做简单介绍.

在进行“核冬天”模拟试验时首先要对可能的核战争规模进行分类，即情景分类，如表7－5所示，不同的核战争规模所产生的尘埃粒子和烟尘量是不同的，其引起的大气光学厚度变化也不一样(见表7－5)；然后要选用气候模式，在当时条件下，能量平衡模式和全球大气环流模式都被用来进行模拟试验，个别的使用了辐射对流模式，主要的模式列于表7－6.在给定核战争规模及相应的大气光学厚度变化的情景下，不同模式得出了地面温度的变化(见表7－6)和高层大气温度的变化特征(见表7－7)及其持续性特征.由于温度的变化，有的模式还得出了大气经圈环流模型的可能变化情景.“核冬天”模拟试验的主要结果显示，北半球在发生核攻击后，地面附近的温度会迅速下降10℃～30℃，并持续10～90天，其回升50％所需要的时间为70～200天(见表7－6).与此同时，对流层上部和平流层下部则因吸收太阳辐射而急剧增温，其最大升温幅度可达35℃～95℃，持续时间达30～55天(见表7－7).

表7－5　核战争规模分类表

序号	核战争规模	总当量(Mt)	地面爆炸(％)	城市目标(％)	烟光学厚度	尘埃光学厚度
1	基本型	5000	57	20	4.5	1
2	低当量空中爆炸	5000	10	33	6	0.2
3	全面核战争	10000	63	15	6	2
4	中等规模	3000	50	25	3.5	0.6
5	有限程度	1000	50	25	1	0.1
6	对一般军事目标	3000	70	0	0	0.8
7	对重要军事目标	5000	100	0	0	10
8	对城市目标	100	0	100	3	0
9	未来核战争	25000	72	10	8	5

表7－6　核战争后地面温度变化

核战争规模	模式类型	降温区域	季节	地面最大降温	最低温度持续时间	温度回升50％的时间
基本型	1D－EBM	0°N～90°N陆地	年平均	－37℃	28天	76天
基本型	2D－EBM	30°N～60°N陆地	年平均	－11℃	～10天	70天
基本型	3D－GCM	30°N～60°N陆地	夏季	－26℃	～10天	
基本型	3D－GCM	30°N～60°N陆地	春季	－17℃	～10天	
基本型	2D－EBM	30°N～60°N陆地	夏季	－17℃	30～60天	～100天
基本型	2D－EBM	30°N～60°N陆地	春季	－14℃	60～90天	150～200天

表 7-7 核战争后高层大气温度变化

核战争规模	区域	季节	最大升温	最大升温持续时间	最大升温高度
基本型	0°N～90°N	年平均	95℃	55 天	17 km
基本型	30°N～70°N	年平均	85℃	43 天	11 km
基本型(半球)	0°N～90°N	年平均	65℃	47 天	11 km
基本型(快速清除)	0°N～90°N	年平均	35℃	30 天	11 km

7.5 全球气候及其变率的模拟

对于全球气候的完全模拟仍需要复杂的全球气候模式，需要尽可能多地包含各种物理、化学、水文、生物等过程的多重耦合模式.利用这种气候模式进行气候模拟不仅要能得到全球气候要素的平均特征，还要能够描述气候的各种变率特征.因此对一个气候模式的评价，不仅要检验其对一般气候特征的模拟结果，还要检验和评价模式对气候变率的模拟能力，如季节变化、年际变化、年代际变化的模拟能力，气候的不同时间尺度的变化特征的模拟能力等.本节介绍的有关气候模拟例子从不同方面反映了气候模式的各种模拟能力和在气候研究中的应用.

一、全球气候的模拟

对气候模拟的最基本要求是能给出与实际气候比较接近的气候要素的平均空间分布特征，如平均温度、年降水量、海平面气压、500 hPa 高度场、风场等.图 7-9(a)(b)(c)分别是大气环流模式 AGCM、日本东京大学气候系统研究中心海气耦合模式 CCSR-T106 模拟出的全球平均地面气温与 NCEP 再分析资料的地面气温的比较，可以看出，模式基本模拟出了全球温度分布的主要特征.两个模式都能反映温度随纬度、海陆分布和地形的变化，特别是青藏高原的作用，相对而言，NCEP 资料对青藏高原地区温度的描述偏高.图 7-10 是 CCSR-T106 模式模拟的全球年降水量分布与 NCEP 再分析资料降水量的比较.可以看出，模式相当好地模拟出了降水的主要分布特征和强度，与观测结果相当接近.由此可以看出，现代气候模式已经可以比较准确地模拟出全球气候的平均特征.

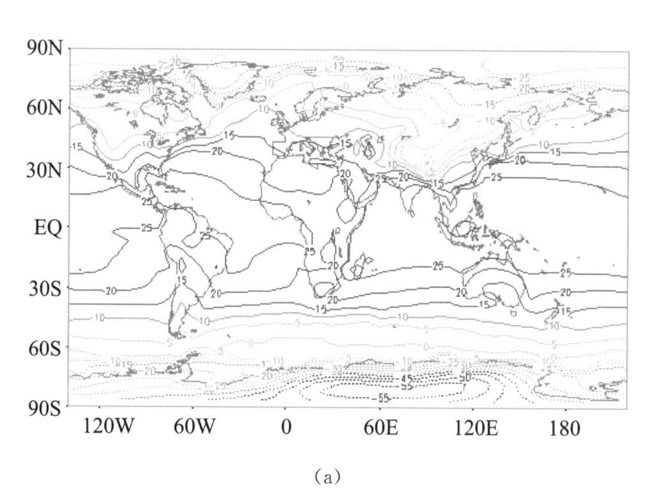

(a)

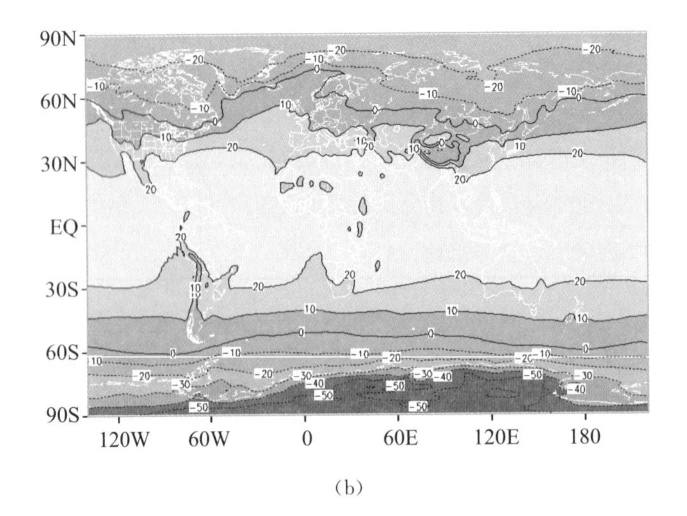

(b)

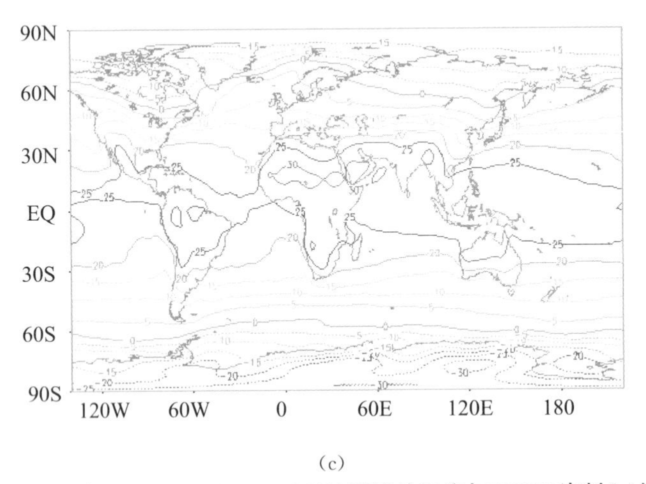

(c)

图 7-9　AGCM+SSiB(a)、CCSR-T106(b)模拟的温度与 NCEP 资料(c)温度的对比

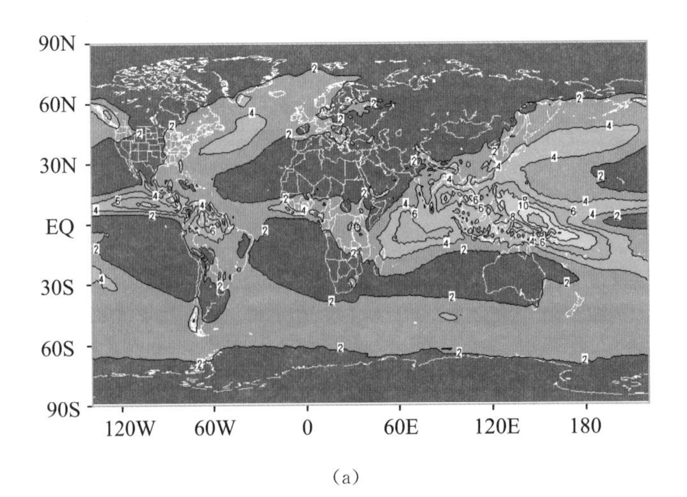

(a)

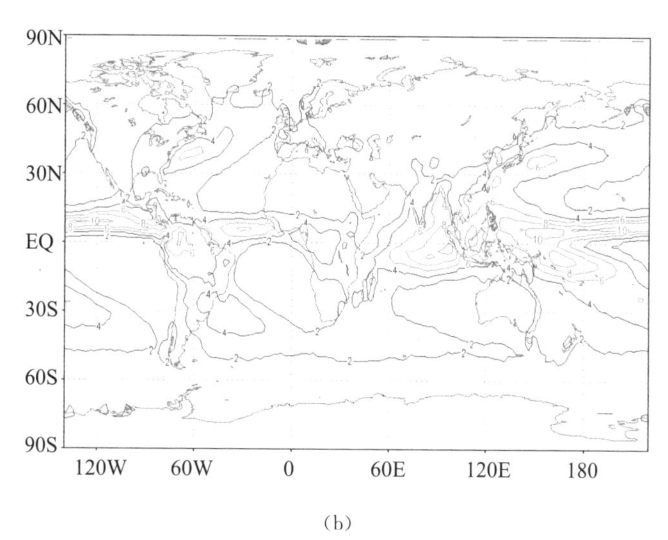

(b)

图 7-10 CCSR-T106 模式(a)模拟的年降水量与 NCEP 资料(b)降水的对比(mm/d)

二、气候变率模拟研究的方案及主要结果

除了对平均气候特征的再现外，气候模式对气候时间变率的模拟、对不同强迫和边界条件的响应也是气候模拟中十分重要的问题.例如，对于海洋的强迫作用，模式能否给予较准确的反映并再现相应的气候变化特征，这一直是气候模拟所关注的问题，因为海洋控制着气候的季节变化、年际变化、年代际变化和更长时间的变化.对此，人们经过了一系列从简单到复杂的模拟试验，主要有以下几种类型.

(1) 对大气环流模式 AGCM 采用固定的气候平均场，如多年平均的海表温度 SST 和海冰分布.

(2) 对大气环流模式 AGCM 用随时间变化的边界强迫场，如实测的、随时间变化的 SST 和海冰分布等，这样可以反映强迫的季节、年际变化等，较真实地再现气候时间特征.

(3) 对于完全的海洋大气耦合需要使用海洋环流模式 OGCM 以反映大气与海洋的相互作用，而不仅仅是海洋对大气的强迫.在大气强迫条件下的海洋环流模式可以产生 SST 及其他海洋要素场用于驱动大气模式.

(4) 有了较完善的海洋环流模式就可以与大气环流模式相耦合形成海气耦合气候模式 CGCM.这类模式包括了海气、海冰等的相互作用过程，能够更真实地表示大气与海洋之间物质和能量的交换.

根据上述不同的模拟试验，人们对各种大气和海气耦合模式的特性和模拟能力有了较全面的认识.试验结果表明，即使不考虑海洋的边界强迫作用，AGCM 仍能给出大部分月平均气候场特征；而在实测的 SST 和海冰边界场的驱动下，模式可以得到较好的月平均场的预报.如果以观测的 SST 作为大气环流模式的边界强迫条件，AGCM 能够模拟出大气环流变化的主要年代际变化特征.同时将大气作为海洋环流模式 OGCM 的边界强迫条件时，OGCM 也能给出 SST 的某些年代际变化特征.因此，海洋大气耦合模式 CGCM 可以模拟出更强的年代际气候变化特征，但其给出的变率比实际观测的变率要小.图 7-11 是两个海气耦合模式模拟的全球地表大气温度距平变化序列，可以看出，在 100 年的时间尺度上，模式给出了温度的年际变化，还有十年以上的年代际变化特征.这说明现在的海气耦合模式已具有描述和再现自然气候系统变化特征的初步能力，可以反映气候变化的基本时间演变特征.从多年的气候模式发展看，海洋大气耦合模式CGCM已经广泛应用于气候模拟研究，但仍有许多问题需要进一步研究解决.

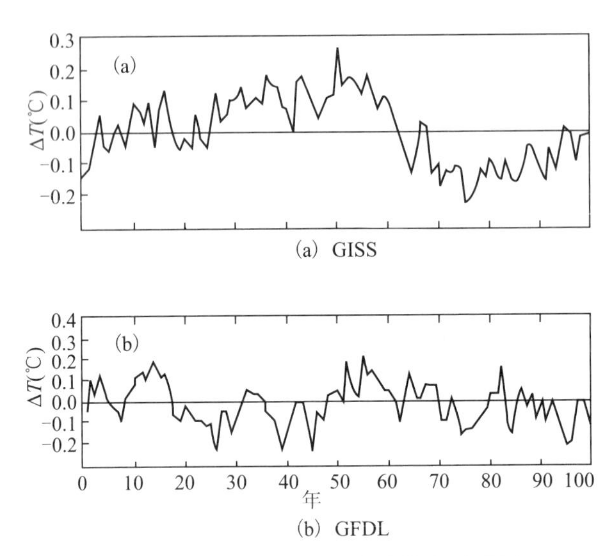

图7-11　海气耦合模式(CGCM)模拟的温度变化序列(引自Trenberth，1992)

三、海洋在气候模拟中的作用

上面介绍了气候模式对气候的模拟能力以及对有关海洋强迫的响应能力.这里从一些实际例子来进一步说明海洋对气候模拟的重要性.考察海洋在气候模式中对模拟结果的影响可以由下述专门试验来检验.

① 无海洋试验；

② 年平均SST试验：仅用大气环流模式进行气候模拟，不考虑海洋的热力和动力作用；

③ 半蒸发试验：考虑海洋作为水体而存在的蒸发作用，在热力和水汽平衡方面对大气的影响；

④ 混合层海洋试验：使用一个海洋混合层模式来试验活跃的海洋上层的热力和动力作用对大气的影响；

⑤ 洋流试验：使用具有在动力和热力作用下可以产生海洋环流的模式来与大气环流模式耦合，检测洋流变化对气候形成的作用；

⑥ SSTA强迫试验：这是一种敏感性试验，一般用来试验特殊海洋区域热力异常可能造成的全球或区域气候响应或异常.

图7-12是美国OSU的气候模式做的有海洋和无海洋对纬度平均一月份温度影响的模拟试验.可以看出，无海洋时，低纬度地区与高纬度地区的温度差异较大，而有海洋试验则给出较小的赤道与极地之间的温度差，与实际观测结果较为接近.这说明，海洋对于低纬度和高纬度的温度差有显著的调节作用.图7-13是海洋大气耦合模式洋流对海洋表面温度和地表气温的敏感性模拟试验，可以看出，海气耦合中如不考虑洋流作用，因为没有洋流的热量输送，模拟的地表气温表现出较大的纬度差异，即高纬度和极地温度偏低，与观测值相差较大；当考虑

洋流作用后模拟结果显著改善，与实际观测值十分接近(如图 7－13(a)).洋流对海洋温度的影响没有对陆地表面气温的影响大，其影响主要在中纬度海洋，但当引入洋流后，模式对海洋表面温度的模拟相当好，几乎与观测结果完全一致.由此可见，耦合模式中有无洋流机制对气候的模拟相当重要.

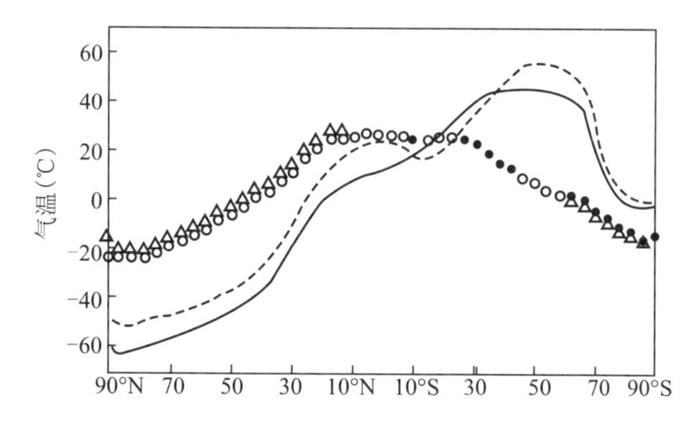

OSU GCM 模拟的 1 月纬向平均地表气温(℃)
其中，虚线和实线分别为无海洋试验第二和第三年模拟值；圆圈和三角分别代表有海洋试验第二和第三年模拟值
(据 Schlesinger and Gates，1981)

图 7－12　OSU GCM 的模拟试验

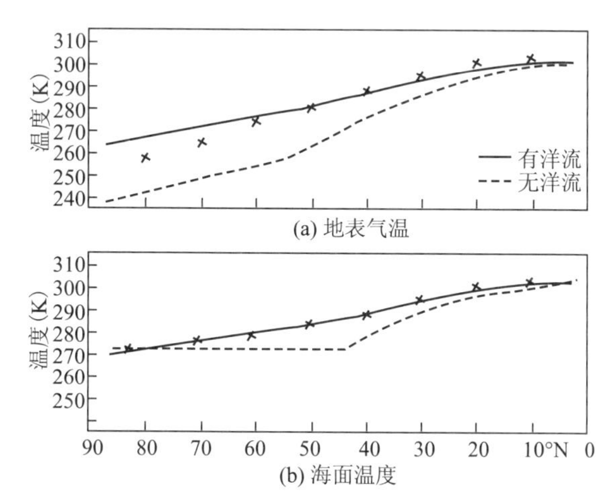

CGCM 模拟的纬向平均地表气温和海面温度(K)
其中，“×”线为观测值，实线和虚线分别表示有洋流和无洋流的模拟值(据 Spelman and Manabe，1984)

图 7－13　CGCM 洋流试验的模拟结果

四、冰雪覆盖的气候效应模拟

冰雪圈，包括海冰、陆地冰川和极地冰原是影响气候的重要因子，同时对气候变化也相当敏感，因此在现代气候模式中都加入了冰雪模式，以反映冰雪圈的气候作用.进行冰雪覆盖的气候效应或敏感性试验，主要用来研究全球冰雪覆盖的变化对区域及全球气候的影响.冰雪覆盖可作为固定强迫条件，也可以引入简单的冰雪模式.同时也可以进行相反的试验，模拟在全球气候变暖背景下冰雪圈的变化特征.冰雪圈变化对气候影响的敏感性模拟试验可以由以下方式来设计不同的冰雪条件.

① 根据研究的目的，人为设计冰雪覆盖，包括范围、区域等，以考察模式及模式气候对冰雪圈变化的敏感性；

② 进行冰雪圈气候效应的模拟试验，由实际观测资料确定冰雪覆盖分布；

③ 对冰期气候进行的冰雪圈模拟试验，可以根据古气候资料重建的过去冰雪覆盖和分布特征进行冰期和间冰期的冰雪气候效应试验，如末次盛冰期气候的模拟(参见 7.6 古气候模拟).

五、温室效应的模拟

温室效应的模拟是现代气候变化中研究最多的气候模拟试验，主要集中在大气中 CO_2 浓度变化对气候影响的模拟.根据若干观测的全球 CO_2 浓度变化和趋势，对不同的情景设计模拟方案，利用各种气候模式进行模拟，以获得不同 CO_2 浓度变化情景下气候变化的可能趋势.从 CO_2 浓度的假定到模式的类型，可以包括以下几种方案.

① 早期的气候温室效应的模拟主要是 CO_2 加倍或四倍的简单情景，即在模式中考虑 $2\times CO_2$ 和 $4\times CO_2$ 的情况，模拟出当大气中 CO_2 达到上述水平时的可能气候情景.

② 考虑到 CO_2 含量的增加是一个渐变过程，因此按一定的百分比在模式中逐渐增加 CO_2 含量来模拟气候可能的响应过程.

③ 上述两种方案虽然加入 CO_2 的方式不同，但都是简单地增加大气中 CO_2 的含量，而没有考虑在气候系统各圈层中的交换和循环，是不全面和不真实的.因此现在已经开始建立 CO_2 循环模式并与气候模式相耦合，以模拟 CO_2 循环情况下大气中实际 CO_2 含量变化与气候变化的关系.

④ 根据上述方案可以考察 CO_2 含量的变化对全球及区域降水和温度的可能影响.

⑤ 使用具有 CO_2 循环机制的海气耦合模式，验证海洋对 CO_2 循环的影响.

无论是使用简单的能量平衡模式 EBM，还是复杂的全球海气耦合模式，其所模拟的结果及基本结论都是在目前情景中大气中含量增加的情况下，全球温度是逐步升高的，而且随着人类对化石燃料使用量的增加，这种增暖趋势将持续下去.例如，对最简单的 CO_2 含量加倍情况下各气候模式模拟的基本结果是：

① 地面和对流层低层增温 1.5℃～4.5℃.

② 平流层变冷.

③ 全球增暖有明显的区域差异，一般高纬度地区增温强于低纬度地区；陆地增温大于海洋；冬季增温幅度大于夏季.

④ 全球平均降水和蒸发均增加约 3%～15%，相比而言，高纬度地区各季的降水增加更为显著.

⑤ 随着全球变暖，海冰范围和季节性冰雪覆盖面积变小，冰原和高山冰川融化增加.

⑥ 对区域大气环流的影响也十分明显，如模拟显示在 CO_2 含量加倍情景下，亚洲季风加强.

图 7－14～图 7－16 分别给出 GISS－Ⅱ模式模拟的 CO_2 含量加倍后全球年平均温度、土壤湿度和年降水量的变化，即用 CO_2 含量加倍模拟的结果减去控制试验(标准 CO_2)后的差值.可以看出，按该模拟结果，CO_2 含量加倍后，全球地面气温普遍升高，特别在极地附近温度升高极为显著，低纬度地区升温比高纬度地区小；陆地增温高于海洋，干旱地区增温大于湿润地区.与此同时，土壤含水量也发生显著变化，全球大多数地区降水量增加，特别是在赤道地区降水增加，海洋上降水增加较陆地显著，但在副热带高压控制区域降水则显著减少，特别是北大西洋、西北太平洋和南半球海洋副热带纬度地区降水减少明显.因此，气候模式得出的 CO_2 含量

加倍的总体气候效应是全球温度升高、降水增加.更多的未来CO_2浓度变化情景的气候模拟结果可以参考IPCC的历次报告.

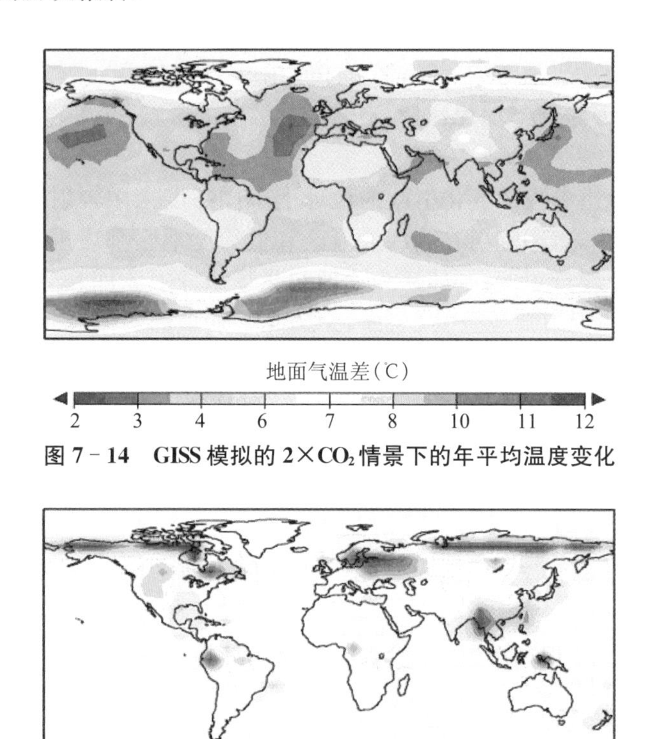

图7-14 GISS模拟的2×CO_2情景下的年平均温度变化

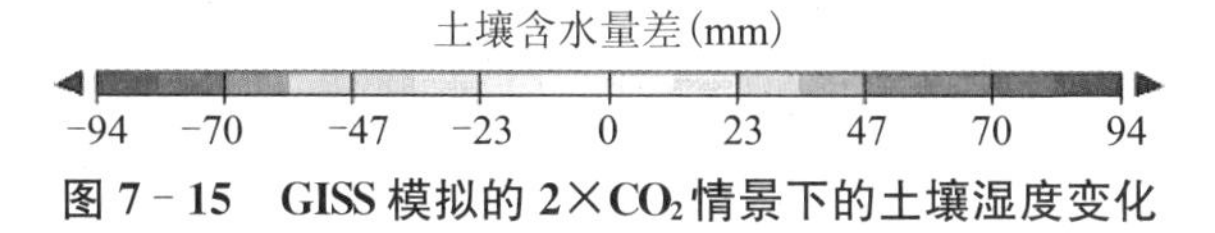

图7-15 GISS模拟的2×CO_2情景下的土壤湿度变化

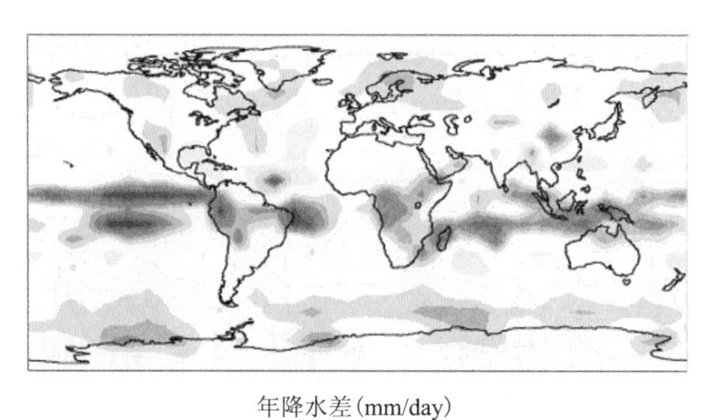

图7-16 GISS模拟的2×CO_2情景下的年降水变化

六、太阳活动和地球轨道参数对气候影响的模拟

就气候的长期变化而言,太阳辐射是决定地球气候冷暖的决定性因子,与太阳辐射有关的气候影响表现在两个方面.一是与地球轨道有关的辐射变化,如前所述,米兰柯维奇理论指出

了地球气候随着轨道参数控制的太阳辐射量变化而变化，形成了冰期和间冰期的交替循环.二是太阳活动本身引起的太阳输出能量的变化，即太阳常数的变化对地球气候的可能影响.这两种作用都可以用气候模式进行模拟，例如可以在下述情况下进行模拟试验：① 地球轨道参数引起的不同纬度的太阳入射辐射的变化；② 模拟太阳常数增加 2% 时全球温度的变化；③ 近日点和远日点变化(一万年前与现代)对北半球夏季温度的影响，并可以比较 EBM 和 GCM 的模拟结果.

图 7－17 是地球轨道参数的变化引起的地球上不同纬度太阳辐射变化的时间序列，可以看出，在过去 100 万年中，太阳辐射在高纬度地区和低纬度地区都表现出准周期性变化，特别是在高纬度地区的变化幅度更大，一般认为这种变化是地球上冰期和间冰期循环的主要驱动因素之一.图 7－18 是当太阳常数减少 2%时，全球年平均地面气温和年降水量的变化模拟结果.如图 7－18(a)所示，太阳常数减少 2%，即从现代参考值 1367 W/m^2减少到约1339.66 W/m^2时，全球普遍出现大幅度降温，年平均降温幅度在 2℃～14℃，南半球高纬度海洋降温最大，在 8℃以上；最小降温区域在北半球的中纬度海洋和部分陆地地区，如北太平洋、北大西洋等；非洲大陆、南美洲和澳大利亚地区降温也较显著，在 5℃～8℃.总体上看，太阳常数的减小对南半球的降温效应要大于北半球，高纬度和赤道地区降温幅度大于中纬度地区，北半球的陆地区域降温大于海洋区域降温.从图 7－18(b)的降水变化看，太阳常数的减小对降水的影响有一定的区域差异，但总的趋势是使全球降水量明显减少，最大减少区域在赤道中太平洋一带，降水减少量达 4～6 mm/day，约相当于年降水量减少 1460～2190 mm.除在非洲北部、印度北部和中

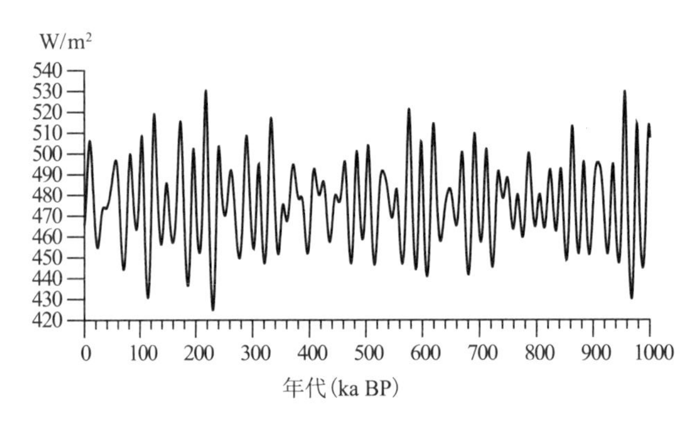

(a) 7 月 65°N

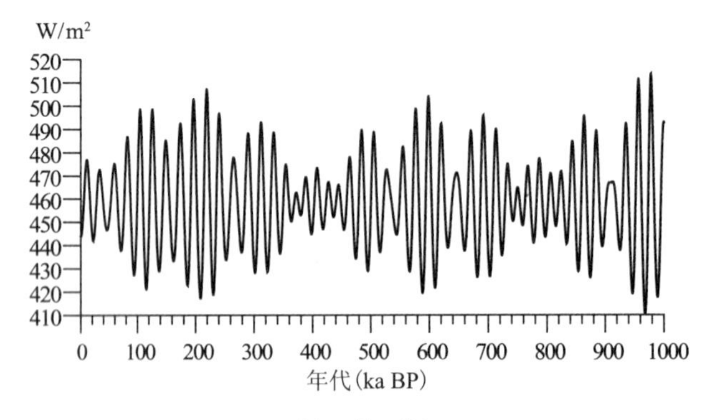

(b) 7 月 15°N

图 7－17　过去 100 万年天文辐射随地球轨道参数的变化

国西南地区、中美洲和非洲中东部少数地区降水有少量增加(约 1 mm/day=360 mm/a)外,全球年降水量普遍减少.这说明,太阳辐射强度减小在引起全球降温的同时可能造成全球性的降水减少,这与温室效应的结果正好相反(参考图 7-16).

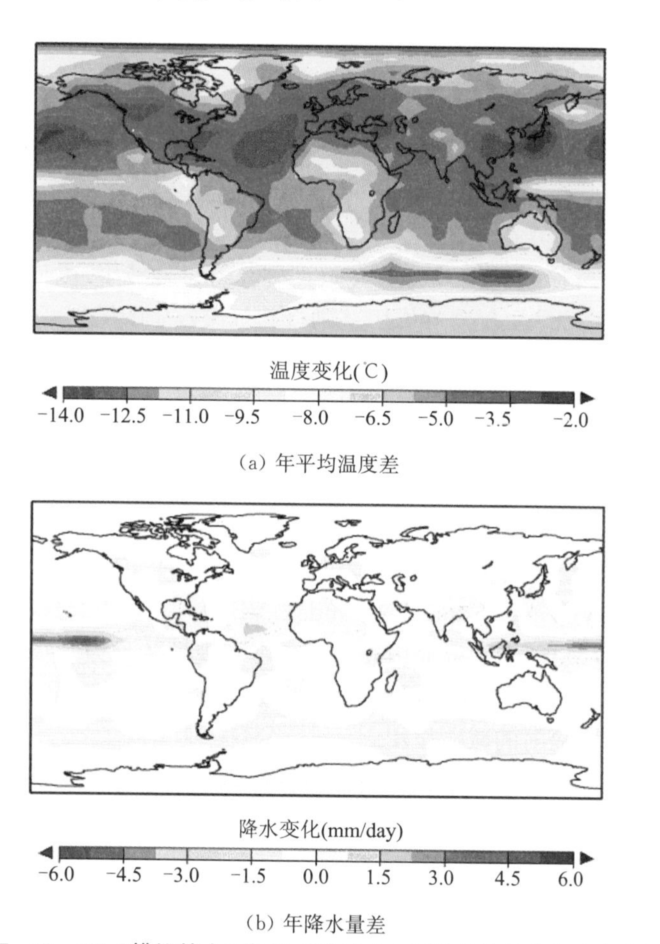

(a) 年平均温度差

(b) 年降水量差

图 7-18　GISS 模拟的太阳辐射常数减少 2%引起的温度和降水变化

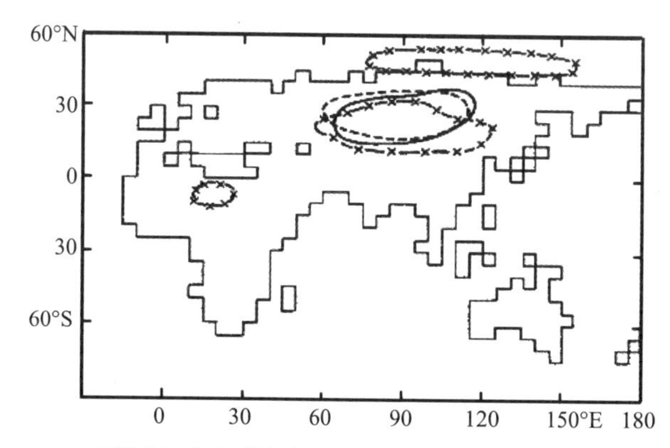

EBM 和 GCM 模拟的 1 万年前近地表温度变化(℃)
其中,各种曲线表示温度变化为 4℃的等值线.实线:二维能量平衡模式;
虚线:低分辨率 GCM;×线:NCAR GCM
(据 Crowley et al.1986)

图 7-19　EBM 和 GCM 模拟的一万年前地表温度变化

地球轨道参数引起的气候变化在万年尺度以上.因此，要比较地球轨道参数变化的气候效应，必须进行万年以上或万年以前的气候模拟试验.目前的全球复杂气候模式还不能进行这样长时间尺度的连续模拟，但可以对一万年以前的气候平衡态进行模拟或使用中等复杂程度的模式及能量平衡模式进行模拟试验.图 7－19 是几个不同模式模拟的一万年前温度变化的情况，图中给出了温度变化达到 4℃的主要区域.

七、火山活动对气候影响的模拟试验

火山活动对气候的影响早已被人类注意.火山爆发产生大量的火山灰，其中进入平流层的部分可以滞留较长的时间，并在大气环流作用下扩散到全球，在平流层大气形成火山灰气溶胶层而增加大气光学厚度，使到达地表面的太阳直接辐射显著减少，因而导致地面附近温度降低.为了定量描述火山的这种辐射强迫作用并进行其气候效应的模拟，需要定义有关火山活动强度和火山灰光学厚度指数.常见的火山活动指数有以下几种.

1. 火山尘幕指数(Dust Veil Index，DVI)

其定义式为

$$V_s = 6667T\Delta S, \tag{7.58}$$

其中 ΔS 为直接太阳辐射下降的最大幅度(%)；T 是 ΔS 所持续的时间(年).式中数字是根据有关典型火山资料确定的常数.

2. 火山爆发指数(Volcanic Explosivity Index，VEI)

是一种火山爆发分级指数，根据火山爆发的强度和规模共分为 9 级，如表 7－8 所示.根据火山爆发指数与火山灰喷发量的关系，可以确定出每一次火山爆发所引起的大气光学厚度的变化，进而计算出对太阳辐射的减弱作用.

表 7－8　估计火山爆发指数 VEI 的标准

VEI	0	1	2	3	4	5	6	7	8
爆发程度	非爆发性	小	中等	偏大	大	很大			
喷发量(m^3)	$<10^4$	$10^4\sim10^6$	$10^6\sim10^7$	$10^7\sim10^8$	$10^8\sim10^9$	$10^9\sim10^{10}$	$10^{10}\sim10^{11}$	$10^{11}\sim10^{12}$	$>10^{12}$
喷发柱高(km)	<0.1	0.1～1	1～5	3～15	10～25	>25			
爆发稳定性	…缓慢溢出…		… 爆发性的…		……猛烈的、严重的、灾难性的……				
持续时间(h)	………<1………		……1～6……		…6～12…	……>12………………………			
对流层喷发物	可忽略不计	少量	中等	大量的	……	……	……	……	……
平流层喷发物	无	无	无	可能的	肯定的	显著的	……	……	……

3. 火山灰光学厚度

为了定量分析过去火山爆发所形成的影响，可以从冰芯中获取火山灰残留物来推算出相应的火山灰光学厚度，为气候模拟提供必要的资料.例如，从北极冰芯中可以得出过去约 2000 年的火山灰光学厚度，为气候模拟提供有效强迫场.

对于火山爆发气候效应的数值模拟思路和方案设计可以包括以下几种.

(1)“虚拟”火山的模拟，主要研究物理机制，人为设定火山进行模拟.这类模拟结果给出的主要结论有：

① 平流层增温，对流层降温；

② 降温的空间分布与下垫面热力状况有关；

③ 大气环流、温度、降水场的变化与冰雪反照率等反馈过程有关.

(2) 个例模拟，主要针对已爆发的强火山设计模拟方案.这类模拟显示，强火山爆发可以使平流层局地增温约 4℃，全球平流层平均增温约 0.3℃～0.5℃；地面气温最大月平均降温约 1℃.

(3) 长期影响的数值模拟，这类模拟主要考虑在较长的时间范围内，如近百年至千年的火山活动对全球气候的影响.模拟结果显示，在强火山活动期往往为气候寒冷期，而火山平静期则气候处于相对温暖期.

下面介绍一个火山气候效应模拟个例：皮纳图博火山(Pinatubo)的气候效应模拟.皮纳图博火山位于菲律宾吕宋岛，东经 120.35°，北纬 15.13°，海拔 1486 米，爆发的时间是 1991 年 6 月 15 日，喷出了大量火山灰和火山碎屑流.火山喷发使山峰的高度大约降低了 300 米.图 7－20 是爆发中的皮纳图博火山.

图 7－20　爆发中的皮纳图博火山

该火山属于百年一遇的强火山，爆发后有约 20 Mt 的 SO_2进入平流层的 18～30 km 处，造成平流层 O_3的含量下降约 30%.在大气环流作用下，火山灰在半年内扩展到全球，其产生的主要结果是平流层光学厚度显著增加，使得到达地面的太阳辐射显著减少，致使 1992 年全球平均地面气温降低了约 0.5℃，使之成为 1982 年以来十年内最冷年.与此同时，因吸收太阳辐射增加，平流层温度在 30°S～30°N 之间上升了约 2℃.

对于这样一个典型火山爆发的气候效应，研究人员根据皮纳图博火山爆发的有关资料进行了气候模拟，得出的温度变化结果如图 7－21(a)所示.模拟结果显示，在火山爆发后的一年左右(1992 年 4 月～9 月)，以欧亚大陆为主出现了全球性的降温，其中北半球平均降温在 0.5℃以上，最大降温中心区达 1.0℃以上；南半球降温较弱，在 0.5℃以下.与全球同时期的地面气温观测得出的距平分布(如图 7－21(b))比较可以看出，模拟结果基本反映出了这次火山爆发带来的北半球降温特征.

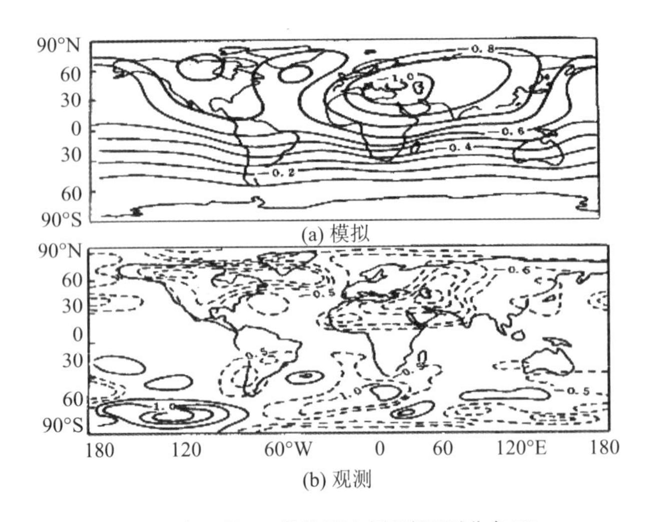

1992 年 4 月～9 月的近地表温度距平分布(C)

图 7－21 皮纳图博火山气候效应模拟结果比较

7.6 古气候模拟

长期以来，人们一直在探讨地球气候的变化历史，试图了解过去气候变化的事实和原因，以便用于对现代气候变化的研究和未来气候的预测.如上一章所述，认识过去的气候有多种方法，但最基本的是依赖于资料分析，特别是代用资料的获取和分析.由于没有仪器观测资料，对过去气候的空间分布和时间变化的研究受到很大限制，也无法从物理机制上揭示气候变化的原因.随着现代气候研究理论和方法的发展，特别是气候模式的不断发展和完善，气候模拟成为古气候研究的一个重要和有效的手段.因此，从 1991 开始，国际上开始了古气候模拟对比计划 PMIP(Palaeoclimate Modeling Intercomparison Project)，该计划的主要目的是：① 将大气环流模式 AGCMs 用于古气候模拟，验证其对古气候边界条件的响应及其在不同模式中的差异；② 将气候模式模拟结果与古气候资料进行对比；③ 将 AGCMs 的结果用于古气候资料的分析和解释.最终期望通过气候模拟来恢复过去气候的时空特征和气候形成的原因.这就是古气候模拟，简言之，就是用气候模式来研究过去的气候，使古气候研究从单一的资料分析扩展到定量的、数值化的、具有坚实数学物理基础的研究.

一、古气候模拟的特点

古气候模拟与现代气候模拟有很大不同，一是没有现代气候观测这样的时间和空间上高分辨率的气候要素场用于边界条件和初始场的建立；二是古气候模拟要求时间跨度很大，在现有计算及条件下，一般气候模式无法实现长时间的连续积分模拟.由于这些限制，古气候模拟根据所研究的时间尺度、模式性能和资料条件可以分为以下三种情况：

1. 平衡气候态的模拟试验

对所研究的时段，给定一组强迫边界条件和初始场，积分数十年或更长时间达到稳定的气候状态，将所得结果进行多年平均，由此模拟得出的是一个气候平衡态，代表所研究时期的平均气候特征.这类模拟必须有古气候资料包括代用指标及古气候重建指标，如 SST、冰盖、海冰、地形、植被分布等,用以建立边界强迫场.

2. 切片模拟

对于需要较长时间的过去气候的模拟,由于模式和计算条件限制无法进行长时间连续积分时,可以采用这种模拟方案.例如要模拟过去2万年以来的气候,可以将2万年划分为若干个片段,每个片段500年,40个片段模拟就可近似代表2万年的气候过程.对每个片段作气候平衡态模拟,得出对应的气候平均,这样将每一个片段的气候按时间衔接起来,就可以得出过去2万年来气候的变化状况(类似于用不连续点的连线来表示连续曲线).

3. 连续瞬变模拟

在模式、资料和计算机条件允许的情况下做连续的积分来获得过去气候的连续变化模拟结果,就是连续瞬变模拟.目前,完整的全球海气耦合模式在超级计算机上可以做连续2000～3000年的积分,以获得历史时期气候变化的模拟序列,但计算机所需时间也是相当可观的,要数月或半年以上.因计算资源问题,万年以上的古气候模拟目前还无法用全球模式来连续积分,但可以用中等复杂程度的地球系统模式来做连续积分,而且对计算机资源要求不高,一般的服务器就可实现.如前面提到的MPM等几种EMICs模式都可以做这类模拟.

二、古气候模拟的热点

由于有较充分的代用资料研究分析,人们对过去2万年来的气候变化事实有较多的认识,这样就为过去2万年来的气候模拟提供了较充分的支持,因此这一时间段内的气候模拟得到了广泛的重视和开展.基于模式和资料基础,这期间的较为成熟的气候模拟包括以下几个气候时期:

(1) 距今约2万年前的末次盛冰期(LGM,18 ka BP,C^{14}测年或21 ka BP,C^{14}测年);

(2) 约6000年前的中全新世暖期(Mid-Holocene,6 ka BP);

(3) 发生在约1.1万～1.2万年前的新仙女木气候突变期(Younger Dryas,YD,11 ka BP～12 ka BP)

(4) 小冰期(LIA,Little Ice Age),出现在约1550年至1850年间.

这里除中全新世暖期外,其他都属于气候冷期,新仙女木事件属于气候突然变冷后又快速回暖的过程.下面将对这些气候时期的模拟做简要介绍.

三、近2万年来的气候环境特征

过去2万年,地球气候经历了从末次盛冰期到中全新世暖期再到现代气候的变化过程,期间出现了新仙女木气候突变事件.末次盛冰期(Last Glacial Maximum,LGM,21 ka BP)的气候环境特征是:北美和北欧有两大第四纪冰盖,最大厚度达3500～4000 m,海平面比现在低100 m以上,因而陆地面积比现在大,CO_2含量约200 ppm,太阳辐射略小于现代.中全新世暖期(Mid-Holocene Warm, 6 ka BP)时,北美和北欧两大第四纪冰盖完全消融,太阳辐射较现代强,夏季辐射较现代大6%,CO_2含量约280 ppm,海温SST和其他环境要素都经历了较大变化.如图7-22所示,大气顶的太阳辐射夏季平均在约1万年前达到最大(S_{JJA}),而冬季平均则在约9千年前达到最小(S_{DJF});若以100%表示末次盛冰期时北半球陆地的冰原覆盖面积,则在约1.2万年前这些冰原已完全融化消失;海洋表面温度(SST)从平均约−4℃逐渐上升,在约9千年前上升到现代的平均水平;大气中的CO_2含量也经历了一个逐渐上升过程;与此同时,由于气候变得温暖湿润,大气中的气溶胶含量迅速减少,约在1.2万年前回落到与现代接近的水平.

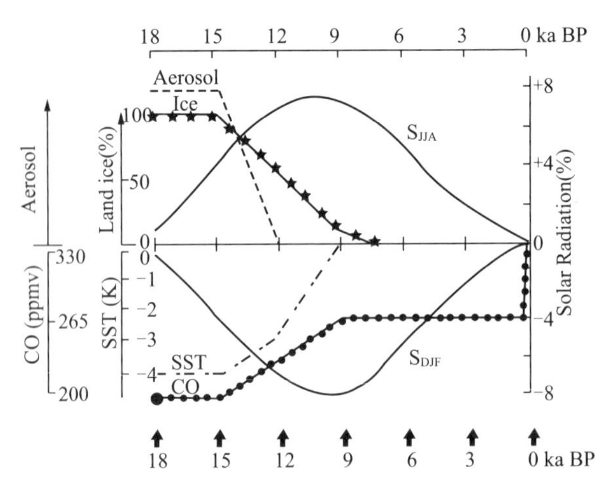

图 7-22　两万年来气候环境参数变化示意

四、古气候模拟的主要步骤

对古气候进行模拟，首先要确定模拟的古气候时期，进行何种类型的模拟(平衡态或瞬变模拟)，选定气候模式，建立边界条件和初始场，根据要研究的气候问题设计模拟方案；然后进行模拟并对模式输出结果进行处理分析.图 7-23 是一个典型的古气候模拟试验过程框图.从图中可以看出，模拟需要古气候资料的准备，通过地质资料进行古气候重建以获得相应的气候要素场(温度、降水等)，据此可以建立模拟所需要的强迫边界条件和初始场.以末次盛冰期和中全新世暖期平衡气候态的模拟为例，所需要的强迫边界条件包括：

(1) 控制到达地球的太阳辐射的地球轨道参数：黄赤交角、岁差和偏心率；

(2) 地形高度、陆冰冰盖厚度及其分布；

(3) SST 和海冰分布、海陆分布；

(4) 大气 CO_2 含量；

(5) 地表植被分布.

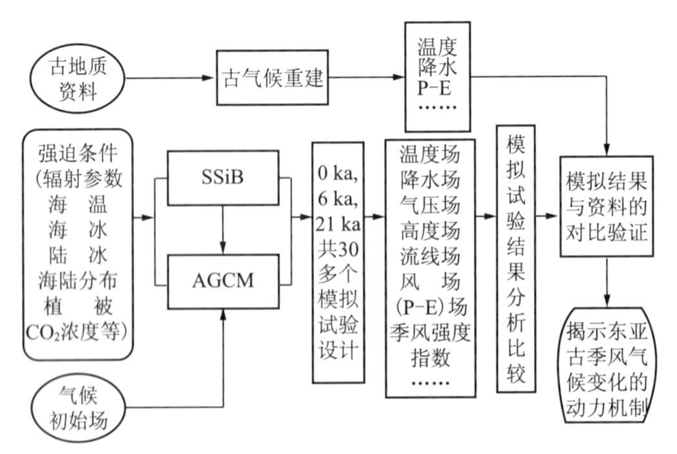

图 7-23　古气候模拟试验流程示意图

五、古气候平衡态模拟举例

1. 末次盛冰期和中全新世气候模拟

如前所述，末次盛冰期(LGM)和中全新世暖期(Mid-Holocene)是两个重要的古气候研究和模拟对象，也是 PMIP 计划早期设定的对比研究和模拟个例.早期，美国威斯康星大学的 Kutzbach 教授等做了较全面的具有代表性的模拟工作.按照 PMIP 计划的统一规定，在这两个气候时期的平衡态气候模拟中，主要考虑冰盖、CO_2含量、海温、植被、地球轨道参数引起的太阳辐射变化等对气候形成的作用，并再现这两个气候时期的气候特征.表 7－9 是从末次盛冰期到现在不同时间的主要模拟控制参数对比.其中 0 ka BP 代表现在，6 ka BP 代表中全新世，21 ka BP 代表末次盛冰期.可以看出，这三个时期的地球轨道参数不同，因偏心率本身变化较小，其差异不显著.对太阳辐射分布影响较大的是黄赤夹角和地球近日点的变化.从表 7－9 可以看出，现代的黄赤夹角为 23.446°，6 ka BP 时的黄赤夹角为 24.106°，比现代大 0.660°；21 ka BP 时为 22.940°，比现代小 0.506°.21 ka BP 和 6 ka BP 的黄赤夹角差达到 1.166°，这意味着这两个时期的极圈范围(分别为 67.06°和 65.894°)相差 1.166°，其结果是在 6 ka BP 时，夏季在极地周围有更多的面积处于永昼而冬季则有更多的区域处于永夜，冬夏季极圈范围内的辐射差异加大；而 21 ka BP 时正好相反.另外，表 7－9 中地球近日点的变化表明，21 ka BP 时的近日点大约在 1 月 15 日，而 6 ka BP 时的近日点大致在秋分点附近，现代的近日点大致在 1 月初.可以看出，现代的近日点与 21 ka BP 时较接近，而与 6 ka BP 相差较大.因此，综合黄赤夹角和近日点的位置变化，6 ka BP 时北半球夏季的太阳辐射要比现代和 21 ka BP 时高 6%左右，这就是中全新世气候比现代和 21ka BP 暖的主要原因.从表 7－9 还可看出，这三个时期的海平面高度变化有较大差异，不同的模式和 PMIP 计划采用的 CO_2含量值略有差异.在进一步的气候模拟试验中，根据古植被研究的成果，在边界强迫场中还加入了植被变化，这对改进模拟结果具有重要意义.

在模拟研究所用模式系统和海气耦合方式上，主要有两种方案，一是大气环流模式(AGCM)＋预置 SST 的方法；另一种是直接采用海气耦合模式(AOGCM，后来发展到加入植被模式的 AOVGCM).在预置 SST 方案中又分为使用平均 SST 和有季节变化的 SST.但无论采用何种方案，都能较好地模拟出末次盛冰期和中全新世暖期的主要气候特征.模拟出的末次盛冰期气候特点是出现全球性的比现代低的气温，季风地区夏季风减弱、降水减少；北半球大多数地区出现荒漠化趋势.表 7－10 给出部分模拟结果的比较.虽然采用不同的模式和不同的海气耦合方案(除一个采用混合层海洋模式外，其余均采用 CLIMAP 预置的 SST)，但得出的全球平均的年平均温度和夏季温度都比现代低 3℃～5℃.采用大气环流模式和简化植被模式(AGCM＋SSiB)对末次盛冰期气候模拟也出现全球性的低温，并且发现东亚地区有明显的干湿变化特征和东亚季风环流的变化，即在末次盛冰期时，中国西部地区的降水比现代略多，气候比现代湿润，而东部地区降水则比现代少，气候比现代干燥，与中国现代东西部气候湿润分布有明显不同.此外，在模拟试验中还就北半球两大冰原存在的动力作用进行比较模拟，即仅考虑冰原范围(面积)和同时考虑冰原面积和高度，结果表明冰原高度对气压场的分布和强度有显著影响.

PMIP 所规定的中全新世暖期气候模拟比较方案所用气候模式体系与末次盛冰期相同，所考察研究的主要气候形成机制是太阳辐射强迫为主要驱动因子时的气候特征，所采用的强迫条件见表 7－9 所示，采用与现代相同的预置 SST 或海气耦合模式.模拟出的主要气候特征是全球性年平均温度和夏季温度高于现代、夏季风增强、降水增加，但冬季温度却比现代低.

模拟的结果揭示了辐射强迫对中全新世增温和夏季降水的作用.然而，在没有考虑植被变化作用的模拟中，冬季温度比现代低的现象与古气候资料分析的结果却不相符.在考虑了6 ka BP东亚植被变化的改进的模拟中，发现太阳辐射和植被的反馈作用可以模拟出东亚和其他某些地区冬季温度比现在高的现象，并且还可以看出太阳辐射与植被反馈对中全新世降水的影响，揭示了东亚地区中全新世暖湿气候形成的大气环流特征和植被—地表反照率的作用.图7-24是按表7-9给出的强迫参数模拟得出的21 ka BP以来不同时间北半球和南半球陆地1月和7月平均温度、海平面气压场、降水和降水蒸发差的变化.由图可以看出，2万多年来，北半球气候变化要比南半球剧烈，以温度变化最为明显.另一个明显的气候特征是南北半球的湿润状况季节变化趋势相反：北半球夏季(7月)降水在中全新世明显增多，而南半球夏季(1月)降水在中全新世明显减少，这说明在中全新世北半球气候变得湿润(降水蒸发差P—E增大)，而南半球气候变得干燥(降水蒸发差P—E减小)，两半球冬季降水和气候湿润程度变化不大.

表7-9　有关古气候模拟参数的设定

时间(ka BP)	偏心率	黄赤夹角(°)	近日点位置
0	0.016724	23.446	102.039
6	0.018682	24.106	0.870
11	0.019529	24.201	278.408
14	0.019675	23.987	229.291
16	0.019623	23.744	196.556
21	0.018994	22.940	114.425
时间(ka BP)	CCM1 CO_2(ppmv)	PMIP CO_2(ppmv)	海平面降低(m)
0	267	280	0
6	267	280	2
11	267	280	30
14	230	240	60
16	210	220	87
21	191	200	106

表7-10　部分LGM模拟结果比较

研究者	模式	ΔT(℃)LGM—现在	季节	说　明
Gates(1976)	GCM	—4.8	7月	CLIMAP预置海温
Manabe等(1977)	GFDL GCM	—5.4	7月	CLIMAP预置海温
Manabe等(1985)	GFDL GCM	—3.6	年	70m混合层海洋
Kutzbach等(1986)	CCM GCM	—3.9	7月	CLIMAP预置海温
Rind(1987)	GISS GCM	—3.5	7月	CLIMAP预置海温
Lautenschlager, Hall	UGAMP—	—4.7	年	CLIMAP预置海温
(1990, 1996)	GCM	—3.8	年	CLIMAP预置海温

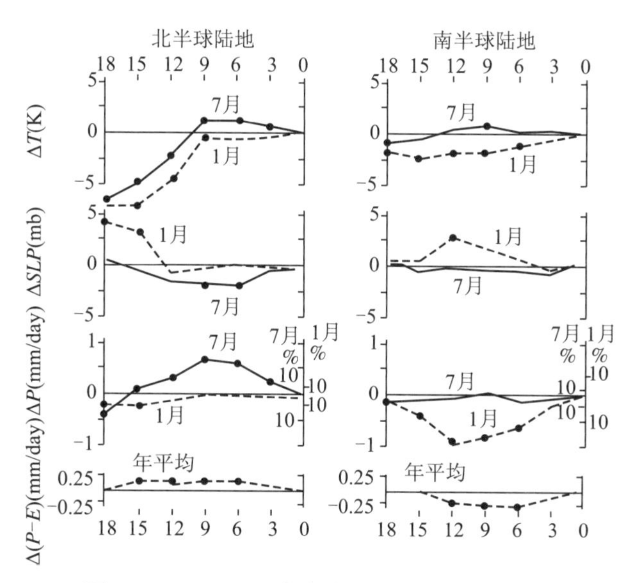

图 7-24　LGM 以来全球各气候要素变化分布

图 7-24 从上到下依次为温度变化、海平面气压变化、降水量变化和有效降水量变化.

2. 青藏高原隆起对东亚季风气候形成的作用

青藏高原对全球气候形成和东亚季风气候的形成都有着重要影响，古气候学家和地质学家们从实际考察获得的资料出发，进行了大量研究，得出许多有意义的科学发现.例如，著名科学家施雅风等就青藏高原的二期隆升与亚洲季风系统的孕育关联问题进行探讨时指出，在25～17 Ma BP 的青藏地区二期强烈上升，形成高度达 2000 m 以上的广阔高原的动力和热力作用，与其他因素相比，很可能是孕育和增强亚洲季风系统最重要因素.因此，青藏高原形成过程及其对环境和气候的影响一直是科学前沿问题.从探讨其隆升过程对气候形成的作用和意义出发，利用气候模式可以做有关模拟试验，进而从动力学角度模拟和再现青藏高原形成过程对东亚气候和季风环流形成的作用.从动力学角度分析，在模拟过程中可以假设青藏高原的逐级隆升过程而设计若干个模拟试验方案，如有高原和无高原的对比试验、逐级增加地形高度的敏感性试验等，由此来考察高原形成过程与东亚季风形成的关系.

Hahn 和 Manabe 利用美国地球流体实验室(GFDL)的大气环流模式进行试验发现，只有当青藏高原出现在模式中时亚洲季风才存在，在不包含高原的模拟试验中，亚洲季风环流消失；而另一 GCM 完成的一系列改变青藏高原地形高度的数值试验说明，东亚季风气候变化非常敏感地响应于高原隆升，只有青藏高原达到足够的高度，才能真正维持现代的东亚季风形势，数值实验表明亚洲季风对高原隆起具有明显的响应.在高原隆升达到现代高度的一半之后，东亚大约 30°N 以北地区近地面冬夏风向反向意义下的季风现象开始出现.可以认为，青藏高原大约 2000 m 高度是东亚季风形成的临界高度.又如，利用全球大气环流谱模式 R42L9 进行的有、无青藏高原大地形两种情况的模拟结果显示，春季青藏高原大地形的出现对低层西风的阻挡引起绕流，其北支气流加强了北方冷空气在高原东侧的南下；夏季青藏高原强热源的存在引起的低层气旋性环流，加强了青藏高原东侧的东亚夏季风，使其向北发展.因此，青藏高原出现所产生的动力作用使流场变形，而高原的热力作用使青藏高原在夏季成为强热源(冬季为热汇).

六、气候模拟与资料对比

前面提到，对于古气候模拟研究需要有各种古气候资料来和模式模拟结果进行验证和比较，以分析模拟结果的可靠性和资料信息的意义，进而解释古气候形成和变化的机制和原因.这种用于与模式结果进行对比的古气候代用资料的来源和获取方法已在上一章气候变化中做了简单介绍.这里，我们以末次盛冰期的气候模拟与资料对比为例来了解古气候模拟中资料与模式对比的意义.

在模式资料对比时，主要的难点是模拟输出结果与代用资料的差异，这种差异表现在对气候描述的时间和空间的细致程度、定量化程度和要素的可识别程度上.模式输出可以给出时间上和空间上连续的各种确定的气候要素，如降水、温度、气压、位势高度和湿度等，并得出空间分布图.而资料分析得出的重建气候要素的空间分布往往有很大的局限性，其空间点因采样点而定，分布是不规则的；此外，代用资料有时不能给出准确的气候要素值，只能给出指示性的、不完全定量的结果.例如，我们可以用全球湖泊水位的变化来表示气候的干湿状况，但不能得到具体的降水量和蒸发量；也可用植被类型分布的变化来指示气候状况(温度、干湿程度等)的改变，但无法知道定量的温度和湿度.即使如此，人们仍可从这些代用资料获取半定量或定性的气候信息来与模式输出的气候要素场进行比较，对模拟和资料的可靠性做出分析.

图 7－25 是全球湖泊数据库的资料点的分布，这些数据库收集了全球各地的 3 万年来的湖泊水位变化数据.图中的不同符号代表不同国家和地区的数据点，可以看出，这些湖泊数据点基本覆盖了全球大陆地区，根据这些湖泊水位变化可以推断出全球各地过去 3 万年的气候干湿分布和变化情况.图 7－26 就是根据这些数据和中国湖泊数据库得出的末次盛冰期全球干湿状况的分布.图中将相对于现在气候干湿状况的比较结果分为五个等级：很湿润(大十字)、湿润(小十字)、无变化(白实心圆)、干旱(小实心三角形)和很干旱(大实心三角形).根据这一结果我们可以看出，末次盛冰期时，北美气候比现在湿润，中美洲比现在干旱或无变化；非洲北部部分地区比现在湿润，其他地区与现在相同，而非洲南部比现在干旱；澳洲南部比现在干旱或无变化；欧亚大陆的干湿变化特征是欧洲、中亚、西亚地区和中国西部都比现在湿润，而中国东部比现在干旱，中部无变化.这里特别要指出的是中国地区表现出来的西部比现在湿润、东部比现在干旱的定性气候特征.这一特征在由植物孢粉分析得出的气候干湿状况图 7－27中也得到进一步确认.图 7－27 中红色三角代表气候偏干，黄色代表正常，蓝色代表湿润气候.可以看出，现代中国气候的特征是北方干旱、南方湿润(如图 7－27(a))；而末次盛冰期(21 ka BP)时，中国则是西部湿润、东部干旱.

那么末次盛冰期中国气候的这一特征能否由气候模式模拟出来呢？通过一个含有简化植被模型(SSiB)的大气环流模式 AGCM 模拟的中国地区末次盛冰期时的气候特征与代用资料恢复的干湿气候特征的比较可以验证气候模拟与古气候重建资料是否相吻合.图 7－28 给出了用大气环流模式模拟的末次盛冰期东亚地区全年和夏季平均降水与现代降水的差值的分布.从图 7－28(a)的年降水差异看出，0 值线将我国东部与西部分开，东部地区为负值区域，特别在东南部一带，末次盛冰期年降水比现代少 2 mm/day 以上，相当于年降水量减少约 700 mm，气候比现代要干旱；而在西部则为正值区域，表明这些地区年降水量比现代多，气候较现代湿润.同样，图 7－28(b)显示的夏季降水也具有类似的特征，表明在以夏季为主要降水季节的中国地区，末次盛冰期的降水也呈现东部减少而西部增加的特征.

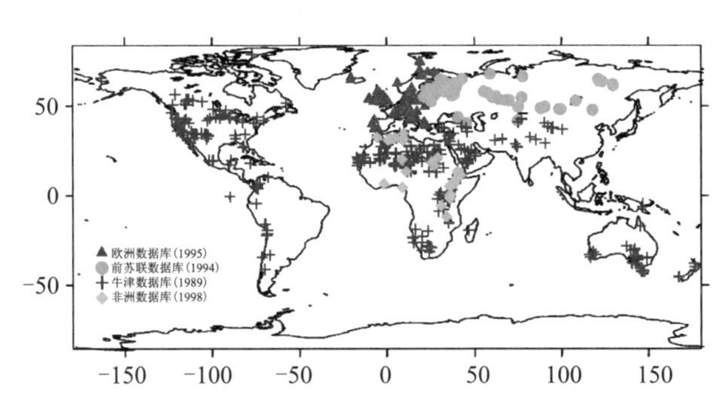

图 7－25　全球湖泊数据库资料点分布示意图

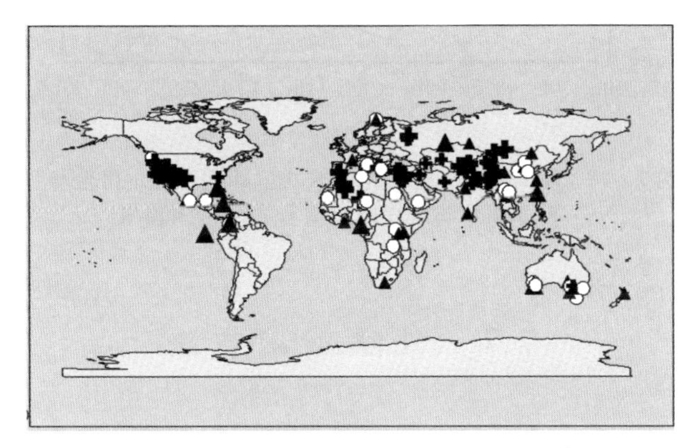

图 7－26　末次盛冰期全球干湿状况分布

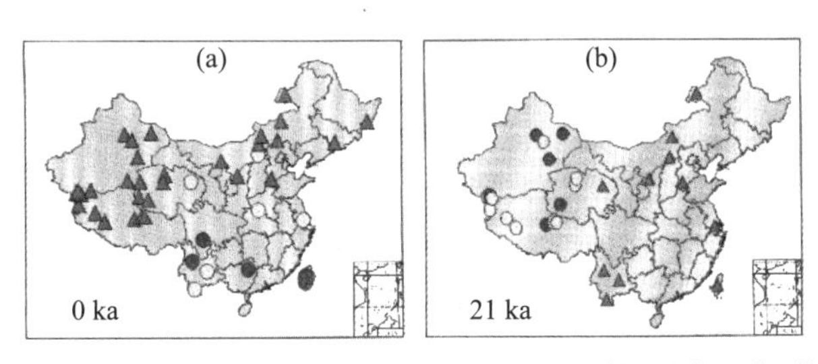

图 7－27　中国地区末次盛冰期与现代干湿状况比较(引自于革，等，2001)

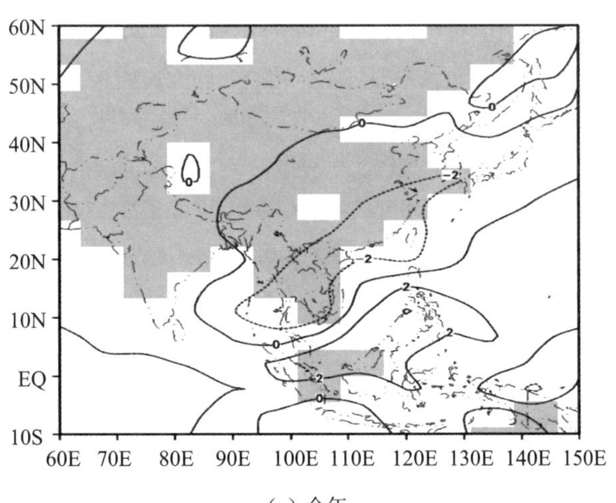

(a) 全年

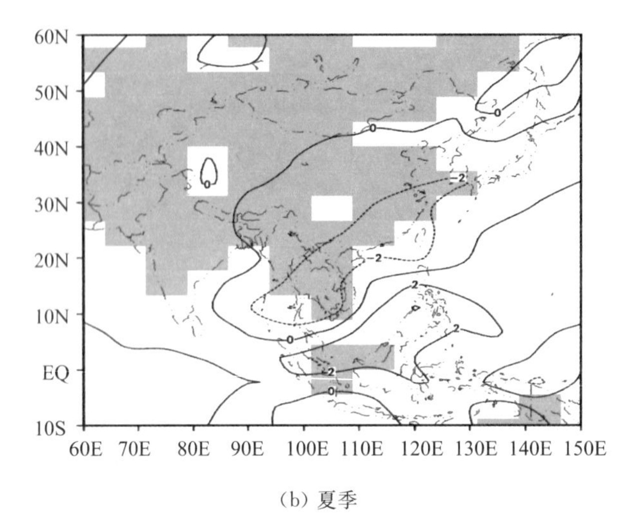

(b) 夏季

图 7-28 AGCM+SSiB 模拟的末次盛冰期东亚地区全年和夏季降水与现代降水差异的分布(mm/d)

7.7 气候预测简介

对未来气候进行预测，是人类社会发展的需要，也是气候学研究的最终目标.气候学家们很早就提出这样的问题:对异常复杂的气候系统，未来几年、几十年乃至更长时期的气候状况及气候变化，人们能否做出适当的预报？本节主要围绕这一问题介绍有关内容.

一、气候预测概述

由于气候变化的多时间尺度特征和实际应用的需要，气候预测的时间尺度可以分为 10 年以上的长期气候预测、反映年际变化的气候预测、揭示季节变化的季节气候预测和月尺度的短期气候预测.根据预测的要求和条件，气候预测又可分为① 完全由初始条件确定的第一类预报，即基于动力和时间演变过程的天气气候预报；② 不依赖于初始条件的第二类预报，即敏感性试验预报，不需要初始条件，仅给出可能出现的气候情景；③ 介于上述两者之间的第三类预报，主要是月至季节时间尺度上的平均场或距平场的预报，同时考虑初始场和外强迫的作用.

气象学家 Lorenz(1975)把气候预报分为两类.一类是与时间有关的气候统计特征量(平均值、方差、概率等)的预报.例如，今后 10 年某地区降水量有多少，是偏多还是偏少，其气候是偏暖还是偏冷，等等.这是通常意义下的气候预报，Lorenz 称之为第一类气候预报.另一类是指由于气候的外部或内部因素发生已知的或指定的改变时气候特征量相应地变化的预报，它与时间无直接的关系.例如，大气中 CO_2 含量增加一倍时，地球气候如何变化，温度改变多少，至于何时发生变化，则是不考虑的，这就是 Lorenz 所谓的第二类气候预报.它实际上是气候系统的适应问题，因此通常也称为气候敏感性试验.

根据气候预报的定义，我们可以得出，它和天气预报有着根本的区别.天气预报是人们基于对天气演变规律的认识而对未来一定时间，如几小时、几天做出的天气状况和天气变化的预报，气候预报则是从气候演变规律出发，预报未来一段时期内有关气候的统计特征量.对于气候预报来说，要作出未来几年、几十年以至更长时间天气状况的预报不仅是不可能的，也是没有必要的.

与气候预报有关的还有长期预报问题.过去经常把长期预报称为长期天气预报，这是不确切的.现在无论是理论研究，还是预报实践都证明，逐日天气预报的理论上限大约是2周.月、季尺度长期预报的对象也应该是气候，而不是天气，即预报气候特征量，如月平均气温、月降水总量等，所以应该属于气候预报.为与上述气候预报相区别，近年来越来越多的人将这类预报称为短期气候预报.但由于习惯，在大多数情况下，人们仍称其为长期预报.为了进行上述各种类型的气候预测，在大量观测资料的基础上，借助各种数学物理方法可以建立专门用于气候预测的方法.这些方法包括：

（1）统计方法，就是对所获得的气候资料样本进行统计分析，利用数学统计方法建立预测模型，对未来气候进行预测.

（2）数值模式方法，是现代气候预测的主要方法，其原理是根据气候模式所描述的气候变化的物理规律，在给定边界强迫条件下由计算机进行长时间模拟计算，得出未来气候的时间空间演变特征预测.

（3）统计动力方法，该方法结合气候变化本身所具有的动力学性质特征和统计学特征，在动力方程组中加入随机项来进行气候特征预测.

（4）历史相似法，这一方法基于对过去气候历史的资料分析，归纳出气候变化在不同时期的气候特征和可能影响因子，在此基础上进行分类对比，找出历史相似型，进而用于对未来气候的预测.这是一种基于历史大量气候变化资料积累的综合分析方法，主要用于百年以上较长时间气候变化趋势和演变的预测.

无论哪种方法，从预测理论而言，气候初始场和外强迫（热流入量）的影响时效是决定预测的主要决定因素.时间较短的预测（如天气预报）初始场影响较大，而随着时间的延长，初始场影响随时间逐渐衰减，外强迫（能量）作用逐渐增大，这一关系与气候的可预报性密切相关（如图7-29）.

二、气候的可预报性

气候的可预报性是一个与气候预报有关的重要理论问题，也是一个不太容易准确回答的问题.这里我们做一简单介绍.

1. 可预报性

第二章我们对气候系统的可预报性给出过初步介绍，这里我们具体讨论气候可预报性的有关控制因子和条件.

从能量角度看，气候的可预报性与驱动它的能量或力是有紧密联系的.我们可以将驱动力分为两类.一类是外力，即独立于气候系统之外、不受气候系统反馈影响的力，它又可分为周期性的和非周期性的两种外力.周期性外力包括日、年变化，米兰柯维奇周期（由偏心率、倾斜率和岁差三种地球轨道参数周期合并而成）和2.8亿～3.2亿年的银河周期（地球跟随太阳围绕银河系中心旋转的周期）.非周期性外力包括火山爆发等.对于短期气候变化来说，深层海温和深层地温也是一种非周期性外力.第二类是内力，它也可以分为两种.一种是随机性的；另一种是气候系统内部各因子之间相互耦合而成的自持振荡，如地-气耦合、海-气耦合等，这是一种准周期性的作用因子.

周期性外力引起的强迫性气候变化具有共同的特点：各地的变化在时间上具有同步性；振

动振幅由外力强度决定.到目前为止,所有外力的强迫作用都未使地球气候的平均温度升高到42℃以上,这是允许地球上液态水存在的温度上界;也未能使全球地表的最高温度下降至地球永久封冻的临界温度－10℃以下.内力引起的气候变化具有自由振荡的性质.它们的特点是:无固定周期;各地变化在时间上往往不同步.

所有外力驱使的气候系统都具有可预报性,因其强度比随机扰动强得多,其周期强度是随机扰动所无法掩盖的.至于非周期性外力引起的气候变化,由于其本身预报的困难性,因此要用它们来做气候预报也是困难的.尽管如此,我们还可以估计它们可能引起多大的气候变化.例如,有研究得出,即使大量的火山爆发,对全球平均温度的影响将不超过0.5℃.关于内力引起的气候变化,有人认为没有可预报性,但现在不少人认为其相互耦合而成的自持振荡部分具有可预报性,关键是要找到制约周期长度的控制因子.对于非自持振荡的随机因素,按照统计学的观点也有一部分具有可预报性.随着认识的深化和科学技术的发展,人们可以使不可预报的部分比例越来越小.目前我们还没有达到可预报的极限程度——气候潜在可预报性.

对于具有不同本质特征、不同时间尺度的大气系统,要用不同的方程组来描述它.正如人们不能用描写微尺度的大气湍流方程组来做中短期天气预报一样,人们也不能用描述天气过程的大气动力学方程组来做气候变化的预报(虽然用这个方程组来模拟各季的气候平均情况是相当成功的).关于这一点,Bryan(1985)给出的一幅图颇为形象(图7－29).可见,对于大气动力学方程组给定初值,其可预报性随时间迅速衰减,到14天以后趋于零(图中实线),而对于长于10天的预报,如果采用热力学方程组,给定边界条件的话,则可预报性又随时间而增加(图7－9中虚线所示).

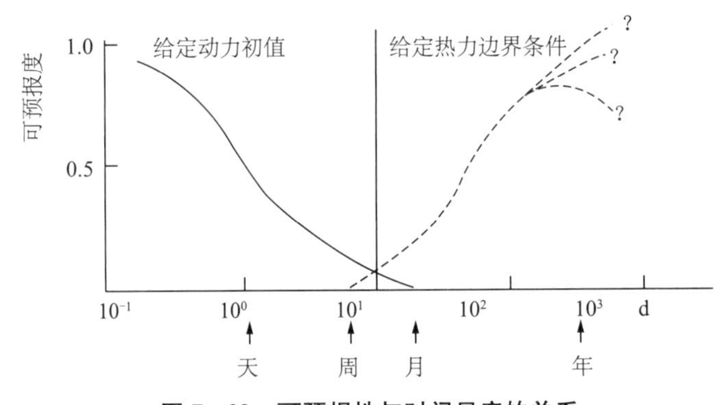

图7－29　可预报性与时间尺度的关系

2. 气候可预报性与天气可预报性

由于天气预报是要对未来几小时、几天做出天气状态和天气变化的预报,气候预报则是对未来一段时间内有关气候的统计特征量做出预报,二者预报目标不同,其可预报性也是有差别的.例如根据正常的年变化规律,对我国大部分地区,总可以预报4月份的平均温度比3月份的要高,但不能肯定4月中旬的温度一定比4月上旬的高,更不能肯定某一天的温度一定比前一天的温度高,这就是说,当利用外力的周期做气候预报时,存在着一个预报的时间下限(不短于多少天).而“天气的可预报性”则存在着一个时间上限(不长于多少天),例如理论和实践都证明天气的可预报性为2～3周.可见在某种意义下“气候的可预报性”与“天气可预报性”在时间尺度的要求上是截然相反的.

若规定“气候的可预报性”是指气候信号强度比气候噪声强度大的一段时间，则可以对年变化、米兰柯维奇周期和银河周期分别估算出气候可预报性的时间下限.

对于年变化，根据表 6－1，对 10 年以内的随机扰动其温度变幅随周期长度而衰减，大致服从平方根反比关系，即

$$T_m \propto \frac{1}{\sqrt{\tau}}$$

或

$$T_m\sqrt{\tau} = T_{m0}\sqrt{\tau_0}. \tag{7.59}$$

这里 T_m 为温度变幅，τ 为周期长度.设气温年较差为 T_y，其$\frac{1}{n}$年的信号强度为 $2T_y/n$，按上述规定应有

$$\frac{2T_y}{n} \geqslant T_m = \tau^{-\frac{1}{2}}. \tag{7.60}$$

令 $\tau = 1/n$ 年，代入上式，解得

$$n \leqslant (2T_y)^{2/3}. \tag{7.61}$$

对我国大部分地区而言，可取 $T_y = 25℃$，于是得到 $n \leqslant 13.6$，就是说对气候年变化的可预报时间下限是 1/13.6 年，近 27 天或 1 个月.因此我们不能根据年变化肯定 4 月中旬的温度比 4 月上旬的高.要预报 4 月中旬是否比 4 月上旬高，需要寻求气候系统内部因子相互影响的关系.

对于米兰柯维奇周期，根据表 6－1 中时间尺度为 $10^1 \sim 10^5$ 年的随机扰动，其温度变幅 $T_m = 0.05\sqrt{\tau}$，令

$$\tau = T/n.$$

这里 T 是米兰柯维奇周期的长度.类似(7.60)式，可写出

$$\frac{2T_y}{n} \geqslant 0.05\sqrt{\frac{T}{n}}$$

或

$$n \leqslant (40T_y)^2/T. \tag{7.62}$$

取米兰柯维奇周期的温度振幅 $T_y = 15℃$，周期长度 $T = 8\times10^4$ 年，代入(7.62)式，得 $n \leqslant 4.5$.于是米兰柯维奇周期的最小可分辨时间是 $8\times10^4/4.5 \approx 1.8$ 万(年)，或者说根据米兰柯维奇周期可以预报未来 1.8 万年将比过去 1.8 万年暖或者冷，但未来 1 万年比过去 1 万年是暖和还寒冷，根据米兰柯维奇周期是无法回答的.

对于银河周期，根据表 6－1 中时间尺度大于 10^8 年的随机振荡，可以类似地写出它的温度变幅 $T_m = 10^{-3}\sqrt{\tau}$，有

$$\frac{2T_y}{n} \geqslant 10^{-3}\sqrt{\frac{T}{n}}. \tag{7.63}$$

取 $T_y = 20℃$，$T = 3\times10^8$ 年，可得 $n \leqslant 5.3$.于是银河周期的最小可分辨时间是 $3\times10^8/5.3 \approx 0.57$ 亿(年).地质学上从古生寒武纪开始(5.7 亿年前)到第三纪结束共分 10 个纪(第四纪刚开始 200 万年不计入)，平均每个地质纪也恰巧是 0.57 亿年！看来这不是偶然的巧合，因地质纪的划分虽然是根据特定的化石地质标准，但两纪之间的温度必须有明显的区别，否则就难以划分为不同的纪.

需要指出的是周期性外力强迫作用引起的气候变化虽然是可以预报的,但米兰柯维奇周期、银河周期,其时间尺度都在万年以上,引起的气候变化虽然是重要的,但其变化缓慢,因此往往作为现代气候变化的背景.气候的年变化属于短期气候变化问题,对现代社会生活有重要的影响.在短期气候预报中,人们所关心的是月、季和年际时间尺度的气候状况及气候异常变化.

3. 气候稳定性与可预报性

在讨论气候可预报性时,很自然地我们会联想到气候的稳定性.气候的稳定性是相对气候的变化性而言的,可以用距平、标准差(方差)、变率和变差系数等统计量描述.某气候要素越稳定,变化越小,则它的距平、标准差、变率和变差系数越小.而气候的可预报性所指的是未来一段时期内气候的平均值、方差等统计特征量可预报的程度,二者是不同的.某气候要素稳定性大小与其气候意义上的可预报性没有直接的联系,决定气候稳定性大小的是其变化性;而一般意义下的气候可预报性是指从气候系统的某一状态预报将来某一时段内系统的状态的程度,决定气候潜在可预报性的是其实际变率与自然变率(气候噪声).

三、气候预报方法

气候预报的方法可以分为五大类:物理因子分析法、统计学方法、动力学方法、随机动力方法和历史相似法.

1. 物理因子分析法

根据某些可能对气候变化有巨大影响的因子,如赤道西太平洋暖池地区海温、El Niño、火山爆发等来做预报.这种方法有明确的物理概念,缺点是往往只考虑个别因子的作用,很难综合分析,而且每个因子也并不是同等重要的,有的年份这个因子影响明显,有的年份另一个因子作用更大,在预报时较难掌握,预报员的主观因素影响很大.

2. 统计学方法

统计学方法可以利用大量的气候资料分析气候系统内部各要素及彼此之间的关系、规律和特征,建立相应的统计模式,预报未来的气候变化.它对于各种时间尺度的气候预报都可应用.但是统计模式往往不能包含影响气候变化的各种因子和所包含的各种物理过程,实际预报的水平并不高,特别是很难报出大的气候异常.有的模式虽然用来验证过去的气候效果是好的,但用于预报时效果并不一定好.即便如此,统计预报方法仍具有重要性,即使未来动力学方法有了很大发展,也仍然需要与统计学方法结合,这是因为气候预报本身就有一定概率性质,特别是那些年以上时间尺度气候变化,不能应用描述天气过程的大气动力学方程组,统计学方法更为重要.

3. 动力学方法

这是人们寄予希望的一种气候预报方法,特别是短期气候预报.虽然逐日天气数值预报有一个时间上限 2~3 周,但如果做月平均预报,如月平均环流预报,则预报时效可以超过这个界限.如果今后建立了较完善的海洋-陆地-大气耦合模式,预报时效也可能延长.

动力学方法预报气候,无论是大气环流模式、能量平衡模式以及将来可建立起来的较完善的海洋-陆地-大气耦合模式,都是以“确定论”为基础的,只要给出初始条件就可以有唯一确定的解.按照混沌理论,很多确定的非线性系统(如微分方程组或代数方程组),当控制参数变化后,系统会出现混沌状态.不过对于月、季尺度的短期气候预报,动力学方法还是有效的.

4. 随机动力方法

随着科学的发展和人们认识的不断深化，20 世纪 70 年代在气候预报的研究中出现了一个新的分支，即结合随机论的随机动力方法.气候系统是由大气、海洋、陆地、冰雪圈和生物圈五个子系统复合而成的，其物理、化学性质迥然不同，因此气候系统的不确定性是非常大的.它的确定性行为应用动力学理论来描述，它的不确定性行为应该用随机理论来描述.因此在理论上，应该把动力学和统计学结合起来.但是在动力学方程中加入扰动(方差)变量，将使得问题变得非常复杂，不过这是一个非常值得探讨的方向.

5. 历史相似法

该方法是根据待用资料揭示的过去气候要素变化特征，利用恢复过去气候演变历史上特殊时期的各地气候来推测未来气候的变化状况.在使用该方法时，对作为参考的历史气候要选择相近的地球环境.例如，如果要预测气候变暖的趋势，气候历史中有三个时期可供参考：上新世的气候适宜期，330 万～430 万年前；最后一次间冰期气候适宜期，12.5 万～13 万年前；中全新世暖期，5000～6000 年前.目前，中全新世的资料较为丰富，当时全球平均温度较现在高，其主要气候特征为北半球各纬度带温度均高于现代，高纬度地区偏暖更强，达 3℃以上；低纬度偏暖不明显，夏季偏暖更小.这种特征与 CO_2 含量加倍的情景十分相似.此外，中全新世全球大部分地区降水量比现在多，尤其在北非、印度和中国等中纬度的季风区更显著，降水量比现代约多 100 mm 以上.这也与 CO_2 含量加倍的情景十分相似.

四、未来气候变化可能趋势及驱动因子

在第六章我们详细介绍了气候变化的自然因子和人类活动影响.对于未来气候的变化趋势预估和预测同样要考虑这些因素的作用及其变化，温室气体浓度及其辐射强迫继续增加、气溶胶的变化及其辐射强迫、自然因子的辐射强迫以及人类活动产生的其他可能影响等.

对过去气候变化原因的分析是未来气候预估的参考基础.例如，20 世纪全球气候的变暖可能主要与增强的温室效应有关.气候模拟研究还表明，20 世纪前 50 年全球气温变化可能与太阳活动、火山喷发以及气候系统内部的相互作用都有较为明显的联系，而后 50 年特别是后 20 年的变暖可能主要与人类活动引起的大气中温室气体浓度增加有关.对于降水量、日照或太阳辐射、水面蒸发、风速等气候要素的变化，目前还不能完全将其归因于增强的温室效应的影响.根据 IPCC 报告的研究，按照人类发展的可能模式和途径，未来气候可以分为若干气候情景，在不同情景下可以使用气候模式对未来气候变化可能的趋势做出预估.因此，从这个意义讲，气候模式是进行未来气候变化预估的主要工具，但如上面提到的，模式预估不是唯一的方法，还可以借助其他方法来预测未来气候.

例如，根据利用气候模式得到的结果预估，未来 50～100 年全球地表气温将继续上升.和全球一样，21 世纪中国地表气温将继续上升，其中北方增温大于南方，冬春季增温大于夏秋季.降水日数在北方显著增加，南方变化大，未来南方的大雨日数将显著增加，暴雨天气可能会增多.又如，加拿大研究人员借助气候模型发现，现阶段大气中保有的温室气体将使全球变暖效应持续数个世纪，最终引发海水温度上升、南极部分冰盖融化坍塌、海平面上升.气候研究人员利用气候模式模拟人类减排情形下未来 1000 年地球的气候变化特征的结果预示，即使人类从现在起完全弃用化石燃料，停止温室气体的工业排放，可能也无法阻止和改变南极海水变暖、北非沙漠化加剧等状况.这一方面与气候系统各圈层的热力“惯性”有关，另一方面，进入大气层的某些温室气体有一定的滞留时间，因此其温室效应将具有一定的持续性.有关研究预

测，在未来1000年内，南极附近海水平均水温可能上升5℃，这将导致南极西部冰盖完全融化坍塌，其坍塌冰盖面积与美国得克萨斯州相当，冰盖厚达4000米.这一状况发生的结果可能使海平面上升数米.与此同时，气候变化可能使北非部分地区的沙漠化程度更加严重.但是，气候系统自身的各种变化和反馈过程也可能引起对温室效应的抑制或改变.有研究认为，如果人类持续减少温室气体的排放，则可能在局部地区使气候变化出现逆转，特别是在北半球某些地区，这一"逆转"最有可能发生.此外，气候变暖的同时可能激发某种反馈机制而引起气候突变，使气候变化趋势出现转折，如美国著名科幻片《后天》所描述的那样.

气候变化的预估和预测是一个复杂的科学问题，其中有许多不确定性及需要解决的科学问题，至少到目前为止，人们对气候是否可以预测、在什么程度上预测仍没有肯定的答案.如前所述，在两类可预报性问题上，人们目前做得较多的是第二类预测，也就是敏感性预测.即使是敏感性预测，仍有许多不确定性，一方面是因为模式本身还存在许多不完善，另一方面是由于资料信息的获取和限制，人类对气候变化这样一个复杂问题的认识还是有限的.例如，多种古气候代用资料有待进一步校订，分析存在的偏差；器测时期的观测资料也存在误差，尤其是20世纪前50年缺乏高质量、均一的观测资料；对太阳活动和火山喷发的气候影响缺乏细致的了解；对气候系统内部的各种过程与机理认识尚不全面；气候模式有待于进一步改进，其预估的可靠性仍有待提高.正因为如此，在对过去气候变化的检测和原因识别以及气候变化预估方面存在许多的不确定性.

鉴于上述原因，要对未来气候趋势做出较为可信的预测，人类仍需在一系列相关的气候变化物理过程和机制上做深入研究，包括对自然气候变化的性质与原因及其与人为变化的相互作用的认识、有效的气候变化的检测和原因判别、掌握全球碳循环过程和机理、获得详细的气溶胶分布并确定其直接和间接影响、详细了解并准确描述气候系统内部的关键过程和反馈作用、获得准确的温室气体增加引发的相关的气候变化区域情景和极端气候事件信息，这样才有可能在对过去气候变化归因和对未来气候变化趋势预估和预测上取得较大的进展.

根据IPCC报告分析，可能影响未来气候变化的主要因子包括：

(1) 温室效应：其辐射强迫作用为1～4 W/m^2；

(2) 太阳活动：由此引起的太阳强迫能量约为0.2 W/m^2；

(3) 火山活动：其强迫作用约为−0.2 W/m^2；

(4) 硫化气溶胶：其辐射强迫约等效于0.8 W/m^2.

图7-30给出了一个以辐射强迫为标准的各种可能影响未来气候温度变化的估计，暖色表示有利于增温，冷色则预示着降温.不同的因子影响的空间区域尺度是不同的，有全球性的，也有大陆区域性的.图7-30科学认知水平一栏对目前人们就相应的因子所了解的程度做了一个评估.可以看出，人类对温室气体的辐射强迫效应机理有较高的科学认识水平，对对流层和平流层的臭氧有一定的认识，而对例如土地利用、气溶胶的直接和间接效应、太阳辐射的作用等的科学认识水平仍很低.总体来看，与人类活动相关(也包括部分自然作用)的温室气体的辐射强迫具有占主导地位的正效应，而与土地利用、气溶胶相关的辐射强迫具有负效应，其绝对值要小于温室效应；近期的太阳辐射有微弱的正效应；人类活动的正辐射强迫效应估计约1.6 W/m^2，但有较大的不确定性.

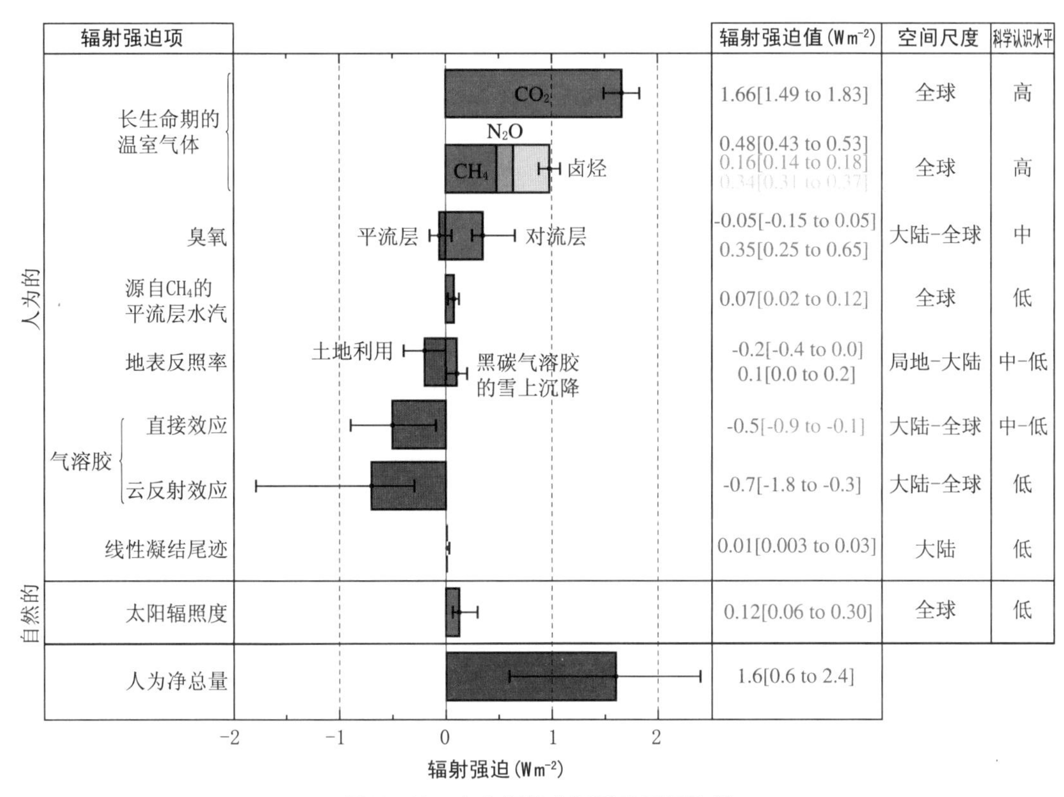

图 7-30 未来气候主要影响因子比较

五、未来气候变化趋势预估

IPCC 对未来气候变化的预估是基于《IPCC 排放情景特别报告(SRES)》,该报告对未来人类发展途径和情景给出不同的方案及其组合,具体包括:

A1:A1 情景族描述未来世界经济增长非常快,全球人口数量峰值出现在 21 世纪中叶并随后下降,新的更高效的技术被迅速引进.其主要特征是:地区间的趋同、能力建设以及不断扩大的文化和社会的相互影响,同时伴随着地域间人均收入差距的实质性缩小.A1 情景族进一步可划分为 3 组情景,分别描述能源系统中技术变化的不同方向.以技术重点来区分,这 3 种 A1 情景组分别代表着化石燃料密集型(A1FI)、非化石燃料能源(A1T)以及各种能源之间的平衡(A1B)(平衡在这里定义为:在所有能源的供给和终端利用技术平行发展的假定下,不过分依赖于某种特定能源).

A2:A2 情景族描述了一个极不均衡的世界发展状况.其主要特征是自给自足,保持当地特色.各地域间生产力方式的趋同异常缓慢,导致人口持续增长.经济发展主要面向区域,人均经济增长和技术变化是不连续的,低于其他情景的发展速度,是一种区域性发展不平衡的情景.

B1:B1 情景族描述了一个趋同的世界发展途径,全球人口数量与 A1 情景族相同,峰值也出现在 21 世纪中叶并随后下降.所不同的是,经济结构向服务和信息经济方向迅速调整,伴之以材料密集程度的下降以及清洁和资源高效技术的引进.该情景族的重点是经济、社会和环境可持续发展的全球解决方案,其中包括公平性的提高,但不采取额外的气候政策干预.

B2:B2 情景系列描述的是一个强调经济、社会和环境可持续发展的局地解决方案的世界发展情景.在这个世界中,全球人口数量以低于 A2 情景族的增长率持续增长,经济发展处于中等水平,与 B1 和 A1 情景族相比,技术变化速度较为缓慢且更加多样化.尽管该情景也致力于环境保护和社会公平,但着重点放在局地和地域层面上.

在《气候变化 2007:自然科学基础》中,对应于计算得出的 2100 年人为温室气体和气溶胶辐射强迫,解释性标志情景 SRES B1、A1T,B2,A1B,A2 和 A1FI 分别大致对应 600,700,800,850,1250 和 1550 ppm 等二氧化碳浓度当量.根据这些情景,使用各种模式对未来气候的变化进行模拟,作为未来气候变化可能趋势的预估和预测.图 7-31 是 IPCC 报告(2007)给出的各情景多个模式模拟结果的合成,可以看出,不同发展模式的排放对于未来至 2100 年气候趋势存在的潜在影响有显著的差异.即使保持 2000 年的温室气体浓度不变,未来的全球平均温度仍会继续升高约 0.6℃,而 A2 情景则可能导致最大的升温幅度 3.6℃.图 7-32 是三种情景下预估的未来全球温度变化趋势和空间分布,可以看出,B1 是一个最好的发展情景,而 A2 发展情景可能引起的全球温度变化是最大的,特别在高纬度和极地地区的增温幅度会更高,其结果就是导致极冰融化,海平面上升.

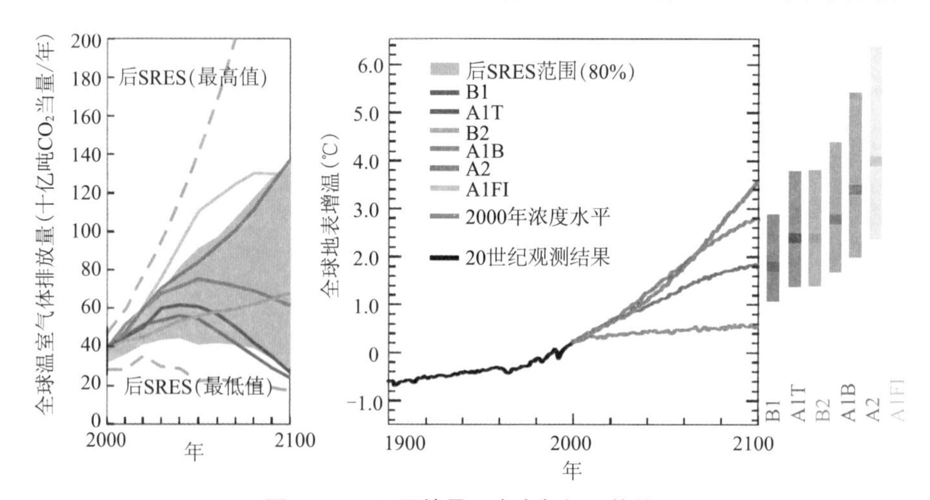

图 7-31 不同情景下未来气候预估结果

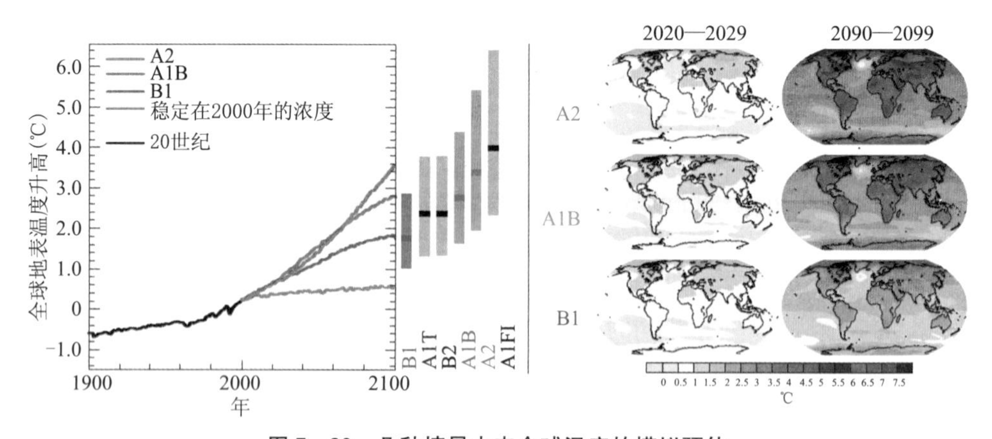

图 7-32 几种情景未来全球温度的模拟预估

当然，这些预估都是在特定的情景下由模式得出的可能气候变化趋势，并没有包括更多的影响气候的周期性和非周期性外强迫、内部振荡及相互作用和非线性反馈机制、ENSO的作用和自然火山活动爆发等因素.而且这些预估也仅仅是对21世纪时间尺度内的描述，更长时间的气候变化趋势目前尚没有气候模拟的综合分析，因为这需要考虑上述更多的气候驱动和强迫因子.

从气候变化历史过程来看，地球目前所处的气候时期是第四纪大冰期；如果仅从气候变化的自然历史看，今后数百年有可能进入一个较冷的亚冰期；按地球轨道参数变化所具有的规律来估计，未来10万年当属于间冰期，即从现在的暖期进入亚间冰期，气候将进一步变暖，全球气温可能上升7℃～8℃，极冰将全部融化，海平面上升70～80 m.但上述情况不会在百年尺度上出现；除温室气体外，火山活动和太阳活动的影响在未来几十年是不可忽视的因子，而这些正是人们认识水平有待提高和需要继续研究的科学问题.

第八章
季风气候概述

季风指的是季节性的风，英文名称为 monsoon，源自阿拉伯语“mausem”，是季节的意思.最早生活在印度洋一带的阿拉伯海沿岸的居民，认识到每年有半年盛行吹西南风、半年盛行吹东北风.水手利用这种盛行风向随季节转换的自然现象，航海来往于印度半岛和东非之间.正因为此，凡提到季风大多指的是著名的印度季风.后来随着科学的发展和气象、海洋资料的不断丰富，人们进一步发现季风是一种大气和海洋的耦合环流系统，它不仅出现在印度半岛和东非之间，还覆盖了亚洲、非洲和澳大利亚以及邻近海洋的热带、副热带地区，甚至也出现在南美洲和北美洲.

季风系统的作用是驱动南半球和北半球的大气交换，因此其具有大尺度特征并给其影响地区带来丰沛的降水.

8.1　季风的形成与区域分布

季风是指大范围内盛行风向或气压系统有明显的季节变化，而且随着风向和气压系统的季节变化，天气、气候（尤其是降水）也发生明显变化的现象.一般认为其冬夏季之间稳定的盛行风向相差应达到 120°～180°.

季风环流的形成有其特定的地理背景和热力学条件，其根本的驱动因素还是太阳辐射的季节变化及其在大气环流上的体现.

1. 海陆热力差异对季风环流形成的作用

海陆表面的热力差异导致海洋和陆地之间气压和风向的季节变化而形成的季风环流与具有日变化的海陆风是不同的，虽然都是海陆热力差异引起环流变化，但前者的空间尺度和周期要比海陆风大得多.海陆风是在沿海地区由气压的日变化引起的昼夜风向变化，以一天为周期，且仅局限在有限的沿海附近.而季风的风向和气压场转换周期为一年：冬季大陆冷高压，海洋热低压；夏季大陆为热低压，海洋为高压冷源.因此海陆热力作用的季节变化与季风演变之间有密切的关系.对中国东部季风区而言，冬季风盛行时，大陆影响大于海洋；夏季风盛行时，海洋影响大于大陆.两者的相互转换主要取决于太阳辐射的变化，且海陆热力差异的季节变化最明显地体现在气压场的季节变化上.我国东部，6～8 月为夏季风全盛期；12～2 月为冬季风强盛且稳定期.

2. 行星风带位置的季节移动对季风环流形成的作用

太阳辐射、温度、气压的季节变化引起整个大气环流场的夏北冬南的季节移动，从而出现风向的明显季节变化——季风现象.如信风的季节转化，在低纬度呈现十分明显的周期性的季节交替.低纬度地区，冬季为偏东风，夏季为偏西风.印度及其邻近海域的此种季风现象最为典型，即印度季风或西南季风.

海陆分布和行星风系的相互作用使季风有不同的特点.副热带季风或温带季风以海陆差异作用为主;而赤道季风或热带季风则主要因行星风系的移动引起,规律性明显,多发生于两个行星风带相接的地区.当海陆差异、行星风系移动的作用一致时,季风增强;反之,季风减弱.印度季风就属于这种类型.

3. 大地形对季风环流的影响

巨大而高耸的大地形,如青藏高原与周围自由大气之间同样存在着季节性热力差异.在冬季,高原是冷源,高原低层形成冷高压,盛行反气旋环流,其东南侧盛行北-东北风,与东亚冬季风一致;在夏季,高原是热源,低层形成热低压,盛行气旋性环流,其东侧出现西南风,使夏季西南风加强.如夏季的青藏高原作为巨大的热源有助于高层南亚高压和东风急流的形成、维持.

由于全球海陆分布和行星风系的移动规律及大地形的作用,在一些特定地区出现了大范围的气压场和风场的季节性变化,同时伴有降水的季节变化,这些区域被称为季风区.季风区可以根据气压场、风场和降水的观测资料来确定.全球主要季风区的分布如图 8－1 所示,包括东亚、南亚季风区,东非索马里、西非几内亚季风区,澳大利亚北部、东南部季风区,北美东南地区和南美巴西东岸季风区等,其中西非、东非、南亚、东南亚、东亚等地则为显著季风气候区,东亚-南亚季风区是世界上最著名的季风气候区.

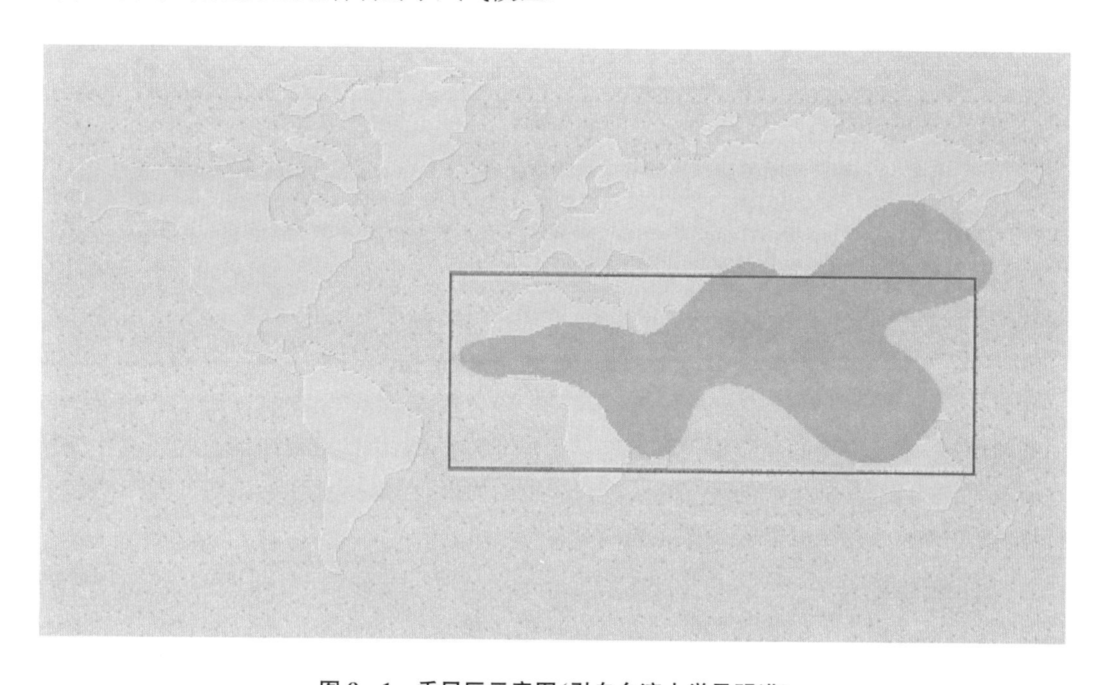

图 8－1　季风区示意图(引自台湾大学吴明进)

图中黑线包括的区域是根据大气环流确定的包括亚洲季风区、非洲季风区和澳洲季风区的季风范围.阴影区是根据地面观测资料确定的季风区范围.

如图 8－2 所示,全球各区域发生的季风可以按发生季节和发生区域定义为特定的名称.图 8－2(a)为夏季风区域分布图,虚线框内的区域季风分别有东亚季风(EAM)、印度西南季风(ISWM)和西非季风(WAfM),另外在北美还有北美夏季季风(NAmSM).图 8－2(b)为冬季风分布,在虚线框内有东北冬季季风(NEWM,即东亚冬季季风)、澳大利亚冬季季风(ANWM)、北美冬季季风(NAmWM)和非洲冬季季风(AfWM)等.这些区域季风表现出典型的季节和区域特征,特别是风向的季节转化和降水的季节性十分明显.

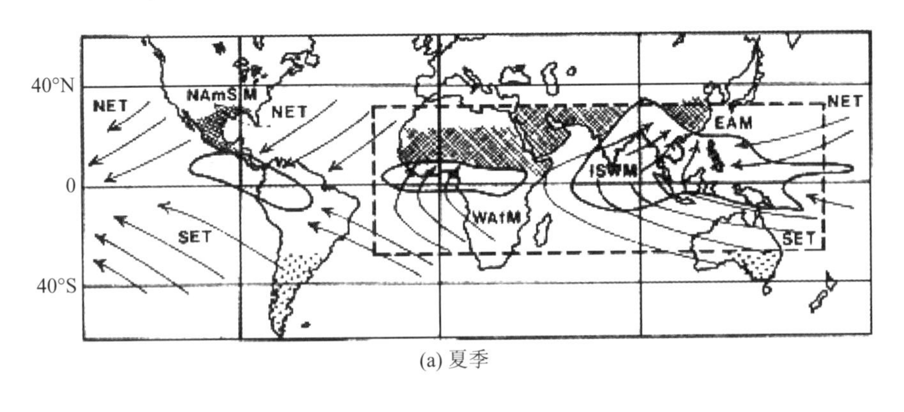

(a) 夏季

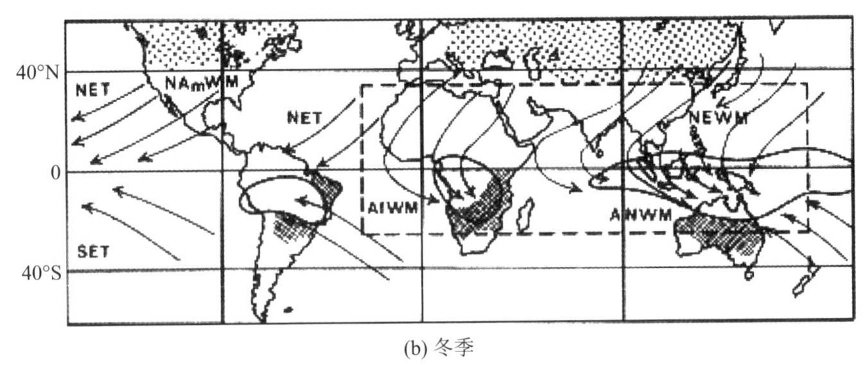

(b) 冬季

图 8-2　季风区和季风环流季节变化示意图(引自 Fein and Stephens *Monsoon*)

图中 NET,SET 分别表示东北信风和东南信风;EAM:东亚季风;ISWM:印度西南季风;WAfM:西非季风;NAmSM:北美夏季季风;NEWM:东北冬季季风;ANWM:澳大利亚东北季风;NAmWM:北美冬季季风;AfWM:非洲冬季季风.

8.2　季风气候特征

如前所述,季风产生的主要原因和影响的区域是不同的,因此其对应的大气环流和气候特征也会有不同的表现.根据季风盛行的区域和产生的原因,可以将全球季风划分为不同的季风气候区,这些季风气候区有着各自的气候特征.

一、东亚季风区

东亚季风系统的主要成员有低层的季风槽,即热带辐合带、锋面、低空西南风和东南风急流(也包括低层越赤道气流——西南季风)以及澳大利亚冷高压,中层为西太平洋副热带高压,高层则有南亚高压——青藏高压等.

东亚季风系统形成的主要原因是海陆热力差异和行星风带的季节性移动造成的风系的季节变化.20 世纪 80 年代开始,国内一些学者先后提出在东亚存在一个东亚季风环流系统,它与印度季风环流系统既相互独立又存在某种相互作用,并且提出了副热带季风的概念.在夏季,环流系统由澳大利亚冷性反气旋-南海越赤道气流-南海热带辐合带-副热带高压(南侧东风和北侧副热带高压转向的副热带西南季风)-副热带雨带(梅雨带)-中高纬度冷性偏西风组成.伴随着季风系统的季节变化,我国夏季雨带呈现规律性的北推和北跳,由南向北形成各地不同时期的汛期.

如图 8-3 所示，位于南半球的南太平洋副热带高压(澳大利亚高压 O)随季节变化向北移近赤道，澳大利亚高压的低层气流以逆时针方向流出，与南太平洋东南信风(P)一起穿越赤道，形成越赤道流(Q)，流向亚洲大陆的低压槽；越赤道流在科氏力的作用下转变为西南风，形成东亚夏季季风区的西南气流(R). 由于澳大利亚高压没有南亚马斯克林高压强，加之东亚的西部没有类似于东非的地形，所以东亚的越赤道流没有索马里急流强. 因为西太平洋副热带高压(S)的存在，东亚季风区东部的风向不仅只有西南风，同时也常伴有偏东南风，因此东亚季风没有南亚季风稳定. 由于东亚季风区特殊的地理位置，来自北方的中纬度气团(T)会南下，与季风环流在中纬度地区形成梅雨锋带(U)和梅雨. 在此背景下，东亚季风区的气候特点表现为冬季寒冷、晴朗、干燥；而夏季则高温、湿润、多雨，其表现为夏季风比冬季风弱.

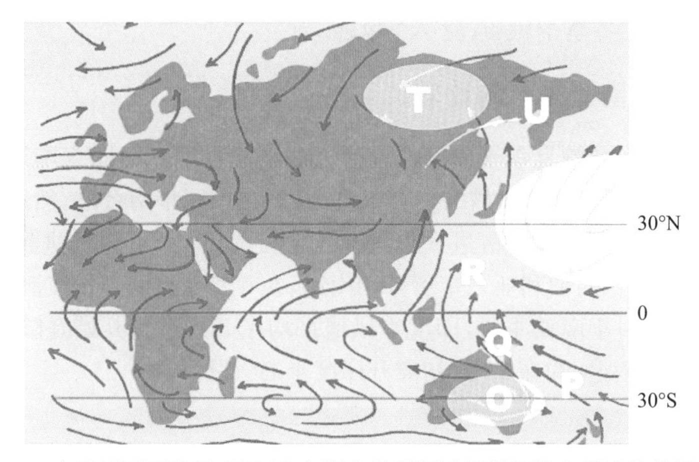

图 8-3 东亚季风环流示意图(由台湾大学吴明进根据陶诗言描述的特征归纳)

二、南亚季风区(印度季风)

南亚印度季风是全球最强的季风系统. 如图 8-4 所示，位于南半球的南印度洋副热带高压(马斯克林高压 A)随季节变化向北移近赤道，其低层气流以逆时针方向流出，与南印度洋东南信风(B)汇合后穿越赤道，形成越赤道气流(C). 该越赤道气流受到东非地形的影响，形成索马里急流. 索马里急流在科氏力作用下形成西南气流，即印度半岛的西南季风(D). 由于西南季风来自索马里急流，因此南亚的夏季季风相当强盛.

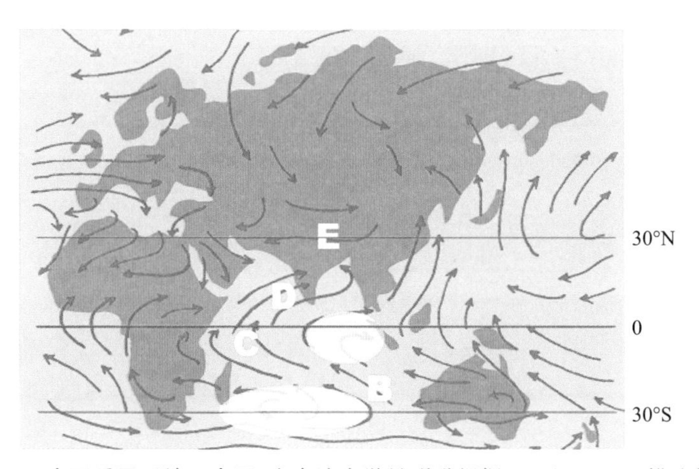

图 8-4 南亚季风系统示意图(由台湾大学吴明进根据 Krishnamurti 描述得出)

位于印度半岛北方的青藏高原不但阻挡了来自北边的其他天气系统，使它们不能影响印度半岛的夏季气候，同时也使得西南季风无法往北延伸，只能沿高原南部流动.因此，正是青藏高原的存在决定了南亚季风区西南季风风向稳定.由于青藏高原地表的温度比邻近地区大气温度高，因而在高层形成南压高压(E).南压高压的存在代表高层大气的辐散，有利于维持高原南边的低层低压系统.低层低压槽形成的大范围由南向北的气流在科氏力的作用下转变成西南风，这就是西南季风存在的原因之一.西南季风带来南部海洋充分的水汽，造成南亚地区夏季雨季大量的降水；降水过程释放出的大量潜热可以加热高层大气，更有利于高压系统的维持.南亚高压辐散的北风受科氏力影响转为东风而形成强盛的热带东风急流.在印度季风系统控制下，该季风区的气候特征表现为冬季干燥、少雨，以东北风为主；而夏季潮湿、多雨，以西南气流为主.其总体特征是冬季季风弱，夏季季风强.

三、东亚季风与南亚季风的比较

图 8－5 是亚洲季风系统夏季季风槽位置的进退平均日期，(a)图为季风槽北进日期，(b)图为南退日期.可以看出，东亚季风槽平均在 5 月 10 日在中国华南登陆，然后逐步北推，约在 6 月 20 日左右到达长江流域使该地区进入梅雨季节；此后在 7 月 20 日北进到东北华北一线，最北在 7 月 30 日可到蒙古、西伯利亚一带后开始南退，在 9 月 5 日回到长江流域一带，9 月 15 日在华南离开东亚大陆.对于南亚季风，印度季风槽平均在 5 月下旬开始登陆印度半岛，7 月 15 日到达最北；然后开始南退，约在 12 月初离开印度半岛大陆.

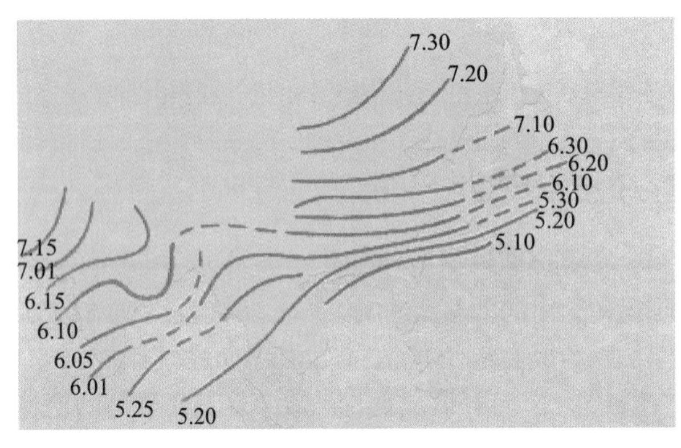

(a) 北进日期

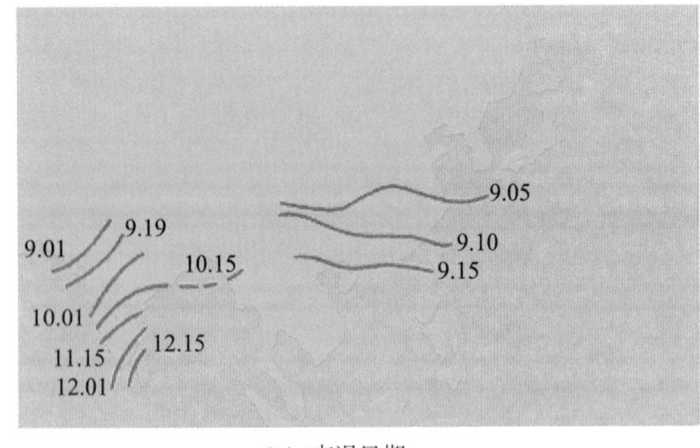

(b) 南退日期

图 8－5　亚洲季风系统夏季季风槽位置的进退平均日期示意图

(由台湾大学吴明进根据陶诗言研究结果绘制)

东亚季风和南亚季风槽的进退有明显差别：东亚季风槽比南亚季风槽登陆约早 20 天，但向北推进到最北位置所用的时间约 80 天，比南亚季风槽多 35 天；东亚季风槽向南退出大陆的时间约 45 天，而南亚季风槽退出印度大陆的时间则大约 135 天.这就是说，东亚季风槽在东亚大陆驻留的时间约为 4 个月，而南亚季风槽在印度大陆驻留的时间长达约 6 个月，即东亚夏季季风盛行约 4 个月，而南亚夏季季风盛行约 6 个月.

四、其他季风区

澳大利亚也属于季风区，并与亚洲季风是一个整体，其主要气候特征是冬季季风弱、夏季季风强.非洲东岸属于印度季风范畴，10～5 月为东北季风，7～8 月转为西南季风.西非地区也表现为西南季风与东北季风的交替，夏季四个月为西南季风，为越赤道流所致，湿润多雨；其余时间为东北季风，气候干燥.北美地区季风现象相对较弱.

8.3　中国季风气候特征

中国处于东亚季风区内，盛行风向随季节变化有很大差别，甚至相反.冬季盛行东北气流，华北—东北为西北气流；夏季盛行西南气流.中国东部—日本还盛行东南气流，冬季寒冷干燥，夏季炎热潮湿、多雨，尤其多暴雨.在热带地区更有旱季和雨季之分，中国的华南前汛期，江淮的梅雨及华北、东北的雨季，都属于夏季风降雨.

一、中国季风环流特征

东亚季风和南亚季风对中国气候均有影响.由于地球行星风系的季节移动，中国东部地区冬季受冷高压控制，西风带南压，盛行西北风；夏季大部分地区则受印度低压控制，西风带北移，赤道辐合带北进到我国南海附近.同时因为海陆分布的热力差异作用，西北内陆和东南沿海的热力差异对比明显.特别值得注意的是青藏高原大地形对东亚季风环流的影响，其影响包括热力作用和动力作用.青藏高原占中国陆地面积的 1/4，平均海拔在 4000 米以上，对周围地区有热力作用.夏季青藏高原作为热源加热周围大气，加强了高原地面的低压系统，使夏季风增强；冬季青藏高原成为冷源，比周围大气温度低而使高原周围冷高压系统加强，使得冬季风增强.青藏高原动力作用表现为对来自南北方向的气流的阻挡，对西风槽的阻碍使东部季风更为稳定；同时高原还使西风带气流分支.此外，夏季西南季风由孟加拉湾向北推进时，沿着青藏高原东部的南北走向的横断山脉流向我国的西南地区.

中国东部冬季风约开始于 10 月中旬，结束于次年 4 月中旬.冬季在蒙古西伯利亚一带形成强大的冷高压区，在地面天气图上蒙古高压控制着整个亚洲大陆，成为干燥寒冷的极地大陆气团源地，同时在北太平洋阿留申群岛附近形成一个低气压，即阿留申低压.由蒙古高压发散出来的气流，一支向东流向阿留申低压，一支向南可达赤道附近的南海，这是中国冬季风的南限.西面受地形影响及限制可到达青藏高原的北缘和东缘，形成一条地形锋，其东南一段即著名的“昆明准静止锋”，是在冬季大陆冷气团与西南暖气团之间形成的锋面.冬季风盛行时，中国大部分地区在单一的极地大陆气团控制下，天气寒冷干燥.云南高原受蒙古高压影响较小，而常受热带大陆气团所构成的西南暖流所控制，天气晴暖干燥，形成中国冬季的温暖中心，但在昆明准静止锋影响下会出现阴雨天气.冬季大陆高空为盛行西风所控制，在 3000 米以上的高度上受青藏高原的阻碍和分支作用.西风急流在高原两侧分为南北两支，南支是副热带急流，北支是极锋急流.冬季由于特定的气压场和大气环流型，在东经 140°附近形成西风带平均大槽（东亚大槽），东经 90°附近高原北侧形成平均脊.在槽后冷平流的诱导下，蒙古反气旋频频南下，冷空气向南爆发常形成寒潮天气.

夏季风开始后，印度热低压迅速发展，青藏高原的增温亦比四周同高度的自由大气快，高原近地面层也由冬季的冷高压变成热低压，从而更加强了大陆热低压的势力.太平洋上的阿留申低压显著减弱和北移，而北太平洋副热带高压增强.印度低压和副热带高压成为夏季控制中国天气气候的两大主要系统.此时，中国大陆盛行夏季风，其风向在东亚主要为东南风，在南亚为西南风.东南风的最北界限可达内蒙古，西南季风盛行于青藏高原南部、云贵高原西部和南岭以南的珠江流域，其北限可视为热带辐合带的北限.在此界限以南夏季为东南季风与西南季风交替的地区.

二、中国的季风气候

在东亚季风环流系统和海陆分布影响下，中国季风气候特征主要表现为西北地区冬季干冷、夏季干热；而东南地区夏季则以湿暖、湿热气候为主，冬季雨水相对较少，但以湿冷为主.控制中国地区的天气和大气环流系统主要包括冬季的蒙古高压、阿留申低压，夏季的印度低压、西北太平洋副热带高压等地面气压系统.在这种气候背景下的主要气候灾害以旱涝灾害为主，有因夏季风降水异常引起的洪涝、干旱，以及台风和冬季风控制时期的寒潮等.特别是夏季风盛行时，中国东部地区的天气气候变化剧烈，包括旱涝的区域变化、降雨异常及年际变化等.其基本气候特征是，平均每年 5 月中旬在华南沿海形成一雨带，此后逐渐北移至南岭以北，在华南地区出现持续雨期.6 月中、下旬，冷暖气流在长江流域交绥形成锋面（梅雨锋）和气旋活动.由于鄂霍次克高压的阻塞作用，在长江、淮河流域将维持一段较稳定的、持续的降水过程，即“梅雨”.7 月中、下旬，夏季风开始在华北盛行，雨带北移到黄河流域，并稳定于北纬 40°以北地区，形成华北、东北的雨季.此时，江南地区则因受副热带高压控制，形成伏旱.同时西南和华南地区由于西南季风前沿的热带天气系统影响又出现大雨带，使华南一年中出现两个汛期.在夏季风活动期间，中国东部还受到台风的影响.

8.4 季风指数

通常用季风强度指数来表示季风的强弱，并用来进行诊断分析.理论上讲，能反映季风现象的气候要素或指标都可用来作为季风强度指数，如降水量、降水距平、风向频率变化、海平面气压、纬向风和经向风的变化、高低层风向的切变等.季风强度指数应尽可能有明确的动力学意义.

Lau(2000)指出，要想得到较好的季风预报思路，首先应该提出定量的方法来表征季风系统及其子系统，即季风指数.他指出不同的指数可选择不同的因素，包括统计、动力和区域特征，同时具有以下特点：

(1) 能代表季风系统或者子系统的环流特征以及变化特点；

(2) 能代表区域特点和全球背景；

(3) 计算简单，可以从观测数据（降水、风、温度和湿度等）直接计算；

(4) 其使用的不同物理量应能反映出它们之间的动力学关系；

(5) 能适用于不同的数据类型；

(6) 能反映多种时间尺度的特征,可以拓展到年代际和百年尺度.

下面介绍一些常用的季风指数.

一、W－Y 季风强度指数

该指数是由 Webster 和 Yang(1992)提出来的,主要用于亚洲大尺度的季风研究.他们根据区域、要素的选择,建立了两类季风指数.其具体定义如下:

(1) 区域:0°N～20°N ,40°E～110°E.

(2) 要素:200 hPa,700 hPa 和 850 hPa 风的 U 分量.

(3) 指数:

第一类指数

$$M_1^* = U_{850}^* - U_{200}^*; \tag{8.1a}$$

$$M_2^* = U_{700}^* - U_{200}^*. \tag{8.1b}$$

第二类指数

$$M_2 = U_{850} - U_{200}. \tag{8.2}$$

(4) 意义:对第一类指数,正距平值越大,则表示季风越强;反之,季风越弱.对第二类指数,指数越大,季风越强;反之亦然.图 8－6 是该指数动力学意义示意图,主要是印度季风形成的热带低纬度的环流特征,可以看出,低层低纬度太平洋的东风与印度洋的西风在该区域形成辐合并在高层形成辐散.高低空东西向风的差异越大则表明低层复合越强、印度季风也越强.因此,W－Y 指数主要用于印度季风强弱的描述.

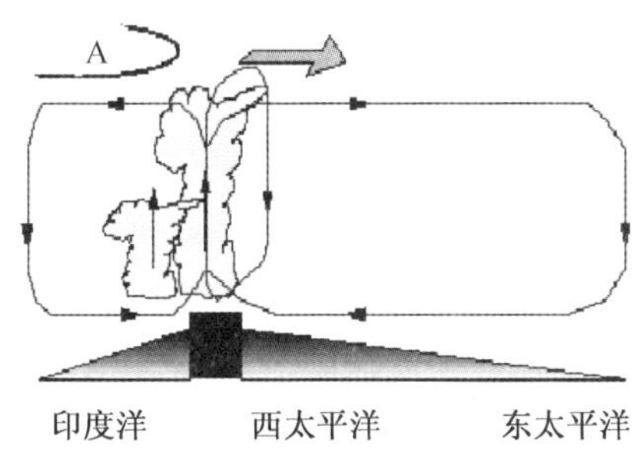

图 8－6　W－Y 季风指数的动力学意义

二、区域季风指数(Lau 指数)

该指数着眼于东亚地区的季风强度及其与区域降水的关系,由 Lau 等(2000)提出,有两个区域季风强度指数,分别考虑不同纬度带的经向风和纬向风的切变,具体如下:

1. 区域

RM1:10°N～30°N,70°E～110°E;

RM2:40°N～50°N,110°E～150°E,

　　25°N～35°N,110°E～150°E.

2. 要素

200 hPa 和 850 hPa 的 V 分量风和 200 hPa 的 U 分量风.

3. 指数

$$\text{RM1} = (V850\ \text{hPa} \sim V200\ \text{hPa}),[10°\text{N} \sim 30°\text{N},\ 70°\text{E} \sim 110°\text{E}] \tag{8.3a}$$

$$\begin{aligned}RM2 = & U200\ \text{hPa}[40°\text{N} \sim 50°\text{N},\ 110°\text{E} \sim 150°\text{E}] \\ & - U200\ \text{hPa}[25°\text{N} \sim 35°\text{N},110°\text{E} \sim 150°\text{E}].\end{aligned} \tag{8.3b}$$

4. 意义

由定义可以看出,RM1 反映的是中低纬度高低层的经向风切变强度,如图 8-7 所示,当低层南风强时表明东亚季风向北的强度大,并在中纬度地区辐合上升,对应辐合带和雨区,在低层是一个气旋性辐合系统,在高层为辐散系统;RM2 反映的是中高纬度纬向风的切变,即东西风的转换,表示了东亚季风向北所推进的纬度范围.可以看出,该指数从低纬度东亚季风区低层南风的强度和高低层南北风差异及中纬度地区高层东风与西风的切变和强度来综合表示东亚季风的强度.由于海陆差异和行星风系移动的共同作用,该指数同时考虑了低纬度和中纬度经向风和纬向风的特点.

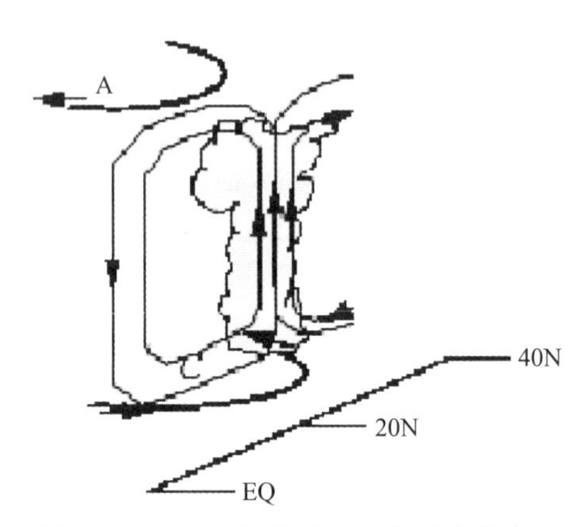

图 8-7　Lau 季风指数指数的动力学意义

三、其他东亚季风指数简介

根据季风系统形成的机理、季风系统的环流特点和夏季风降水的时空分布特点等,人们提出了不同的东亚季风指数,主要考虑了东亚地区的海陆气压差异、海陆温度差异、高低层之间的纬向风切变、高低层之间的经向风切变、高低纬度之间的纬向风切变、季风子系统之间的气压差等因子.

郭其蕴(1983)从形成季风的海陆热力差异成因出发,应用北半球月平均海平面气压场定义和计算东亚夏季风强度指数(SAMI):

$$\text{SAMI} = \sum_i \sum_j \Delta P,\ \text{当}\ \Delta P \leqslant -5\ \text{hPa}, \tag{8.4}$$

式中 $i=1,2,\cdots,12$ 月,$j=10°,20°,\cdots,50°\text{N}$,$\Delta P = P_{110°\text{E}} - P_{160°\text{E}}$.计算各年 -5 hPa 以下数值之和,并把各年的值与 30 年平均求比值.

祝从文等(2000)同时考虑副热带地区东西向气压差与低纬度高低层纬向风切变,将两者相结合定义了一个东亚季风指数.具体计算是将 0°N～10°N,100°E～130°E 区域的纬向风切变($U_{850} \sim U_{200}$)和 10°N～25°N 内各纬度上月平均海陆海平面气压差($P_{160°\text{E},s} - P_{110°\text{E},s}$)分别作归一化处理,然后相加用来表示东亚特殊的海陆热力对比对东亚季风的影响,称为东亚季风指数 EAMI.如果 EAMI>0,表示夏季风(西南风)占优;而 EAMI<0,则表示冬季风(东北风)占优.该指数将东西向和南北向热力差异相结合,较好地反映了东亚冬、夏季风变化.

我国东部副热带季风的形成主要是中国大陆与西北太平洋及大陆南侧海洋(南海)的海陆

热力差异所致，据此孙秀荣等(2000)利用大陆地温和海表温度之差加权组合成一个东亚季风指数.具体计算是用东亚季风区(27°N～35°N，105°E)范围内的地温(T_{EC})和副热带西北太平洋(15°N～30°N，120°E～150°E)的海温(T_{SSTNWP})之差表示东西向热力差异；用华南地区(27°N以南，105°E以东的大陆)的地温(T_{SC})和南海(5°N～18°N，105°E～120°E)海温(T_{SCS})之差表示南北向海陆热力差，按权重组合后定义了一个东亚海陆热力差季风指数 I_{LSTD}(the Index of Land-Sea Thermal Difference)

$$I_{LSTD}=4/5(T_{EC}-T_{SSTNWP})+1/5(T_{SC}-T_{SCS}). \tag{8.5}$$

$I_{LSTD}\geqslant 0.5$ 为强海陆热力差指数年；$-0.5<I_{LSTD}<0.5$ 为正常海陆热力指数年；$I_{LSTD}\leqslant -0.5$ 为弱海陆热力差指数年.

周兵等(2003)在分析大尺度季风环流与对流活动存在内在的联系的基础上，针对东亚副热带季风关键区——长江中下游地区——降水主要集中在夏季6～7月，考虑到高低空越赤道气流在东亚季风环流系统中的重要性以及季风区水汽经向输送特点，提出用经向风垂直切变来构造东亚区域季风指数，用于反映该地区季风环流特征.根据射出长波辐射OLR(Outgoing Longwave Radiation)反映的对流活动分布特征，可以定义两个环流指数：

东亚西风环流指数 $I_{ew}=U_{850}-U_{200}$，在(25°N～35°N，100°E～125°E)；　(8.6a)

东亚南风环流指数 $I_{es}=V_{850}-V_{200}$，在(10°N～25°N，100°E～125°E).　(8.6b)

与各种环流指数和降水指数对比表明，该指数能较好地反映夏季环流和降水等特征，能很好地刻画东亚夏季风强度.

中国南方的降水是低纬度系统和高纬度冷空气的相互作用，因此赵平和周自江(2005)用中纬度地区和西太平洋副热带地区的大气环流特征来定义东亚副热带地区夏季风强度，其指数为：

$$I_{SSM}=p_{SUB}-p_{SIB}. \tag{8.7}$$

p_{SUB}是沿着110°E，40°N～50°N平均的标准化气压，代表陆地地表气压的变化特征；p_{SIB}是沿着160°E，30°N～40°N平均的标准化气压，代表西太平洋副热带高压的变化特征.该指数不仅能够较好地反映大陆热低压和西太平洋副热带高压的变化特征，还能指示东亚副热带夏季风的强弱以及中国长江流域降水的异常变化.当该指数较低时，大陆低压和西太平洋副热带高压均偏弱，中国大陆对流层低层盛行异常北风，高层主要盛行异常西南风.其中低层异常北风表示较强冷空气活动，加强了梅雨锋区的辐合、上升运动，造成长江流域降水增加.

第九章

气候资源

气候资源(Climatic Resources)是指可以用于并有利于人类生产活动的气候条件,如光照(太阳能)、热量、水分、风等.气候资源是无限的,如能充分合理地利用,就可以提高生产产品的数量和质量,为人类提供更多的财富.但是,气候资源具有显著的区域差异和时间变化特点,了解气候资源的时空变化和分布对于合理利用气候资源十分重要.

9.1 太阳能及其利用

一、太阳能的计算

光资源就是指太阳辐射能量资源.在太阳能资源的计算中,最基本的量包括总辐射、直接辐射和散射辐射.当考虑实际应用时,还要计算坡面辐射.根据具体需要得出太阳能资源的分布,进而合理有效地进行太阳能资源利用.下面简单介绍几种常用的计算思路和方法.

1. 总辐射的计算

总辐射是指单位面积上所能接收到的来自整个天穹的太阳辐射量,包括直接太阳辐射和散射太阳辐射,其一般计算形式可用函数表示为

$$Q=Wf(s,n)\varphi(a,b). \tag{9.1}$$

式中 $f(s,n)$ 表示天空遮蔽程度,主要受云量(n)和日照时间(s)影响;$\varphi(a,b)$ 表示大气透明度,其中 a,b 分别为表示大气成分对太阳辐射的吸收和反射的经验常数,因季节和区域而变化.

总辐射的几种常见的具体计算形式如下.

(1) 以天文辐射为基本辐射量(Angstrom, 1924):当已知(或已计算出)天文辐射时,总辐射可表示为:

$$Q=W(a'+b's), \tag{9.2}$$

式中 s 为相对日照,W 是天文辐射,或

$$Q=a+bWs. \tag{9.3}$$

(2) 以晴天辐射为基本量(Suckling and Hay, 1977):若已有观测或计算出的晴空时的太阳总辐射,则实际情况下的总辐射可以表示为:

$$Q=Q_0(a+bn) \tag{9.4a}$$

或

$$Q=Q_0(a+bs), \tag{9.4b}$$

式中 $Q_0=Wf(a,b)$ 为晴天辐射,n 为云量.

2. 直接辐射和散射辐射的计算

基本经验计算公式与总辐射的表达形式相同，但经验系数 a 和 b 不同，例如：

直接辐射

$$S = W(a_1 + b_1 s). \tag{9.5}$$

散射辐射

$$q = W(a_2 + b_2 s). \tag{9.6}$$

这里的经验系数分别代表大气对直接太阳辐射和散射太阳辐射的减弱作用，这些系数也因季节和区域而变化.

二、中国太阳能资源分布

根据中国地面太阳辐射观测和上述计算方法，可以得出太阳能的空间分布.中国全年太阳辐射总量的分布具有显著的地域差异性，其基本规律是：西部多于东部；干燥地区多于湿润地区；高原多于平原.如图 9-1 所示，年太阳辐射量 1600 kW・h/m² 等值线，大约从大兴安岭西麓向西南延伸至云南和西藏的交界处.在东部地区，太阳辐射总量有明显的地区差异.华北平原及东北地区，年总辐射量均低于 1600 kW・h/m²，并由北向南逐渐递增.秦岭—淮河以南、南岭以北的长江中下游地区，年太阳辐射量仅为 1280～1400 kW・h/m².南岭以南的华南沿海地区，因纬度较低，年太阳辐射量又略有增加，一般在 1400 kW・h/m² 以上.川贵地区常年阴雨多雾，是太阳辐射量最少地区.在西部地区，太阳辐射量南北也有不同.青藏高原大部分地区年总辐射量在 1860 kW・h 以上，青藏高原高值中心的太阳辐射量最大，达到 2330 kW・h/m²，其南部光能接近世界上最丰富的撒哈拉沙漠，雅鲁藏布江中上游河谷和冈底斯山脉一带达 2558 kW・h/m²，为我国太阳总辐射量最高地区.自塔里木盆地经河西走廊至内蒙古高原西部，是另一个高值辐射区，年总辐射量在 1745 kW・h/m² 以上.低值中心出现在四川盆地和贵州一带，只有 1050 kW・h/m².

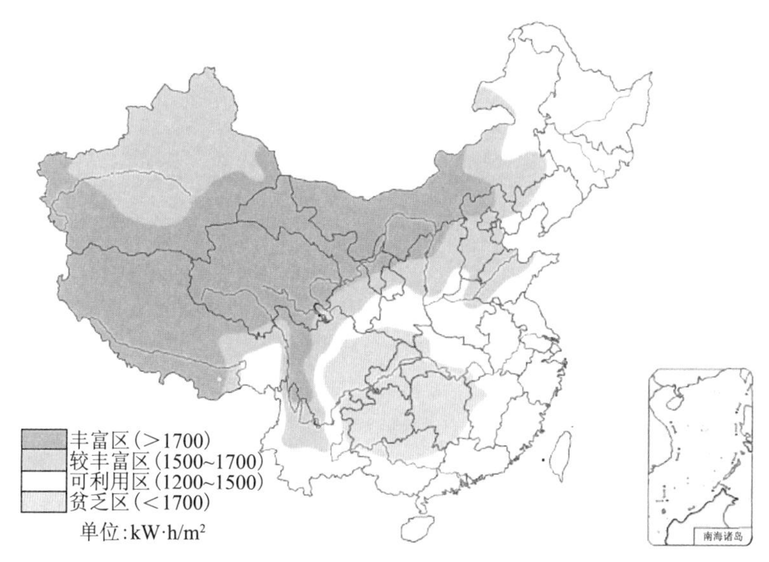

图 9-1　中国年辐射总量分布(霍明远等，2001)

太阳辐射总量年内变化的规律是：夏季最多，冬季最少，春季多于秋季.这主要取决于太阳高度的变化和降水时空分布状况.冬季西藏东南部为全国太阳辐射高值区，川黔、湘西一带形成低值中心.春季在西藏东部和内蒙古为太阳辐射高值中心，在长江和珠江之间，由于阴雨天多形成低值区.秋季低值中心位于川黔之间，夏季则出现在西南季风影响强烈的云贵高原西部.

我国日照分布的基本特点是：纬度愈高，日照时数愈多，故北方多于南方；气候愈干旱的地方，日照时数愈多，故西部多于东部.全国各地全年日照时数为 1200～3400 h.华南地区一般在 1800 h 左右，日照百分率约 45%；长江中下游地区为 2000～2200 h，日照百分率在40%～50%；华北地区约 2600 h，日照百分率在 60%～65%；东北地区除山区外，一般在 2600～2800 h，日照百分率 65%左右；青藏高原和西北干旱地区是我国日照最丰富的地区，一般在 3000 h以上.

三、太阳能利用的主要途径

人类对太阳能的利用有着悠久的历史.我国早在两千多年前的战国时期就知道利用铜制四面镜聚焦太阳光来点火，利用太阳能来干燥农副产品.发展到现在，太阳能的利用已日益广泛，它包括太阳能的光热利用和太阳能的光电利用等.

1. 太阳能发电

随着经济的发展、社会的进步，人们对能源提出越来越高的要求，寻找新能源成为当前人类面临的迫切课题.利用太阳能进行发电是一种新兴的可再生能源的利用方式，主要的方法有太阳能电池.但是由于利用太阳能发电还存在成本高、转换效率低的问题，因此目前还未能大规模利用.

2. 太阳能供热

就目前来说，人类直接利用太阳能还处于初级阶段，主要有太阳能集热器、太阳能热水系统、太阳能暖房等热利用方式.

9.2 风能资源及其利用

风能就是空气流动所产生的动能，风能作为一种无污染和可再生的新能源有着巨大的发展潜力，特别是对沿海岛屿，交通不便的边远山区，地广人稀的草原牧场，以及远离电网和近期内电网还难以覆盖到的农村、边疆，可以作为解决生产和生活能源的一种可靠途径，有着十分重要的意义.即使在发达国家，风能作为一种高效清洁的新能源也日益受到重视.

一、风能计算

要利用风能资源，也需要通过气象观测资料对风能资源量进行计算，即对风(气流)通过单位面积时所做的功进行估算.

风能计算公式可表示为：

$$K=\frac{1}{2}\rho v^{3}Ft. \tag{9.7}$$

上式为气流在 t 时间内流过截面积 F 所做的功，风的功率为(单位时间内所做的功)：

$$W=\frac{1}{2}\rho v^{3}F, \tag{9.8}$$

此即风能公式.在实际风能利用评价中，往往使用由下式定义的有效风能密度：

$$W_e = \int_{v_1}^{v_2} \frac{1}{2}\rho v^3 p(v)\mathrm{d}v. \tag{9.9}$$

式中 $p(v)$是风速分布函数，v_1，v_2分别为启动风速和停机风速.由其定义可知，对风能发电机而言，有一个特定的风速范围是可以利用的，即可以启动风车转动的启动风速和使风车停机的极限风速.

二、风能储量的估计

地球所接收到平均太阳能量约为350 W/m^2，其中约2%转化为风能，约为7 W/m^2，其中近地面1 km内的风能约占35%，即2.5 W/m^2.据估计，近地层中约1/10风能是可用的，即约0.25 W/m^2，而该值相当于全球总能量需求的10～20倍.可见，如果能利用可用风能的1/10，则人类的能源需求就能得到满足，风能利用的前景和潜力是相当巨大的.

三、风能资源的分布与利用

风能资源取决于风能密度和可利用的风能年累积小时数.如(9.8)式所描述，风能密度是单位迎风面积可获得的风的功率，与风速的三次方和空气密度成正比关系.在自然界的能源中，风能是极其丰富的.据估算，全世界的风能总量约1300亿千瓦，中国的风能总量约16亿千瓦.风能资源受地形的影响较大，世界风能资源多集中在沿海和开阔大陆的收缩地带，如美国的加利福尼亚州沿岸和北欧一些国家，中国的东南沿海、内蒙古、新疆和甘肃一带风能资源也很丰富.为了有效、合理地利用风能资源，必须对风能资源进行评估和计算，得出风能等级和区域分布特征.

1. 风能等级的划分

表9-1是风能等级划分的标准，分别用10 m高度和50 m高度的风能密度下限和年平均风速下限来确定风能等级，等级越高，风能资源就越丰富，利用潜力就越大.

表9-1 风能等级划分

参数 / 数值 / 等级	10 m		50 m	
	风能密度（下限）W/m^2	年平均风速（下限）m/s	风能密度（下限）W/m^2	年平均风速（下限）m/s
1	100	4.4	200	5.6
2	150	5.1	300	6.4
3	200	5.6	400	7.0
4	250	6.0	500	7.5
5	300	6.4	600	8.0
6	400	7.0	800	8.8
7	800	8.8	1600	10.1
8	1200	10.1	2400	12.7
9	1600	11.1	3200	14.0
10	>1600	>11.1	>3200	>14.0

2. 风能分布

我国幅员辽阔，海岸线长，风能资源比较丰富.根据有关估算，全国风能密度为 100 W/m^2，风能资源总储量约 1.6×10^5 MW，特别是东南沿海及附近岛屿、内蒙古和甘肃走廊、东北、西北、华北和青藏高原等部分地区，每年风速在 3 m/s 以上的时间达 4000 小时左右，一些地区年平均风速可达 6 m/s 以上，具有很大的开发利用价值.从我国年平均有效风能密度分布看（张家诚等，1988），可以将我国风能资源划分为如下几个区域：

（1）东南沿海及其岛屿为我国最大风能资源区.这一地区的年有效风能密度在200 W/m^{2}以上，风能密度的等值线平行于海岸线，沿海岛屿的年有效风能密度在 300 W/m^{2}以上，如台山、南澳、马祖等地，可利用小时数约在 7000～8000 小时，这一地区特别是东南沿海，由海岸向内陆丘陵连绵，所以风能丰富地区仅在海岸 50 km 范围之内.

（2）渤海沿岸及内蒙古和甘肃北部以及新疆阿拉山口等为我国次大风能资源区.这三个地区，由于终年在西风带控制之下，而且又是冷空气入侵首当其冲的地方，年有效风能密度约为 200～300 W/m^2，有效风力出现时间百分率为 70%左右.由于这些地区地形较平坦，风能密度梯度不如东南沿海大，因而从渤海向内陆、从内蒙古向南是逐渐减弱的.虽然这些地区风能密度不如东南沿海大，但范围大，面积广，是利用风能的一个有利条件.

（3）黑龙江南部、吉林东部和辽东、山东半岛为风能较大区，这些地区有效风能密度在200 W/m^{2}以上，≥3 m/s 的风速为 5000～6000 小时，≥6 m/s 的风速为 2000 小时.

（4）青藏高原的北部，东北、华北与西北地区的北部和江苏、浙江的东部，风能由较大区过渡到最小区.这三个地区的有效风能密度在 100～150 W/m^2，≥3 m/s 的风速为 2000～4000 小时，≥6 m/s 的风速为 750～2000 小时.青藏高原地区≥3 m/s 和≥6 m/s 的风速小时数是相当多的，它和我国风能次大区差不多相同，但由于这里空气密度小，所以风能密度低.

（5）云贵川，甘肃、陕西南部，河南、湖南西部，福建、广东、广西的山区，以及塔里木盆地、雅鲁藏布江谷地，为风能贫乏区，是我国最小风能区，年有效风能密度仅在 50 W/m^{2}以下.这些地区全年基本上没有大风，除个别的峡谷和高原顶部外，基本上是风能不能利用的地区.

3. 风能利用

人类利用风能的历史可以追溯到公元前.我国是世界上最早利用风能的国家之一.公元前数世纪我国人民就利用风力提水、灌溉、磨面、舂米，用风帆推动船舶前进.到了宋代更是我国应用风车的全盛时代，当时流行的垂直轴风车一直沿用至今.在国外，公元前 2 世纪，古波斯人就利用垂直轴风车碾米.10 世纪伊斯兰人用风车提水，11 世纪风车在中东已获得广泛的应用.13 世纪风车传至欧洲，14 世纪已成为欧洲不可缺少的原动机.数千年来，风能技术发展缓慢，也没有引起人们足够的重视.但自 1973 年世界石油危机以来，在常规能源告急和全球生态环境恶化的双重压力下，风能作为新能源的一部分才重新有了长足的发展.现代利用风能的主要方式有两种：一是利用风力直接产生动力，推动机械（例如研磨、灌溉等）；另一种是通过风车或风轮机等机械使风能转变为电能，进行风力发电.

9.3　热量资源

热量资源主要是指一定温度条件下可用于作物生长的必要的环境，根据不同的作物生物学特征和生长要求，其热量资源的界定也不相同.因此，人们为不同热量资源的利用提出了各种热量资源指标，根据这些指标可以对热量资源进行评价和区划，指导作物的合理种植，最充分地利用热量资源以获得较高的作物产量.

一、热量资源指标

积温是某一时段内日平均温度高出某一指标温度期间的总和,用于表示气候热状况.一般以生物学最低温度作为指标温度,如:0℃,5℃,10℃等.常用的积温有活动积温和有效积温两种.

1. 活动积温

高出生物学最低温度(T_c)的活动温度累积之和.

$$QT=\sum_{i=1}^{n}T_i \qquad (T_i\geqslant T_c). \tag{9.10}$$

2. 有效积温

活动温度减去生物学最低温度得到的有效温度之累积和,当活动温度等于生物学最低温度时,其有效温度为零.

$$QE=\sum_{i=1}^{n}(T_i-T_c) \qquad (T_i\geqslant T_c). \tag{9.11}$$

式中 T_i 为某一时段内逐日日平均温度,T_c 为生物学最低温度,时段总天数为 n.从以上两种类型积温的计算式可知,活动积温统计计算比较方便.但是由于它包含了一部分低于生物学最低温度 T_c 的无效温度,从而降低了积温的有效性,有效积温则弥补了这一不足.

二、中国热量资源分布

中国的热量资源非常丰富,如图 9-2 所示,即使在最北的东北地区,$T>10$℃积温在黑龙江北部仍能达到 2000℃左右,而在海南岛可达 9000℃.对农业生产来说,在最北地区也能种一季作物,而在华南则可全年种植.我国还是世界上气候带最多的国家,由南往北相继出现热带、南亚热带、中亚热带、北亚热带、南温带、中温带、北温带.青藏高原还有高原温带、高原亚寒带和高原寒带.我国东部主要农业区面积较大,其中亚热带和中、南温带约占全国陆地总面积的 42.5%,其热量与美国的主要农业区相近似.≥10℃积温,在 40°N 地区比日本略多,与地中海气候地区相近;在 30°N 地区,比地中海气候地区多 500℃,比西亚、南亚、非洲等地少 600℃~1000℃.

由于季风气候的显著影响,我国热量资源的季节变化十分明显,大部分地区四季分明,农事活动对节气的更迭十分敏感.我国东部与世界同纬度相比,冬季过冷,夏季偏热,而且纬度越高越明显,冬季比夏季突出.夏季偏热,一年生喜温作物(水稻、玉米等)可种植在纬度较高的东北地区,有利于扩大喜温作物种植面积和提高复种指数.但冬季过冷,使越冬作物或多年生亚热带和热带经济果木林的种植北界偏南.这一热量特点也是形成我国种植制度多样性的原因之一.

热量资源是气候资源最基本的组成要素,通常以各种温度指标来表示.常用的农业指标温度有日平均温度 0℃,5℃,10℃,15℃等.

我国各种农业指标温度起讫期及持续期的分布呈现有规律的变化,在东部地区表现尤为明显.

(1) 各种农业指标温度的始现期自北向南逐渐提前,终现期自北向南逐渐推迟,持续日数自北向南逐渐延长.秦岭—淮河以北地区,均有日均温稳定在 0℃以下的土壤冻结期;秦岭—淮

河以南，全年日均温均在0℃以上；南岭以南，全年日均温在5℃以上.

(2) 我国南北冬季温差大，夏季温差小.北方地区冬季均有稳定的土壤冻结期和作物越冬期，且愈北愈长.夏季我国普遍高温，喜温作物自南向北广泛分布.

(3) 北方地区春季增温强烈，秋季降温急剧.

(4) 秦岭—淮河以北地区，无霜期常短于日均温≥10℃的持续期，在其始现后和终现前的短期内往往出现霜冻.

积温是反映热量资源的重要指标.我国积温的分布与地理纬度和海拔高度呈反相关.地理纬度愈高，海拔高度愈大，积温愈低.在各种积温中，日均温≥10℃的活动积温常用来衡量大多数农作物所需热量状况.我国最南的南沙群岛≥10℃活动积温超过10000℃，海南岛榆林港为9283℃，而黑龙江北部河谷仅1500℃，青藏高原地区有很大面积不到1000℃.积温高低影响农作物种类选择和耕作制度，青藏高原和东北北部是我国热量较差的地区，只能种一季喜凉作物；长城以北及新疆北部，一般为一年一熟；长城以南秦岭—淮河以北，作物可两年三熟到一年两熟，是我国麦、棉主要产区；秦岭—淮河以南、南岭以北，作物以水稻、小麦为主，一年两熟到三熟；南岭以南，热量条件最优越，可大量发展经济林木，水稻一年三熟.

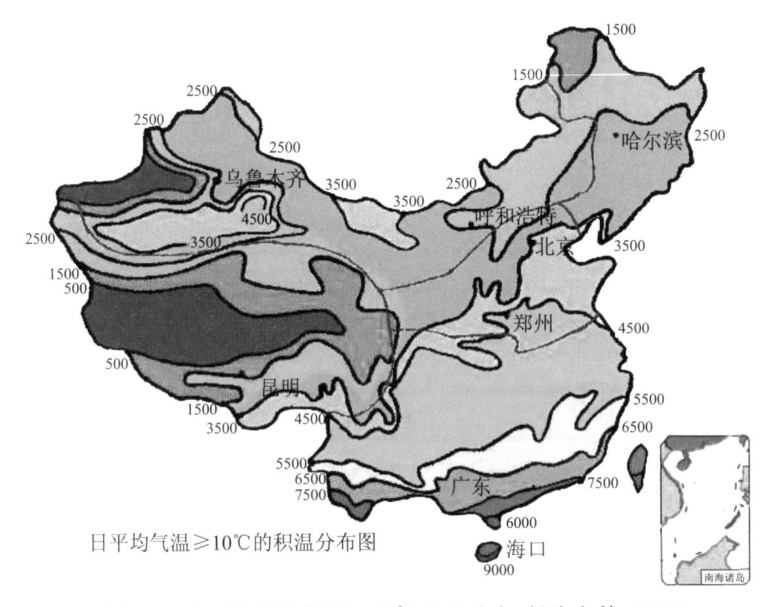

图9-2　全国日平均气温>10℃积温分布(侯光良等，1993)

9.4　水分资源

地球上的水资源，从广义上来说是指水圈内水量的总体.由于海水是咸水，不能直接利用，所以通常所说的水资源主要是指陆地上的淡水资源，如河流水、湖泊水、地下水和冰川等.陆地上的淡水资源只占地球上水体总量的2.53%，其中大部分(近70%)是固体冰川，主要分布在两极地区和中、低纬度地区的高山冰川，很难加以利用.目前人类比较容易利用的淡水资源，主要是河流水、淡水湖泊水以及浅层地下水，储量约占全球淡水总储量的0.3%，只占全球总储水量的十万分之七.据研究，从水循环的观点来看，全世界真正有效利用的淡水资源每年约有9000 km^3.

一、几个基本概念

在进行水资源分析和计算时，除降水量外，还会涉及地表水分的几个量，这些量与水资源的实际可使用量有关.常用的这些量的概念和定义如下：

（1）最大可能蒸发量（蒸发力、潜在蒸发量）：是指下垫面足够湿润的条件下，水分保持充分供给时所能蒸发的水分量.该量的大小既取决于气象条件，又取决于下垫面的性质.

（2）实际蒸发量：是真实自然地表条件下由下垫面实际进入大气中的水分量.

（3）径流量：从气候平均角度讲是指一个流域内降水量与实际蒸发量之差，而实际的径流产生较复杂，是由降水量、降水的下渗、地表和土壤性质及实际蒸发量共同决定的.

（4）蒸发差：最大可能蒸发量与实际蒸发量之差.

上述几个量中，除径流可以观测外，其他涉及蒸发的物理量很难进行普遍观测，大多采用计算来获得.有关最大可能蒸发量和实际蒸发量的计算有许多方法，但都有其不确定性，需要根据实际情况和掌握的资料来选择某种较合适的方法，下面会做简单介绍.

二、我国的水分资源状况

1. 降水量

降水是极为重要的气候资源，也是陆地水资源的主要来源.我国陆地年均共有降水 6.2 万亿吨，占世界陆地降水量 119 万亿吨的 5.2%，低于全球平均值约 20%.与全球比，我国降水量不算丰富.粗略估计，我国平均年降水量约为 648 mm，较全球陆地平均年降水量 800 mm 约少 19%，比亚洲平均年降水量 740 mm 少 12%.纬度相同的日本、朝鲜某些地区的年降水量比我国要多.

我国降水资源分配不均衡，干湿界线与等降水量线相近，降水资源的分布具有以下几个特征（如图 9－3）：

（1）空间分布不平衡，东南多、西北少，从沿海向内陆递减，年等雨量线大致呈东北西南走向.全国年平均降水量约 630 mm.400 mm 等雨量线大致从大兴安岭西坡起，经通辽、张北、榆林、兰州、玉树至拉萨，将我国分成东南、西北两大部分.在东南部湿润区，800 mm 等雨量线沿秦岭—淮河分布，把东南部分为湿润和半湿润地区；在西北部干旱区，200 mm 等雨量线又划分出半干旱区和干旱区.

（2）降水季节分配不均.受季风影响，降水相对集中在 4～9 月，冬春大部分地区雨雪稀少.东北、华北地区夏季降水占全年降水量的 68%～73%，为夏雨集中区；长江中下游夏雨占 45%，春、秋、冬雨分别占 22%，18%和 15%，为夏雨相对集中区；江南丘陵春雨稍多于夏雨，冬雨和秋雨各占 15%左右，属春夏雨集中区；南岭以南夏雨占 43%，秋雨占 39%，春、冬雨分别占 11%和 7%，为夏、秋雨集中区；台湾地区东北部冬雨占 35%，夏、秋雨各占 25%，春雨占 15%，属全年有雨、冬雨相对集中区；广大西北部干旱区多属夏雨型地区.

（3）年际变化大.年际变化的基本规律是：沿海降水变率小，内陆变率大；西南季风区变率小，东南季风区变率大.青藏高原东部和云贵高原年降水变率最小，约 10%～15%；东南沿海、海南岛和台湾变率为 15%～20%；长江中下游和淮河流域达 20%～25%；北方地区年降水变率为 25%～30%；西北干旱区年降水变率为 30%～50%.

2. 最大可能蒸发量（E_0）

英国科学家彭曼（H.L.Penman）以能量平衡定律为理论基础，依据道尔顿公式，引进波文

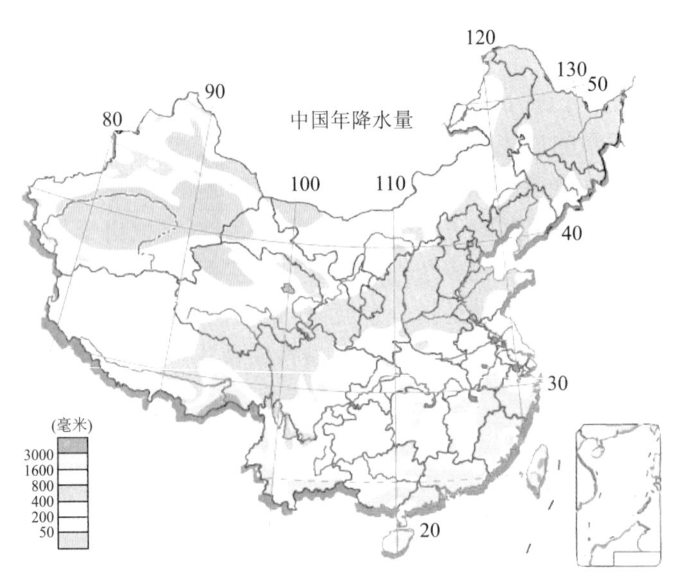

图 9-3　中国地区年降水量分布(侯光良等,1993)

比,消除了不易测得的蒸发面温度,根据太阳辐射(或日照)、温度、湿度和风速等气象因子的经验关系式,建立计算最大可能蒸发量的公式:

$$E_0=\frac{\Delta H+\gamma E_a}{\Delta+\gamma}. \tag{9.12}$$

式中 Δ 为饱和水汽压-温度曲线的斜率;H 为净辐射,由常规观测资料借助经验公式求得;γ 为干湿表常数,取 0.486,由气压决定;$E_a=0.26(e_a-e_d)(1+0.5\ V)$,为空气干燥力(mm/d),反映空气可能容纳水汽的能力和从贴地层输送水汽到上层的动能力,由经验公式求得.彭曼公式的物理意义非常明显:净辐射 H 的系数是 $\Delta/(\Delta+\gamma)$,意味着净辐射以这样一个权重在产生蒸发力的过程中起作用;干燥力 E_a 的系数是 $\gamma/(\Delta+\gamma)$,意味着干燥力以这样一个权重在产生蒸发力的过程中起作用.前者可以看成产生蒸发力的热力因素,后者可以看成是产生蒸发力的动力和水分因素.应用彭曼公式计算蒸发力的优点在于将很少观测的水汽和温度的垂直梯度的比用量纲相同的饱和水汽压随温度的变化率代替,后者是温度的已知函数,由实测气温就可决定.

我国全年蒸发力的分布,在东部地区基本随着纬度升高而减小,华南和珠江流域一带为 900～1000 mm/年,至内蒙古北部和黑龙江北部地区,由于水分和热量都减小,蒸发力降低较快,仅 500 mm/年左右.西南的四川盆地蒸发力相对较低;青藏高原为蒸发力的低值区,从中心到外线的蒸发力为 500～800 mm/年;新疆地区气候干燥,热力条件充足,蒸发力较大.

3. 实际蒸发量

布德科将施赖伯(Schreiber)公式和奥尔德科普(Олbдekon)公式取几何平均后得到计算年实际蒸发量的公式:

$$E=[r(1-\mathrm{e}^{-(E_0/r)})(E_0)\mathrm{th}(r/E_0)]^{1/2}, \tag{9.13}$$

式中 E 为实际蒸发量,E_0 为最大可能蒸发量,r 为降水量,th 为双曲正切函数.这个方程表明了实际蒸发量与最大可能蒸发量之间的关系.从公式上也可发现,在降水量一定的情况下,实际蒸发量与最大可能蒸发量呈反比关系,最大可能蒸发量大,则实际蒸发量就小,反之亦然.

我国实际蒸发量的分布与最大可能蒸发量的分布情况相反,干旱的新疆地区的理论最大

可能蒸发量很大，但是由于降水很少，所以实际的蒸发量很小，一般只有几十毫米；而在南方多雨地区的实际蒸发量可达到 500～800 mm/年，实际蒸发量的分布规律与降水的分布形势大致相同.

4. 蒸发差

定义蒸发力 E_0 与实际蒸发量 E 的差值为蒸发差 α_0.

$$\alpha_0 = E_0 - E. \tag{9.14}$$

蒸发差 α_0 越小，表示该地区实际蒸发量越接近最大可能蒸发量，也就是越湿润，当 $\alpha_0 = 0$ 时，表示当地实际蒸发量等于最大可能蒸发量，达到充分湿润；反之，蒸发差 α_0 越大，表示该地区没有足够的水分可供蒸发，即该地很干燥.

从全国蒸发差的分布显示，我国最湿润的地区在长江流域两岸和川黔地区，蒸发差为 100 mm左右；其次是云南和横断山脉地区，蒸发差为 200～300 mm；广东、福建地区和淮河、秦岭一带相近，蒸发差为 200～300 mm；东北地区蒸发差为 300～400 mm；内蒙古地区蒸发差为 500～800 mm；最干旱地区在西北塔里木、准格尔及吐鲁番三大盆地，这些地区的蒸发差都在 700 mm 以上.

5. 径流量

对一个闭合流域而言，在气候平均情况下，降水量与实际蒸发量之间的差值为径流量：

$$Q = r - E. \tag{9.15}$$

我国所有江河的年径流量平均为 273 mm/年，分布很不均匀，我国东南沿海降水量丰沛的地区及四川、云南和西藏的一部分地区的年径流量大于 1000 mm/年；淮河以南广大的长江中下游地区、西南大部分地区及东北长白山区等地区的年径流量为 300～1000 mm/年；华北地区、东北大部分地区及新疆北部地区的年径流量在 50～300 mm/年；内蒙古至西北沙漠地区的年径流量最小，其数值都在 50 mm/年以下.我国各主要河流的水量，以长江流域最为丰富，年径流量为 9920 亿立方米，占全国年径流总量的 38%；珠江流域次之，正常年径流量 3560 亿立方米；黄河是我国仅次于长江的第二大河，年径流量仅 526 亿立方米，只占全国年径流量 2%(陆渝蓉等，1987).

9.5　气候资源的开发利用

一、气候资源的特点

1. 可再生性

气候资源是一种可再生资源.光、热、水、风等气候资源要素和黄金、煤等矿产资源不一样，矿产资源用一点少一点，而气候资源归根结底来自于太阳，只要利用合理、保护得当，可以反复利用.

2. 普遍存在性

气候资源在世界各地都存在，但各地气候特点不同，因此光、热、水、风的数量多少和配合状况有差异.例如，我国华南地区热量和降水都很充足，而西北内陆热量较足，降水短缺，所以在利用时要注意因地制宜.

3. 可量化性

气候要素只有在一定数值范围内才具有资源价值.如光照：光照强度越强，植物制造的有机物质越多,水稻、小麦、棉花属喜光植物,茶树属喜阴植物.拉萨年日照时数达 3005h,就能栽培出穗大、粒多、产量高、品质好的小麦.热量:各种植物生长发育都是在它必需的最低极限温度以上及其持续期内进行的,玉米是一种对热量很敏感的喜温作物,在其他条件适宜的情况下,玉米种子在 10℃正常发芽,24℃时发芽最快,温度过高或过低都不好;水稻结实需 20℃～25℃;棉花吐絮需 20℃～30℃.降水:水稻生长发育要求降水量 750～1000 mm,棉花需 450～750 mm,甘蔗需 1000 mm 以上.

4. 变化性

气候资源的时空分布存在较大的变率.例如,光照、降水和温度等都有周期性和非周期性的变化.《孟子》中说:“不违农时,谷不可胜食.”是说栽种作物要掌握时机,如果错过了,资源就稍纵即逝,白白地浪费了,因此利用时要因时制宜.

二、气候资源的开发利用

人类在很早的时候就已经学会利用气候资源,如利用风力进行航海、风车等,但当时只限于航行和风车等.如今,风力还可用于发电、制热等.气候资源的开发利用与社会和科技发展水平分不开,随着科技的发展,国民经济各部门都在研究开发利用气候资源.

1. 气候与农业

气候资源与农业关系最密切.最早研究气候资源的部门是农业,因此掌握气候资源与农业的关系至关重要.首先,气候中的光、热、水、空气等物质和能量,是农业自然资源的重要组成部分,往往决定着该地的种植制度,包括作物的结构、熟制、配置与种植方式,而光、热、水、空气等的分布是不均匀的.因此,在制定农业发展规划时,要充分利用本地区的资源优势,获取最大效益.其次,随着农业科技的发展,要合理和充分地利用气候资源,挖掘农业气候潜力,不断提高对光照、热量、水等气候资源的开发利用率,如广泛采用间作、套种方式,采取塑料大棚和温室等农业生产措施,以及发展生态农业、立体农业等.

2. 气候与城镇规划和建筑

建筑设计部门对气候资源的利用,主要体现在两个方面,一是日照与街道方位的关系.在进行城镇规划和建筑设计时,充分考虑光照与街道方位的关系,以获得最佳采光和采热效果.因此需要考虑街道方位不同的日照条件,选出最佳街道方位.例如,东西走向的街道,两旁建筑物的主要朝向为南北方向;南北走向的街道,两旁建筑物的主要朝向为东西方向.一般而言,朝北的房屋,光照条件较差.为了保证居住区街道两侧所有建筑物都有较好的日照条件,城镇街道宜采取南北方向和东西方向的中间方位,即使街道与子午线呈 30°～60°.另一个是风向与城市规划.风对大气污染物既有稀释作用(可使大气中污染物浓度降低),又有输送扩散作用,风向决定污染物的输送方向.为了尽可能地减少工厂排出的烟尘、废气对居住区的污染,在常年盛行一种主导风向的地区,应将向大气排放有害物质的工业企业布局在盛行风的下风向,居住区布局在上风向.在季风区,应使向大气排放有害物质的工业企业布局在当地最小频率的风向的上风向,居住区布局在下风向.此外,对高大建筑还要考虑风压和阵风问题,以保证建筑的安全.

3. 气候与交通

海、陆、空运输常需要穿越不同的气候区,充分合理地利用各地气候资源,并尽量避开气象灾害,才能保证运行的安全和最大经济效益.特别是现代高速公路和高速铁路的建设,更要充分考虑气候条件.例如,公路、铁路的设计,应特别注意沿线的暴雨及其激发的泥石流、大风等出现的强度和频率，以及冻土、积雪的深度等，桥涵孔径大小、路基高低等都需要根据当地暴雨强度来设计；又如航空机场的选址，宜选择低云、雾和暴雨出现频率较少、风速较小的地方，潮湿低洼处易出现雾，城市、工业区易出现烟雾，因此机场宜设在距城市较远、地势较高的地方.

4. 气候与旅游

气候资源同时也是一种旅游资源，而且是旅游业中不可缺少的一种资源，许多气候要素或气候现象可以作为宝贵的旅游资源加以利用.有些气候现象本身就是美丽的景色，例如，冬日雪景是最壮丽的自然景色，夏日雷电则是最惊心动魄的自然现象，秋高气爽使人心情平静，春暖花开使人感到生机盎然.在特殊气候条件下形成的特殊自然景观与人文景观，更是旅游的重要资源，如吉林市松花江沿岸的雾凇、哈尔滨利用冬季严寒发展起来的冰雕艺术等都成为旅游资源.

三、中国气候资源区划

中国气候资源区划是气候资源分布的地理表现，是经济布局与规划的重要科学依据.气候资源区划不等于气候区划.气候区划是一种自然区划，不必考虑社会因素；气候资源区划除了考虑自然现象外，还需要考虑使之具有资源意义的应用价值.有关研究参照中国的自然与社会经济状况，将气候资源划分成五个大区和十一个小区(张家诚，1990).

(1) 第一大区是华北区，包括北京、天津、山东、河北、山西、陕西及河南北半部与甘肃东部.降水量在 400～800 mm，人均与亩均水资源量均为全国最低值，约分别为 400～900 m^3 和 250～450 m^3，为水资源紧缺区.热量资源可以一年种两季左右的作物.华北可分为东西两区.东区是平原，人口与经济十分集中，水分不足问题在全国最为突出.西区为黄土高原，降水虽少于东区，但人口与经济发展均远不及东区，故人均与亩均水资源量反而高于东区，但也是水分不足的地区.

(2) 第二大区是东北区，这一地区降水量在 500～1200 mm，但人均水资源量超过 1200 m^3，亩均水资源量超过 500 m^3，属水分略有不足的地区.热量条件只够每年种植一季，只有南部部分地区可种两季.这一区也可划分为南、北二区.北区为黑龙江省，人均和亩均水资源量均超过 2500 m^3，属于水分较丰富区，而南区属水分不足地区.

(3) 第三区为长江中下游与华南，这是我国降水量最多的地区，但由于人口密集，经济发达，人均和亩均水资源量均为 2500～4500 m^3.这一区热量资源十分丰富，属副热带，华南的南部属热带，至少可种两季作物，可全年种植.本区也可分作两区.长江流域区的亩均与人均水资源均只有华南区的一半，热量条件也不如华南区.华南区则为水分比较充足区.

(4) 第四区为西南区，包括黔、滇、川三省与青藏高原东部，年降水量大于 400 mm.这里降水量虽然少于第三区，但人口少，经济不够发达，故人均、亩均水资源都很高，达到 3000～4000 m^3.这一区的西区，即青藏高原东部，地广人稀，人均水资源竟高达 20000 m^3 以上.本区东区的滇、黔、川三省均有充足的热量资源.

(5) 第五区，即干旱、半干旱地区，该区辐射资源十分丰富，热量资源也很好，降水资源不足是主要缺点.本区可分为三个小区.第一个小区是内蒙古东部与中部，依靠天然降水，这里为广大的牧业草场，有灌溉条件或降水接近 400 mm 的地区也可进行农业生产.第二个小区是绿洲农业区，包括新疆、阿拉善旗、柴达木盆地和甘肃河西走廊及其以西地区.这一地区十分干旱，但从高山来的径流可以供给绿洲农业生产.在绿洲之外，大都是荒漠.第三个小区是青藏高原西部，降水量不到 400 mm.这里属干旱高寒气候区，至今人烟十分稀少.

四、中国气候资源的特点

和世界上的同纬度相比较，中国由于盛行季风气候，所以气候资源十分特殊而且极为丰富，但时间和空间变化较大，主要有以下几个特点(中国自然资源丛书，1995)：

1. 雨热基本同季，夏季光、热、水共济，气候生产潜力大

夏季风及时地给我国大地带来了丰沛的雨水，使我国大部分地区在夏季中农作物有光有热又有水，我国大部分地区气温与降水的季节变化基本同步，而且光、热、水分都得到了最充分的利用，这是农业气候资源的一种优势.对比同纬度大陆西岸地中海型冬雨夏干的气候，那里的光照、热量和降水资源因为不同步，便都没有得到充分利用.我国夏季温高雨多，光合有效辐射量大，为植物旺盛生长提供了十分有利的条件，气候生产潜力高.各地雨热同季的情况有所不同，我国北方，春季升温快，夏季温度高，6～8 月≥10℃积温占全年的 50%以上，同期降水量占全年的 60%以上.江淮及其以南地区，6～8 月≥10℃积温和降水量均占全年的 30%～40%，雨热同季时间长，故复种指数高.云南和青藏高原地区，年内气温变化较平缓，降水集中程度高于温度，水热配合稍差，如云南 6～8 月积温只占全年的 20%～30%，但同期降水量占全年的 60%以上；青藏高原 6～8 月积温占全年的 55%～65%，同期降水量占全年的 60%～80%.

2. 热量和降水量的年际变化较大，易发生低温冷害或旱涝

据著名气象学家竺可桢先生考证，我国在 5000 年的历史长河中，冷期和暖期的变化曾造成农牧界线南北来回推移；历史时期气候冷暖变化也曾引起单、双季稻的种植界线南北变动两个纬距.近百年来，我国≥10℃积温变化有 7～8 年和 2～3 年的周期波动，尤以 8 年周期最明显.20 世纪初期各地积温偏少，30 年代中期开始增多，至 50 年代达到最高，随后逐渐下降，在 60 年代中期曾有一短暂的回暖过程，目前在平均值左右摆动.近 50 年间，各地最暖年与最冷年的热量状况之差是：≥10℃积温的差值为 500℃～1100℃，≥10℃持续日数的差值为 30～60 天.≥10℃积温相对变率(积温距平绝对值的多年平均与平均积温的百分比)青藏高原为 4%～5%，东北、华北北部及西北地区大于 3%，华南及云南南部小于 1.5%.热量资源不稳定，可导致农业不稳产.例如，黑龙江省高温年与低温年的积温偏差平均为±300℃左右，这个变化幅度可导致产量增产或减产 30%左右.

3. 青藏高原大地形影响

在世界 15°～30°纬度带上，由于高空常有副热带高压控制，气流下沉，全年干旱少雨，因而此纬度带的大多数地区成为沙漠，例如撒哈拉沙漠、阿拉伯沙漠(北半球)、澳大利亚大沙漠、卡拉哈迪沙漠(南半球)等.由于青藏高原的存在，同纬度上的我国东部南方受夏季风影响而具有湿润气候，有丰富良好的地表植被.

五、中国气候资源的优势与不足

1. 气候资源丰富

从气候资源数量来看，我国的光、热、水资源都很丰富.我国太阳辐射总量在西北地区不亚于地中海沿岸的埃及、西班牙和意大利等国，长江流域和华南的辐射量大于日本和西欧，仅川黔地区较低.从热量条件看，我国寒温带仅占国土总面积的 1.2%，中温带和暖湿带占 44%，亚热带和热带占 27.7%，全国大部分地区的积温在 2000℃～8000℃之间，各地的热量比较稳定，年际变率较小.从降水条件看，我国虽然干旱和半干旱区面积较大，降水不足，但我国东部季风区降水比较丰富.所以，我国除了部分地区个别时段光热资源和一些地区水分不足外，一般情

况下,不至于成为农业生产的限制因素.

2. 雨热同季对农业生产有利

我国大部分地区全年降水量的集中季节同高温的生长期基本一致,日均温≥10℃期间的降水量,绝大部分地区都占年降水量的80%以上.高温期与多雨期一致,雨热同季,有利于发挥水热资源的效益,为农、林、牧业发展提供有利条件.

3. 水热不同组合,气候复杂多样,区域性强

我国具有齐全的温度带和干湿地区,它们错综复杂的分布与组合,使我国气候复杂多样,区域性强.我国可分为东部季风、西北干旱和青藏高寒三个气候大区.东部季风区从赤道热带到寒温带的9个热量带和湿润、半湿润、半干旱的地区,水热资源最丰富.西北干旱区分干旱暖温带和干旱中温带,全年光照充足,但水分资源较贫乏.青藏高寒区太阳能资源丰富,但热量水平较低,形成高原温带、亚寒带、寒带.由湿润到极干旱等干湿地区,资源生态类型复杂多样.多种多样的气候类型使我国动植物种类非常丰富,也有利于因地制宜地发展多种农业生产.

4. 旱涝灾害频繁

我国气候资源对经济发展有许多有利的影响,但也有不利之处.对我国农业影响最大的不利条件是大面积的旱涝灾害.据统计,从公元前206年到1949年的2155年间,就有1056次旱灾,1029次水灾.水旱灾害频繁,不是南旱北涝就是南涝北旱.各地旱涝的主要特征是:降水稀少的西北干旱区以旱灾为主;东北地区涝多于旱;华北地区旱多于涝,春旱最严重;长江下游旱涝相近,中游涝多于旱,春夏多洪涝,盛夏多伏旱;西南地区往往冬旱、春旱较严重.旱涝对农业生产影响较大,因此防洪抗旱一直是中国气候资源利用中的一项重要任务.

辅助阅读书目

1. Dennis L. Hartmann. 1994. Global Physical Climatology. San Diego, California, USA: Academic Press.

2. 李晓东.1997.气候物理学引论.北京:气象出版社.

3. 马开玉,陈星,张耀存.1996.气候诊断.北京:气象出版社.

4. 汤懋苍,等.1989.理论气候学概论.北京:气象出版社.

5. 黄建平.1992.理论气候模式.北京:气象出版社.

参考文献

1. Wallace, J. M. and D. S. Gutzler. 1981. Teleconnections in the geopotential height field during the northern hemisphere winter. Mon. Wea. Rev., 109: 784 - 812.

2. Nace, R. L.. 1964. The International Hydrological Decade. Transactions, American Geophysical Union, 45: 413 - 421.

3. Baumgartner, A. and E. Reichel. 1975. The World Water Balance Mean Annual Glob al, Continental and Maritime Precipitation, Evaporation and Run-off. Elsevier, Amsterdam: 180.

4. Korzun, V. I., eds.. 1978. World Water Balance and Water Resources of the Earth. Studies & Reports in Hydrology, Unesco, Paris: 663.

5. Gates, W. L.. 1979. The effect of the ocean on the atmospheric general circulation. Dyn. Atmos. Oceans, 3: 95 - 109.

6. Barry, R. G. and Chorley, R. J.. 1976. Atmosphere, Weather and Climate. Methuen & Co Ltd, London: 432.

7. MacCracken, M. C. and F. M. Luther, eds.. 1985. Projecting the Climatic Effects of Increasing Carbon Dioxide. DOE/ER - 0237, US Department of Energy, Washington, DC: 381.

8. Liou, K. N.. 1980. An Introduction to Atmospheric Radiation. Academic Press: 392.

9. Houghton, H. G.. 1954. On the annual heat balance of the northern hemisphere. J. Meteor., 11: 1 - 9.

10. London, J.. 1957. A study of the atmospheric heat balance. Final Report, AFCRC - TR - 57 - 287(NTIS PB 115626), New York University College of Engineering, NY.

11. Sasamori, T., J. London and D. V. Hoyt. 1972. Radiation budget of the Southern Hemisphere. Meteorological Monographs, 35: 9 - 23.

12. Wittman, G. D.. 1978. Parameterization of the solar and infrared radiative properties of clouds. M.S. thesis, Dept. of Meteorology, Univ. of Utah, Salt Lake City, Utah.

13. Lettau, H.. 1954. A study of the mass, momentum and energy budget of the atmosphere. Arch. Meteorol. Geophys. Bioklimatol., 7: 133 - 157.

14. Peixoto, J. P,, A. H. Oort, Mário De Almeida, and António Tomé. 1991. Entropy budget of the atmosphere. J. Geophys. Res., doi: 10.1029/91JD00721.

15. Dines, W. H., F. R. S., and F. R. MetSoc. 1917. The heat balance of the atmos-

phere. Quarterly Journal of the Royal Meteorological Society, 43: 151 - 158.

16. Budyko, M. I. (ed.). 1963. Atlas Teplovogo Balansa Zemnogo Shara. Moscow: Mezhduvedomstrenny Geofizicheskii Komiter pri Prezidiume Akademii Nauk SSSR i Glavnaia Geofizicheskaia Observatoriia im A. I. Voeikova.

17. Budyko, M. I.. 1969. The effect of solar radiation variations on the climate of the earth. Tellus, 21: 611 - 619.

18. Alt, E. 1929. Der Stand des meteorologischen Strahlungsproblems. Meteorol. Z. 46: 12.

19. Baur, F. and H. Philipps. 1934. Der Wurmehaushalt der Lufthulle der Nordhalbkugel. Gerlands Beitr. Geophys., 42: 160 - 207.

20. Quinn, W. H. and V. T. Neal. 1978. El Niño occurrences over the past four and a half centuries. J. Geophys. Res., 92: 14449 - 14461.

21. Zebiak, S. E. and M. A. Cane. 1987. A model El Niño Southern Oscillation. Mon. Wea. Rev., 115: 2262 - 2278.

22. Yamamoto, R., T Iwashima, and N. K.Sanga. 1985. Climatic jump: A hypothesis in climate diagnosis. J. Meteorol. Soc. Jpn., 63: 1157 - 1160.

23. Sellers, W. D.. 1965. Physical Climatology. The University of Chicago Press, Chicago, USA: 272.

24. Sellers, W. D.. 1969. A global climate model based on the energy balance of the earth - atmosphere system. J. Appl. Meteorol., 8: 392 - 400.

25. Baumgartner, A..1979.Climatic Variability and Forestry, WMO No.537.

26. Charney, J., P. H. Stone, and W. J.Quirk. 1975. Drought in the Sahara: A biogeophysical feedback mechanism. Science, 187: 434 - 435.

27. Stommel, H., and G. T. Csanady. 1980. Relation between the T - S curve and global heat and atmospheric water transports. J. Geophys. Res., 85: 495 - 501.

28. London, J., and J. Kelley. 1974. Global trends in total atmospheric ozone. Science, 184: 987 - 989.

29. Fischer, K.. 1973. Mass absorption coefficients of natural aerosol particles in the 0.4 - 2.4μm spectral region. Tellus, 28: 89 - 100.

30. Kennedy, J. A. and S. C. Brassell. 1992. Molecular records of twentieth - century El Niño events in laminated sediments from the Santa Barbara basin. Nature, 357: 62 - 64.

31. Craddock, J. M.. 1979. Methods of comparing annual rainfall records for climatic purposes. Weather, 34: 332 - 346.

32. 周淑贞主编.2006.气象学与气候学(第三版).北京:高等教育出版社.

33. Brohan, P., J. J. Kennedy, I. Harris, S. F. B. Tett, and P. D. Jones. 2006. Uncertainty estimates in regional and global observed temperature changes: A new data set from 1850. J. Geophys. Res., 111, D12106, doi: 10.1029/2005JD006548.

34. Smith, T. M., and R. W. Reynolds. 2005. A global merged land air and sea surface temperature reconstruction based on historical observations (1880 - 1997). J. Clim., 18: 2021 - 2036.

35. Hansen, J., R. Ruedy, J. Glascoe, and M. Sato. 1999. GISS analysis of surface temperature change. J. Geophys. Res., 104: 30997 - 31022.

36. Lugina, K. M., et al.. 2005. Monthly surface air temperature time series area - averaged over the 30 - degree latitudinal belts of the globe, 1881 - 2004. In: Trends: A compendium of data on global change. Carbon Dioxide Information Analysis Center, Oak Ridge National Laboratory, US Department of Energy, Oak Ridge, Tennessee, USA.

37. Vose, R. S.. 2005. An intercomparison of trends in surface air temperature analyses at the global, hemispheric, and grid - box scale. Geophys. Res. Lett., 32, L18718.

38. Chen, M., P. Xie, and J. E. Janowiak. 2002. Global land precipitation: A 50 - yr monthly analysis based on gauge observations. J. Hydro., 3: 249 - 266.

39. Wang, B., and Q. Ding. 2006. Changes in global monsoon precipitation over the past 56 years. Geophys. Res. Lett., 33, doi: 10.1029/2005GL025347.

40. Peterson, J. T., and C. E. Junge. 1971. Sources of particulate matter in the atmosphere, man's impact on the climate. Cambridge, Mass: MIT Press: 310 - 320.

41. SMIC, 1971: Study of Man's impact in Climate, Stockholm. 1970. Inadvertent Climate Modification. Cambridge, Mass: MIT Press: 308.

42. Warneck, P.. 1988. Chemistry of the Natural Atmosphere. San Diego Academic Press: 757.

43. Andreae, M. O.. 1990. Ocean-atmosphere interactions in the global biogeochemical sulphur cycle. Mar. Chem., 30: 1 - 29.

44. Spiro, P. A., D. J. Jacob, and J. A. Logan. 1992. Global inventory of sulfur emissions with 1×1 resolution. J. Geophys. Res., 97: 6023 - 6036.

45. Rampino, M. R., S. Self, R. B. Stothers. 1988. Volcanic winters. Ann. Rev. Earth Planet Sci., 16: 73 - 99.

46. Rampino, M. R., and S. Self. 1984. Sulphur-rich volcanic eruptions and stratospheric aerosols. Nature, 310: 677 - 679.

47. Watson, R. T., H. Rodhe, H. Oeschger, and U. Siegenthaler. 1990. Greenhouse gases and aerosols. Climate Change: The IPCC scientific assessment, 1: 17.

48. Crutzen, P. J., and J. W. Birks. 1982. The atmosphere after a nuclear war: Twilight at noon. Ambio, 11: 114 - 125.

49. Turco, R. P., O. B. Toon, T. P. Ackerman, J. B. Pollack, and C. Sagan. 1983. Nuclear winter: Global consequences of multiple nuclear explosions. Science, 222: 1283 - 1292.

50. Trenberth, K. E.. 1992. Global analyses from ECMWF and Atlas of 1000 to 10 mb Circulation Statistics, NCAR Technical Note NCAR/TN 373 + STR, NCAR, Boulder,

CO_2: 191.

51. Schlesinger, M. E., and W. L. Gates. 1981. Preliminary analysis of the mean annual cycle and interannual variability simulated by the OSU two-level atmospheric general circulation model. Climatic Research Institute, Oregon State Univ., Report No. 23:47.

52. Spelman, M. J., and S. Manabe. 1984. Influence of oceanic heat transport upon the sensitivity of a model climate. J. Geophys. Res., 89: 571-586.

53. Crowley, T. J., D. A. Short, J. G. Mengel, and G. R. North. 1986. Role of seasonality in the evolution of climate during the last 100 million years. Science, 231: 579-584.

54. Gates, W. L.. 1976. The numerical simulation of ice age climate with a global general circulation model. J. Atmos. Sci., 33: 1844-1873.

55. Manabe, S., and D. G. Hahn. 1977. Simulation of the tropical climate of an ice age. J. Geophys. Res., 82: 3889-3911.

56. Manabe, S., and A. J. Broccoli. 1985. The influence of continental ice sheets on the climate of an ice age. J. Geophys. Res., 90: 2167-2190.

57. Kutzbach, J. E., and P. J. Guetter. 1986. The influence of changing orbital parameters and surface boundary conditions on climate simulations for the past 18,000 years. J. Atmos. Sci., 43: 1726-1759.

58. Rind, D.. 1987. Components of the ice age circulation. J. Geophys. Res., 92: 4241-4281.

59. Lautenschlager, M., and K. Herterich. 1990. Atmospheric response to ice age conditions: Climatology near the Earth's surface. J. Geophys. Res., 95: 22547-22557.

60. Hall, N. M. J., P. J. Valdes, B. Dong. 1996. The Maintenance of the last great ice sheets: A UGAMP GCM study. J. Clim., 9, 1004-1019.

61. Hahn, D. G., and S. Manabe. 1975. The role of mountains in the south Asian monsoon circulation. J. Atmos. Sci., 32: 1515-1541.

62. 于革,等.2001.中国湖泊演变与古气候动力学研究.北京:气象出版社.

63. Lorenz, E. N.. 1975. Climate predictability. Appendix 2.1 in The Physical Basis of Climate and Climate Modeling, No. 16, WMO, Geneva.

64. Bryan, K. and M. J. Spelman. The ocean's response to a CO_2 induced warming, J. Geophys. Res., 90, E6: 11679～11688.

65. Fein, J. S., and P. L. Stephens. 1987. Monsoons. John Wiley & Sons, New York: 656.

66. Lau, K. L., et al.. 2000. A report of the field operations and early results of the South China Sea Monsoon Experiment (SCSMEX). Bull Amer. Meteor. Soc., 81: 1261-1270.

67. Webster, P. J., and S. Yang. 1992. Monsoon and ENSO: Selectively interactive system. Q. J. R. Meteorol. Soc., 118: 877-926.

68. Lau, K. L., K. M. Kim., and S. Yang. 2000. Dynamical and boundary forcing characteristics of regional components of Asian summer monsoon. J. Climate, 13: 2461 - 2482.

69. 郭其蕴.1983.东亚夏季风强度指数及其变化分析,地理学报,38:207 - 217.

70. 祝从文,何金海,吴国雄.2000.东亚季风指数及其与大尺度热力环流年际变化关系,气象学报,58:391 - 401.

71. 孙秀荣,何金海,陈隆勋.2000.东亚海陆热力差指数与中国夏季降水的关系,南京气象学院学报,23:378 - 384.

72. 周兵,何金海,吴国雄,等.2003.东亚副热带季风特征及其指数的建立,大气科学,27:123 - 135.

73. 赵平,周自江.2005.东亚副热带夏季风指数及其与降水的关系,气象学报,63:933 - 941.

74. Angstrom, A.. 1924. Solar and Terrestrial Radiation. Quart. J. R. Met. Soc., 50: 121 - 126.

75. Suckling, P. W., and J. E. Hay. 1977. A cloud layer-sunshine model for estimating direct, diffuse and total radiation. Atmosphere, 15: 194 - 207.

76. 霍明远,张增顺,等.2001.中国的自然资源.北京:高等教育出版社.

77. 张家诚主编.1988.中国气候总论.北京:气象出版社.

78. 侯光良,李继由,张谊光.1993.中国农业气候资源.北京:中国人民大学出版社.

79. Penman, H. L.. 1948. Natural evaporation from open water, bare soil and grass. Proc. Roy. Soc., London A193: 120 - 146.

80. Budyko, M. I.. 1948. The heat balance of the northern hemisphere. (In Russian), Proceedings of the Main Geophysical Observatory: 18.

81. 陆渝蓉,高国栋.1987.物理气侯学.北京:气象出版社.

82. 中国自然资源丛书编撰委员会.1995.中国自然资源丛书·气候卷.北京:中国环境科学出版社.

《现代气候学基础》读者信息反馈表

尊敬的读者：

感谢您购买和使用南京大学出版社的图书，我们希望通过这张小小的反馈卡来获得您更多的建议和意见，以改进我们的工作，加强双方的沟通和联系。我们期待着能为更多的读者提供更多的好书。

请您填妥下表后，寄回或传真给我们，对您的支持我们不胜感激！

1. 您是从何种途径得知本书的：

☐ 书店 ☐ 网上 ☐ 报纸杂志 ☐ 朋友推荐

2. 您为什么购买本书：

☐ 工作需要 ☐ 学习参考 ☐ 对本书主题感兴趣 ☐ 随便翻翻

3. 您对本书内容的评价是：

☐ 很好 ☐ 好 ☐ 一般 ☐ 差 ☐ 很差

4. 您在阅读本书的过程中有没有发现明显的专业及编校错误，如果有，它们是：________

____

____

____

5. 您对哪些专业的图书信息比较感兴趣：____________________

____

6. 如果方便，请提供您的个人信息，以便于我们和您联系（您的个人资料我们将严格保密）：

您供职的单位： 您教授或学习的课程：

您的通信地址： 您的电子邮箱：

请联系我们：

电话：025－83596997

传真：025－83686347

通讯地址：南京市汉口路22号　210093

南京大学出版社高校教材中心理工图书编辑部